住房和城乡建设系统城市设计学习读本

URBAN DESIGN READER FOR HOUSING
AND URBAN-RURAL
CONSTRUCTION SYSTEM

天津城市设计读本

THE URBAN DESIGN IN TIANJIN

主编 沈磊
CHIEF EDITOR SHENLEI

中国建筑工业出版社
CHINA ARCHITECTURE & BUILDING PRESS

主　　编： 沈　磊

副 主 编： 黄晶涛　朱雪梅　陈　天　贺　臣

成　　员：（按姓氏笔画排序）

于劲翔　马　松　马尚敏　马春华　王　彤　王　峤　王　萌　王绍妍　牛　帅　艾　伟
左　进　石文华　卢　斌　田　琨　丘银英　尔　惟　冯　时　冯天甲　邢　哲　巩志涛
巩明强　朱铁麟　刘　健　刘方婷　刘嘉璐　江　澎　孙　斌　孙红雁　李　芳　李　威
李　磊　李成飞　李旭东　李津莉　李梦超　杨夫军　杨湘楠　肖　卓　吴　亮　邱雨斯
何　斌　邹　哲　沈　佶　沈　锐　沈文涛　沈雷洪　宋　晗　张　玮　张　博　张　蓉
张　睿　张白石　张润兴　陈　旭　陈　宇　陈天泽　陈君仪　邵德超　卓　强　罗湘蓉
周　威　周　剑　郑　萌　炉利英　赵　光　赵先悦　赵庆东　赵宏鹃　赵春水　赵维民
胡志良　侯勇军　洪再生　秦　云　袁　悦　贾梦圆　高　媛　黄　昊　曹　曙　常　珊
崔　瑛　梁恭仪　彭庆艳　董天杰　韩海雷　韩继征　覃文奕　程宇光　程良勇　谢爱华
臧鑫宇　魏宇飞

摄　　影： 刘　东　李　勇　宋　楠　王　怿　Christian Gahl

参编单位：

住房和城乡建设部《建筑》杂志社
天津市滨海新区规划和国土资源管理局
天津市建筑设计院
天津市测绘院
天津大学建筑设计规划研究总院
星际空间（天津）科技发展有限公司
筑土国际都市设计
上海市城市建设设计研究总院
达思建筑设计咨询（上海）有限公司
德国戴水道景观设计公司
天津市规划局
天津市城市规划设计研究院
天津市勘察院
天津大学建筑学院
天津华汇工程建筑设计有限公司
天津市渤海城市规划研究院
上海华东发展城建设计（集团）有限公司
天津天咨拓维建筑设计有限公司
美国 SOM 建筑设计事务所

序
Preface

城市规划对一座城市的发展起着重要的战略引领和实施推动作用。近十余年来，天津市历届市委市政府高度重视城市规划工作，提出规划就是生产力，强调城市要发展，规划要先行。在规划工作的引领下，通过不懈努力，天津城市面貌发生了巨大变化，城市载体功能得到进一步的提升，城市更加具有活力和时代气息，广大市民的自信心和自豪感普遍增强。天津的规划工作立足于传承历史文化底蕴、保护独特的自然景观、彰显时代气息，使城市的发展建设真正建立在高水平的规划基础之上。

城市设计工作是天津城市规划工作中的亮点之一。自 2008 年以来，开展了系统的城市设计编制工作，形成了特色规划管理机制，卓有成效地推动了城市设计引领下的项目建设，形成了一大批高品质的城市新片区和历史风貌区。与此同时，天津高度注重城市修补与生态修复工作，划定生态红线、构建绿道系统，细化历史街区、保护性建筑、工业遗产的保护修复措施，推动地域特色的延续与传承，促进城市特色的进一步形成。

2015 年 12 月 20 日，在北京召开了中央城市工作会议。会议强调城市工作是一个系统工程，要在规划理念和方法上不断创新，增强规划的科学性、指导性。要加强城市设计，加强对城市的空间立体性、平面协调性、风貌整体性、文脉延续性等方面的规划和管控，留住城市特有的地域环境、文化特色、建筑风格等“基因”。天津城市设计工作成效显著，一方面得益于在规划工作中将城市设计与规划编制、规划管理进行结合，有效地从宏观、中观、微观各个层面对城市布局与空间进行了管控；另一方面得益于探索出行之有效的指导城市设计项目实施的方法和措施，丰富了城市设计在当代中国城市建设历史时期的独特内涵。新时期的城市设计工作不仅要强化城市设计对城市空间建设活动的引导，更要以此为平台，将城市发展愿景和城市空间资源配置进行整合，使高水平的城市设计转化为一种管理策略，达到落实城市规划、提升城市规划的目的。通过城市设计，在逐渐梳理建立城市秩序的同时，充分地适应市场规律，整合城市资源，统筹城市发展，使空间真正发挥其强大的统筹能力。

刘易斯·芒福德曾经在《城市发展史》中说过："城市的主要功能是化力为行，化能量为文化，化死的东西为活的艺术形象和音标，化生物的繁衍为社会创造力。"生动阐述了城市的发展演变对人类历史的巨大影响。天津自建卫至今六百余年的历史，辉煌也好沧桑也罢，承载的历史印迹全都融化在这座城市中。驻足在历史发展一瞬间，我们更为期待看到它美好的现在与未来。

2016年9月12日

前言

Introduction

20 世纪 60 年代以来，世界范围内的生态环境危机和人文精神危机已经成为制约人类社会发展的两大核心问题。在城市发展建设中，主要表现为城市土地的无序蔓延，城市人文特色的消失，城市空间风貌的趋同，以及对人的需求的淡化。城市设计作为时间和空间的艺术设计，必须兼顾生态、人文、美学、人本等多重内涵，注重系统性、综合性、地域性，塑造具有可持续特征的城市设计思想。生态城市设计以生态学为基础，以可持续发展为原则，是一种涵盖了自然、社会、经济、文化等诸多方面的综合性规划设计方法。

近 30 年来，随着城镇化进程的加快，中国城市建设在高速发展中开始出现不同程度的同质化特征，尤其是 2000 年以后，城市建设过度追求规模宏大的造城运动，带来了“千城一面”的城市问题。随着中国城市经济发展进入新常态阶段，城市建设开始走向创新和转型，世界范围的城市环境危机呼唤绿色、生态时代的回归，以人的需求为基本设计原则的生态城市规划理论和实践开始重回历史舞台。城市设计在城市建设中发挥的作用越来越大，已经成为塑造良好城市特色风貌的重要手段。通过城市设计确定城市建筑整体风貌要求，对建筑体量、尺度、风格、色彩、形式、材料等基本方面进行必要的规定，生态城市设计成为衔接规划和建筑领域的核心设计方法，已经成为未来我国城市发展建设的大趋势。

2014 年 12 月 15 日至 16 日，中共中央政治局常委、国务院副总理张高丽在全国城市规划建设工作座谈会中提出，要加强城市设计、完善决策评估机制、规范建筑市场和鼓励创新，提高城市建筑整体水平。在 2014 年年底召开的全国住房城乡建设工作会议中将加强城市设计工作列入 2015 年度重要工作任务。

2015 年 10 月 31 日，在“2015 世界城市日论坛”上，各界专家学者提出，城市建设应当更加重视城市的可持续发展，同时特别要提高城市设计水平，统筹建筑布局，协调城市景观，体现地域特征、民族特色和时代风貌。

2015 年 12 月 20 日至 21 日，在中央城市工作会议上，习近平总书记在会上发表重要讲话，分析城市发展面临的形势，明确做好城市工作的指导思想、总体思路、重点任务。李克强总理在讲话中论述了当前城市工作的重点，提出了做好城市工作的具体部署，并作总结讲话。会议明确提出应该尊重城市发展规律，统筹空间、规模、产业三大结构，提高城市工作全局性。统筹规划、建设、管理三大环节，提高城市工作的系统性。统筹改革、科技、文化三大动力，提高城市发展的持续性。统筹生产、生活、生态三大布局，提高城市发展的宜居性。统筹政府、社会、市民三大主体，提高各方推动城市发展的积极性。

2016 年 2 月 6 日，中共中央国务院《关于进一步加强城市规划建设管理工作的若干意见》明确提出：“积极适应和引领经济发展新常态，把城市规划好、建设好、管理好，对促进以人为核心的新型城镇化发展，建设美丽中国，实现“两个一百年”奋斗目标和中华民族伟大复兴的中国梦具有重要现实意义和深远历史意义”，牢固树立和贯彻落实创新、协调、绿色、开放、共享的发展理念，认识、尊重、顺应城市发展规律，更好发挥法治的引领和规范作用，依法规划、建设和管理城市，贯彻“适用、经济、绿色、美观”的建筑方针，着力转变城市发展方式，着力塑造城市特色风貌，着力提升城市环境质量，着力创新城市管理服务，提高城市设计水平，抓紧制定城市设计管理法规，完善相关技术导则，走出一条中国特色城市发展道路。

在顺应绿色、生态发展的时代背景下，天津开始了对城市设计创新的深度实践探索，提出系统性、全方位、规范化的设计思路，在总体城市设计、详细城市设计、专项城市设计等层面取得了丰硕成果。同时，天津开始重视城市设计作为公共政策、城市治理手段的保障职能，在市场规律中探索可实施的城市设计策略。使天津呈现出多元、严谨、秩序的城市风貌特色，使城市文化、空间环境与人的需求有机融合，使城市生命体呈现勃勃生机。本书主要包括六个章节：

第一章，系统总结城市设计理论与实践发展历程，介绍我国城市设计的实践探索，详细阐述城市设计的概念和内涵，概括天津城市设计的特征，构建本书的整体框架。

第二章，从城市设计的引入、复苏、繁荣三个阶段介绍天津城市设计的发展历程，对各阶段的城市设计特征进行分析总结。

第三章，重点介绍天津城市设计的规划编制体系，即以总体城市设计为总纲，以重点地区、重点地块详细城市设计为先导，以城市设计导则和专项城市设计导则为实施依据，形成涵盖各层次、各类型的城市设计编制体系。

第四章，着重阐述天津城市设计的规划管理特征，提出一控规两导则的管理体系，通过编制专项控制导则，形成管理技术规范，推动城市精细化管理，加强城市设计管理的法定化。

第五章，结合天津城市设计在城市历史文化、滨水体空间、工业遗存、公共空间、生态系统、活力社区等领域的理论研究，提出了针对实践层面的一系列设计策略。

第六章，归纳概述天津城市设计的创新模式，为我国其他地区的城市设计提供具体的借鉴思路。

本书旨在通过城市设计理论和实践经验的介绍，探讨新型城镇化战略下的城市设计创新思路，为规划管理者、决策者、设计者提供可供参考的方法和典型案例，为城市设计方法的持续研究提供理论和实践支撑，为我国城市建设提供具有实效性的管理措施和方法指引。

目录
Contents

MODERN USE OF OLD METHOD

Urban Design Review

CHAPTER 1

第一章

古道今用

城市设计综论

国外城市设计的理论与实践

我国城市设计的理论与实践

城市设计的内涵与外延

天津城市设计特征

城市设计（Urban Design）的具体定义在建筑界和规划界众说纷纭，通常是指以城市作为研究对象的设计工作，介于城市规划、景观与建筑设计之间的一种设计。相对于城市规划的抽象性和数据化，城市设计更具有具体性和图形化；但是，由于 20 世纪中叶以后的城市设计多半是为景观设计或建筑设计提供指导和参考架构，因而与具体的景观设计或建筑设计有所区别。

城市设计——为城市而设计——在人类历史上一直是众多空间专业者的重要工作课题。但是，一直到 1950 年代，欧美国家大学中才开始广泛地设置相关课程，城市设计师这门专业与城市设计这门领域，才成为新名词而开始普遍地为世人所认知。其研究范畴与工作对象过去仅局限于建筑和城市相关的狭义层面。城市设计除了与城市规划、景观、建筑学等学科的关系日趋绵密复杂，也逐渐与城市工程学、城市经济学、城市社会学、环境心理学、政治经济学、城市史、市政学、公共管理、永续发展（可持续发展）等理论产生密切联系，因而是一门综合性的跨领域学科。

国外城市设计的理论与实践
Theory and Practice of Foreign Urban Design

城市是人类文明最真实的载体，生产方式的变革以及由此带来的生活方式的变化必然给城市设计的理念、方法和手段带来冲击；因此，社会生产生活方式的变迁是城市设计理论和实践发展的基本线索，结合城市设计的目标和特征，本书将城市设计发展概括为 7 个阶段，即“古希腊、古罗马时期”、“中世纪时期（5-15 世纪）”、“文艺复兴时期及巴洛克时期（14-17 世纪）”、“工业革命时期（18-20 世纪初）”、“现代主义时期（20 世纪初 -1950 年代）”、“历史保护及城市更新时期（1950-1980 年代）”和“可持续性城市设计时期（1980 年代至今）”。

1. 自然与权力的呼应——古希腊、古罗马时期

此时的城市设计主要体现于以秩序和整体感为特色的城市美学。古希腊时期的城市公共建筑，特别是神庙建筑群的布局是城市设计的重点，追求与山势地形的有机结合，形成具有整体感的城市意象，雅典卫城是这个时期的杰作。古罗马时期，伴随着经济技术的发展和军事扩张，城市中心区改扩建及营寨城的修建为城市设计提供丰富的实践。大型公共建筑群兴起，以主要大街为骨架，串联整合剧场、广场、市场、图书馆、浴场（Theater, Plaza, Forum, Library, Baths）等形成规模庞大、气势恢宏的公共建筑群体，彰显国家实力和皇权力量，并提供丰富的城市公共生活。营寨城的设计则是军事和生活相结合的产物，以棋盘式的路网结构满足高效军事调遣的需要，中央十字大街是城市主要景观道路，也是商业型街道，十字交叉附近分布着重要的公共建筑，形成城市生活和城市意象的中心。

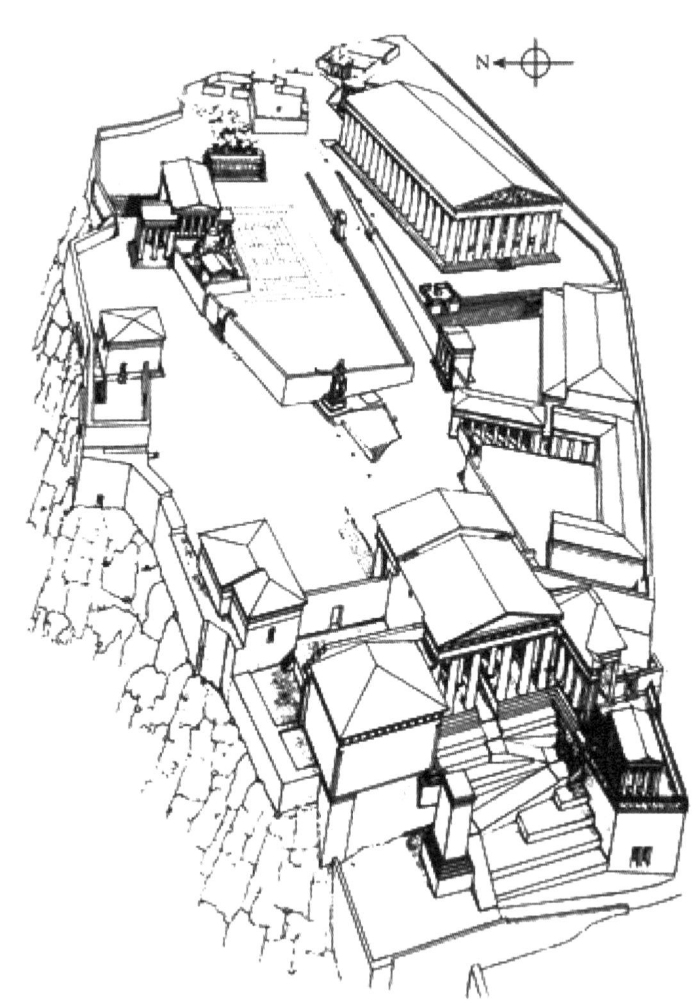

雅典卫城——顺应自然地势而建

2. 自由与秩序之美——中世纪时期（5-15 世纪）

中世纪时期，城市主要发源于城堡和村庄，逐步成为重要的经济、贸易中心，交易市场在城市空间中占有重要地位。神权在中世纪具有绝对的地位，教堂成为最重要的公共建筑，紧邻教堂

德国小镇吕贝克——城市肌理依教堂为核心

的广场及其连接的放射状道路网形成城市公共空间的骨架系统。在竖向维度上，教堂以其绝对高度成为城市的地标，结合蜿蜒曲折、依地形展开的街道网络，形成层次分明、主次有序的城市肌理，巴黎、伦敦、阿姆斯特丹的老城区均有中世纪大型贸易城市的烙印，德国吕贝克（Lübeck）则是典型的中世纪小镇。

3. 宏伟与华丽的乐章——文艺复兴时期及巴洛克时期（14–17 世纪）

带着强烈文化艺术气息，文艺复兴时期的城市建设注重城市美学和公共空间的营造，华丽的轴线连接宏伟的教堂及广场，加之愈加发达的建造技艺，整个城市营造出极高的艺术品位。开始于 14 世纪，以人本主义为核心的文艺复兴运动是资产阶级文化的开端，由意大利的威尼斯、佛罗伦萨为发源地，并迅速席卷整个欧洲大陆，经济、社会、文化的全面繁荣在城市建设中得以充分体现，同期人们对理想城市形态的探索和实践被认为是城市设计真正的开始。教堂及其附属广场仍然是城市的中心，与之相连的林荫大道被广泛地用作城市轴线，以此连接重要的宗教建筑、世俗建筑和凯旋门，形成具有秩序感的整体意象。17 世纪巴洛克时期对罗马的改建充分体现了以上原则，形成了欧洲最为宏伟华丽的城市。

对意大利文艺复兴时期城市设计产生了重要影响的事件是维特鲁威《建筑十书》遗稿被重新发现。维特鲁威承继古希腊希苏格拉底、柏拉图和亚里士多德的哲学思想和有关城市的论述，提出了理想城市的模式。

文艺复兴时期的伟大艺术家和设计师们开始探讨理想的城市模型，L.B. 阿尔伯蒂、伊尔·菲拉雷特、斯卡莫尼等人师法维特鲁威，发展了理想城市理论。阿尔伯蒂 1452 年所著《论建筑》一书，从城镇环境、地形地貌、水源、气候和土壤等要素着眼，对城址的合理选择以及城市和街道等在军事上的最佳形式进行了探讨。

4. 失序与重构——工业革命时期（18–20 世纪初）

18 世纪的工业革命带来的一系列新技术，包括蒸汽机的发明、工业生产体系的引入以及新的生产工具的制造，使人类的生产活动迅速集聚于城市。城市的快速发展对其组织方式和城市景观带

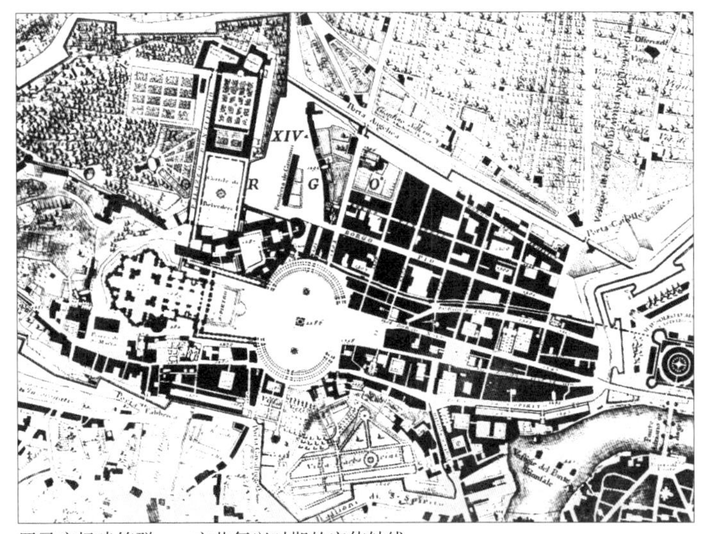
罗马广场建筑群——文艺复兴时期的宏伟轴线

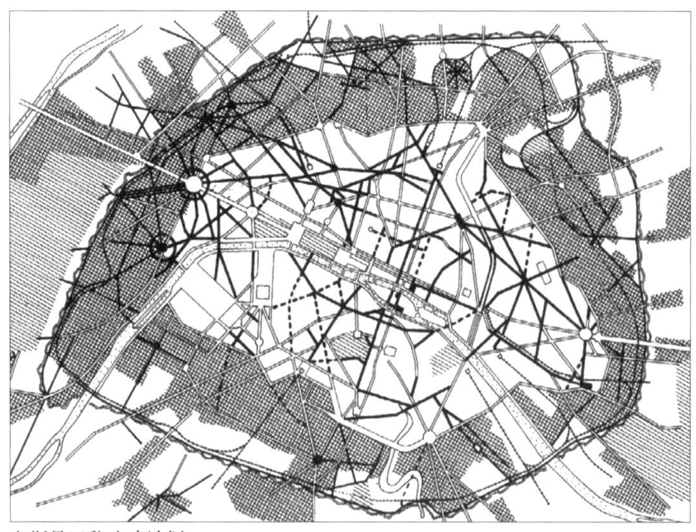
奥斯曼巴黎改建计划

来了巨大的冲击，传统的城市设计方式面临着挑战，现代城市设计理论也在孕育之中，巴黎、巴塞罗那等城市以传统的理论进行更新改造的同时，也整合进了现代的城市规划技术。古典主义的实践仍然存在，而顺应新的生产方式的城市理论相继产生。

（1）巴黎凤凰涅槃——奥斯曼(Georges-Eugène Haussmann)改建

当今巴黎所呈现的风貌，是法国著名城市规划专家奥斯曼男爵于1850-1860年代主持规划和建设的，改造后的巴黎呈现出完全不同的面貌，城市景观统一而富有韵律，各重要公共空间如广场、公园及公共建筑皆由放射状的轴线连接，形成开阖有序、张弛有度的空间系列；新建的大街开阔明亮，街道尺度宜人，照明充分，沿街建筑立面富有音乐般的韵律，成为都市生活新空间，整座城市仿佛脱胎换骨，优雅而富有秩序的整体感使之成为欧洲最美丽的城市。

（2）华盛顿规划——最后一个诞生于工业革命时期的古典主义伟大作品

华盛顿的设计师朗方（Pierre Charles L' Enfant）在凡尔赛那样的环境下长大，那种以中央宫殿为中心的放射形林荫大道以及宫殿周边大片园林的观念在他的脑中根深蒂固，长大后肄业于巴黎皇家绘画雕刻学院，1791年受邀请为美国的首都制定规划。该方案提出了著名的“关联轴线系统”理论，设计采用了巴洛克式华丽的古典主义构图手法，将现代的网格道路系统与古典的放射性道路系统有机结合；建筑的风格和高度进行严格的控制，以确保白宫和国会建筑在整个城市中的统领作用，规整的城市肌理结合主次有序的建筑群体组织使华盛顿的城市景观取得了高度的统一感、秩序感和整体感，成为人类自主规划建设的伟大城市之一。

（3）带形城市及工业城市理论

1882年索里亚·伊·马塔（Arturo Soria Mata）提出“带形城市”的构想，原则是以交通干线作为城市布局的主脊骨骼；城市的生活用地和生产用地，平行地沿着交通干线布置；大部分居民日常上下班都横向地来往于相应的居住区和工业区之间，以防止由于城市规模扩大而过分集中，导致城市环境恶化。

戈涅(Tony Garnier)于20世纪初提出“工业城市”的设想，将各类用地按照功能划分得非常明确，使它们各得其所，对新型的空间形态如工业区、码头区、铁路站场等进行了详细的规划。这一思想直接孕育了《雅典宪章》所提出的功能分区的原则，对于解决当时城市中工业居住混杂而带来的种种弊病具有重要的积极意义。

5. 理性主义与机器城市——现代主义时期（20世纪初-1950年代）

第二次工业革命对20世纪的城市产生了革命性的影响，交通方式的变革促使出现了一系列新空间形式，如铁路站场、码头及连片的工业区。工业化使城市的空间结构和组织方式发生深刻的变化，城市设计的理论由传统以空间美学为基础的组织方式向以机动车交通为基础的组织方式转变，在新古典主义依然存在的同时，新的城市设计理念相继诞生。

（1）田园城市（Garden City）及其实践

田园城市是传统城市设计方法应对工业城市失败后的尝试，标志着现代城市规划的诞生，是针对人口过度拥挤、环境污染严重的积极回应，采用分散的手段，从城市规模、空间结构、功能结构和开发运营等提出的一套系统性发展理念，对后来的有机疏散理论、卫星城理论产生巨大影响，在实践领域的影响持续至今。

田园城市的概念最早由英国的埃比尼泽·霍华德（Ebenezer Howard）爵士于1898年在其著作《明日的田园城市》中提出，将集中而混乱的城市功能在由绿带环绕的城镇组群中得以重组，以实现既有都市生活之便利又有田园风光的新型城市环境。他设想的城市可以是圆形，总占地6000英亩，城市区域占地1000英亩，

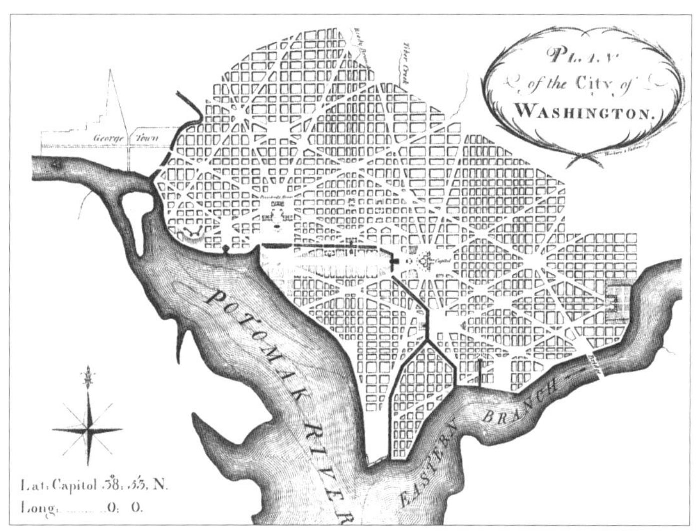

朗方（L'Enfant)1792 年华盛顿规划

戈涅工业城市描绘的场景

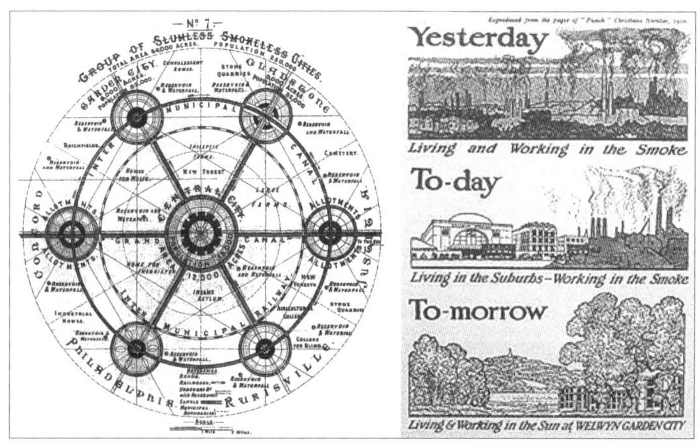

霍华德田园城市理论图解

花园及工业用地 5000 英亩，自中心向外围辐射的 6 条林荫大道将整个区域平均划分为 6 个均等的扇面；每个扇面自中心向外围依次是花园、市政厅、中央公园、透明屋、住宅区、学校、绿带、工业区等等，各个扇面之间又以绿带相隔，总体约 58000 人分布在绿茵相间的组团之中，兼具城市文明和乡村景观，是为田园城市。

1903 年第一座田园城市——莱奇沃思（Letchworth）诞生，1919 年又兴建了第二座田园城市韦林（Welwyn）。田园城市理论是其后兴起的英国、法国新城运动最重要的思想来源，如彼得·霍尔爵士（Sir Peter Hall）所说，田园城市的影响是深远和广泛的，更是全球性的。

（2）柯布西耶（Le Corbusier）的光辉城市（Radiant City）及其实践

柯布西耶将工业化的思想引入城市规划，主张通过功能秩序解决复杂的现代城市问题；极力主张通过集约化的方式解决城市问题，以建筑的高层化和高密度化换取珍贵的土地资源作为开敞空间以作绿化和休憩使用，以高度的机动化替代传统的步行方式。

1924 年，柯布西耶在其光辉城市方案中展示了其理想的城市形象。柯布西耶承认大城市的危机，但积极主张通过技术的改造来寻找出路。而他的解决办法就是提高城市密度。首先，城市中心的集聚是不可避免的，而且对于各种事业的聚合是必要的；第二，城市的拥挤问题可以通过提高密度来解决，大量高层建筑不仅可以解决用地紧张，而且为城市争取到更多的空地，摩天楼的形象和效率很好地反映了时代的精神。

柯布西耶的城市思量是理性主义的体现。彼得·霍尔爵士指出，柯布西耶的集中主义的城市设计理念对其后城市规划设计的影响是巨大的，典型的例子如巴西新首都巴西利亚和印度昌迪加尔。

6. 人性的复归——历史保护及城市更新时期（1950-1980 年代）

自第二次世界大战结束，持久的和平是城市设计实践的黄金时期，也是现代城市设计的发展时期。对城市历史环境的改造建设带来全新的城市面貌，同时也造成了“建设性破坏”，以机动车为尺度的城市建设方式形成冰冷的混凝土森林，机动车道切割了城市肌理，使城市沦为机器；这激起了人们对以机器生产方式为特征的理性主义的反思，人们更加关注历史、文化和人文，寻找城市曾经所拥有的人性化景观和生活方式。

（1）战后重建及历史保护

第二次世界大战给欧洲城市带来毁灭性的破坏，波兰华沙 90% 的建筑被夷为平地，德国法兰克福、科隆、维尔茨堡等城市建筑毁坏程度达到 70%。出于对故国家园的怀念，华沙在重建过程中采取了依古城原貌重建的模式，在重建古建筑的同时将部分战后杂乱的空间整理为公园绿化，将现代主义的绿地系统融入古老的城市肌理之中，形成了新旧结合的新面貌。

战后重建的规模是巨大的，受到现代主义的影响，建筑形式绝大多数都是新的，大量新建筑的建设也唤醒了人们对传统的珍惜，促成了日后的席卷欧洲大陆的历史文化保护运动。

（2）新城建设——田园城市及现代主义的实践

战后全球经济快速发展，城市化进程加快，特别是伦敦和巴黎所在的大都市区域人口增长迅速，为了缓解城市快速扩张带来的城市问题，英国、法国、瑞典和荷兰等国采取建设新城的方式疏解大城市的人口，其中英国的新城建设数量最多、规模最大，包括哈罗（Harlow）、朗科恩(Runcorn)和密尔顿·凯恩斯(Milton Keynes)。

（3）城市更新及人性化城市

20世纪50–70年代，在城市扩张、新城建设的同时，大城市的内部也经历着城市更新，特别是城市中心、旧工业区、码头滨水区等。

城市中心受到汽车的冲击而进行改建，如建立扩展步行街道、改善商业环境，改善基础设施、更新建筑质量等，以环境的改善引导人们回居，形成良性循环，如鹿特丹、哥本哈根的中心区步行空间的改造，巴黎、马德里、柏林的老火车站地区等。

航运的衰落使滨水区成为各城市建设的热点，重大项目如英国伦敦的金丝雀码头区（Canary Wharf）和德国汉堡的港口新城（Hafen City）。工业用地面临着功能更新的问题，英国曼彻斯特、利物浦在电气革命后航运失去优势的年代开启了从工业城市转型的时代；德国以煤炭为能源的重工业地区——鲁尔区在新时期也同样面临着功能更新的问题，并经过数十年的努力已经成功转型为德国的文化创意和休闲目的地。汽车对城市的冲击使人们十分怀念传统的城市空间、生活和城市尺度，因此对传统建筑和城市肌理十分珍惜，杨·盖尔在哥本哈根发起了一系列空间使用研究对提升城市的人性化做出巨大贡献。

（4）美国的现代城市设计发展

1950–1960年代是美国城市建设的“黄金时代”，一方面形成了集聚性的城市连绵区（Metropolitan Interlocking Region），如波士顿—华盛顿都市连绵区、芝加哥—匹兹堡都市连绵区和圣迭戈—旧金山都市连绵区，在这些都市的核心地区进行集中式发展，如纽约的曼哈顿岛；另一方面，受美国梦、土地制度及汽车主导交通等多种因素影响，多数的城市地区是以低密度的方式向外扩展，如洛杉矶，这种发展方式造成严重的城市蔓延（City Sprawl）问题。

埃德蒙·培根（Edmund Norwood Bacon）于1947–1970年间担任费城城市规划委员会的执行主席，被称之为“现代费城之父”，他的著作《城市设计》（Design of Cities）自1967年问世以后成为城市设计领域最重要的著作之一。

简·雅各布斯（Jane Jacobs）的《美国大城市的死与生》对当时大规模针对贫民窟的推倒重建方式提出了批评，认为柯布西耶式的集中主义发展模式是城市生活的灾难，她认为建筑形式和街道空间的多样性是街道活力的重要保障，城市的发展应该是逐步的更新而非推倒重建。

凯文·林奇（Kevin A. Lynch）《城市意象》一书认为，城市形态主要表现在以下五个城市形体环境要素之间的相互关系上，空间设计就是安排和组织城市各要素，使之形成能引起观察者更大的视觉兴奋的总体形态；这些形体环境要素主要包括：道路、边界、区域、节点、标志物。林奇于1981年出版的《城市形态》(A Good City Form)一书中，将可识别感觉作为城市行为的尺度，将可识别性看作是感觉的一种。

乔纳森·巴奈特（Jonathan Barnett）的思想反映在其众多的著作中，如《作为公共政策的城市设计》（Urban design as a public policy）、《城市设计概论》（An Introduction to Urban Design）、《重新设计城市》（Redesigning Cities: Principles, Practice, Implementation）等，他强调城市设计的整体性综合性，城市设计不仅要考虑空间、艺术、形式问题，也要考虑经济、政治、社会、文化、技术等问题；同时，城市设计应该是一种过程且具有弹性，城市设计不应该是一种产品式的创造，而应该在充分考虑城市成长过程基础上进行一系列政策综合作用的结果。

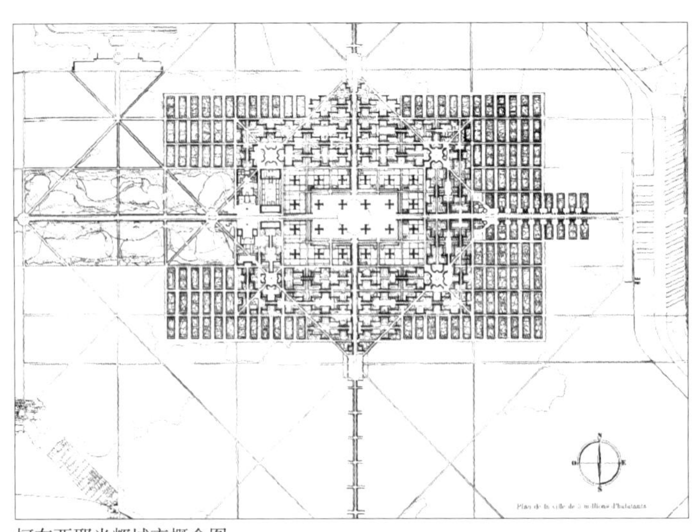

柯布西耶光辉城市概念图

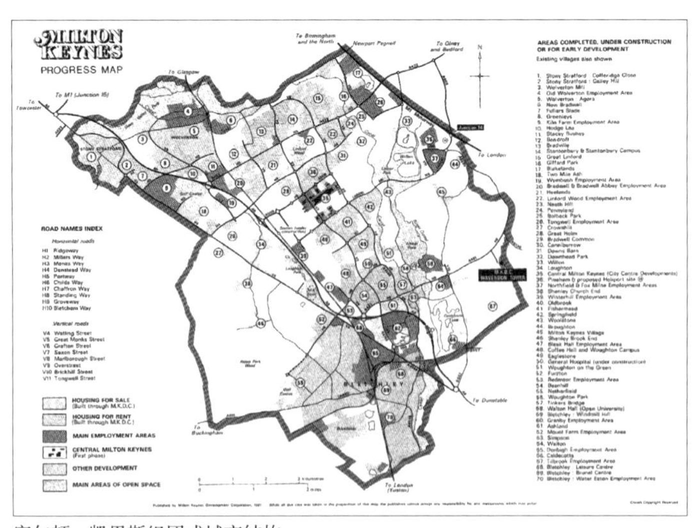

密尔顿·凯恩斯组团式城市结构

伦敦金丝雀码头改造成的金融办公区

德国汉堡旧港区改造为综合型城区——港口新城（Hafen City）

（5）城市蔓延及新城市主义

第二次世界大战后美国经济飞速发展促使以独栋住宅为主的低密度住宅区成为美国社会的基本居住模式，造成了城市快速扩张，无序蔓延。1973 年的石油危机促使美国规划界对其发展模式提出反思，认识到城市蔓延带来能源利用的不可持续、公共设施利用的低效率和公共服务维护的高成本。

提倡精明增长的新城市主义于 1980 年代诞生，倡导发展传统邻里发展模式（TND, Traditional Neighborhood Development）和公共交通主导发展模式（TOD, Transit-oriented Development），以提升公共交通的使用，减少对汽车的依赖从而减少能耗，重塑安全健康具有活力的社区生活。

1993 年第一届“新城市主义大会”(The Congress for the New Urbanism) 召开，他们用犀利的文字对郊区化蔓延这种增长方式的危害性进行了剖析，倡导回归“以人为中心”的设计思想，重塑多样性、人性化、社区感的城镇生活氛围，并发表了《新城市主义宪章》以推广该项运动。

新城市主义的代表人物包括安德烈斯·杜安伊（Andreas Duany）、伊丽莎白·普拉特·齐见克（Elizabeth Plater-Zyberk）和彼得·卡尔索普（Peter Calthorpe），他们都在理论和实践领域发挥着重要的影响。

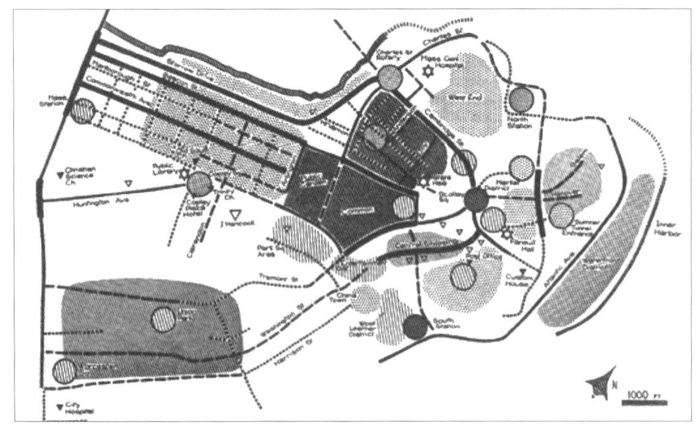

凯文·林奇依据城市意象理论构建的波士顿城市意象图

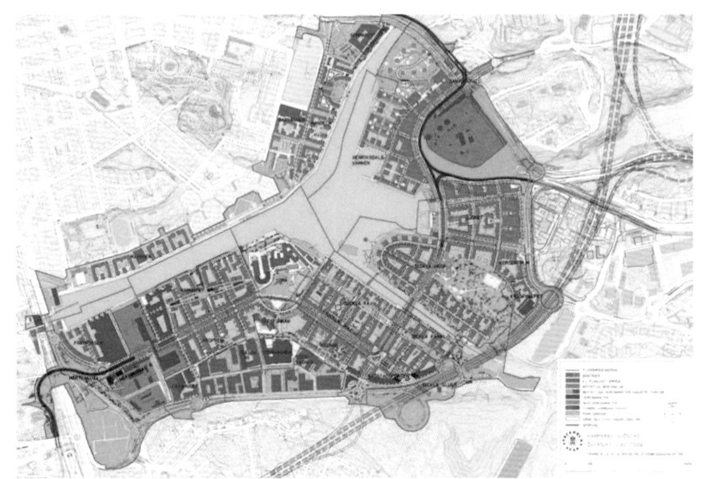

瑞典马尔默哈默比生态城

7. 人与自然的和谐——可持续性城市设计时期（1980年代至今）

二战后的经济快速发展是建立在化石能源消耗的基础上的，因此给各国的城市环境造成了极大的破坏，典型案例如伦敦烟雾事件、洛杉矶光雾事件等，这些事件唤起了普通公众对城市环境的关注；1962 年，蕾切尔·卡逊（Rachel Carson）的《寂静的春天》才真正唤醒了人们的环保意识；1972 年 6 月 5 日联合国召开了《人类环境会议》正式提出可持续发展的概念；1973 年的石油危机引发了太阳能建筑和城镇建设的热潮，注重城市资源和能源的保护，可持续发展是当代城市设计的核心问题。

L·麦克哈格的《设计结合自然》倡导在城市规划设计的自然生态基础及其与自然环境的整合方面为城市设计建立了一个新的基准，他的设计目的只有两个：生存和成功，也即为人们营造健康舒适的城市环境。

1992 年 6 月 14 日在里约热内卢召开环发大会，会议通过《21 世纪议程》（Agenda 21）将可持续发展理念带到全球范围的各个城市，由此，生态城市、生态社区建设热潮席卷全球。

可持续城市设计在全球范围内的实践均结合所在地城市的历史、自然及气候环境展开。德国的生态城市建设成就斐然，如弗赖堡成为欧洲绿色之都；在国家层面，以发展中小城市为主，均衡布局并以铁路交通作为城际公共交通主导模式，减少对小汽车的依赖，减少能源消耗；在生态社区建设层面，以中等密度为主，依托城市轨道交通系统和自行车，提倡步行优先，积极运用太阳能等再生能源；在城市及社区绿地等环境的建设上推广适宜技术进行适度建设，广泛采用透水铺装，增加雨水的涵养和下渗，减少对自然环境的冲击，典型案例如弗赖堡的沃邦（Vauban）生态社区和汉诺威的康斯伯格（Kornberg）生态社区。北欧等国家地区在生态社区规划建设上走在前列，特别是瑞典马尔默哈默比生态城、马尔默西港 B01 生态城，以及芬兰、丹麦哥本哈根等生态城案例。

滨海城（Sea Side）——新城市主义的典型案例

我国城市设计的理论与实践

Theory and Practice of Chinese Urban Design

城市设计概念在20世纪80年代被正式介绍到国内，周干峙先生在1981年发表的《发展综合性的城市设计工作》一文中，第一次将“城市设计”理论介绍到国内。1984年吴良镛先生在北京“国际城市建筑设计学术讲座”上做了题为《城市设计是提高城市规划与建筑设计质量的重要途径》的报告，该报告推动了我国城市设计理论的传播与发展。

20世纪90年代，在我国快速的城市建设进程中，城市设计的理论也得到丰富和完善，其在我国城市规划编制体系中的地位逐步提高。在1991年10月1日开始实施的《城市规划编制办法》中，第一次明确写入“在编制城市规划的各个阶段，都应当运用城市设计的方法，综合考虑自然环境、人文要素和居民生产、生活的需要，对城市空间环境做出统一规划，提高城市的环境质量、生活质量和城市景观的艺术水平”。1997年11月，建设部发布的《建筑技术政策（1996-2001）》中特别指出：“建筑创作应配合城市规划，积极做好城市设计，探索有中国特色的城市设计体系”。

然而进入新世纪后，对于城市设计理论也出现了质疑和争论的声音，由于最初的城市设计主要关注于城市空间形式，而缺少对实施管理过程性的认知，导致大量的城市设计项目仅仅停留在一张张漂亮的图纸上。针对实践中出现的种种问题，2006年颁布的新的《城市规划编制办法》中，提出了“淡化城市设计”的思想；2011年城乡规划学成为一级学科时，城市设计被完全地从这一学科中排除，而是作为建筑学的下属二级学科。与此同时，学术界对城市设计的概念也在不断地反思和深化发展。近年来随着将其作为一种“方法”的认知度提高，城市设计在城市规划体系中的地位和作用也日益加强。在2016年中共中央国务院发布的《关于进一步加强城市规划建设管理工作的若干意见》中再度提出要“提高城市设计水平，……，抓紧制定城市设计管理法规，完善相关技术导则”。任何一种理论的发展都是要在挫折中前行的，城市设计自引入我国以来，对其的理解和实践经历了从单纯的三维空间组织艺术到作为城市管理的一种方式，再到综合了多学科、多领域的整合性城市设计概念的发展历程，并将伴随着我国社会的发展进步不断完善。

1. 中国传统城市设计思想的传承

我国的营城思想历史可以追溯到公元前11世纪，当时我国城市规划设计已形成一套较完整的为政治服务的“营国制度”，这种反映尊卑、上下、秩序和大一统思想的理想城市模式，深深影响着后来历代的城市设计实践，虽有继承发展，却“万变不离其宗”。《周礼·考工记》中对王城的设计记载为“匠人营国，方九里，旁三门。国中九经九纬，经涂九轨。左祖右社，前朝后市，市朝一夫。经涂九轨，环涂七轨，野涂五轨。环涂以为诸侯经涂，野涂以为都经涂。”讲的是以宫城为中心，讲究轴线与对称布局，主次分明、井然有序，这种城市格局在今日的北京、西安、开封等城市中依然有深深的痕迹。

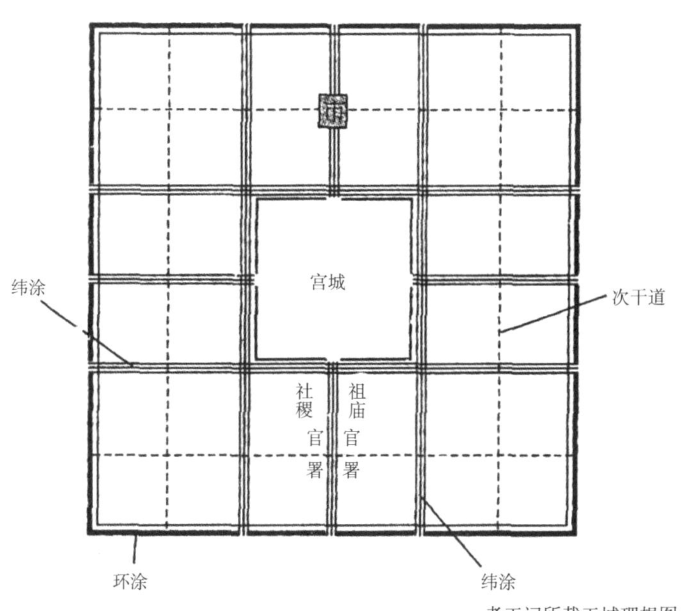

考工记所载王城理想图
（来源：贺业矩，考工记营国制度研究，中国建筑工业出版社，1985）

北京城历经近千年的发展变迁，正是我国传统城市设计思想的一个实践典范。北京城最早的基础是唐朝的幽州城，辽代升格为“南京”。公元12世纪，金人攻败北宋，模仿北宋汴梁的城市形制，在辽南京基础上，扩建为“金中都”，使北京成为半个中国的政治、经济和文化中心。元大都北京的位置由原来全中部的城址向东北迁移，皇宫围绕北海和中海布置，城市则围绕皇宫布局成一个正方形，虽然继承了金中都的传统，但规模更大了。不仅如此，还恢复了一些古代的制度，如“左祖右社”、“前朝后市”等。公元15世纪，明成祖朱棣迁都北京后，又将南面的城墙向南扩展，由长安街移到今天的位置，经过这两次建设，北京城向南移动了四分之一。同时，还将原南北中轴线向东移动了约150m，正阳门、钟鼓楼也随之东移，这样，从正阳门到钟鼓楼的中轴线便彻底贯通。由此形成了北京其后数百年发展的城市格局基础。直至今日北京依然保持着以宫城为中心的向心式格局和自永定门到钟鼓楼长7.8km的城市中轴线。

另一方面，我国传统的营城思想中注重结合特定的自然地理和气候条件，体现了“天人合一”的设计思想。如南京城，其城市具有山环水绕，自然景观与其悠久的历史相得益彰的特色，其主要得益于明初朱元璋以宏伟帝都规制对金陵的建设。南京当时最高的建筑是南郊的报恩寺琉璃塔，最大的工程就是全长33.68km的城墙和它的13座城门。明代南京城设计和建设的一个显著特点就是城与山水紧密结合，相互交融，城墙依山傍水曲折穿行，城内街道呈不规则状，形成中国历史上别具一格的都城布局。

至近代，西方城市规划和城市设计思想逐渐传入中国，我国很多优秀的学者融合了西方城市设计思想与中国古代的营城思想，进一步形成和发展了我国传统的城市设计思想。1946年，梁思成先生在建筑教育中强调了“体型环境”（即形体环境，Physical Environment）的规划设计。认为大到一座城市，小到一个器皿，都是“体型环境”中的组成部分，都要经过很好的设计，这可以说是我国最早的现代城市设计思想。

1980年代，吴良镛先生提出把城市看作供千百万人生活的复杂的“有机体”，是一个“包括社会、经济、文化、政治、法律等多方面问题的庞大的复杂系统”。他的《广义建筑学》，从理论到实践深入探索了城市发展的规律，尤其重视城市的整体性问题，提出“人类的居住环境包括社会环境、自然环境和人工环境的整体”，“而建筑学所包括的内容早已螺旋式地不断发展，大大超过了旧建筑学的领域”，“着重对聚居、地区、文化、科技、政策、建筑业务、建筑教育、建筑艺术等若干问题上对传统建筑学作一定的展拓”。广义建筑学着眼于人居环境循环体系，力求不断提高环境质量；讲求整体环境艺术，最终达到建筑、城市规划、景观的融合，这也是城市设计的思想体现。在北京菊儿胡同“新四合院”空间体系的设计建造中，他提出“有机更新”理论，并在实践中探索北京城市空间的整体秩序。此外，在《广义建筑学》中还充分表达了在设计中，应将宏观的、大尺度的自然山水与微观的建筑构图相结合；将山、水、植物、建筑等自然和人工要素做整体处理；在形式创造上做到“正中求变”，空间布局上做到“疏密相间”;在创作过程中，运用“意境之美”塑造场所，即“虚冥生白”等等结合了中国古代哲学的城市设计思想。

2. 作为三维空间组织艺术的城市设计

20世纪90年代以来，随着我国大规模的城市建设以及对城市景观的重视，城市设计成为学术界的研究热点，诸多专家学者也提出了对城市设计概念的理解。但并没有形成对城市设计概念清晰明确的界定，有时候它指的是一种概念，有时候又指实践过程本身。在对这个词汇的使用中，可以看到对城市设计多种多样的认识和理解：一种理论，一种概念，一种思想，一种意识，一种学科，一种政府管理行为，一种实践方法，一种设计手法，一个设计阶段……

在20世纪90年代初期，对城市设计概念的理解受到西方近代“城市设计”论的倡导者，小沙里宁、西特、吉伯德、培根等的影响，认为城市设计是一种三维的空间组织艺术，是对传统建筑学的发展，以建筑学和形态艺术的方法来设计和塑造现代城市。认为城市设计是对城市形体环境所进行的规划设计，是在城市规划对城市总体、局部和细部进行性质、规模、布局、功能安排的同时，对城市空间形体环境在景观美学艺术上的规划设计。在城市设计中需要着重探讨结构关系、流线活动、形象符号和层次空间四个方面。

同时，也有学者提出城市设计中对“人”的关注。认为城市设计虽然主要涉及物质环境设计问题，但物质环境不仅是建立在经济基础上，受到经济、政策的影响，也是建立在人的心理、生理行为规律的基础上，并影响人的心理、生理行为。城市设计应当以人为先，以城市整体环境出发的规划设计，其目的在于改善城市的整体形象和环境景观，提高人民的生活质量，它是城市规划的延伸和具体化，是深化的环境设计。

虽然这一时期大量专家学者对城市设计的理念进行传播、发展，但是研究多以借鉴和学习西方城市设计理论为主，对国内的城市设计作品缺少针对国情、社会文化条件的理论探索，在城市设计的实践和管理中也存在一定的缺陷。由于在城市设计概念认识上的局限性，大量城市设计实践项目类同于以往所做的“详细规划”，对城市设计的特殊性缺乏研究和认识。城市设计方案以图纸和文本视为成果，多数项目以成果的交付作为终止，而技术人员并没有成为一个完整意义上城市设计过程的主导者，导致大量的城市设计项目成为“雷声大、雨点小”的漂亮图纸，违背了城市设计作为一种提高城市体形空间环境质量的“方法”的初衷。

3. 作为城市管理方式的城市设计

2000 年后，随着城市设计在中国的不断实践和探索，学者们总结实践中的经验和问题，吸收不同领域的理论和实践的新思想，对城市设计的概念进行了拓展，认为城市设计不仅仅包含三维的空间形式，也包括了城市总体的形态架构、城市要素系统的设计，并且作为一种具有目标针对性和可操作性的城市管理方式。

城市设计所涵盖的范围非常广，它不仅是一门社会科学，也是一门艺术。从另一层面上看，它是工学的，也是人文学和美学的；它是知性的，也是感性的。因此，对这一学科的研究应是“融贯的综合研究”，只有这样全局性、长远性的研究，城市设计才具有指导城市建设的可操作性。城市设计在客观现实的理性分析基础上，不仅需要对各种层次的体型环境进行创造性的设计，更需要形成相应的政策框架，通过对后续具体工程设计（包括建筑设计、景园建筑和环境设计、市政工程设计等）的作用予以实施。因此，有学者认为城市设计是一项连续的决策过程。城市设计表达的是形体环境的设计，但往往受到社会、经济、技术等多种要素的直接作用，城市设计的运作充满了公共权益与私人利益之间的协调和整合，是一个连续复杂的动态的决策和作用过程。城市设计是通过一种进化的方式达到城市空间的必要的变化，其目的是通过提升城市空间系统的自组织机能，实现城市空间的可持续发展。

城市设计的实践任务是对设计实践活动的设计，它是城市形成良好形态的手段，这种手段包括行政体制、程序机制、管理政策等，而惯常的设计手法和设计方案仅仅是其中一个组成部分。城市设计的任务是：结合技术、社会和艺术的考虑，通过设计、评价、控制、维护对城市空间组织进行协调，从各个方面影响城市空间发展，这是一个连续的过程。在 21 世纪初，王建国先生对城市设计概念进行了总结，认为可以从理论形态和应用形态两个层面进行理解。理论层面的概念理解多重视城市设计的理论性和知识架构，审慎地确定概念的定义域和内容，力求从本质上揭示城市设计概念的内涵和外延。这一理解一般较多反映研究者个人的价值理想和信仰，不依附于来自社会流行的某种看法和观念。应用层面的理解一般更多地关注为近期开发地段的建设项目而进行的详细规划和具体设计，城市设计决策过程和设计成果，以及现实目标的针对性和可操作性。

4. 作为整合性理论的城市设计

随着 21 世纪能源危机、气候变暖等一系列环境问题的日益凸显，生态城市、紧凑城市、弹性城市等等城市发展建设理论也逐渐融入城市设计的概念中。此外，信息技术的快速发展催生出大量新一代的城市规划技术，如地理信息系统、大数据等，城市设计的技术手段因此得到了极大的丰富和扩展。城市设计的概念已经无法用单一的一种理论或解释进行定义，而是一门不断发展和整合的理论。当前对城市设计概念可以归纳起来包括以下几类观点：

环境设计论：认为城市设计就是综合环境设计，更深入的解释就是对城市体形环境进行设计。

系统设计论：把城市设计分为三个不同层次的设计范畴：①项目设计；②系统设计；③区域设计。即涵盖了从微观、中观到宏观等层次的城市设计内容。

过程设计控制论：把城市设计分解为不同的设计阶段，包括调查、分析、评判、设计、实施和管理等阶段，并且各个阶段具有循环的特征。

决策论：认为城市设计是一系列的公共决策的制定及实施过程。

要素组织论：认为城市设计是对城市中形形色色的活动要素及其相互关系的组织与协调。

融贯学科论：把城市设计看成是社会、人文艺术等学科与工程、技术学科的融合的知识体系；等等。

城市设计理论在中国的发展可以总结为，从较为单一的、具象的关系层去解决形体环境的问题的传统城市设计概念，发展为越来越关注从较抽象的层次来研究要素对环境的作用与影响的现代城市设计理论。当今的城市设计的概念内核虽然没有大的改变，而它的关联层与知识体系的外延则越来越广阔，未来的城市设计学科将是一门不断在发展中实现延异与整合的学科。

城市设计的内涵与外延
Connotation and Denotation of Urban Design

从国内外城市设计理论与实践的发展进程可以看出，城市设计在学术研究中取得了较为丰硕的成果，在城市建设实践中也逐渐发挥了重要作用，但也不可避免地存在一些欠缺。在理论研究层面，城市设计的主体评价标准不清晰；在开发建设层面，城市设计往往被看作建筑设计前期的规划设计铺垫；在规划管理层面，城市设计地位尴尬，无法有效衔接法定规划体系；在技术方法上，大量新技术的出现使城市设计的本体目标（公共空间塑造）逐渐淡化，对其可执行的评价标准争论增多。面对当前城市设计的快速发展，上述问题必须得到及时厘清，才能保证城市设计的健康和可持续发展。

1. 城市设计基本概念

城市设计的概念自提出以来，众多学者从多样化理论思维和多方面的研究视角中提出了不同的解释。一种理论认为城市设计指人们为某种特定的城市建设目标所进行的对城市外部空间和形体环境的设计和组织。作为近代城市设计理论的倡导者，E·沙里宁在《论城市》一书中对城市设计含义归纳为："城市设计是三维空间，而城市规划是二维空间，两者都是为居民创造一个良好的有秩序的生活环境"。持类似观点的学者还有曾主持费城和旧金山城市设计工作的E·培根，他认为"城市设计是专门研究城市环境的设计形式"，城市设计的目的就是满足市民感官的"城市体验"（Urban Experience）。K·林奇在《一种好的城市形态理论》（A Theory of Good City Form）一书中提出"城市设计的关键在于如何从空间安排上保证城市各种活动的交织"。

另一种城市设计概念的观点是：城市设计是对形态特色成长的长期管理和引导手段。曾任纽约总设计师、宾州大学教授的巴奈特(J. Barnett)曾指出："城市设计是一种现实生活的问题"、"城市设计是设计城市而不是设计建筑"，他认为：我们不可能像柯布西耶设想的那样将城市全部推翻而后重建，城市形体必须通过一个"连续决策过程"来塑造，所以应该将城市设计作为"公共政策"(Public Policy)。美国学者哈米德·胥瓦尼(H .Shirvani)不仅强调城市设计过程中的政策方面，还进一步指出城市设计政策对于传统规划的阐释，"城市设计必须以新的方法，在更广泛的城市政策框架下发展起来的文脉中，融入传统物质规划和土地使用规划"。

综合以上的观点，在《中国大百科全书》第二版中对城市设计的解释是"现代城市设计，作为城市规划工作业务的延伸和具体化，目的在于通过创造性的空间组织和设计，为公众营造一个舒适宜人、方便高效、健康卫生、优美且富有文化内涵和艺术特色的城市空间，提高人们生活环境的品质"。因此城市设计是从整体出发，综合考虑城市功能和形态的城市三维空间设计，城市设计的目标是塑造空间秩序、延续城市文脉、提升城市活力、活化城市意象、延长城市生命周期，城市设计是塑造城市形象风貌的过程，是一项长期的、综合多学科领域的、反复渐进的城市运作管理过程，城市设计是提高城市规划工作水平的手段和工作内容。

2. 城市设计的目标

在全球化的背景下，我国经济水平的迅速提高，带来城市建设的快速发展。在发展过程中，逐渐显现出一些较为突出的城市问题。如城市记忆淡薄、环境形象无序、城市面貌趋同等现象，城市正面临着一场文化危机。城市设计发展至今，其目的不再是盲目的进行城市建设，而是通过明确的设计目标实现合理有效的设计控制。寻找更有秩序、个性鲜明、彰显特色、具有内涵、充满活力的城市可持续发展之路。

（1）塑造空间秩序

城市空间本身具有多样性。罗伯特·克里尔认为方形、三角形、圆形三种基本形式和空间立面共同组成复杂多样的城市空间。城市空间的运动变化也表征了城市的发展历程，是建立在时空观基础上的发展变化。城市在不同时期、不同经济状态下呈现不同的空间秩序。城市各阶段建设发展过程中应有相应的与之和谐统一的空间秩序。城市设计的目标是建立科学的、可行的、合理的，被当代人们所喜爱和欢迎的空间秩序。

（2）延续城市文脉

城市文脉是指城市中人与城市元素之间、城市元素与文化之间的内在关联。包括人与建筑所建立的关系、建筑与城市之间的关系、城市与文化背景之间的关系。城市文脉是城市的灵魂，是城市生命力得以延续的支撑力。城市设计通过对人的心理研究，对城市历史文脉的梳理，对城市各元素与人之间的内在关联的挖掘，转化成城市文明与物质空间形式，对其特征进行保护和强化。舒尔茨对城市文脉的理解，是基于对场所的认知基础之上。他认为城市空间可以理解为场所的概念。场所包括自然环境、人造环境。场所同空间一样具有运动发展的特性。舒尔茨指出，在特定时期和特定地段内，人们在场所中进行生活的方式表征了场所本身的特征。因此，城市空间作为人们与外界联系的空间载体，是具有物质形式特征，更具有潜在的精神内涵。所以，城市空间的可持续发展，不仅需要对空间物质形式的延续，更需要对社会精神的延续。通过保留建筑符号、文化特征、民族特色、生活方式等内容，保护和延续城市文脉，使城市更具地方特色，避免千城一面，使城市更有竞争力。

（3）提升城市活力

城市是一个复杂的有机体，城市的发展运行过程就像一个复杂生物体的生存过程。生物体需要不断地摄入能量，以激发体内的活力，才能更好应对外界的变化。城市有机论指出城市具有生命力的特性，城市健康长久的发展需要保持其应有的城市活力。城市设计的目的是为人类提供舒适合理的城市空间。提升城市空间活力，也就是相应提高人们生存体验，提高生活品质。有活力的城市空间能够吸引更多的人愿意参与其中，人的参与又可以提高人气，提升其活力。在城市设计中，通过对人的心理、邻里关系、空间尺度、人的行为等内容的研究，营造空间多样性，建立空间活动的可能性，创造人们接触的机会，以提高城市活力。例如有些项目通过增加街道小商铺，增加街道活动，减小街道尺度，增加居民接触机会等方式提高城市空间活力。

（4）活化城市意象

城市意象是城市反射到人体大脑中的意象。是人们对城市环境中的物质形式、精神文化等领域的认知感受。城市并不是单纯的物质存在，凯文·林奇认为人会不自觉地对环境的感知对象加以组织和秩序化，形成特定理解。每个人对城市的理解不可能完全的同一，但具有一定的相似性和统一性。城市设计中对城市意象的塑造是设计工作者对城市物质、精神内涵的认知和表达。这种认知是应该尽可能接近大众认知。所以，城市设计要充分考虑大众对城市意象的理解，通过分析人的环境心理去分析城市空间形象。以建立易识别记忆、有秩序、有特色、个性突出、结构清晰的为大众所接受的城市空间，来强化城市记忆和市民归属感。在城市设计中，影响城市意象的元素有很多，如林奇提出的路径、边界、区域、节点、标志，甚至还包括文化、色彩、材质、场景等诸多内容。例如雅各布斯在《美国大城市的死与生》中指出小孩在街道玩耍的镜头让人记忆深刻，给人一种特定的空间感受，说明城市意象并不一定是静止的物质，而是营造的一种场景。

（5）延长生命周期

城市有机体理论指出，城市的发展活动过程同自然界的任何一个活的有机体的生长过程相似。因此，城市如同一个生物体的新陈代谢，也具有生命周期，城市需要经历不可避免的更新发展。所以，我们可以这样理解：城市的一个生命周期，等同于有机体的一个生命周期。城市设计的目的是通过研究城市中各细胞之间的特征关系，调整细胞存活状态，及时更替老细胞，延长城市生命周期。此处有机体与细胞之间的关系，是包括宏观层面的城市与社会环境之间、城市与经济条件之间、城市与文化背景的关系，也包括微观层面的城市与城市内部构成要素之间、要素与要素之间的关系。延长城市的生命周期，也就是提高城市生命力，使城市健康有序地发展，走可持续发展之路。格迪斯在《演变中的城市》中指出，城市是在空间上的物质存在，也是时间上的历史构成。城市的这种时空观，是让我们重视对城市发展规律的研究，不仅要研究过去时空下城市的发展历史，还要研究当前时空下城市的发展规律，更能预测未来时空下城市的发展方向。历史证明，摊大饼式的城市扩张，无节制的城市蔓延，不仅是对资源的浪费，更是造成城市走向衰败的重要原因。城市设计就是对这种盲目的扩张做出的科学的控制，使城市走向有序、健康、可持续的发展，延长城市生命周期。

3. 当代城市设计发展

（1）纳入调控体系的城市设计

纵观城市发展建设史，城市设计的发展在不同的历史阶段呈现出不同的特征。工业革命以前，城市规模比较小，城市几乎都以建筑的方式进行设计和建造，建筑师自然成为城市设计工作的主要承担者。工业革命以后，新的生产关系和新的交通形式促进城市的不断扩张，于是从新的生产关系入手，国家和政府以土地利用管理的方式推进城市规划工作，城市规划也逐渐和社会经济规划相结合，成为一种国家宏观控制手段，而城市设计则承担起城市环境设计和公共空间设计的任务。第二次世界大战以后，由于经济的飞速发展，城市功能和市民的需求也发生了变化。城市不仅是人们赖以生存的物质环境，也是精神场所和生活摇篮。因此城市设计涵盖的范围越来越广阔。在外延上，它包含了城市总体发展目标、规划设计、建筑建造、建筑的使用管理和更新改造的全过程。城市设计更倾向于建立以改善生活为目标的城市生长周期的经营策略。内涵上，城市设计更关注“人”的问题，关注城市居民心理和生理的交互作用。与传统城市设计相比，现代城市设计的对象包含物质环境设计和社会系统设计两个层面。因此城市设计作为社会系统设计，它表现为政治、经济、法律的连续决策过程和执行过程。在这种功能要求下，城市设计逐渐演化为通过一系列调控体系来控制城市规模、形态的干预手段，以期塑造更为理想的城市环境。

近20年来，以调控体系作为城市设计的主要手段在欧美国家都进行了广泛尝试，发展出了一系列技术调控方法。英国城市设计政策包括城市景观、城市形态、公共空间、使用活动等各个层面，同时还涉及城市设计的运作程序、实施方式以及检验评估等阶段，美国的城市设计则通过与区划法的密切配合，对城市整体形态和空间形式进行引导。

我国城市化进程发展较晚，因此在20世纪末形成了以开发为主导的城市设计高潮，造成很多城市开发过度以及城市个性的丧失。我国的行政管理方式较之欧美国家对城市发展的调控力度较强，应该利用这一特征，做好城市设计转型工作，塑造更多自身文化特征鲜明，景观环境优良，居住空间宜人的城市。

（2）可持续发展的生态城市建设

生态城市思想发展起源于20世纪80年代，中国传统人居思想和欧美早期的田园城市理念、公园运动等都为该思想的提出起到了推动作用。生态城市从广义上讲，是一种新的文化观，是以生态学原理为基础建立起来的社会、经济、自然协调发展的新型社会关系，是对于环境资源可持续利用的新型生产和生活方式。

生态城市思想在城市设计中表现为三个层面：首先在城市层面上，将城市个体放在区域资源的大环境中去考量自身问题，城市规模和发展必须控制在合理的生态承载力以内，城市的集聚和布局应结合自然地理空间特征，开发应与生物生长循环相适应。其次，在城市内部，应按照生态原则布局城市结构，预留充分的开放空间，便于提升城市经济生态结构的自组织能力，同时利用城市管理运作，建立合理的生活标准，降低交通、生活、工作、游憩的能耗，鼓励资源的循环利用。第三，微观层面上以城市社区为生态城市的基本组成细胞，提高其自我调节能力，以小规模、集中化的混合使用方式促进其长期发展，以生态可循环，充满活力的社区组织形式使其成为生态城市建设中具有高效调节能力的独立层次。

在生态城市的实践中，一些国家政府和社会组织在不同地区进行了多种尝试，其中以巴西的库里蒂巴、丹麦的哥本哈根、美国的克里夫兰最为知名，并总结了丰富的可用于实际操作的经验。巴西的库里蒂巴被认为是世界上最接近生态城市的成功范例，土地利用和交通组织相结合是其成功策略之一，整座城市沿5条结构轴线向外进行走廊式开发，城市外缘是大片线状绿地，城市交通采用公交优先策略，将混合利用的土地紧密地联系在城市的轴线上，紧邻轴线的土地开发强度最高，越远越低。这种低能耗，低污染的布局模式使城市环境质量大大提高。

我国生态城市的研究起始于生态学界，对于城市规划与设计的技术性指导还不够全面和深入，但生态城市和绿色城市的理念在设计界已经逐渐成为共识，相信在不远的将来，我国生态城市的实践工作必定会有长足的发展。

（3）功能有机结合的新城市主义实践

新城市主义的崛起顺应了当代北美城市的社会生活，随着社会经济的发展，一部分社会精英阶层在充分享受了郊区别墅和大尺度庭院之后，渴望回到城市中，享受既有充满现代文明的城市资源，又有乡村宜人环境的新形态社区生活。在这种社会需求下，一种在微观层次上将居住、工作、交通、游憩等结合在一起的新型社区应运而生。新城市主义的两种代表性模式是TND（Traditional Neighborhood Development），即“传统邻里开发”模式，以及TOD（Transit Oriented Development），即“以公共交通为导向”的开发模式。TND模式重在城市设计，规划区域具备以下特征：社区由若干邻里组成，邻里之间由绿化带分隔，每个邻里规模大约16-18hm^2，半径不超过400m，保证大部分家庭到邻里中心广场、公园和公共空间的步行时间在5min以内。TOD模式同样强调社区土地的混合使用，以公共交通为核心将居住、零售商业、办公和公共空间组织在一个范围不超过600m的步行环境中，每个TOD相对独立，多个TOD用公共交通组成为一个合理框架，而TOD之间则用大量绿化和开敞空间衔接。新城市主义最为知名的代表是佛罗里达州海滨城，它由TOD构成的自由生长、逐步衍化的框架体系使城市生活更具有灵活性、任意性和多情景性，城市中没有宏大场景，而是更关注构成市民日常生活需要的元素，这种亲切尺度有效地创造了社会公共空间和生活场所。

对于我国现阶段的发展，新城市主义提倡的适度社区规模、创造可识别性和领域感、鼓励土地使用多功能混合和公交优先、创造丰富多彩的社区生活等主张是很值得我们借鉴的。

（4）多学科合一的城市设计

今天的城市作为一个开放而又复杂的巨大系统，其各种问题远非城市设计能解决的，基于这一点，当今的城市建设更倾向于将城市设计作为一种统筹建筑、景观、规划三个学科的方法，利用多学科综合优势，创造一种建筑，园林和城市三位一体的整体城市环境。在历史上，三者融合曾经创造出了无数优美的城市和乡镇，中国的传统园林，就是“园”、“宅”不分，建筑与景观高度融合，“山水城市”的理念就是将城市作为一个大景观来整体打造，美景无处不在，建筑的观念也特别模糊，有些城镇就是一组大建筑。同样，在西方历史上，17世纪的法国巴黎凡尔赛宫也是如此，将建筑和园林作为一个场景进行统一设计建造。吴良镛先生提出的“广义建筑学”概念，延展了建筑学的外延，从理论内涵上讲，就是将建筑、地景和城市的理念融合在城市设计之内，将城市设计转变为一种多学科结合的设计创造。

今天的城市形态，市民结构，经济发展，社会问题日趋复杂，城市设计不仅融合了建筑、景观、规划三个学科特征，为了更好地促进社会发展和引导城市建设，城市设计更广域地结合了多种城市研究理论，包括社会学、政治学、经济学、心理学、行为科学、生态学、地理学等。城市设计在多学科优势整合的基础上，汲取新学科营养，这是当代城市发展的需要，也是当代城市设计创新的根本思路。

（5）未来城市的广泛探索

对于未来城市的广泛探索一直是城市设计发展的驱动力之一，从古希腊柏拉图的《理想国》，到英国人莫尔的《乌托邦》，再到“田园城”、“光明城”和“广袤城”，人们对于美好城市生活的探索推动了城市设计的不断发展。当代城市设计领域对于未来城市形态的研究，以美国和日本两国发展最快，其对于城市研究和实践结果主要分为三种类型，即“全球城市”，或称为“国际性城市”、“地球村”理论，以及“信息城市”。还有第三类从环境和资源方向探索的城市理论，包括“生态城市”、“仿生城市”、“步行城市”和“水上城市”等。这些城市理论均以科技发展和城市资源消耗作为研究基础，而美国物理学家詹姆斯·特拉斐尔却认为，未来城市发展不存在任何技术上的问题，城市设计根本要思考的是“人应该如何生活？”以及“都市应该是什么样子？”的问题，而恰恰这一点是最具争议的，并且是任何人都难以把握的。

天津城市设计特征
Characteristics of Tianjin Urban Design

天津的城市设计编制与管理实践，是较为典型的政府主导与市场机制相融合的模式，其城市设计编制具有鲜明的管控性和包容性特征。首先，改革开放以来，天津市历届市委市政府都高度重视城市规划工作，尤为注重城市特色风貌的塑造，使得城市规划与城市设计的管理和技术实施一直以来都具有明确的“执行力”；其次，天津市在城市规划及城市设计管理上形成了政府—规划管理部门—技术服务机构—建设管理监督实施机构等自上而下一体化的垂直式管理模式。让政令转变为建设中可以操作实施的规章、程序与技术手段，使得从管理到技术能实现可操作、可复制与可推广。确定目标后，管理的执行在规划、建设环节得以充分落实，行业各界严格遵循政令到技术规范的严肃性。充分、高效的规划管理实现了城市软实力的升华。最后，以天津大学为代表的一批教育、科研与技术机构均积极服务于天津的城市建设中，配合规划建设管理的手段，让设计、研究与实践形成融合与互动。近年来，天津的城市建设成就令人瞩目，其依托自身发展条件，融合城市资源和区域优势特色，结合中心城区历史保护与有机更新、滨海新区开发开放建设的目标需要，以一系列的城市重大建设和更新项目为契机，融合国际先进的城市设计理念，在城市设计的方法、管理、实施技术层面成功总结了一套具有地方特色的技术路线，这些经验也可以称为中国现代城市设计实践的“天津模式”。其城市设计实践主要表现为如下特点：

1. 强化政府主导，创新管理机制

自21世纪初城市进入快速发展阶段以来，天津经过不断探索，形成了政府主导管控、市场广泛参与的城市设计机制。通过在规划编制技术管理上的改革，尝试将法定规划与城市设计编制进行融合的探索之路。结合国家和地方城市建设政策导向，力图实现天津城市设计与城市总体规划、控制性详细规划等法定规划和规范的结合，形成由决策到编制、管理、实施等环节的系统性城市设计框架，强化城市设计的公共政策属性，展现城市设计的科学性和实效性。

2008年，天津以编制中心城区及各区县总体城市设计和重点地区城市设计为契机，开始城市设计导则编制的研究工作。最终结合国情与可操作性，创新性地提出了“一控规两导则”的实施管理机制，“一控规”即控制性详细规划，“两导则”即土地细分导则和城市设计导则。

天津多年来积极尝试将城市设计导则、土地细分导则与控制性详细规划结合，力图实现城市设计的规范化和法定化，提升规划管理实施效能。2011年，天津市规划局发布《天津市城市设计导则管理暂行规定》，确定编制、审批主体，指导并规范城市设计导则的制定、实施和修改。此后，以“一控规两导则”为依据，天津在其城市建设实践中，增强控规的弹性和适应性，通过导则有效地落实城市设计的意图，促进城市设计与规划管理技术的有机结合。同时，尊重市场规律，维护市民的公共利益。通过构建系统性和弹性的城市设计框架，形成城市设计的可持续发展模式。

2. 注重系统设计，彰显多元特色

江海通津的优越地位，河海双重的港口功能，独具特色的历史文化资源，赋予天津多元并蓄的独特城市风貌。东西方文明在此共生，多元的城市设计思想在此交汇实践。天津历年来通过城市设计的手段，引导和统筹城市形态与秩序，提升城市空间品质，形成城市特色。

进入21世纪，天津市迎来了城市产业东移、转型发展、改善环境与风貌形象、全面建设北方经济中心城市、构建生态宜居城市的历史契机。天津市提出系统性、全方位、规范化的城市设计思路，在总体城市设计、详细城市设计、专项城市设计等层面取得了丰硕成果。在城市设计编制体系中十分关注对城市风貌特

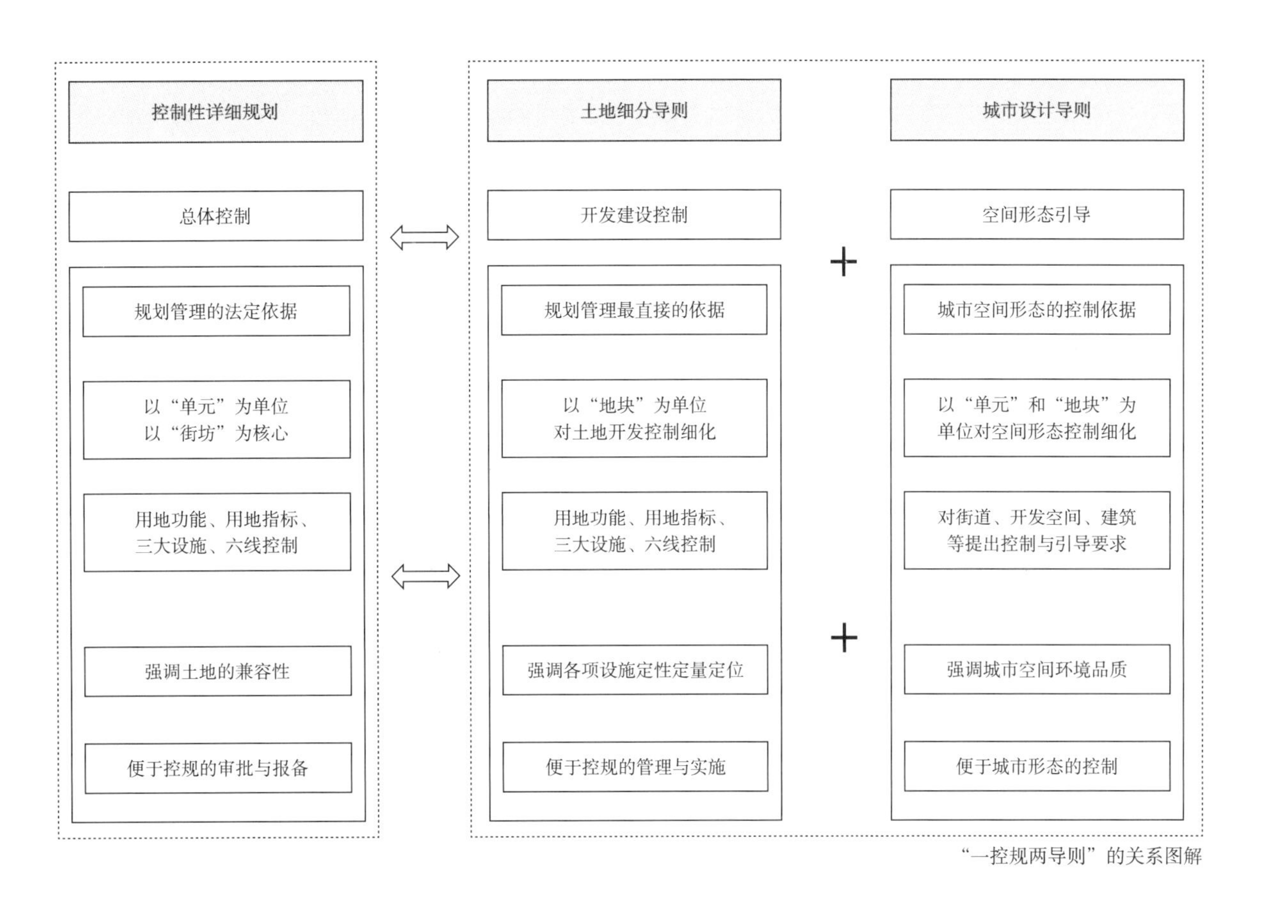

“一控规两导则”的关系图解

色的控制和引导，提出了“古今交融、中西合璧、大气洋气、清新亮丽”的风貌特色构建目标。

在天津市中心城区总体城市设计中强化形成“一主两副、沿河拓展”的城市空间格局，并通过环外六个郊野公园、外围“一环十一园”的大型城市公园等组成的未来城市公园绿地系统，形成城市自然、生态的宜居环境。在滨海新区核心区总体城市设计中，提出建立可认知的“一心集聚、双轴延伸”的城市空间格局和“滨河面海、疏密有致”的城市形态目标。贯穿中心城区和滨海新区的海河作为城市发展主轴，海河两岸地区重点开展了各个层次的城市设计工作，进一步强化海河特色风貌的塑造。结合小白楼、西站、文化中心等重要城市核心节点，展现现代城市意象，形成具有时代创新精神的特色风貌。

通过五大道历史文化街区城市设计、大运河地区城市设计、鞍山道历史文化街区城市设计等对历史街区进行整体保护，尊重原有区域肌理、建筑尺度，延续城市文脉。此外，通过天津市第一热电厂城市设计、天津工业遗产保护规划等设计项目，研究工业遗产的合理保护和利用，对原有工业厂房进行改造利用，延续老工业城市的时代记忆，并通过整体开发，引入新的功能业态，增添时尚活力又不失城市底蕴。近年来，天津市不断研究探讨城市的有机更新方式，通过“泰安道五号院”、“西营门地区更新”、“五大道民园体育场改造更新”等项目的创新实践，在保留城市肌理和文脉的基础上，不断更新重点地区与节点，为市民生活增添新的时尚趣味与视觉感受。

天津市在城市设计的实践中，以尊重城市历史文化为基础，积极探索创新方法和手段，采用城市形态学、建筑类型学及符号学等方法对历史空间特色进行了全面深入的研究，运用有机更新、生态学等理念方法挖掘存量资源，通过空间织补、缝合的手段，激发城市活力，彰显多元城市特色。

3. 体现绿色技术，反映时代特征

天津在城市快速发展的同时，坚持以可持续发展为目标，积极探索城市建设中对生态技术、节能技术、信息技术、智慧技术的综合应用。生态景观方面，采用先进适用技术，对盐碱化土壤进行处理和改良，恢复滨海滩涂生态系统，应用这一技术，生态城区域的土壤性质得到极大改善。能源利用方面，以降低投资、节能减排为目标，强化传统能源利用效率，提高可再生能源利用率。如在“天津文化中心”城市设计中，规划建设集中能源站、屋面光伏发电系统；在“中新生态城”项目中，综合运用地源热泵、光伏发电、水蓄冷、冷热电三联等多种能源供应技术，并发挥了显著作用。水资源综合利用方面，努力推进水资源的优化配置和循环利用，在“新八大里地区”城市设计中，运用低影响开发技术，推进海绵城市建设。

在城市更新与保护中，顺应时代发展，天津市一直积极探索创新手段，结合城市规划、建设与管理运营需要，建立数字化、信息化的城市管理系统。首先，建立“三维立体化管理系统”，对建设项目进行三维空间审核并动态监控。在“五大道历史文化街

区城市设计”中，对五大道地区 2514 幢建筑建立三维数字模型，为全方位、立体化、精细化的规划管理提供强有力的技术支持。其次，强化交通、市政、地下空间、防灾减灾等专项规划的综合研究。如“天津文化中心城市设计”通过建立以地铁公共交通站点、地下商业街区为基点的步行空间和立体交通网络，实现公共交通、市政管网、地下空间、地面景观、室内外空间五位一体的高度整合。

近年来，由规划管理部门就城市规划建设领域的重点、难点问题组织实施的多项目、多批次的重点科研计划，吸引天津市高校与科研机构积极的关注与参与。研究成果在城市管理实践环节发挥了效益，实现了服务社会的目标。天津市在城市设计实践中通过与高等院校、科研机构的紧密合作，把握理论发展前沿，不断提升城市设计的综合技术，将绿色、生态、智慧等理念融入城市发展建设中。

4. 深化专项设计，注重城市效能

遵循城市设计的系统性原则，天津依据自身的城市特点，编制了一系列的专项城市设计，涵盖了历史文化保护、生态环境保护、工业遗产保护、有机更新、道路空间、地下空间等内容，作为对城市设计整体系统的重要补充和完善。通过各个专项城市设计，融合城市生态环境要素和空间环境要素，预留城市生态本底，保护生态用地红线，构建景观生态安全格局，为城市功能的高效运转奠定基础。

通过对天津既有的历史文化街区、工业遗产、历史地段、保护性建筑进行保护、改造和更新，创造与现代城市功能和生活有机联系的城市特色空间。如编制天津大运河沿线地区保护规划，以运河文化为切入点，以世界遗产保护为基本原则，根据大运河天津段的现状条件，进行整体风貌控制，对运河两岸的建筑形态、滨河界面等内容进行重点设计引导，促进大运河周边地区的可持续发展。在西开教堂、鞍山道、中心公园等地区的设计中延续了这一原则，进行了详细的保护与改造规划，充分发掘这些地区的历史价值，以人的需求为目标，使特色街区与城市生活紧密融合，塑造具有活力的城市公共空间。

此外，对主要门户节点、天际线、地下空间、道路空间、社区配套等城市要素进行详细设计指引，进一步提炼天津独特的城市要素特色，提升空间环境效能，为城市公共生活提供有效的空间载体。同时，在城市设计规划编制、建设项目管理等工作中，广泛运用三维可视化技术，作为天津市城市规划管理工作的必要手段和重要依据，显著提升天津市规划管理水平。

5. 重大项目导入，思想开放包容

作为中国北方最大的沿海开放城市，天津自身的文化底蕴和开放精神使其能够吸纳和接受外来的城市设计创新思维，从而更好地服务于天津的城市建设。2007 年，中国和新加坡两国政府确定在天津选址建设“中新天津生态城”，中国正式进入“生态城”时代，助推了全国范围内以生态为目标的城市设计热潮。目前，中新天津生态城的系统化研究和建设已经初见成效，未来天津生态城的建设必将逐步向实效性转变。中新天津生态城也成为国内为数不多的、建设情况较好的国家级生态城市建设典范。

与此同时，天津开始推进中心城区、于家堡金融区、响螺湾商务区等一系列国际知名的重大城市设计项目的编制工作。如天津文化中心吸引了 48 家境内外设计单位;“五大道”保护规划、“五大院”更新改造设计等吸引了来自国内外众多的科研院校和设计机构，形成了具有重大意义的城市设计实践探索，促进了天津城市设计水平的提升。随着“天津文化中心”、“新八大里”等城市更新改造项目的实施，城市设计作为一门综合性的技术，在其中所起到的作用日趋增强，天津也开始探讨城市设计如何纳入法定规划体系，从而与城市规划管理和建设实施进行更有效的对接。可以预见，天津在未来的城市设计理论和实践研究中，必将取得更加辉煌的成绩。

参考文献

[1] 陈天，臧鑫宇，王峤．生态城绿色街区城市设计策略研究 [J]. 城市规划 ,2015,07:63-69+76.
[2] 王建国．城市设计 [M]. 南京 : 东南大学出版社 ,2004.
[3] 沈玉麟．外国城市建设史 [M]. 北京 : 中国建筑工业出版 ,2007
[4] 陈志华．外国建筑史 [M]. 北京 : 中国建筑工业出版 ,2004
[5] 王景慧，阮仪三．历史文化名城保护理论与规划 [M]. 上海 : 同济大学出版社 ,1999.
[6][美] 凯文 · 林奇．城市意象 [M]. 方益萍等译．北京：华夏出版社 ,2002．
[7][英]E.D 培根等．城市设计 [M]. 黄富厢等译．北京：中国建筑工业出版 ,1989.
[8][丹麦] 扬 · 盖尔著．交往与空间 [M]. 何人可译．北京：中国建筑工业出版社 ,2002．
[9][美] 克里斯托弗 · 亚历山大．城市并非树形．严晓婴译．建筑师 ,1985.
[10][美] 克里斯托弗 · 亚历山大著．城市设计新理论 [M]. 陈治业，童丽萍译．北京：知识出版社 ,2002．
[11][美] 刘易斯 · 芒福德．城市发展史 [M]. 宋俊岭，倪文彦译．北京：中国建筑工业出版社 ,2005．
[12]Bacon, Edmund N. Design of Cities[M]. New York: Viking Press, 1974.
[13]Jacobs, Allan B. Great Streets[M]. Cambridge: MIT Press, 1993.
[14]Lynch, Kevin. The Image of the City[M]. Cambridge: MIT Press, 1980.
[15]Lynch, Kevin. The Theory of Good City Form[M]. Cambridge: MIT Press, 1981.
[16]Jacobs, Jane. The Death and Life of Great American Cities[M]. New York: The Modern Library, 1993.
[17] 洪亮平．城市设计历程 [M]. 北京：中国建筑工业出版社 ,2002.
[18]Barnett, Jonathan. Urban design as a public policy[M]. McGraw-Hill Inc., 1974.
[19]Barnett, Jonathan. An Introduction to Urban Design[M]. HarperCollins Publishers, 1982.
[20]Barnett, Jonathan. Redesigning Cities: Principles, Practice, Implementation[M]. Chicago: APA, 2003.
[21]Jacobs, Jane. The Death and Life of Great American Cities[M]. New York: Random House, 1961.
[22]Sassen, Saskia. The Global City: New York, London, Tokyo[M]. Princeton: Princeton University Press，1991.
[23]Peter Hall, Ulrich Pfeiffer. Urban Future 21: A Global Agenda for Twenty - First century Cities[M]. London: Spon Press, 2000.
[24]Peter Katz. The New Urbanism: Toward an Architecture of Community[M]. McGraw-Hill Education,1993.
[25] 齐康．城市环境规划设计与方法 [M]. 北京：中国建筑工业出版社，1997.
[26] 阮仪三．城市建设与规划基础理论 [M]. 天津：天津科技出版社，1992.
[27] 金广君．图解城市设计 [M]. 哈尔滨：黑龙江科学技术出版社，1999.
[28] 王鹏．城市公共空间的系统化建设 [M]. 南京：东南大学出版社，2002.
[29] 李少云．城市设计的本土化 [M]. 北京：中国建筑工业出版社，2005.
[30] 王富臣．形态完整——城市设计的意义 [M]. 北京：中国建筑工业出版社，2005.
[31] 陈天．城市设计的整合性思维 [D]. 天津：天津大学，2007.
[32] 臧鑫宇．绿色街区城市设计策略与方法研究 [D]. 天津：天津大学，2014.
[33] 刘宛．作为社会实践的城市设计——理论 · 实践 · 评价 [D]. 北京：清华大学，2001.
[34] 朱自煊．中外城市设计理论与实践 [J]. 国外城市规划 ,1991,02:44-56.
[35] 陈秉钊．试谈城市设计的可操作性 [J]. 同济大学学报 (自然科学版),1992,02:138.
[36] 王建国．生态原则与绿色城市设计 [J]. 建筑学报 ,1997,07:8-12+66-67.
[37] 刘宛．城市设计概念发展评述 [J]. 城市规划 ,2000,12:16-22.
[38] 张庭伟．城市高速发展中的城市设计问题 : 关于城市设计原则的讨论 [J]. 城市规划汇刊 ,2001,03:5-10+79.
[39] 卢济威，于奕．现代城市设计方法概论 [J]. 城市规划 ,2009,02:66-71.
[40] 王建国．21 世纪初中国城市设计发展再探 [J]. 城市规划学刊 ,2012,01:1-8.
[41] 徐苏宁．设计有道——城市设计作为一种 "术" [J]. 城市规划 ,2014,02:42-47+53.
[42] 童明．扩展领域中的城市设计与理论 [J]. 城市规划学刊 ,2014,01:53-59.
[43] 陈天，臧鑫宇．新型城镇化时期我国城市设计发展的对策与前瞻 [J]. 南方建筑，2015 (5) :32-37.

MAKE THE BEST USE OF CIRCUMSTANCES

Tianjin Urban Design Development

CHAPTER 2

第二章

因势利导

天津城市设计发展历程

引入阶段——城市格局的形成

兴起阶段——城市结构的确立

繁荣阶段——城市风貌的塑造

天津为退海之地，约在 4000 年前露出海面，隋朝修建京杭大运河后，在南运河和北运河的交汇处，史称“三会海口”，是天津最早的发祥地。天津河网水系发达，有“七十二沽”之称，自古因漕运而兴起。600 多年前，天津设卫建城为天津确立了河海通津的城市基底，开埠后，各国租界形成了天津夹河而立的总体格局，从而造就了天津中西合璧、古今兼容的独特城市风貌。

追溯天津城市发展历程，城市设计的发展是一个与天津城市发展特征高度契合的演变过程。而近年来，天津市作为国内最早开展城市设计实践的城市之一，如何运用“法定的、高水平的、管用的城市设计”来引领城市建设，塑造城市风貌特色，提升城市空间品质，保障城市可持续发展，是天津多年以来城市设计工作始终追求的目标。天津的城市设计工作，从编制、管理、实施各个环节始终结合城市发展的实际需求，不断探索和拓展城市设计运作的内涵和机制。

引入阶段——城市格局的形成
Initial Stage: Formation of the City Pattern

1. 封建社会时期：天津卫的中国传统城镇风貌

从明永乐二年（1404 年）明成祖在三岔河口西南处设卫筑城起，天津城揭开了历史的篇章。卫城整体布局符合传统的河港城市形态，可概括为“一城”“一市”：“一城”是指老城厢，城垣呈 1.5 km × 1.0 km 的矩形，布局为“方城十字街”形式，中建鼓楼，高三层，四面穿心，通四大街。城里建有镇、道、府、县等衙署，还有文庙、城隍庙等公共建筑，集中布置在东西中轴线以北，以南主要是民居建筑。“一市”在城外的发展明显快于城内，紧靠南运河和海河的城北、城东地区是商业区，商业区沿东西向发展。这种“官府衙署、卫戍机构在城内，商贸活动在城外”的局部封闭、总体开敞的空间格局，是历史上天津独具特色的地方。

由于地处北方水陆要冲和漕运咽喉，明代漕运得到了更大的发展，促进了造船业、河海运输业的崛起，而交通业的发展又促使盐业、商贸、手工业等迅速发展，经济开始急剧繁荣，到明代中后期，天津已经初步发展成为北方商品的集散地、重要的工商业大商埠。

明末清初，中国封建社会发生了变化，商业经济和资本主义开始缓慢发展。在这种历史背景下，作为河口都市的天津也随之发生显著变化。这期间的短短七年中，天津从“天津卫”升格至“天津州”再升格为“天津府”，下辖六县一州，政治建制的一升再升，表明了天津政治、经济地位日趋提高。

清朝初年的天津，河、海、陆交通运输业高度发达，成为规模巨大的河漕和盐业的储运枢纽，商业和金融业快速发展，同全国甚至海外的经济联系空前密切，洋行、钱铺等国内汇兑业首先在天津出现。而各地商旅纷纷放舟北洋，对天津城市发展起到了重要的催化作用。船户、盐商、铺户、鱼贩等主要集中在东门外、北门外、东北角、西北角，城内主要是衙署和居民，这反映出天津的发展和水路交通的关系。由于城北毗邻南运河，城东紧靠海河，东北角是南北运河汇流入海河的三岔河口，因此，城北的针市街、估衣街等，以及城东的宫南、宫北大街等都成为繁华的市井。同时城外居住区也迅速扩大，以三岔河口为基点沿海河发展，与城内连成一片，初步形成月牙形的带状城市布局。

在这个时期天津文化繁荣，集中表现为寺庙众多，为全国罕见，其中以城东南最为密集，城市空间呈现出沿海河两岸向入海口方向发展的趋势。建筑以明清建筑形制为主，其中民居多采用北方四合院形式，建筑色彩以青砖灰瓦为主，辅以天后宫、鼓楼等宗教礼制的砖红色建筑。

从城市布局形态方面来看，天津从最早的原始聚落发展到能够筑城设卫，其职能之所以能够不断升级，除了其作为首都门户这一特殊地位外，九河下梢的自然地理特征是同等重要的原因，并且在其后相当长的时期内，这一自然地理特征成为支撑天津城市发展的主要动因。虽然后来海运逐渐兴起并在南北物资交流中起着重要作用，但其对城市发展、对城市布局形态的变化并没有起到特别重要的作用，城市一直以老城为依托、以三岔口为支点沿海河特别是沿南运河向海河上游方向发展，这不但与一般平原城市用地以老城为中心扩张的规律不同，也与开埠以后城市用地的发展方向有着明显的区别。

到开埠前，天津的社会性质仍然是封建社会，作为一个局部封闭、总体开敞的封建贸易城市和华北的经济中心，人口已达 30 万，建成区面积达 4.5km^2，是京畿第一大城市。

2. 九国租界：引入西方先进的城市设计理念

1860–1900 年间，天津出现了英、美、法、德、日、俄、意、比、奥九国租界。第二次鸦片战争迫使清政府签订了中英、中法《北京条约》，天津开埠成为通商口岸。英国最早划海河西岸紫竹林、下园一带为英租界；次年，法、美两国在英租界南北分别设立租界；30 年后，邻美租界开辟了德国租界；随后的两年，日本在法

1846年寺庙众多文化繁荣的天津城厢图

租界以西开辟了租界，英国也强行将其原租界扩张至南京路北侧；1900年八国联军入侵，俄国在海河东岸大幅圈地划作租界，比利时随后划定租界；同年在俄租界以北开辟了意大利租界；奥匈帝国在意租界以北划定租界，与此同时，英、法、日、德四国又趁机扩大其租界地；美国将其在天津的租界并入英租界；至此形成了九国租界聚集海河两岸拼贴并置的总体格局。

到20世纪30年代，九国租界占地达到15.57km^2，相当于1840年天津建成区的3.17倍、城厢区的9.98倍，城市以海河为轴线向东南拉长了近5km。随着西方的科学、技术和物质文明的传入，天津很快成为华北对外贸易中心，租界成为“国中之国”。各个租界区路网皆因河就势，与海河呈垂直或平行关系，各自进行功能布局安排，割据现象十分严重；另外，各国在租界内按照自己的审美标准和使用需求进行建筑活动，从而使各种风格、各种流派的建筑纷纷涌现，逐渐西化的城市风貌弱化了原来的北方传统特色。

原法租界区位于锦州道至营口道一带，街区规划采用欧洲传统古典主义规划手法。在空间格局上，以轴线和中心花园来控制整个区域，笔直的街道尽端多以高大的建筑做底景，如西开教堂即为滨江道轴线的底景，具有很强的辨识度。至20世纪三四十年代，劝业场一带进入极盛时期，街区氛围豪华、恢宏，除商场外，

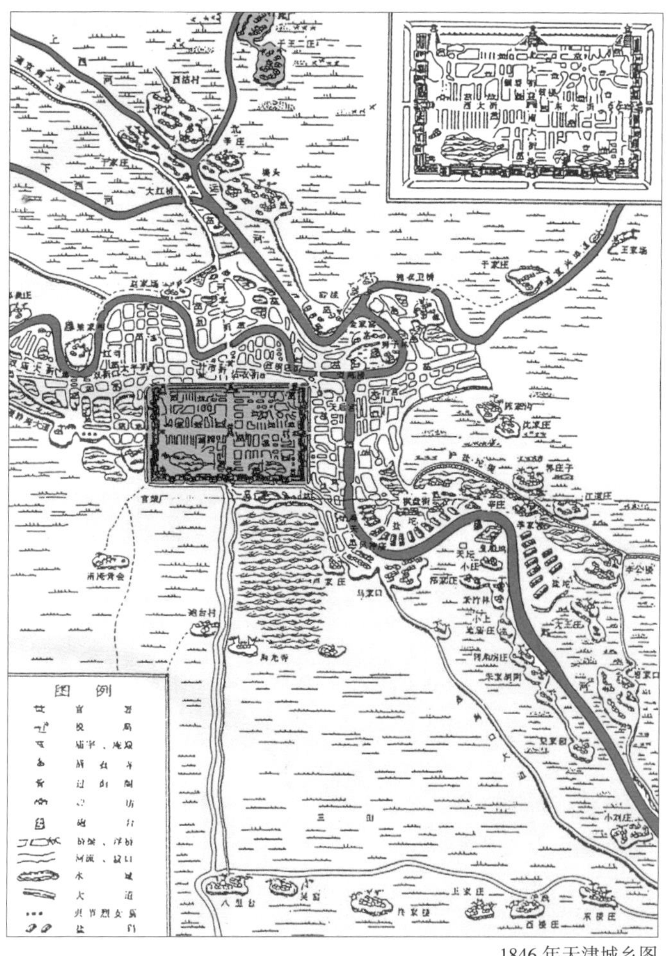

1846年天津城乡图

仅影剧院、饭馆、舞厅等就有 60 家，高楼大厦鳞次栉比，著名的建筑有浙江兴业银行、惠中饭店、交通旅馆、国民饭店、中国大戏院、渤海大楼等，被誉为“东方的小巴黎”。

原英租界区，大体分为解放路银行街、小白楼商业区、五大道住宅区三部分。今解放路（包括英、法、德租界）是租界内较早形成的一条街，既是三国领事馆、俱乐部所在，又是银行业集中的地区，因此在建筑外观上保存了很多西洋古典主义手法，形制完美；小白楼商业区出现在劝业场商业区之前，是由租界里的洋人店铺慢慢聚集而成的，名声最大的起士林西餐厅至今仍是天津人吃西餐的首选之地，还有音乐厅之类的高雅休闲场所；五大道在当时的高级住宅区中规模最大、社会名流最多，其建设受当时田园城市思潮影响，街道略带弯曲，建筑置于绿化之中，神秘而幽静，备受人们向往。

原日租界区位于老城厢以南的南市至鞍山道一带，沿袭日本井字街区布局，方格形街坊，形制规整，街坊尺度较小，建筑多为 2–3 层，建筑为“和风”与“洋风”的混合体，一般室内是“和风”式，室外是“洋风”式。旭街（今和平路）包括了诸多近现代商业娱乐建筑，是中国最早的近现代商业街之一，今日仍然是城市最有活力的商业街。日租界内后又修建了大和公园（今八一礼堂等）和一些豪华住宅。

原意租界区，位于河北区第一工人文化宫一带，顺应地形，采用近似方格路网，马可波罗广场和附近的回力球场、小花园是该区的中心，当时是豪华的住宅区，街区建筑多为 2–3 层。意工部局对建筑要求严格，临街建筑形式不许雷同，加之意大利建筑师普遍艺术造诣深厚，故此意租界内建筑造型优美、风格多样。

奥租界与老城厢仅隔一河，在开辟租界前已形成居民区，在租界划定后，东浮桥大马路（今建国道）两旁商店、戏院、茶园、饭馆等相继建设起来，形成繁华市景。俄租界面积广阔，紧临车站，有较长的岸线，控制了天津水陆交通，成为棉花、粮食、木材、皮货、煤炭等大宗货物的集散地。比租界由于位置比较偏僻，始终未进行成规模的建设，只有英商和记洋行在 1922 年建设了和记蛋厂（今食品一厂前身）。

这个时期，在租界以外也发生了很大变化。八国联军入侵之后，1901 年老城墙被拆除，改建为环城马路。袁世凯任直隶总督后，

日租界的旭街

马可波罗广场

解放桥

金钢桥

开辟了北站和一条自大胡同北端渡河口直通北站的大经路（今中山路），又开辟与大经路直交的纬路，并在这一带建直隶工艺总局、北洋铁工厂、教育品制造所和实习工厂、北洋法政学堂、北洋高等女学堂、直隶高等工业学堂。辛亥革命以后，在大经路两侧以及大胡同地区又出现了许多新建筑，形成繁华街道。南市一带在八国联军入侵之后逐渐建设起来，成为歌楼、酒肆集中的区域。

随着天津城市建设的发展、城市的现代化基础设施也开始发展。1902 年建设西站，之后随着津浦铁路全线通车，西站一带也逐渐发展起来。1884 年仿西式创建铁桥——金华桥，1906 年先后又修建了老龙头铁桥、金钢桥、金汤桥，即天津桥梁史上著名的海河上三大桥。这一时期的城市布局形态虽然也表现为滨河带状特征，但就其内容来看，已经与开埠以前有着深刻的变化和明显的区别。这主要可以归结为开埠以前"滨河"这一特征的内容除了具有依托老城的特点外，向内陆方向即向海河上游方向发展是其主要趋向，而开埠以后，用地向下游方向拓展是城市布局形态变化最明确的指向。

开埠前的天津，多是传统的中国殿宇建筑和明清时期的城市民居；开埠后，随着租界的设立，拥有特权的各国在租界大兴土木，促进天津城市近代建筑有较快的发展。这类建筑功能完备，设计和施工广泛使用新技术和材料。建筑师多以西方建筑理论为基础，在西方不同设计风格的影响下，设计建造出的作品风格各异、形式多姿多彩，成为天津近代建筑的主流。

就住宅建筑而言，九国租界时期天津老城厢及郊区主要受传统北方四合院建筑的影响，其格局还保持着传统四合院的形式，但某些局部或细部受到租界西洋建筑风格的影响；而租界内住宅建筑大都具有欧洲各国当时流行的风格，加上有些部分受中国传统建筑的影响，形成中西合璧的折中主义建筑风格。从类型而言，租界内的住宅建筑分为别墅式的独院住宅、里弄式的联排住宅和少量多层公寓住宅，适合不同收入阶层的居民使用。

在复杂多变的历史发展时期，公共建筑的使用功能也非常多样，既包括寺庙、教堂等多种宗教建筑，银行、洋行、商铺等商业金融建筑，也有工部局、领事馆等办公建筑，还有俱乐部、饭店等娱乐性建筑，学校、学堂等教育建筑，以及一些其他公共设施建筑等。在 20 世纪二三十年代工业大发展时期，还留下许多特征鲜明的厂房建筑。另外由于其特殊的军事地位，还保留有军营等在其他城市十分鲜见的建筑类型。

柏油马路、高楼大厦、新式桥梁、电灯、火车……已随处可见。当时的租界地已成为有钱人的乐园和时尚的天堂，沐浴着近代文明的曙光。

3. 河北新区：百年前的"中西合璧、先进之城"

1901 年，袁世凯接替李鸿章担任直隶总督兼北洋大臣，后接管天津督统衙门，实行新政。当时，老城厢一带已无发展空间，而海河沿岸已被各国瓜分辟为租界，袁世凯决定开发海河上游以北的河北新区，形成与租界区相抗衡的格局。从兴建铁路北站到架设道路桥梁，河北新区大力推进城市建设，与此同时，还修筑了从新车站到总督衙门的大经路，并以大经路作为新区的轴线，规划建设了与大经路平行或垂直的马路，平行者为经路，垂直者为纬路，形成方格网状的路网格局。

经过袁世凯及其后历届政府的苦心经营，河北新区有了很大的改观，包括政府机构、学校、工厂、园林等在内的城市建设各个方面都有巨大的发展。原来的泥坑洼地变成了颇具规模的城区，地价也随之大涨。河北新区的规划建设虽然有着特定的历史背景，但在一个世纪以前，能够自觉地在城市建设中采用西方的现代城市规划理念并很好地实施，是一个非常具有前瞻性的决定，在中国堪称第一，可以说河北新区是中国第一个体现现代城市规划思想的城区。

河北新区的整体规划中，充分体现了现代城市规划中以交通

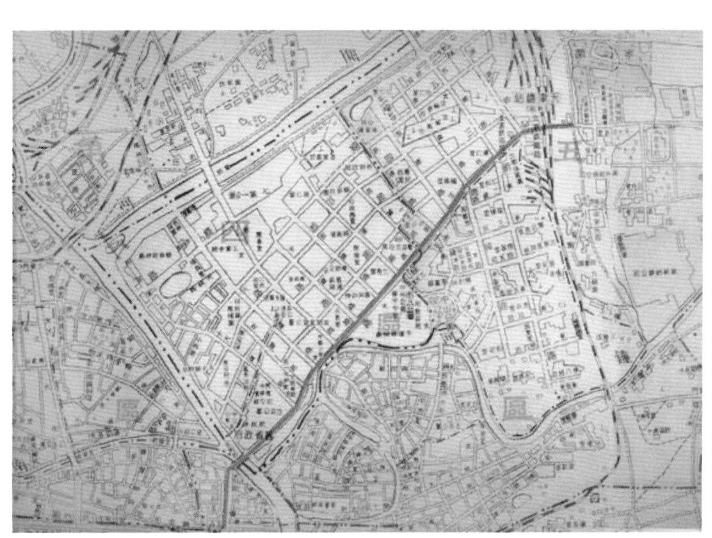
河北新区路网格局图

河北新区建筑

枢纽带动城市建设这一基本的思路。整个河北新区的规划以大经路为主干线，贯穿南北，北部修建火车站天津总站连通京师外省，形成便利的对外交通；南部修建金钢桥，与天津城区内部其他各区相通。同时，在大经路沿线设立重要的行政署衙和公建设施，使河北新区成为一个既交通便利又功能完整的城中城。作为主干道，大经路宽 24m，其设计宽度标准超过当时租界最宽的马路。城市主干道宽阔、通畅、方便，这一点融合了当时西方道路的修建理念。同时，也足以证明当时中国虽遭庚子之祸，而民族未失去自信。这样的建设理念在德国柏林、英国伦敦都可以找到相同的范本，足见当时河北新区的建设已经与世界接轨。

现代城市规划中反复强调的“宜居”原则，在河北新区的规划中有着很好的体现。与大经路向北并行的道路是四条经路，与这四条经路相切，东西向从南至北依次是从《千字文》中取字，以天、地、元、黄、宇、宙、日、月、辰、宿、律、吕、调、昆等命名的 14 条纬路，形成了以主干经路为主，周边配合以高密度辅路的方格网状道路系统。不仅如此，由于当时河北新区内，无论是沿街所建的商铺、政府行政机关，还是民宿设施，大部分都为结构相对统一的平房建筑，这一设计不但大大促进了城区内建设形制的规范与统一，也使得新区内地块分明，道路与街区沿线建筑相互融合，在方便出行的同时，也促进了区域内居民的沟通与交流。

而这种以密集道路连接城区的建设理念，在当时的天津五大道租界区建设中也有十分明显的体现。在当时的西方建设者眼中，这样的设计有助于增加区域内的亲切感。可见由中国人建造的河北新区与依据西方理念建设而成的五大道租界区有着异曲同工的效果，也凸显了当时河北新区与国际接轨的特色。河北新区建成后，当时开发范围大致为东起铁路、西抵北运河、南临金钟河、北至新开河，占地约 $4km^2$。新城作为清朝政府推行新政的重要地段，也承载着当时天津的政治、经济、文化、教育的多功能分区的作用，河北新区的最初规划和后续建设无疑充分考虑到该城区的这一功能。

4. 引入阶段城市设计的思路总结

江海通津的优越地位，河海双重的港口功能，独特的历史演变均赋予天津多元并蓄的独特城市风貌。东西方文明在此共生，使得多元的城市设计思想在此交汇实践，积淀出独具特色的历史文化资源，形成“枕山面海、滨河联湖”的城市空间格局和“古今交汇、中西合璧”的城市建筑风貌。

兴起阶段——城市结构的确立
Recovery Stage: Establishment of Urban Spatial Structure

1.“一条扁担挑两头”奠定空间格局

20世纪80年代中期，根据中国经济社会发展的态势，从分析天津自身的优、劣势出发，编制了《天津市城市总体规划（1985-2000年）》。这是天津市第一部经国家批准的城市总体规划。该规划确定了“一条扁担挑两头”的市域空间布局，整个城市以海河为轴线，改造老市区，并作为全市的中心；工业发展重点东移，大力发展滨海新区，围绕市区，积极发展蓟县旅游风景区和郊县卫星城镇，建设群星拱月的城镇网络体系。此版规划充分体现了面向未来、面向新世纪的时代特征，对促进天津经济社会发展产生了重大而深远的影响，是天津城市规划史上的重要里程碑。这之后的《天津市城市总体规划（1999年）》、《天津市城市总体规划（2006年）》以及《天津空间发展战略规划》，都是从区域宏观尺度，运用城市设计的思想和发展方式，对天津市城市空间格局的不断深化和完善。

2.“三环十四射”确定中心城区发展架构

《天津市城市总体规划（1985-2000年）》中提出了“三环十四射”的中心城区的路网骨架，解决了由原九国租界分割造成的城市布局混乱和各种设施不成系统的问题，逐步改造成比较合理、有利生产、方便生活的城市布局。同时“三环十四射”的路网结构和周边高速公路系统取代了海河成为新的城市聚合要素，构建了天津现代城市的发展骨架。

3.海河两岸综合开发改造开启城市空间形态的整体塑造

海河是天津的母亲河，蕴育了天津的现代文明，见证了天津的发展历程，是天津的形象和标志。海河规划是天津市城乡规划体系的重要组成部分，对全市的经济发展和社会进步具有重大意义和深远影响。

1991-2001年先后编制了五轮海河两岸发展规划以及控制性详细规划。其中海河两岸发展规划按照1986年国务院批复的天津市城市总体规划中对海河的定位，对两岸的工业、仓储等用地进行大幅度外迁和调整，将海河由城市的背面变为城市的正面，确定沿线规划和平路、滨江道中心商业区、小白楼、古文化街、解放北路等传统风貌保护区和几处大型绿地。相应的控制性详细规划，对沿线的用地性质、开发强度、高度控制、绿地率等做了更加详细的规定。

2002年，天津市规划局主动开放天津规划设计市场，引入高水平的设计公司和新的设计理念，组织开展海河两岸的大悲院、古文化街、中心广场、南站等六大节点的城市设计国际方案征集，进一步确定海河两岸文化、商业、旅游的核心功能，开启了城市空间形态的整体塑造进程。明确用3-5年时间，将海河两岸建成独具特色、国际一流的服务型经济带、文化带和景观带，弘扬海河的历史和地域文化特色，创建世界级名河。

4.奥运整治等大型活动促进城市形象系统提升

2007年底至2008年初，为了以大气靓丽的城市面貌迎接北京奥运会（天津是奥运会协办城市之一）和夏季达沃斯论坛的召开，确定了“一带三区五线”作为市容环境综合整治的重点地区（简称为“135工程”，“1”为一条河——海河，“3”为三个地区——天津站地区、小白楼地区、奥体中心地区，“5”为五条主要特色道路，卫国道—十一经路—曲阜道、南京路、解放北路、卫津路、复康路，后增加友谊路、东南半环快速路）。对“135工程”设计的每个地区、每条街道，找准问题矛盾，定准风格特色，做好道路交通、建筑立面、绿化环境、街道设施、夜景灯光等关键细节要素的设计。

在高水平规划设计方案的指导下，城市面貌发生了根本的变化，达到“充分体现深厚的历史文化底蕴、充分体现优越的自然景观条件、充分体现新世纪的现代气息”的显著效果，开启了天津城市形象系统提升的篇章，对天津的城市规划建设产生了深远的影响。

5.兴起阶段城市设计的思路总结

经过一系列项目的探索，城市设计逐步在天津得到高度重视和广泛应用，并推动全国规划界对此深入开展研究与创新。城市设计导则逐渐成为城乡规划编制与管理的一种重要方法，成为城市规划行政主管部分核提规划设计条件和建设工程规划设计要求的主要参考依据。通过城市设计，突破二维的图纸和抽象的控制指标的管理方式，从三维角度对城市形象、空间形态乃至建筑风格、建筑色彩等方面进行精细控制和有效引导。

繁荣阶段——城市风貌的塑造
Prosperous Stage: Shape of the City Scape

1. 完善规划体系、构建城市整体形态

2008 年重点规划指挥部成立，形成以项目为核心的跨部门分工协作的高效工作机制，集中开展重点规划编制、提升和完善工作，进一步推动全市三个层面联动协调发展。通过组织众多规划设计团队，包括 60 多家国内外一流设计单位、400 多名设计人员，完成总体城市设计 21 项、重点地区城市设计 29 项，取得重点规划编制成果 119 项。重点规划包括市域空间发展战略规划，滨海新区、中心城区、各区县及县城规划，市域综合交通、现代服务业布局、工业布局、水系连通等专项规划，示范小城镇及重点地区规划和城市设计。自此，规划体系得以全面完善，并通过城市设计编制的全覆盖，构建城市整体形态，形成规划建设方案视觉化、立体化的审查方式。这是天津规划史上的一次壮举，开创了由逐项规划编制到集中规划编制、由按部就班编制到超常规编制的先河。同年，规划展览馆建成，16 个展区 1 万 m^2 的布展面积，全面呈现了 119 项重点规划编制成果，向市民及公众全景呈现，取得了良好的社会反响。

2. 深入城市设计、提炼城市系统

在城市设计编制全覆盖的基础上，以城市设计为抓手，通过点、线、面结合的方式逐步开展了重点地区城市设计，进一步深化对城市整体形态的塑造。天津中心城区的重点地区分为公共中心区、轨道交通枢纽地区、入市口地区、滨水地区、城市公园及广场周边地区、历史文化街区、特色居住区等七种类型。同时逐步提炼城市系统，针对城市重要空间系统整体或局部所编制的专项城市设计，包括交通空间、慢行系统、绿道系统、视廊系统、河流水系、生态系统和海绵城市系统等，逐步形成整体城市形态下的靓丽风景线。

3. 强化海河乐章、形成特色风貌

贯穿中心城区和滨海新区的海河作为城市发展主轴，海河两岸地区重点开展了各个层次的城市设计工作，进一步强化海河特色风貌的塑造。规划提出推进两岸地区高品质的城市建设，带动滨水地区功能不断聚集，促进城市中心功能不断拓展，有效引导海河上游、中游、下游地区的城市建设。其中海河上游（中心城区段）通过三岔河口地区、古文化街地区、中心广场地区、奥式风情区、津湾广场、泰安道五大院、海河后五公里等地区的城市设计，集中体现天津“古今交融、中西合璧、大气洋气、清新靓丽”的风貌特色。海河中游（天津未来中心段），通过天津行政中心、奥林匹克公园、国际教育园区、世界博览与会展公园、国宾接待中心、国际创智和宜居社区等地区的城市设计集中体现天津未来中心、生态示范的风貌特色。海河下游（滨海新区段）通过于家堡商务区、响螺湾商务区等区域的城市设计集中体现现代创新、面向未来的风貌特色。由此，通过海河形成市域层面特色风貌带。

4. 实施一主两副、突出发展脉络

在完善的城市设计编制体系下，天津市运用城市设计，统领项目一体化实施。近年来随着文化中心、新八大里、海河后五公里地区、西站地区城市设计的逐步实施，中心城区“一主两副”的发展格局进一步形成。在建设实施的过程中，为确保高品质的

城市形象，从横向、纵向两个层面加强管控，横向上，城市设计发挥统筹与引领作用，统筹协调建筑、景观、交通、地下空间、生态等专项设计；纵向上，城市设计贯穿项目各阶段，从设计、建设直至交付使用，全过程跟进，保证项目按规划实施。

5. 北部新区扩展、城市格局变化

2012 年，在天津第十次党代会上张高丽书记提出推动天津市北部新区的发展建设的要求。2013 年 5 月相关领导两次带队考察北辰区，要求北辰区瞄准天津市北部经济中心的目标，推动北部新区建设。天津市十二五规划纲要中将北部新区列为重点发展项目，并提出在十二五内完成天津市北部新区外环线拓圆工程及主要快速路网建设工作。通过推进北部新区规划、南淀公园及周边地区等相关城市设计，为中心城区提供拓展及完型空间，为天津北向发展提供依托，助力京津一体化发展。

同时南站地区、纪庄子地区、绿荫里地区、地铁上盖综合体等其他地区跟进发展，逐步完善中心城区新的城市格局的形成。

6. 繁荣阶段城市设计的思路总结

自 2008 年以来，天津持续推进城市设计的实践和探索，逐步形成并完善了具有天津特色的城市设计创新模式，从自然、历史、人文三个层面全面呈现和塑造城市风貌。通过规划编制、规划管理、建设实施对城市形象进行精细控制和有效引导，取得了良好的建设效果。

IN GOOD ORDER

Tianjin Urban Design Establishment System

CHAPTER 3

第三章

井然有序

天津城市设计编制体系

总体城市设计

详细城市设计

专项城市设计

天津市建立了完善的编制体系，实现城市设计编制的“系统化”。形成以总体城市设计为总纲，以重点地区、重点地块详细城市设计为先导，以专项城市设计为补充，以城市设计导则为实施依据，涵盖各层次、各类型的城市设计编制体系，对全市各地区的空间结构、形态特色、功能布局、交通组织等系统提出较为明确详细的控制引导。

总体城市设计通过对整体空间特色深入研究，建立总体空间骨架，从整体宏观角度对城市特色和自然格局预先控制和约束，形成清晰有序、易识别的城市整体风貌。由此，天津市整体城市格局得到清晰的梳理，逐步完善天津市双城格局，强化中心城区“一主两副、沿河拓展”的城市结构，滨海新区核心区“一心集聚、双轴延伸”的城市结构。

重点地区、重点地块城市设计结合场地特征、功能需求以及人的视觉和心理感受等方面综合考虑，注重研究建筑空间的组合模式，在建筑和环境设计上体现地域文化特点，着力提升城市空间品质，改善城市形象。天津市重点地区可分为公共中心区、轨道交通枢纽地区、入市口地区、滨水地区、城市公园及广场周边地区、历史文化街区、特色居住区等多种类型。其中，贯穿中心城区和滨海新区的海河作为城市发展主轴，海河两岸地区重点开展各个层次的城市设计工作。规划提出推进两岸地区高品质的城市建设，带动滨水地区功能不断聚集，促进城市中心功能不断拓展，有效引导海河上游、中游、下游地区的城市建设，集中体现天津“古今交融、中西合璧、大气洋气、清新亮丽”的风貌特色。

专项城市设计，是针对城市重要空间系统整体或局部所编制的城市设计，包括交通空间、慢行系统、绿道系统、视廊系统、河流水系、生态系统和海绵城市等各城市系统的梳理，同时还包括历史文化街区、工业遗产保护、城市有机更新、社区配套、城市入市口、城市天际线、街道空间、环境整治、地下空间、保护性建筑等各专项研究。

总体城市设计
Comprehensive Urban Design

天津中心城区总体城市设计
Comprehensive Urban Design of Tianjin Center City

天津中心城区规划范围为外环线所围合区域，具有清晰的城市边界。近年来，中心城区以城市设计为引领，全面提升了城市建设水平。城市空间不断拓展，北部新区规划将中心城区范围扩展至433km^2，轨道交通网络建设将带动城市空间结构进一步优化。与此同时，中心城区面临着从“增量式”到“存量式”转变的发展新常态，需要理清思路，进一步引导和统筹城市形态与秩序，提升城市空间品质。

本次总体城市设计，有效地衔接了中心城区总规修编和控规深化，系统性地整合了城市存量土地和现有开发建设，提升了规划管理的水平。同时，明确了城市立体化的三维空间控制引导思路，进一步优化了城市格局，完善了城市形态，保护了生态环境，引导了城市风貌特色的进一步强化。

1. 存量视角下以人为本的总体城市设计

2008年以来，随着国家战略与天津市空间发展战略全面推进，中心城区城市格局不断优化，城市建设水平不断提升。但在从“增量式”转化为“存量式”的新常态下，有的发展模式已经不再能适应现状。例如，城市存量土地的建设与空间结构的关系不够紧密，导致城市结构松散，整体秩序不明确；城市保护与发展的矛盾持续存在；快速发展中新的建设项目控制引导不足，给整体的城市活力和空间质量带来负面影响；社区生活和邻里环境的营造缺失，街道活力不足等。因此，中心城区总体城市设计工作重点是针对近年来新的发展趋势，对城市形态和空间系统进行进一步优化和梳理；结合存量土地开发，进一步落位重点地区和重要节点；以人为本，针对人的需求进一步提出城市更新与活力提升策略。针对现存的问题，重点从强化城市格局、重视城市保护、增添城市亮点、提升城市活力四个方面提出总体城市设计框架。

以往的总体城市设计是在宏观尺度上对城市空间进行整体性、系统性的布局，更倾向于自上而下地对大架构、大功能、大系统进行安排，并用来指导下一层次的局部城市设计。而本次规

整体鸟瞰图

划希望转换思路，在建立城市功能、交通、生态等宏观网络秩序的基础上，以人的感受为出发点，从市民的需求来表达总体城市空间形态。包括强化市民对城市结构的感知，优化城市空间系统的使用效率；增加城市的自然感和时代延续感，为市民增添心理传承；增添建设亮点，激发时尚趣味，不破坏环境的整体感受；满足居民在日常生活中对归属感、邻里交往、便捷出行等方面的基本需求。

2. 城市格局——强化清晰易识别的城市结构

中心城区从封建社会时期中国传统的“一城一市”，到半殖民地时期沿河发展的九国租界，再到现代化建设时期形成圈层式扩展的现代化中心城区。城市空间拼贴并置，类型混杂，城市结构相对松散，整体秩序不明确，尤其近些年来城市建设受土地经济的制约，开发强度往往以土地收益为出发点，与城市结构关系不密切，影响了城市形态的可识别性。

规划进一步强化“一主两副、沿河拓展”的城市结构，城市主副中心汇集高价值的城市职能，塑造高密度的城市空间形态以及高强度的路网与交通枢纽。海河作为城市经济、文化、空间发展的载体，也是感知中心城区的重要场所，以海河为城市最重要的发展轴，继续强化两岸滨水地区功能聚集，促进城市中心功能不断拓展。同时，建立网络化的公共中心体系，增强各分区的可识别性。

针对外围地区发展相对滞后的问题，规划通过十一个大型城市公园建设，以完善的生态系统带动存量土地开发，在提升土地价值的基础上，进一步完善城市格局。结合轨道上盖物业的综合开发，拓展城市空间，将轨道交通布局与整体高度分区相契合，依托市民的出行系统优化城市结构。同时，在原有道路等级划分的基础上，从使用者角度出发，重新划分街道类型，明确景观型、商业型、生活型道路的使用要求。

3. 城市保护——增加城市的自然延续感和时代传承感

增加城市未被开发的自然感，可以为市民增添宁静、休闲的感受。河流水系与绿化公园是城市的自然禀赋，也是最具价值的核心资源，规划在梳理十三条主要河道的基础上，构建城市绿道

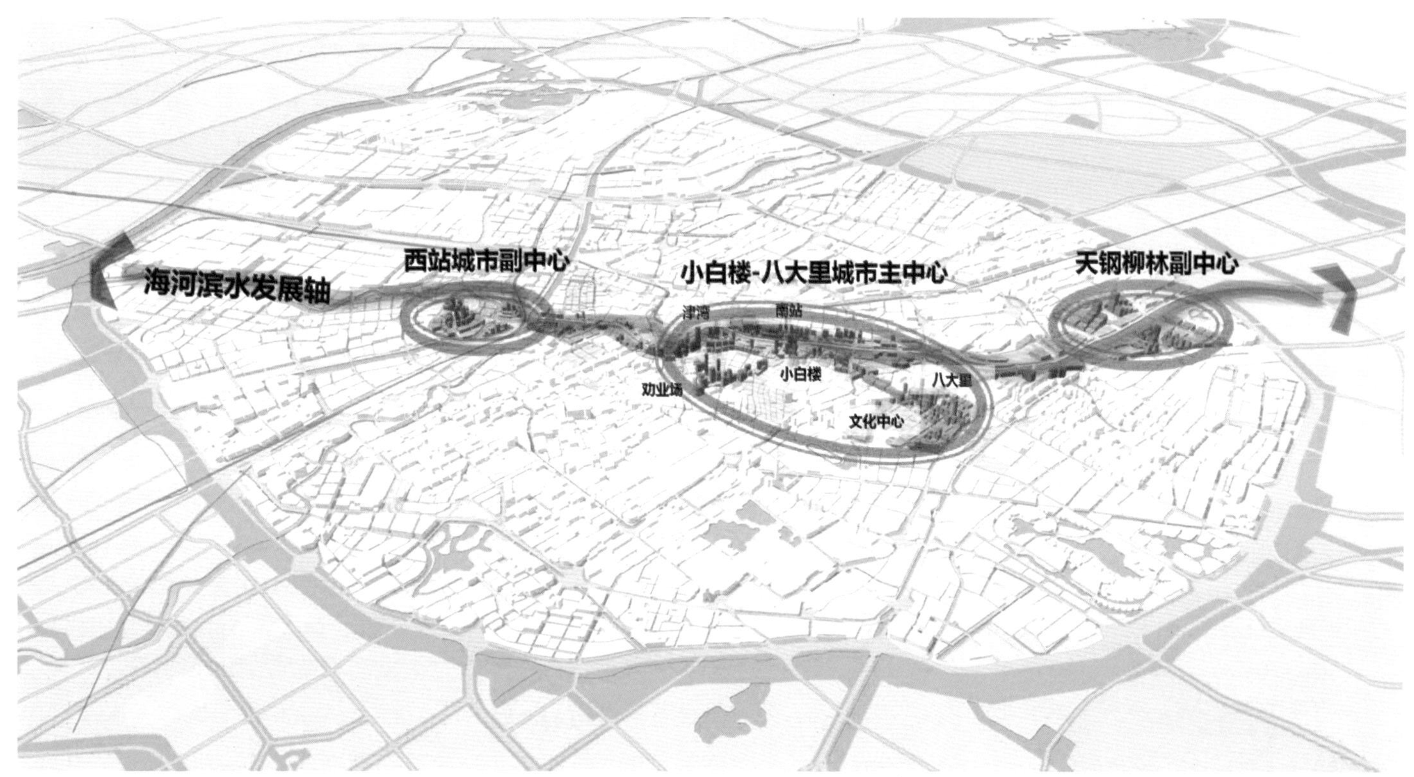

规划结构图

海河发展轴效果图

系统，为市民提供亲近自然的休闲场所。从人的视角强化滨水空间的形态，以滨水梯度原则控制两岸建筑，形成连续的建筑界面，在河口交汇处、河道转弯处设置地标与节点。同时，加强生态修复，建立从自然郊野向中心延伸的生态体系。构建由环外六个郊野公园、“一环十一园”的大型城市公园、中环线和快速路上的15个城市公园组成的城市公园系统，满足市民亲近自然的需求，同时开放空间也将成为市民眺望城市公共中心天际线的最佳场所。

天津作为一座历史悠久的文化名城，传承了中西合璧独具特色的历史街区，是中心城区最宝贵的文化资源。但随着城市快速建设，历史保护的压力与日俱增，传统空间的尺度也随着城市发展逐渐弱化。规划力图通过营造“一带三区”的特色风貌区，对历史街区进行整体保护，尊重原有区域肌理，延续现有建筑尺度。在有机更新的原则下，完善街区功能，激发街区活力，增加市民心理的时代延续性。同时，保留并利用工业遗产，对原有工业厂房进行改造利用，延续老工业城市的时代记忆，并通过整体开发，引入新的功能业态，增添时尚活力又不失城市底蕴。

4. 城市亮点——在和谐统一的城市环境中增添新的时尚趣味

不断更新的重点地区与地标节点，可以为市民生活增添新的时尚趣味与视觉感受，增强城市的生命力。通过明确未来重点建设的市主副中心、片区中心、新型社区等重点地区，塑造引领时代潮流的城市地标，进一步强化城市结构。城市新的重点建设地区以紧凑的布局和功能复合的开发模式，塑造出宜人的街区尺度，营造出充满活力的生活街区，带动人流聚集，成为城市新的地标节点。

规划整体上结合重点地区梳理地标建筑的分布，增加建筑高度整体分布的逻辑性，沿公共中心、轨道枢纽、视觉焦点设置地标建筑，严格控制历史街区建筑高度。同时，根据14个开放空间的眺望观景点来安排高层建筑组群。按照视线仰角控制建筑组群的空间层次，同时考虑建筑顶部的变化，塑造优美的天际轮廓线。规划重点营造17条视线廊道线型空间，联通重要的开放空间与对景建筑，建立明确的指向性。

对一座特色鲜明的城市而言，融合协调的整体环境尤为重要。需要严格控制城市整体风貌尤其是建筑风貌，增强市民与游客对城市整体感受。延续传统特色风貌，划分不同特色的重点风貌控制地区，海河两岸以中式传统与民国风格、欧式异国风格为主导；城市公共中心区、产业服务区以现代风格为主，引导城市整体风貌有序分布。

5. 城市活力——营造具有归属感的社区街道与邻里生活

经济新常态下社区活力问题逐渐凸显，原有大街廓相互隔离的封闭小区，难以形成有活力的街道生活。尤其是新建小区都以点式高层为主，住宅空间类型单一，缺乏完善的社区、邻里和生活交往空间。现有的城市设计往往不重视对城市背景地区的考虑，忽视社区生活和邻里环境的营造。居民生活在各个不同的邻里中，

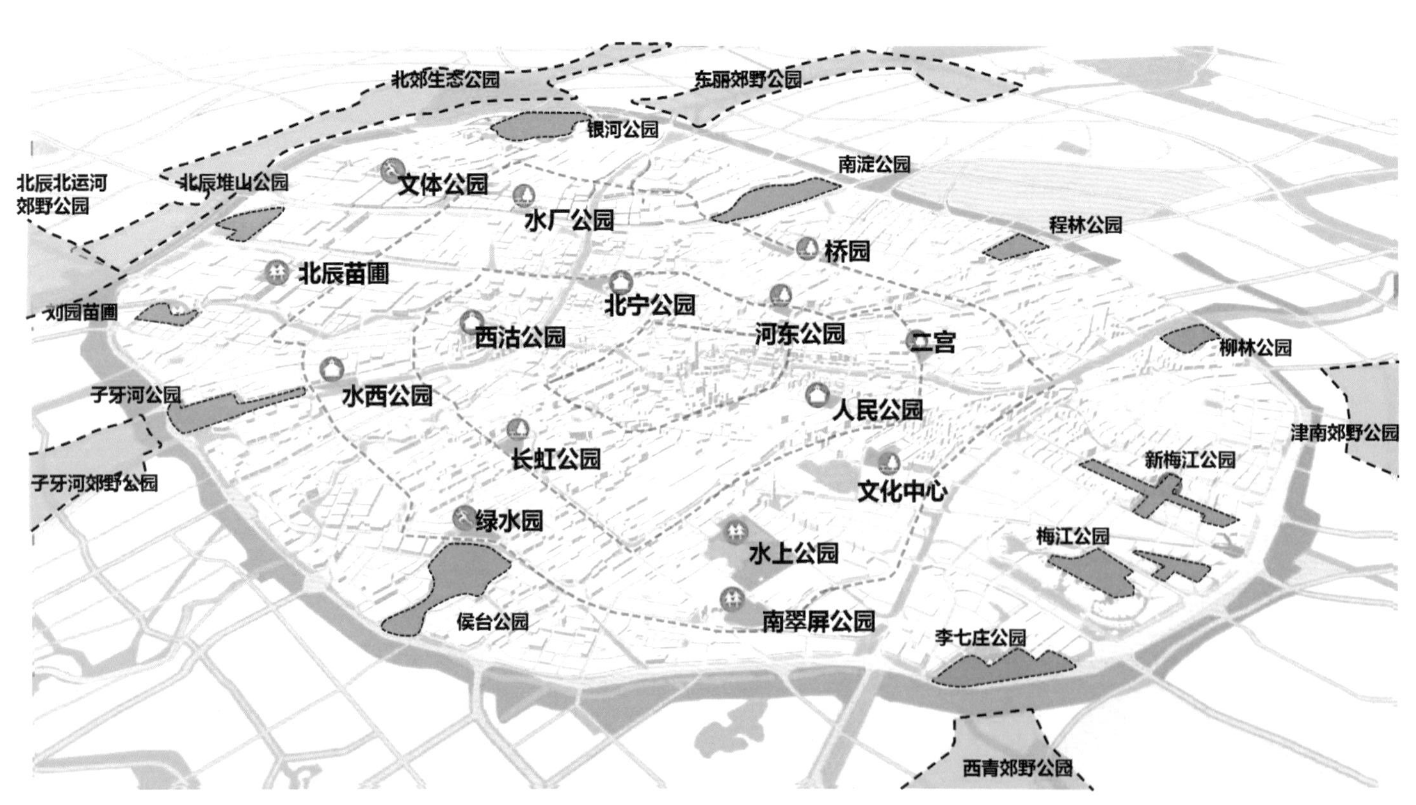

绿地系统规划图

满足人的心理归属需求是增加城市活力的基础。因此，首先应按照不同年代、不同类型划分社区，并与控规单元划分相结合，明确社区边界，增加归属感。同时结合不同类型的社区空间与居民生活的特点，提出不同的更新与发展策略，如封闭的商品房小区应增加便民措施、沿街商业设施等，希望为市民提供长期可持续改善的社区生活环境。

此外，规划将引导舒适便捷的街道生活，从城市系统层面增加支路网密度，避免大街廓封闭小区的无序蔓延，构建窄路密网的生活空间。规划具体延伸到每个社区单元，沿次干道与支路划定社区生活主街，成为汇集居民出行人流的主要街道，同时与轨道站等公交枢纽快速接驳，方便居民日常出行。

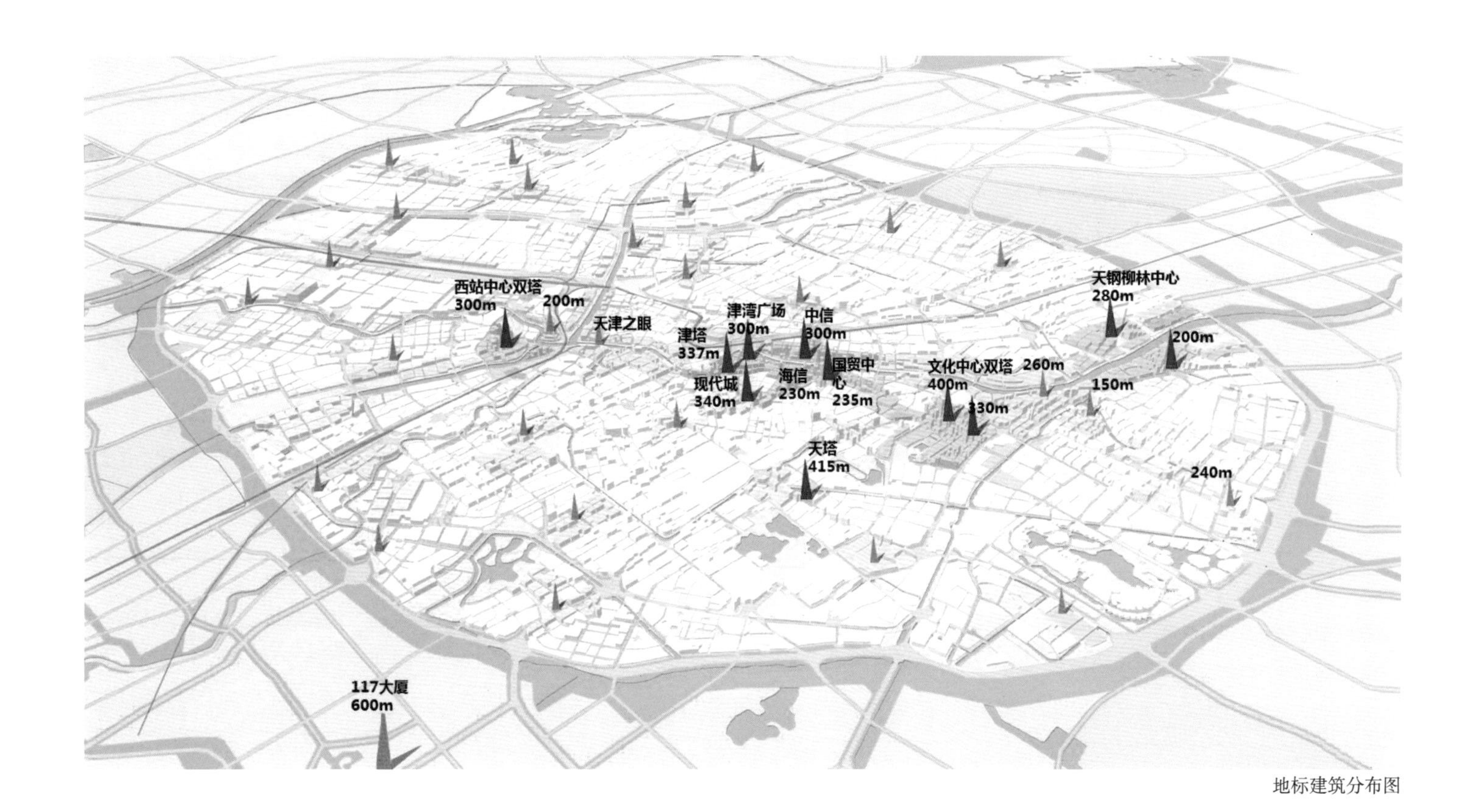

地标建筑分布图

天津滨海新区核心区总体城市设计
Comprehensive Urban Design of Tianjin Binhai New Area

滨海新区核心区作为具有代表性的“区域城市”，规划面积190km^2，自2012年开始编制总体城市设计。总体城市设计从新都市主义理论最具代表性的“区域城市”理论入手，探讨两种尺度下的城市设计方法：整体宏观尺度和微观人性尺度。从整体空间结构、街道公共空间、建筑空间组合、生态开放空间等方面进行城市设计探索。

总体城市设计统一了思想，明确了重点，有效地指导了城市宏观尺度空间秩序的建立，随着近几年基础设施、环境工程、重点项目的建设实施，滨海新区核心区的城市形象已经初步显现。同时，以总体城市设计导则为基础，城市规划管理得到了规范和细化，指导了滨海文化中心、中央大道等重要节点与重点地块的设计编制与建设实施，强化了核心区人性尺度生活场所的塑造。

1. 滨海新区核心区——演变中的“区域城市”

自2005年滨海新区的开发开放纳入国家战略以来，滨海新区经济飞速发展，起到了龙头带动作用，引领全市成为中国经济

滨海新区核心区整体鸟瞰图

增长第三极。从400年前的渔盐小镇到近代工业港口重镇，再到以现代制造业、国际航运物流和研发转化为主导功能的国家级新区，滨海新区脱胎换骨，初步形成了符合国际最新潮流的“一城、多组团、网络化”的区域城市架构，逐步构建交通、轨道、基础设施等区域网络。其中的“一城”指滨海新区核心区，规划面积190km²，包含中心商务区、开发区生活区、塘沽老城区、港口区等多个分区。这些分区处于不同发展水平与建设阶段，空间形态差别较大，开发策略不尽相同，需要从区域角度进行总体控制。

2. 兼顾两种尺度的区域城市设计

彼得·卡尔索普所著的《区域城市——终结蔓延的规划》提出要把“区域城市”看成一个由单元、街坊和社区综合组成的整体。区域整体设计不但应包含区域层次的社会与经济政策设计，更应强调街区层次的建筑环境形体设计，把区域分解到人的尺度，然后再进行设计。这为滨海核心区的总体城市设计提供了良好的借鉴——通过总体城市设计形成一个用地、形态、交通、生态、文化等各层次方面相互配合的整体网络，同时也建立步行友好、尺度宜人、安全舒适的生活空间。

核心区是滨海新区最具代表性的地区，核心区总体城市设计是从整体宏观尺度和微观局部尺度两个尺度入手的。在建立起城市功能、交通、生态等方面的良好网络秩序，让城市高效运营的同时，使城市设计回归本源——为人服务，将城市理想蓝图转化为能够被使用者切身感受的城市生活场所，创造具有归属感的生活家园。

滨海核心区正处在城市快速增长与城市转型的发展阶段，未来的建成面积将扩大数倍。因此，城市总体设计需要明确城市发展架构，综合解决城市面临的城市结构、空间形态、综合交通、生态环境、历史文脉、社区模式等方面的问题。规划以区域城市的视角，从城市的结构与形态、交通与生态、文化与生活等方面建立设计目标和策略。

3. 建立可认知的空间格局与城市形态

规划首先构建“一心集聚、双轴延伸”的城市空间格局，明确城市整体空间架构。强化公共中心，以于家堡、响螺湾、天碱解放路、开发区MSD为功能主体，建设世界级的金融创新中心与国际化的产业服务中心。延伸十字双轴，通过中央大道不同区段两侧建筑界面与天际线的塑造，来展现滨海新区时代特色与建设活力。重新梳理海河生活轴两侧的沿河的公共设施建筑界面、滨水开放空间、亲水道路等，使之容纳城市更多的生活性场所，塑造展现滨海新区优美环境与宜居生活的海河生活服务轴。

同时，创建滨海核心区“滨河面海、疏密有致”的城市形态。建立更加清晰的空间结构认知意向，强化滨水地区的空间层次，形成河道两岸、入海口、海滨地区等滨水空间。优化城市公共中心区，形成集约高效的高强度开发单元。同时，重点突出城市公共中心和制高点，明确城市认知地图。在梳理城市构架与整合城市系统的同时，从人性尺度出发优化空间组织模式。例如，滨海文化中心的规划方案创新了文化设施的空间组织模式，用尺度宜人、功能复合的文化内街整合建筑空间，改变传统的场景宏大、功能单一的空间模式，回归到以人为本、活力多样的人性空间。

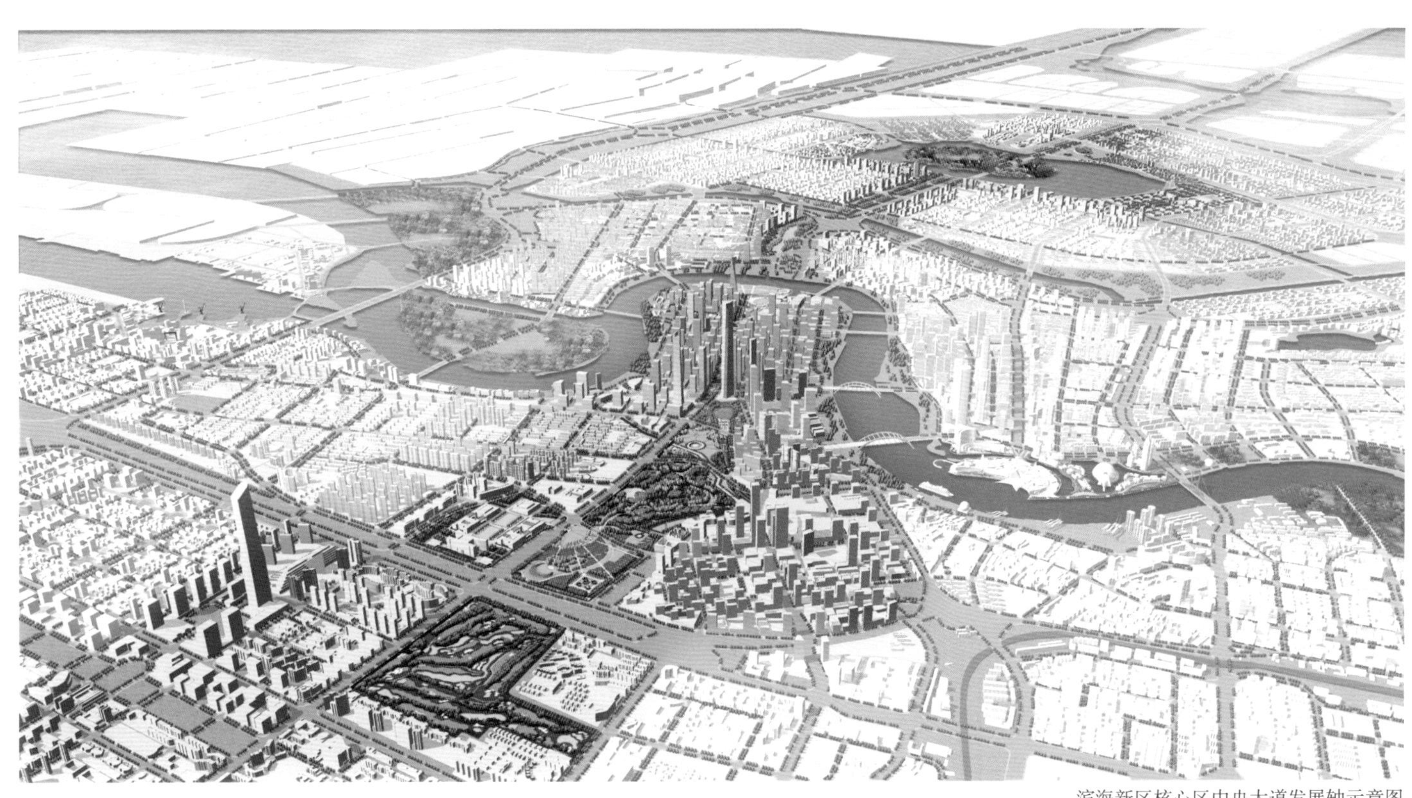

滨海新区核心区中央大道发展轴示意图

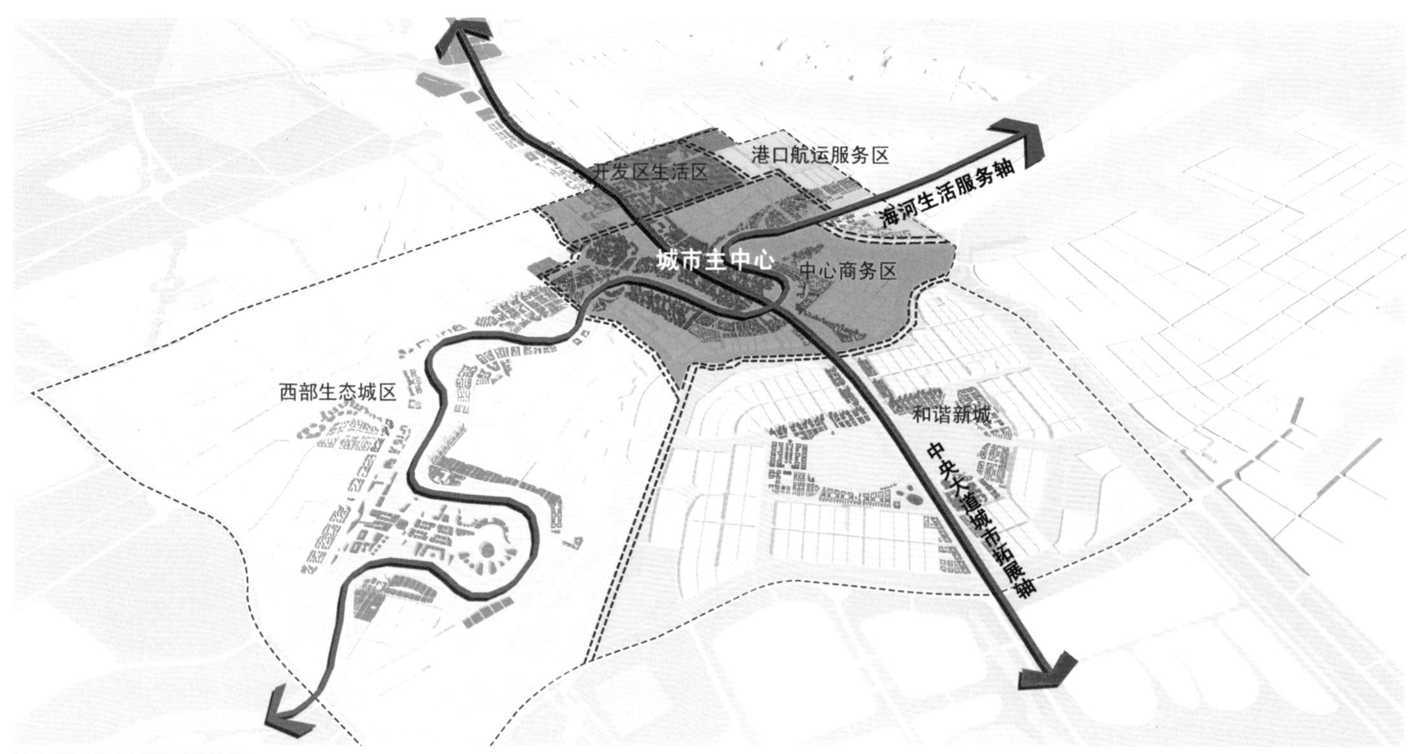

滨海新区核心区规划结构图

滨海新区核心区海河生活轴效果图

4. 构建最具活力的街道与生态系统

街道系统规划旨在疏解集输港货运交通，建立客运骨架路网，保证高效通勤。街道系统规划同时还优化了轨道线网布局，以 TOD 模式拓展核心区城市建设，建立了高效的大众运输和有序的街道体系。街道系统规划梳理与空间密度相适应的街区尺度，将于家堡金融区的 100m×100m 街区尺度、开发区生活区 120m×150m 街区尺度、塘沽老城区 150m×200m 的街区尺度三个典型街区尺度作为模板，衔接目前的开发管理方式，构建窄路密网的街道体系，营造舒适而丰富的街道生活。

生态系统规划注重城市与自然的衔接，营造出“蓝脉绿网、城景相融”的城市环境。同时改良了生态水系，疏通了“七河一湖”的生态水网系统与五条南北向的生态绿廊，对接了南北生态区。生态系统规划还整合了现有的绿地公园，将原有分散无序的盆景式绿地整合成为层次分明、清晰有序的绿地系统。生态系统规划借鉴了纽约中央公园的建设经验，将中央大道沿线的华纳高尔夫、文化中心绿地、紫云公园、城际站前广场等公园进行整合，形成了 1.5km^2 的滨海中央公园，形成了城市密集建成区中的城市绿肺。

5. 营造独具特色与归属感的生活场所

生活场所的塑造尊重了滨海核心区有限的历史资源，传承了“开放包容、时尚多元”的城市文化。规划划定并保护了海河两岸 30 处文物古迹和近代的工业历史遗存，形成了以渔盐文化、工业文化为主题，与休闲设施相结合的城市滨水旅游线路。同时，规划还明确了塘沽南站、潮音寺、大沽船坞等遗存的保护利用工作的近期启动计划。其中，造船厂房与船坞遗迹将被保留，改造成为大沽船坞遗址公园，集中展示中国近现代船舶工业发展历程，营造具有文化特色的活力场所。

生活场所的塑造结合了不同区位环境与街道朝向，探讨高、中、低开发强度下多种“小街廓、密路网”的社区空间组织模式，避免了千城一面的单调小区。规划以和谐新城示范社区为模板，通过精心推敲不同朝向建筑类型，组织尺度亲切的生活街道，塑造多样化的居住空间，营造出具有归属感的高品质生活家园，塑造出滨海核心区“尺度宜人、多姿多彩”的城市生活环境。

滨海新区核心区效果图

滨海新区核心区中心商务区鸟瞰图

详细城市设计——重点地段城市设计

Detailed Urban Design: Key-section Urban Design

天津市文化中心周边地区城市设计

Urban Design of Tianjin Cultural Center Surrounding Area

2008年，为适应天津经济高速增长的态势，促进城市文化繁荣发展，天津市委市政府决定在中心城区开发建设天津文化中心，这一决定不仅有效改善了天津现有文化设施布局分散，功能缺失的问题，也为调整天津中心城区的空间结构带来重要机遇。

现有的城市主中心小白楼商务区因位于历史城区，环境及交通容量有限，发展空间受到极大限制，难以满足天津未来发展需求。从历史悠久的小白楼市中心向南延伸，文化中心周边地区将成为扩张的市中心的一部分，为密度较高的商业和住宅开发提供宽广的空间和大量的机会。完善的基础设施和公共交通系统的建立，将有利于加强联系，并为城市交通沿线的高强度开发带来机会，进而使之与小白楼商业商务中心区合二为一，共同组成一个更加强大的世界级城市中心，成为完善城市功能、提升城市面貌、弘扬城市文化、促进城市发展的强有力城市"心脏"。

1. 促进城市土地混合开发

文化中心周边地区（2.4km^2）将从原有的城市居住社区逐步转向以现代化商业、办公、酒店、公寓等功能为主的现代化城市中心区。多样化的各种土地使用功能彼此邻近，将创造一个高度

文化中心周边地区鸟瞰图

文化中心周边地区布局结构图

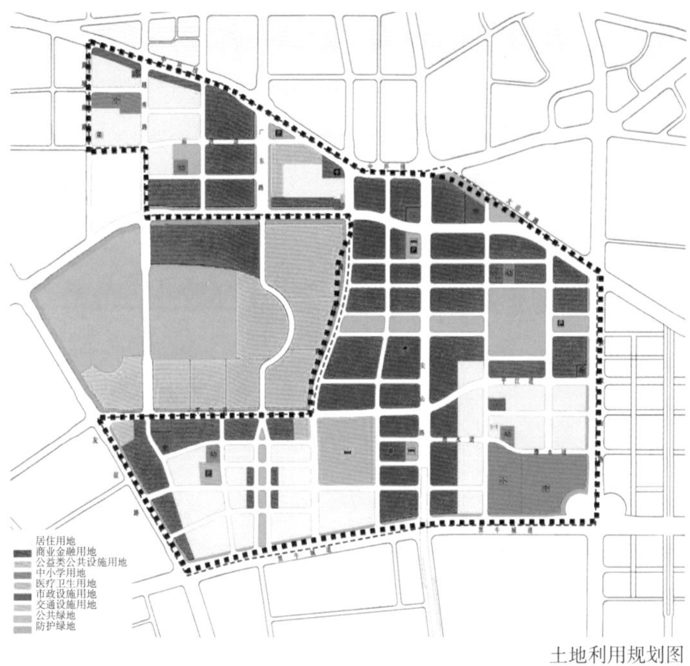

土地利用规划图

混合各种建筑类型与建筑样式的、充满活力的城市空间。区域整体空间以景观绿轴串联文化中心公园和中央公园，社区围绕绿轴享有均好的文化、景观资源，各种混合的商业功能靠近居住社区，成为扩大发展区域的标志性场所。

2. 构建通达完善的交通环境

通过公共交通的支撑，主要街道的连接，区域城市流动性大大提高，为天津提供了一个新的交通廊道，形成多模式交通网络系统的基础。新增的轨道线，改善的公交服务，拓宽的自行车道以及综合步行网络，将文化中心周边地区与城市内外的区域相连接，凸显效率与活力。

（1）优先发展的公交交通系统

城市设计围绕已经建成或规划的公交走廊、站点发展城市，整个区域未来公交出行率达到60%。轨道交通方面规划了4条地铁线和7个站点，其步行可达范围基本覆盖了文化中心周边地区。同时，建立快速公交、常规公交和接驳公交等多样化的公交系统作为轨道交通的有效补充。根据“零换乘”原则，在所有换乘枢纽的地面部分均考虑设置常规公交换乘港湾。

（2）以人为本的慢行交通系统

慢行交通系统与街道网络结合，通过营造“绿色街道”改善的城市步行和自行车交通环境，激发市民的步行愿望，提升城市活力。同时，设置多层次的慢行系统，通过慢行系统联系每个重要的城市场所，通过强化步行转换节点设计，更加方便市民使用。

（3）通达舒畅的道路系统

城市设计针对地区的区位特征、功能布局以及原有道路的现

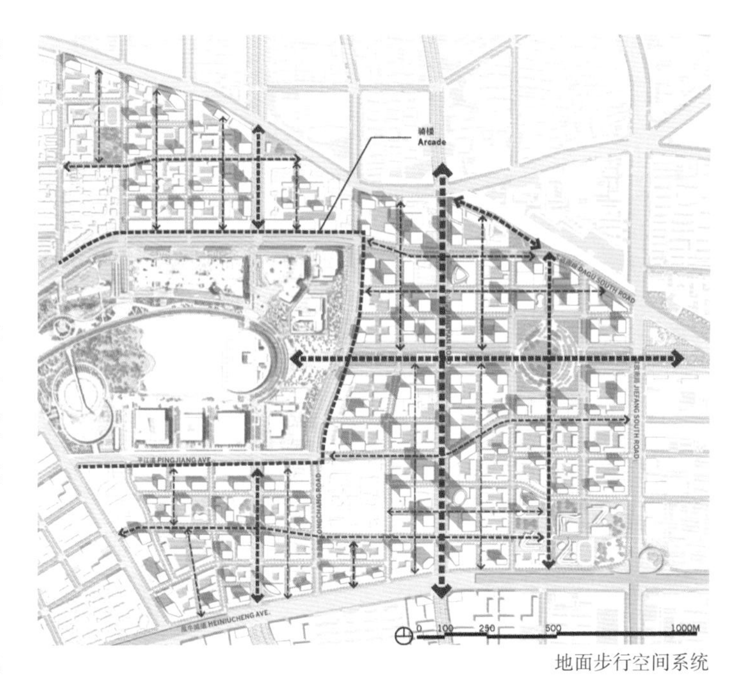

地面步行空间系统

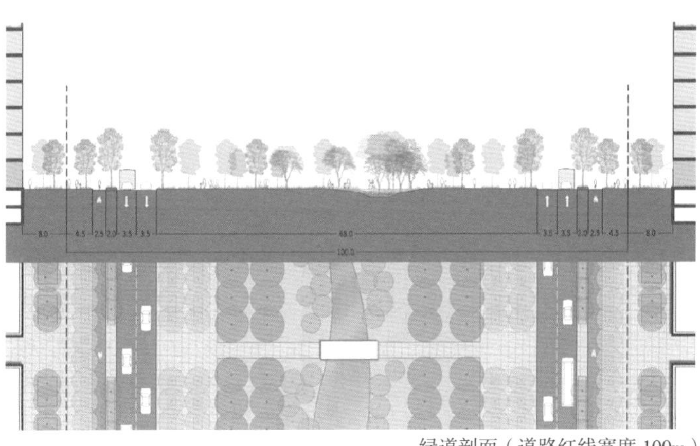
绿道剖面（道路红线宽度100m）

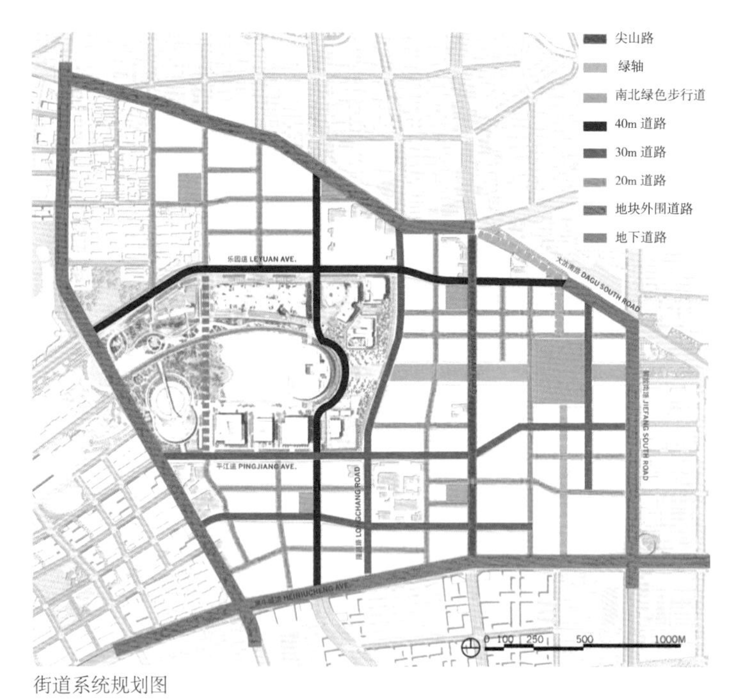

街道系统规划图

状问题，提出构建交通“保护圈”，屏蔽过境交通干扰；打通地区交通瓶颈，满足对外联系需求；完善支路体系，改善地区交通微循环等策略，保证各级道路衔接顺畅，提升地区出行效率，改善出行环境。

（4）合理控制的停车系统

城市设计中，将静态停车系统与动态交通系统相平衡且与公共交通服务相平衡，合理控制地区停车供给下限和上限，保证停车供给的良好水平。

3. 整合连通区域的开放空间

天津原本就是一个以独特公园和高品质开放空间著称的城市。文化中心周边地区的发展将建立在这个传统上，通过新增的绿道与林荫大道联系现有的绿色空间和海河两岸，形成区域化的开放空间网络，促进城市南部空间品质的整体提升。城市设计整合开放空间网络，充分满足生态连续性以及市民可达性的要求；体现地方性，保留原有公园以及街头绿地，形成传承地区记忆的空间场所；建立高品质的公园组群，方便居民步行可达；重视开放空间的美观和质量，形成一年四季不同的景观印象。

4. 形塑独具特色的城市形态

文化中心周边地区未来建设开发总面积将达到 650 万 m^2。为最终形成秩序井然的空间形态，城市设计统筹了公园、交通枢纽、功能布局等因素，对所有的建筑高度、体量、位置进行综合安排，

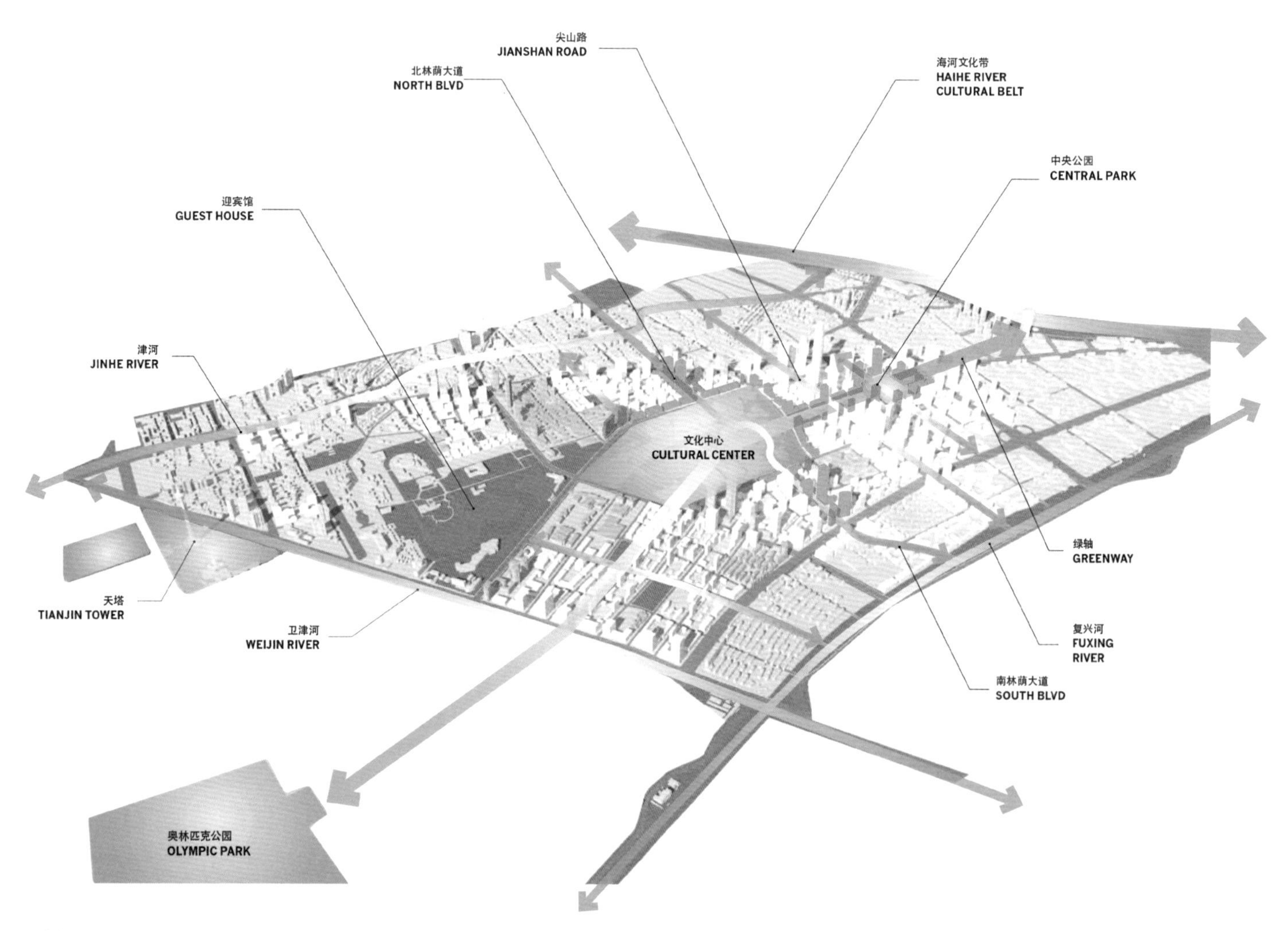

开放空间连接分析图

将开发强度和密度较高的商业性用地集中在交通走廊及开放空间周围，形成重点突出、疏密有致的整体城市形态。

5. 营造宜人尺度的街道生活

天津的城市肌理保留了舒适的、人性的街道尺度与建筑景观，如狭长紧凑的林荫道以及中低层建筑等。城市设计在“窄路密网”的理念指导下，以 100m × 130m 尺度为基本街廓单位，以 4-8 层建筑群围合地块，为每一条街道赋予准确的定位——兼顾交通和界面属性，制定明确的设计控制条件，从而创造连续、开放、有吸引力的街道界面，营造积极、健康、充满活力的城市生活。

6. 完善复合立体的地下空间

在城市设计统筹下，地下空间规划设计可以将地面建筑和地下交通系统（轨道交通、地下停车等）有机结合，对多样化的城市功能加以有效布局，全面整合地下空间资源。地下交通设施、地下公共设施、地下市政设施以及各类设施的地下综合体，通过城市设计统一规划、分期建设，形成一个融交通、商业、休闲等功能为一体的地下综合空间。

中央公园与景观绿轴效果图

空间形态分析图

7. 转化为保障品质的城市设计导则

城市设计导则是对城市空间形态以及城市建筑外部公共空间提出的控制和引导要求，对城市空间形象进行统一塑造，保障优良的公共空间和环境品质，促进城市空间有序发展。

在总体层面的城市设计导则中，确定了地区发展愿景和规划布局，并从建筑体量、街道特征和开放空间等三个方面，提出总体控制要求。

片区层面的城市设计导则从开发地块划分、区域特征、土地使用、地面层用途、街道层级、公共交通、自行车路线、行人网络、开放空间、建筑高度、体量原则、塔楼的位置和高度、塔楼及出入口的布局、停车场及服务通道的布置等方面，对每个片区提出中观层面的控制要求。

地块层面的城市设计导则是规划管理的切实依据，它以图则的形式规定了地块容积率、总建筑面积、主要用地性质、其他用地性质、最大建筑高度、最小绿地覆盖率、红线退界等规划控制指标。

乐园道效果图

平江道效果图

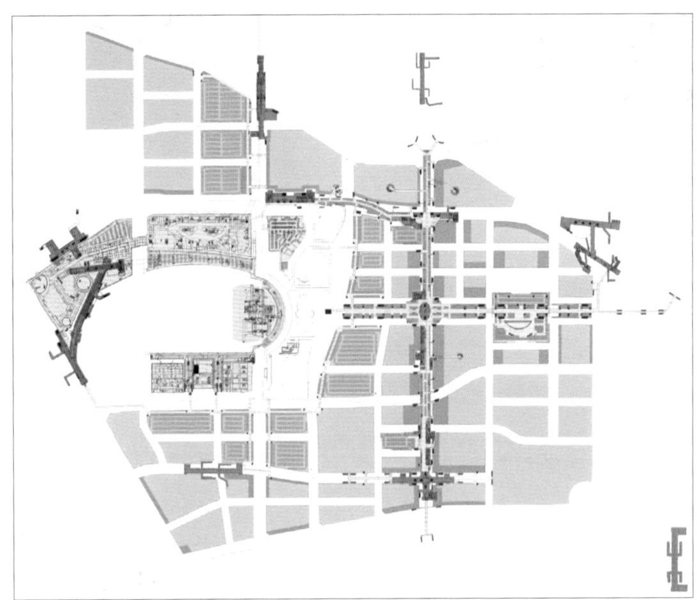

地下步行空间及商业系统图

立体化步行空间网络

塔楼类型分布计划

绿色庭院
街墙最大高度
建筑退界
建筑红线
地块路缘
街墙最小高度
A
B
C
街墙比例：（A+B）/C

街墙的定义

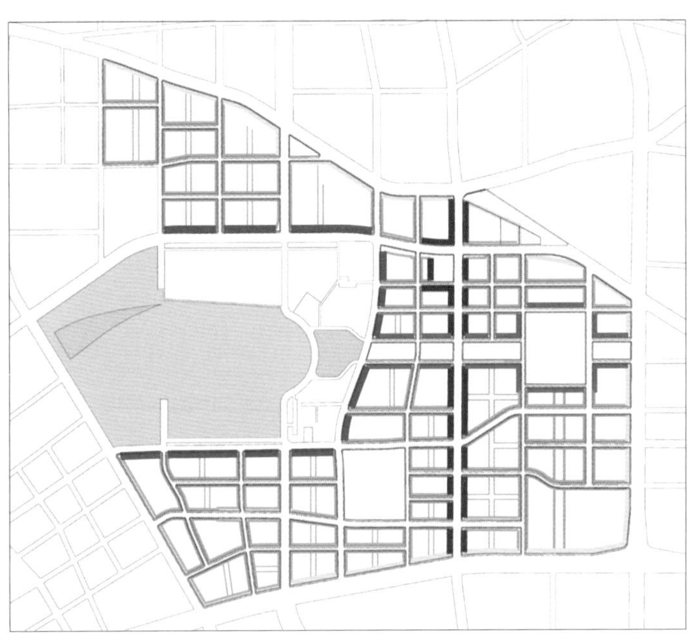

街墙类型

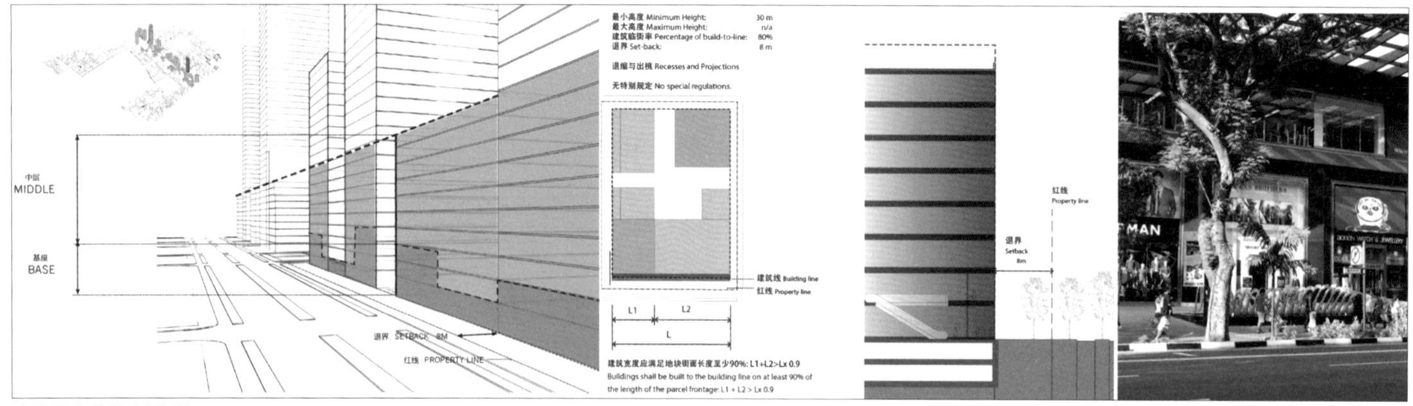

尖山路街墙控制导则

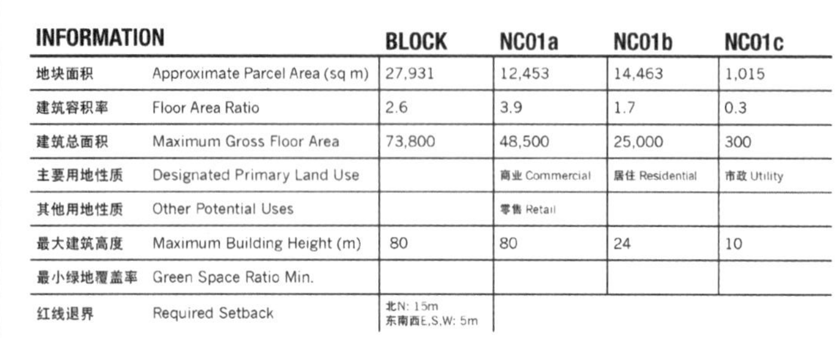

INFORMATION		BLOCK	NC01a	NC01b	NC01c
地块面积	Approximate Parcel Area (sq m)	27,931	12,453	14,463	1,015
建筑容积率	Floor Area Ratio	2.6	3.9	1.7	0.3
建筑总面积	Maximum Gross Floor Area	73,800	48,500	25,000	300
主要用地性质	Designated Primary Land Use		商业 Commercial	居住 Residential	市政 Utility
其他用地性质	Other Potential Uses		零售 Retail		
最大建筑高度	Maximum Building Height (m)	80	80	24	10
最小绿地覆盖率	Green Space Ratio Min.				
红线退界	Required Setback	北N: 15m 东南西E,S,W: 5m			

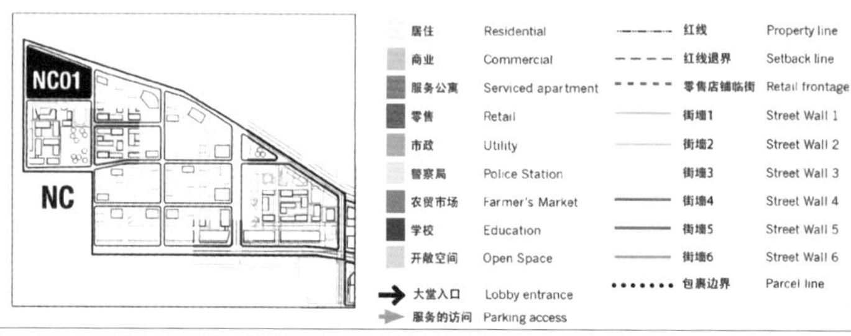

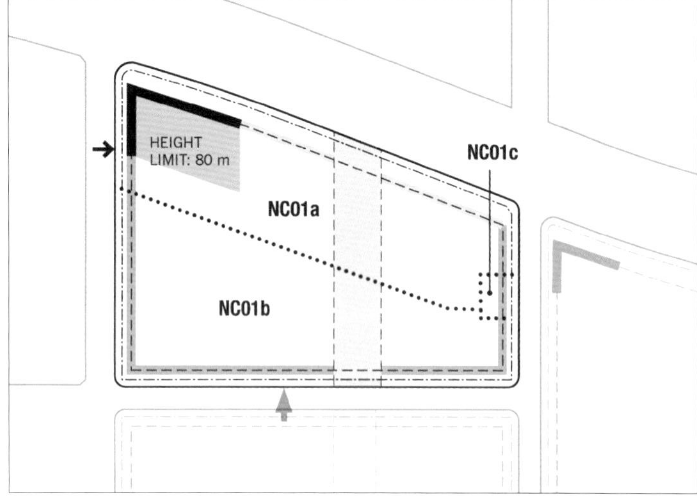

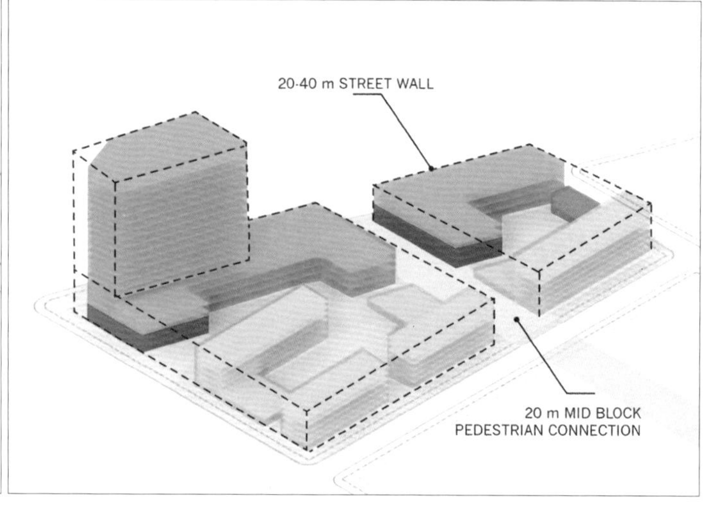

文化商务中心区 NC01 地块规划控制管理图则

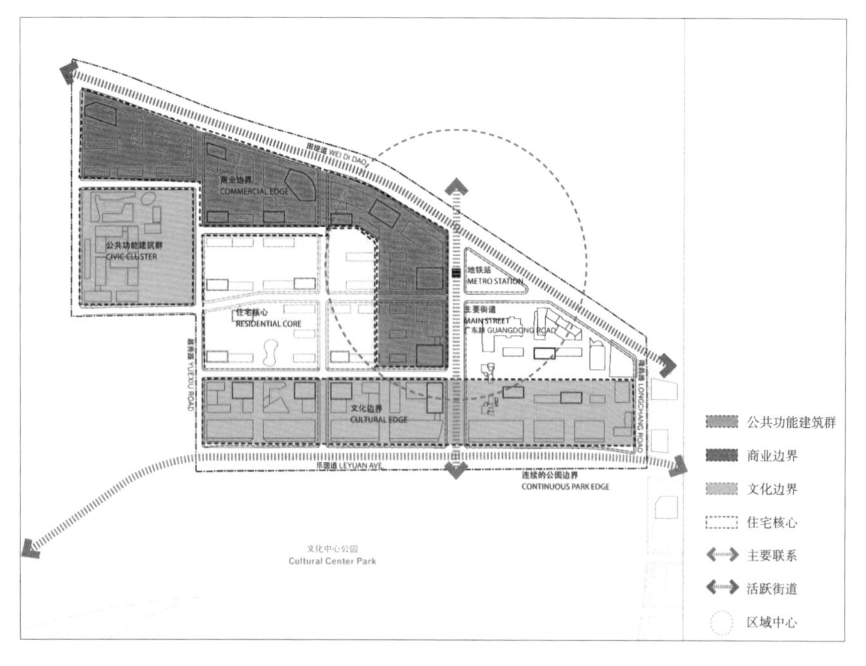

北区区域特征引导

天津海河沿岸之“海河乐章”——天津西站地区城市设计

Tianjin Haihe River Waterfront "the Movement of Haihe River" : Urban Design of Tianjin West Railway Station

在海河上游三岔河口，海河乐章缓缓拉开了序幕，这里矗立着一座有着百年历史的哥特式小洋楼，它便是天津西站地区曾经的地标。随着天津西站枢纽地位的提升，京沪、津保、津秦等交通走廊的开通，新的天津西站已经成为一个集高速铁路、城市地铁、公交、长途汽车等多种交通模式的大型换乘枢纽。目前，天津正在筹备以综合交通枢纽为发展引擎的城市副中心建设，总范围达到 $10km^2$。天津市西站地区是典型的交通枢纽带动下的城市中心区，该项目城市设计编制工作获得了 2011 年度全国优秀城乡规划设计三等奖，天津市优秀规划设计二等奖。

高速铁路是近年快速发展的新型交通模式，高铁站影响下的大型城市综合交通枢纽作为多种现代交通方式的汇集点，势必带动周边地区的发展。从枢纽功能与区域功能一体化的角度来看，西站地区将建设成为辐射京津冀和环渤海地区，集商务金融、商业贸易、文化休闲、居住于一体的，集中展现天津崭新城市形象的综合性城市副中心。

1. 多元复合的业态开发模式

在寸土寸金的中心地区，西站周边地块功能设计突破了单纯的土地利用限制，采用了多功能复合的城市综合体模式，这种开发模式能够在各功能部分间建立一种相互依存的关系，使得不同活动在同一地区、同一地块甚至同一建筑中复合，这样可以有效利用不同活动之间的诱发联动关系，提高活动效率；同时，通过功能的组合也可以实现时间的复合，也就是将不同时段活跃的城市功能组合在一起，在时间上进行衔接，使那些在非工作时间“死去”的中心地区重新获得活力，尤其是在夜晚也能扮演颇具人气的城市活力中心。在天津西站区域发展中，在不同地段考虑建设

西站地区三岔河口鸟瞰

西站地区规划总平面图

多个大型城市综合体，不同综合体的功能各有侧重，比如枢纽商业综合体依托综合交通枢纽，针对枢纽客流特点配套相应的服务功能；核心商务综合体则承接综合交通枢纽辐射，集约发展中高密度的商业金融、商务办公等现代服务业；休闲商务综合体凭借生态景观资源发展商业休闲、文化娱乐、商住公寓等中心区服务功能，作为副中心地区的功能补充。

2. 展示城市风貌的门户形象

西站地区作为新的城市门户，将形成恢宏的城市形态，展现天津大气、洋气的城市形象。总体上呈现“中心高、周边低、中间过渡”的建筑高度分布特征，形成四个高层及超高层集聚区，其外围建筑的高度、密度呈递减趋势。

从城市天际线看，西站地区设计了一个最高点，两个次高点的三峰式天际线轮廓，形成高低错落、富有韵律的城市天际线。提出“景深”的概念，采用降低沿河建筑高度，在腹地设置高层建筑等造景手段，使天际轮廓线在呈现节奏变化的同时，更突出层次。

西站地区设计了一个宽度近百米，长度逾 1km 的城市绿化廊道。中央绿廊南起西站南广场，北至西沽公园。在北部核心区，中央绿廊以大尺度的城市景观融入建筑群，同时解决了高密度地

西站地区北运河西立面

西站南广场鸟瞰

区的防灾需求；中央绿廊南端为西站南广场，广场设计为半圆形，与站房的“光辉”主题造型相呼应。

南广场设计了一个地下自由通廊，从站前下穿的快速路之下通过，使站房前的集散换乘空间与广场南部的地下商业空间无缝衔接，通过下沉广场实现了地上与地下空间的过渡，丰富了站前景观。

3. 饱含地区特色的文化节点

规划区内的西站老站房是市重点保护文物，因铁路站场的扩建需要就近平移至原址的东南方向。平移之后的老站房仍作为原进站主要道路的视觉焦点，功能上将作为铁路博物馆被完整保留。经过相关技术部门研究论证，老站房先向南平移 135m，再向东平移 40m，同时整体抬升 2.5m，平移工程已于 2009 年 11 月 9 日完成。

位于子牙河上的大红桥是红桥区区名的由来，是红桥区标志性建筑物，具有重要的文物价值。规划通过保护修缮大红桥，提取周边的民族元素，布局具有伊斯兰风情的纪念墙等方式，打造具有历史特色、反映地区记忆的文化节点。

4. 人车友好的交通组织，立体高效的发展模式

为避免交通压力成为制约中心区发展的瓶颈，西站地区综合组织了以 1、4、6 号地铁线为骨架的公共交通体系，依托河道景观、

大红桥及清真寺鸟瞰

绿色廊道、二层步行平台，打造人性化的多种交通方式。

在西站地区核心地段的交通设计中引入小街廓概念。从国外发达城市的经验来看，200m 以内的街廓尺度最为适宜，密集的路网大量分流车辆与行人，为出行者提供多种出行途径，从而大大减少交通拥堵。同时，在保证车辆通行的前提下，路网的密集有助于减小街道的宽度，有利于控制车辆的行驶速度，也更适于步行。副中心核心区地块在方格网的基础上依地形而变化，街廓尺度控制在 80-200m，道路网密度可达 14.5km / km^2，使高强度开发下的核心区人流和车流往来无虞。

西站地区作为高强度开发的城市副中心，着力打造网络化的地下空间。以地铁 1、4、6 号线为骨架的公共交通体系为西站枢纽的客流集散和本地区地上、地下空间的开发提供了必要支撑条件。核心地段的地下空间结合地上开发项目，将商业功能向地下拓展，同时与地下轨道交通站点形成更便捷的联系。地下空间的开发控制在 2-3 层，地下一层及部分二层结合地铁站点等基础设施统筹建设，主要为以商业为主的混合功能且尽可能互相联通，地下三层以地下停车为主。

5. 适于科学控制与高效管理的设计导则

为了保证地区开发建设良性循环，增强可操作性，规划将西站地区划分为 9 个控制单元。

在要素内容上，首先以公共空间为管理重点，更多地关注建筑保护利用和加强社区特色等问题。其次，强调用地功能、贴线率、开发强度等规定性要素和空间组织、建筑形态等指导性要素的控制，提出了刚性和弹性的要求。第三，针对不同地区强调不同的细则控制，包括相对独立的区域和街廓，也包含建筑色彩、建筑环境、广告、灯光等针对各类元素的设计控制。

在成果表述上，采用图示、表格和意向设计图的方式，以富有生长弹性的规定作为项目实施的行动构架，进而为管理部门提供长效的技术支持。

地下空间利用

天津海河沿岸之“海河乐章”——天津六纬路地区城市设计

Tianjin Haihe River Waterfront "the Movement of Haihe River" : Urban Design of Tianjin Liuwei Road District

2002年以来，天津按照打造“世界名河”的总体目标，启动了海河两岸综合开发改造工程，积极推动城市环境整治与城市产业提升。经过六年的规划建设，随着海河堤岸景观工程部分竣工和沿线一系列城市节点实施完成，海河上游三叉河口到天津东站之间原有陈旧、破败的城市面貌得到极大改善，海河对于城市经济与旅游产业的拉动作用初见成效，同时也更加坚定了城市管理者对于加快开发海河两岸的信心与决心。2008年，天津启动了河东区六纬路地区城市设计，旨在结合海河沿线地区工业用地外迁为城市中央商务区寻找新的拓展空间，同时加快海河东岸城市传统社区和滨水空间环境的提升改造，为优美的海河乐章续写新篇。

1. 总体构思——构建复合型可持续的城市中心区

六纬路地区总用地2.96km^2，是市区海河东岸的一片带状区域，区位环境优越，交通条件便利。其北部紧邻铁路天津东站，东南与中环线连接，隔河与传统中心商务区小白楼地区相望，建设中的地铁九号线于六纬路地下贯穿而过，可在1h内与滨海新区实现通达。历史上这里曾是天津重要的工业基地。20世纪90年代末期，随着城市产业升级和城市工业东移战略的提出，区内大部分工业企业逐步实施“关停并转”，沉寂多年的土地空间得到释放，使六纬路地区展现出巨大的开发潜力。根据天津总规，本区域被确定为天津“一主两副”中心体系的重要组成部分。通过建设中央商务区加快城市中心区现代服务业聚集有利于优化城市产业结构，改善城市环境，同时有效缓解原有城市中心区历史保护的压力。因此，结合天津城市定位和上位规划，规划提出将六纬路地区定位为“复合型、可持续的城市中心区”，形成以金融、商务、酒店为主导，多元的商业，文化、娱乐以及居住功能为补充，以城市近现代工业文化为特色的综合发展区。按照“一带三区”的总体布局，将六纬路地区划分为中央商务区、文化娱乐区、综合功能区三个相互独立的区域，并以海河进行串联，共同塑造形成海河东岸崭新的城市形象。结合这一定位，规划从功能、交通、景观和历史保护四个方面提出详细具体的规划策略。

2. 功能策略——促进使用混合，激发城市活力

街区功能的混合方式影响着建成环境的活力水平。传统城市将办公居住功能置于商业功能之上，不仅提升了生活的便利性，同时有利于创造出适于步行和富有活力的居住与生活环境。这种

总平面图

理想的布局方式也给本次规划提供了重要的启发。从混合功能理念实现的方式上规划采取了两种不同方式：一是水平方向的功能混合，通过加强土地使用的兼容性，创造丰富多样的街道层面的活动，促进有活力的空间环境的生成；二是垂直方向的功能混合，通过建筑垂直交通加强底层商业功能与上部的居住和办公功能的联系，使人在建筑内部就能满足日常的购物需求，提升出行效率，也增加生活的便利性和舒适度。

3. 交通策略——提倡公交导向，鼓励步行优先

借鉴国外先进交通发展经验，在六纬路地区开发中强化公交导向和步行优先的发展理念。重点依托地铁九号线和四个轨道站点，采用地铁上盖的物业模式，加强公交与地上物业的整合。规划建设覆盖广泛的地下通道，形成互联互通的地下步行系统。

慢行交通层面，引入“小街廓，密路网”的发展理念，在原有沿河工业地块中增加垂直海河的城市支路，加强城市内部与海河滨水地区的步行联系。街区道路间距不超过 200m，形成适宜步行的城市街区尺度。同时新的街道与原有城市肌理相整合，形成系统化的支路网系统，鼓励步行优先的同时有效分解主干路的交通压力。

4. 景观策略——加强设计引导，凸显滨水特色

六纬路地区毗邻海河，享有 3km 长的珍贵的滨水岸线，如何塑造和谐连续的滨水建筑界面是本项目需要考虑的重点问题。方案结合不同区段开发强度和建筑特点按照人视仰角 60°、45° 和 30° 三种方式提出沿河建筑群体的控制导则，保证了海河首排建筑整体低矮，向六纬路逐步提升的空间形态，这种体量逐步提升的策略不仅易于塑造和谐而又创新的城市天际线，同时为海河提供了丰富的滨水景观。

建设易于识别的城市滨水天际线，强化地标建筑分布逻辑性，主要高层建筑沿视觉走廊、地铁站点和公共中心进行布局，重点形成五组集中高层区。对地标建筑体量、风格、色彩、顶部进行引导和控制，塑造成为海河沿线天际线景观高潮和亮点。

5. 历史保护策略——保留工业元素，传承文化记忆

六纬路地区拥有别具特色的历史文化资源，这里新中国成立前曾是天津九国租界的一部分，至今区内保留的俄国领事馆旧址是这段历史的重要见证。新中国成立后天津转型为工业城市。借助良好的交通运输条件，六纬路地区转型为城市工业区，以天津棉纺一厂、第一热电厂等为代表的一批大型工业企业沿海河比邻而设，使这一地区成为天津近代民族工业起步成长的摇篮。直至 20 世纪 90 年代后期，海河沿线的工业企业由于经营每况愈下而逐步退出历史舞台，但区内遗留下来的厂房、铁轨、烟囱等工业遗迹仍是这一时代最为宝贵的城市记忆，因此工业遗产也成为本地区最具特色的文化元素。

中央商务区效果图

结合这一特色，规划提出要积极保护具有历史价值的工业遗产和设施，有条件的可结合项目开发进行再利用的总体策略，从而使城市记忆得以保留和延续。例如：根据前期的调研，对第一热电厂内具有80年历史的核心厂房进行保留，在不破坏原有外观的基础上修复建筑结构，同时结合整体开发引入新的文化业态，形成海河沿线别具特色的文化商业综合体。改造厂区内废弃的铁路支线，提升两侧绿化景观、增加休息空间，形成贯穿地区的慢行休憩空间。结合原俄国领事馆修复整理周边土地，增加室外公共开放空间，规划俄式主题风情广场……一系列开放空间的设计，不仅改善城市环境品质，也使地区原有的文化基因得以传承，强化了城市特色。

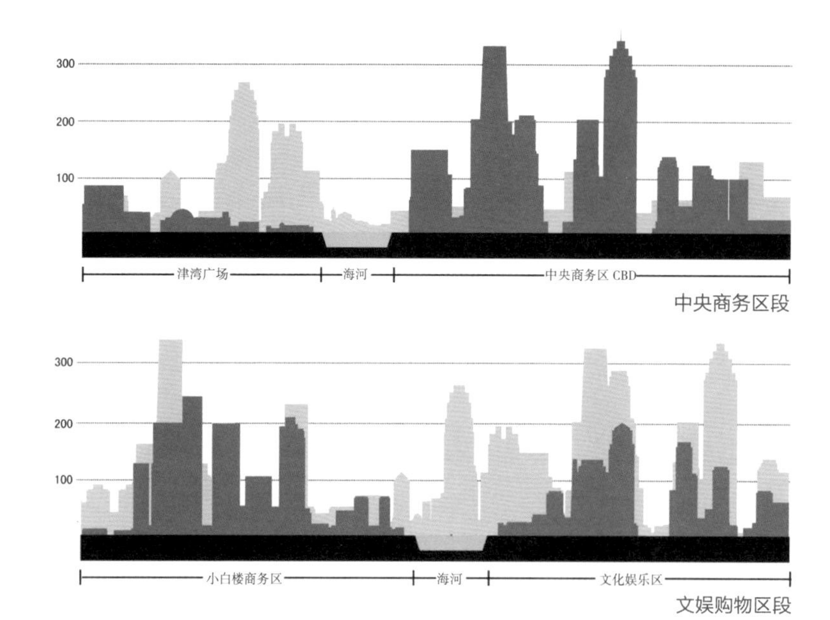

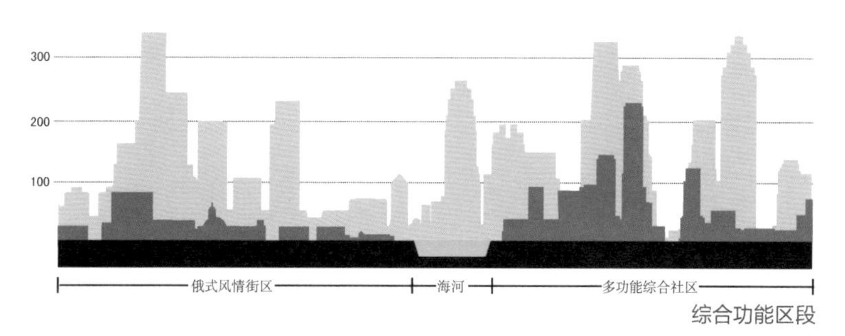

海河两岸及六纬路两侧的空间形态控制导则

海河沿线建筑天际规划图

天津海河沿岸之“海河乐章”——天津海河后五公里地区城市设计

Tianjin Haihe River Waterfront "the Movement of Haihe River" : Urban Design of Haihe Five-Kilometers Downstream Area

作为海河上游区段收尾的海河后五公里地区位于天津市中心城区的东南部，总面积 14.5km²。区内海河自西向东从其中部穿过，南北两岸的海河岸线长达 5km，现状用地大部分为老旧厂房和空地，目前是海河上游沿线最大的城市待建区。

滨水空间作为城市景观的重要组成部分一直是人们关注的焦点。随着人们对城市环境质量要求的日益提高，拥有河流的城市纷纷开始研究如何将滨水空间资源加以开发和利用。作为海河上游末端重要节点的后五公里地区，是海河上游与中游区段起承转合的关键所在。在城市设计的编制过程中，结合天津的城市特色和项目的自身特点，从滨水地区城市空间塑造、城市界面控制与城市活力激发三方面入手，积极探索了滨水城市沿岸地区的城市

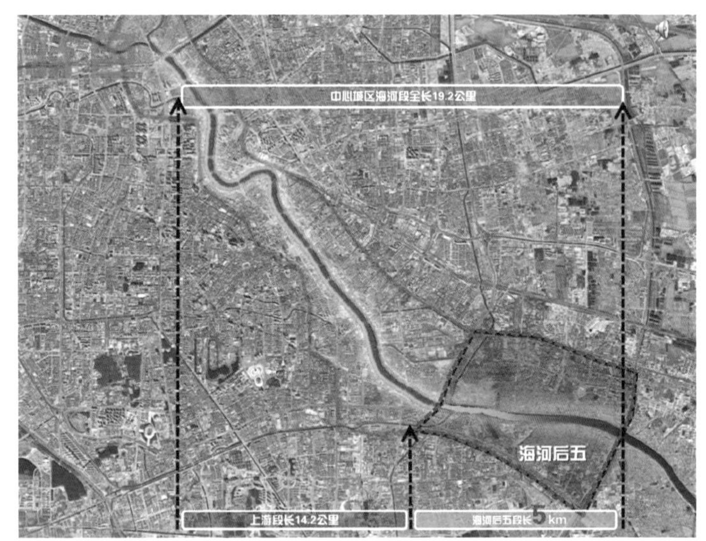

海河后五公里区位示意图

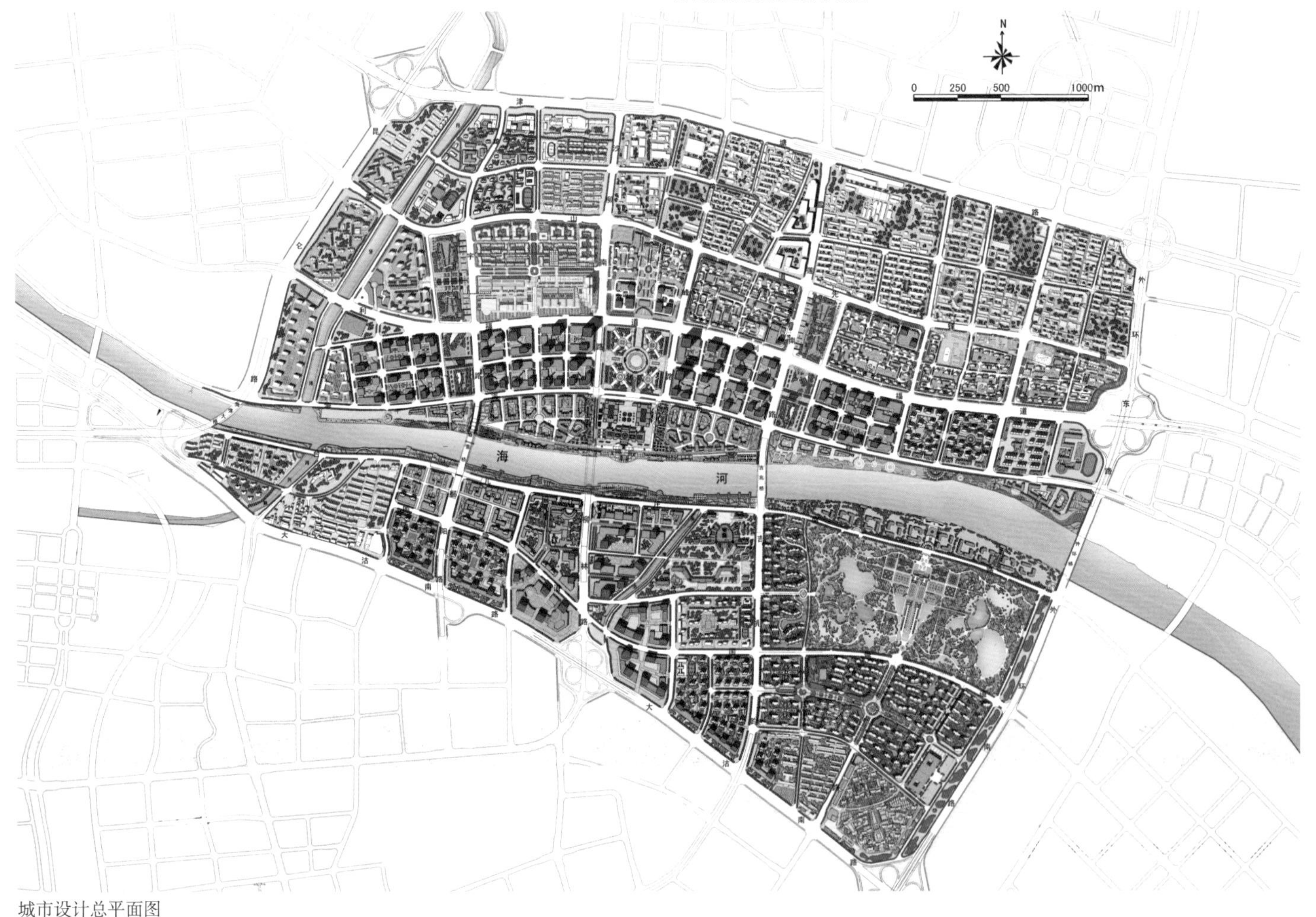

城市设计总平面图

海河两岸综合发展带示意图

设计方法。该城市设计方案于2009年获得天津市优秀规划一等奖、全国优秀城乡规划设计三等奖。

1. 积极拓展沿河滨水空间，引入复合型公共服务职能

项目区的海河岸线长达五公里，占整个海河上游段19.2km总长度的1/4，从整个海河上游段来看，因受到现状建成区和城市道路的影响，其他沿河功能区块在与海河的关系上都呈现出“一层皮”的特点，在空间上滨水沿线的景观要素和城市功能与周边地区的联结度和延续性不高，难以全面发挥其对周边地区的提升和带动作用。因此，海河后五公里城市设计应充分发挥地区内海河岸线绵长与腹地广阔的优势，通过局部放大和延伸的方式有效拓展沿河地区滨水空间的纵深，在空间上使其与周边地区的联系更加紧密。

对于增加的滨水空间，从城市需要与市民需求的双重角度出发，从功能复合角度入手，一方面重点引入总部基地、科技研发以及办公、商业、娱乐、餐饮等地区级生活服务功能，另一方面，从建筑设计的角度考虑，将居住功能有效融入其中，希望通过此种设计，使本区段海河的滨水空间更加富有活力，真正成为24小时面向公众，展现城市魅力的舞台。

2. 努力塑造水绿相依的城市空间结构，建立人人可用的城市绿地系统

由于城市的空间结构有着实质空间功能和象征等多方面的意义，引导着城市的发展，因此考虑滨水地区的空间形态，不仅要从二维平面布局和三维空间构成上研究水体和滨水两岸地区的基本构架，也应将其作为城市的有机组成部分，以整个城市结构、城市空间形态为背景，进行整体考虑。在进行城市空间结构的完善和延伸的基础上，形成完整而富有个性的滨水城市形态。在后五公里的城市结构塑造上，将海河作为地区空间结构组织的核心和重要载体，一方面，延续海河上游沿岸景观绿地系统，形成以滨水公共服务职能为依托的海河两岸大型滨河绿带；另一方面，通过对与其相连并深入地区内部的城市“绿楔”、城市公园以及道路绿化的系统组织，使海河的水与城市的绿紧密融合，强化地区与海河在横、纵两个方向上的联系，形成与海河上游其他区段截然不同的“一带、两楔、一园”的城市空间结构。

另一方面，对于此种城市空间结构，在地区城市绿地系统的处理上，方案从均好、适用以及人性化的角度出发，将城市绿楔与城市大型公园内的部分绿地打散置换为贴近市民的小型街头绿地，对于空出的用地进行商业、教育等公共服务功能的调整，化整为零地对整个城市绿化体系进行完善，在保证整体性的同时，尽量避免城市绿地的远、大、空、缺。

3. 尊重并延续传统的街区尺度与建筑特色，创造富有节奏感的滨水城市天际线

杰·迪克在《城市设计中的空间、秩序和建筑》一文中明确指出：城市的机体由三部分组成，“一是那些有保护价值、经过

绿地景观系统规划图

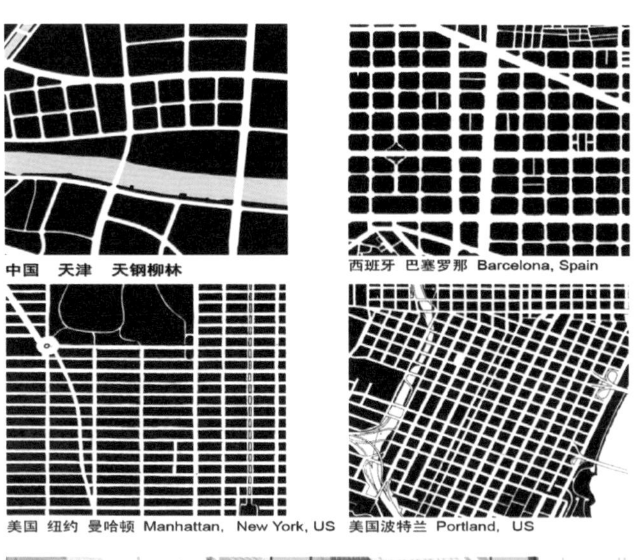

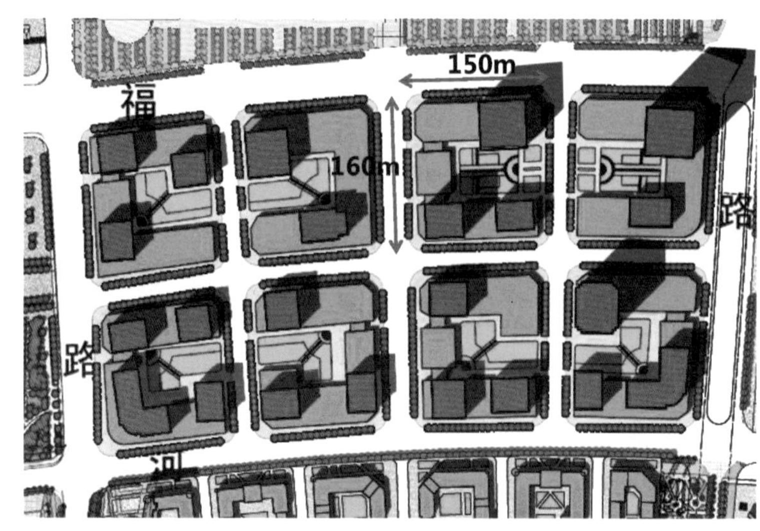

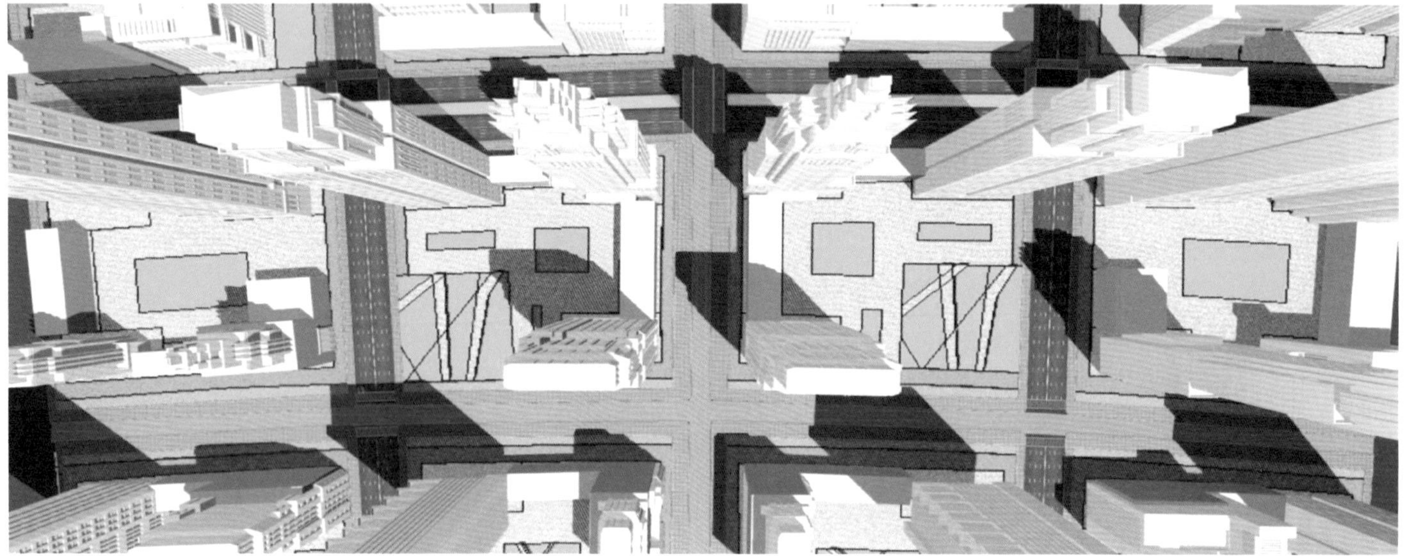

街区尺度示意图

适当调整能满足未来需要的城市地区；二是那些需要更新但也必须保留一些现有建筑的地区；三是那些需要大规模开发的地区”。天津最显著的城市特色在于东西方文化的碰撞与交融，海河两岸地区是原天津老城和九国租界地的集中区域，以老城厢地区、五大道风貌保护区、意式风貌保护区为代表的窄路密网、临街高密、尺度怡人的街区风貌和形式多样、风格各异、中西合璧的建筑特色正是这种文化交融的集中体现。以历史街区、风貌建筑、现代建筑和亲水堤岸为代表的海河文化成为贯穿整个海河上游的主线。因此，规划在靠近海河沿线的核心地区采取与风貌保护区相似的 150-160m 见方的小尺度路网结构，通过缩减道路两侧 5m 建筑退线、提高贴线率至 60%-80%、沿线建设底层商业和骑楼空间等手段使临街建筑界面与街道的高宽比控制在 1：1.4 的传统尺度范围内，保证整体街区尺度的宜人性。同时，在街区道路的处理上，通过交通组织和道路材质化的处理，对车行道路与人行街道进行交错划分，形成“街”“道”分离的街区效果，在保证机动

车交通需求的同时，突出了地区良好的商业步行氛围，提高了街区的开放度，也与当前国家建设开放式街区的理念不谋而合。此外，在建筑形式与风格方面，规划从天津小洋楼的建筑风格提取和欧洲经典建筑借鉴两方面入手，将传统欧式与现代简约风格合理有序地组织在一起，着重突出天津洋气、大气的建筑风貌与城市特色，形成天津市未来最具代表性的一道靓丽风景。

在建筑空间形态控制上，规划希望从突出本地区紧邻海河的亲水性特点，从突出城市新区的秩序感出发，以海河为轴线从近岸 24m 的欧式风情建筑到海河东西路沿线百米的高层建筑再到会展中心两侧 260m 的超高层建筑，严格按照：近（24m）、中（60-150m）、远（150-260m）三个层次进行整体控制，在形成以会展中心及其两侧超高层建筑为中心向东西两翼依次递减的空间秩序与优美的韵律感的同时，为此区段亲水、开敞的海河堤岸景观勾勒出完美的天际线。

4. 着力构建以 TOD 为核心的公共交通系统，提升城市交通服务能级

作为城市未来发展的重要功能组团，海河后五公里地区承担着疏解城市中心区功能外溢、人口外溢的重担，因此在交通系统的设计上，充分考虑地区未来发展、建设的交通需求，以降低地区碳排放为原则，倡导绿色出行，采用以 TOD 模式为主导的公共交通发展策略，积极引入包括地铁 Z1 号线、M7 号线和 M10 号线以及地区有轨电车在内的城市轨道交通，并围绕区内各地铁站点积极引入 TOD 的开发建设模式。

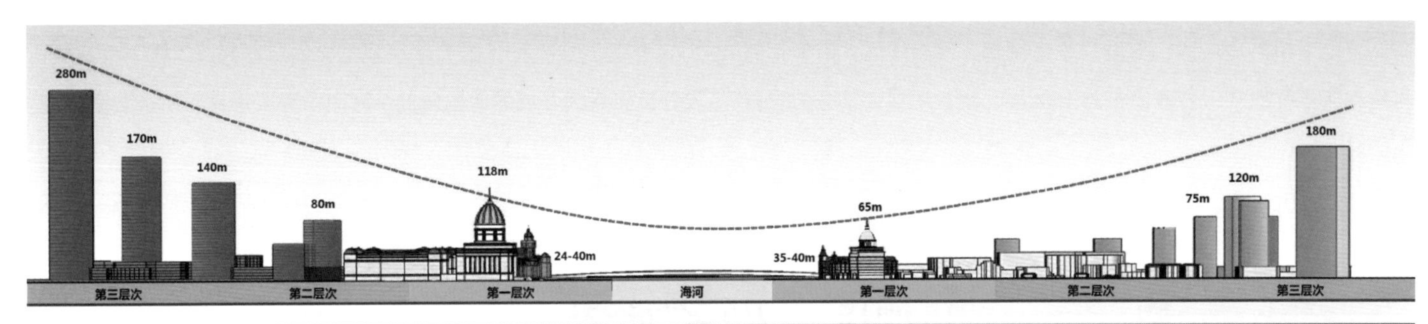

高度控制示意图

效果图

天津海河沿岸之“海河乐章”——天津海河中游地区城市设计

Tianjin Haihe River Waterfront "the Movement of Haihe River": Urban Design of Tianjin Haihe Midstream Area

海河是天津的母亲河，也是天津城市发展的空间主轴线。海河上游位于中心城区内，下游位于滨海新区核心区内，两者之间即是海河中游地区，占地面积约 $100km^2$，现状用地大部分为农田和空地。

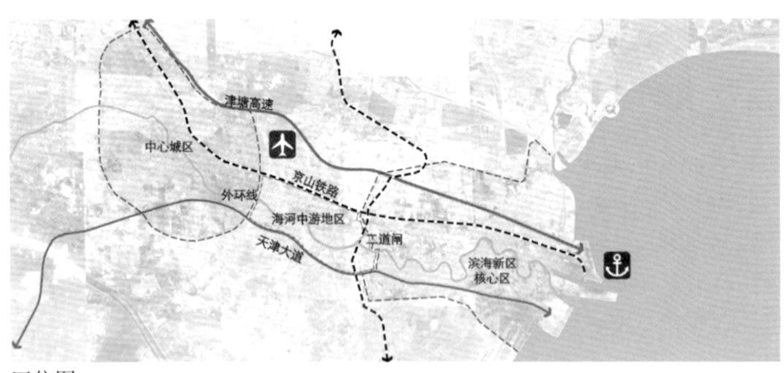

区位图

任何合理的城市规划必然是区域规划（刘易斯·芒福德）。本次城市设计的目的为预留控制，较为特殊，与一般以主导实施建设为目的的城市设计不同，正是通过对海河中游所在区域的宏观分析，才找到合适的城市设计方法，既避免了近期资源争夺，又为未来的高水平建设预留了空间。本城市设计由易道公司于 2008 年编制完成，并由天津规划院完成后续修改工作。根据城市设计思路后续开展的课题研究《海河中游大事件预留区规划研究》获得 2011 年度天津市优秀规划一等奖；城市设计指导下的《天津国家会展中心选址规划研究》获得天津市优秀工程咨询二等奖，天津市优秀规划三等奖。

1. 以预留控制为特色的城市设计目标

一蹴而就的城市一定不是好城市，为子孙后代留有余地的可持续发展型城市才是真正的好城市。海河中游城市设计于 2008 年启动编制，当时正处于天津的城市大发展时期，城市规划与建设浪潮高涨蓬勃，但十分可贵的是天津市政府仍然坚持对海河中游地区进行了“冷思考”。根据 J·弗里德曼的研究，位于两座相邻的核心城市之间的发展走廊是离心时期最有可能获得较快发展的边缘区，因为核心城市间的相互吸引力越大，越容易产生溢出效应。规划对公认为天津市开发条件最好的中游地区采用了预留

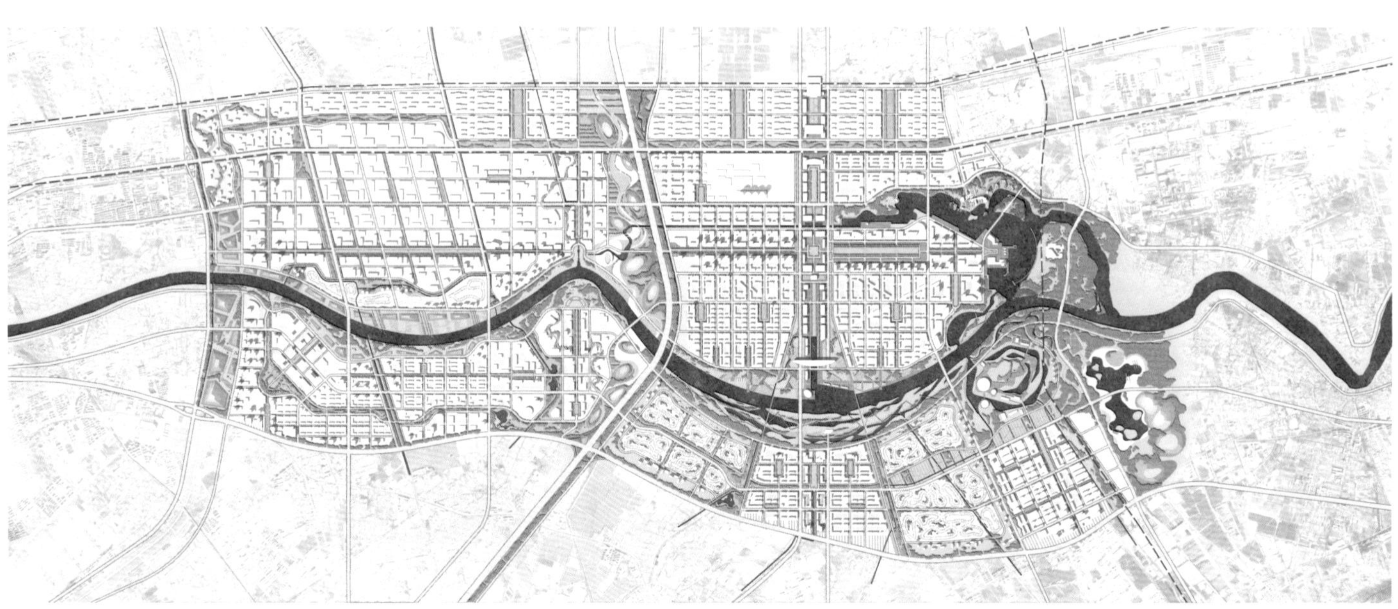

城市设计总平面图

低敏感
中敏感
高敏感

生态敏感度分析

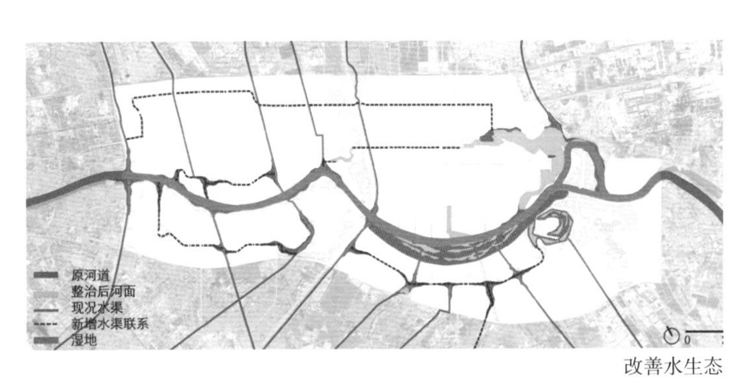

改善水生态

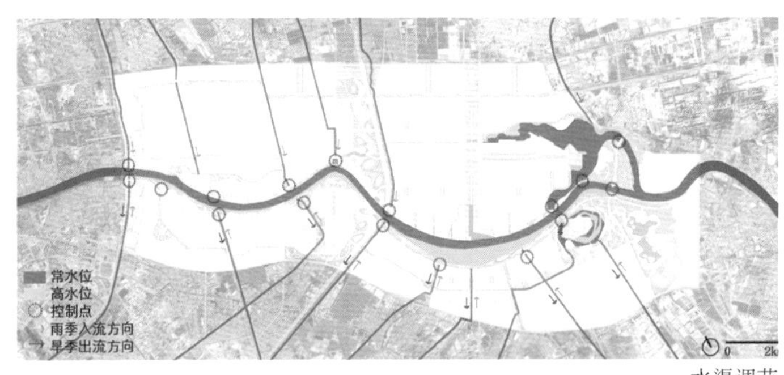

水渠调节

控制的策略，为子孙后代留下发展空间。

由于规划编制的目的从常规的指导建设转变为指导预留控制，因此首先从功能定位角度探讨如何预留用地，从区域规划的视角审视海河中游在天津市中心城区结构体系中的合理定位，并结合预留控制的要求，将该地区的功能设定为天津市高端功能（天津市的行政文化中心和我国北方重要国际交流中心）和重大事件的预留地。城市设计方案将总体空间描述为四大板块、三大功能带和三条城市发展轴，共同形成“海河生态国际城”的发展框架。

2. 提供完整的生态保护措施

城市必须不再像墨迹、油渍那样蔓延，一旦发展，它们要像花儿那样呈星状开放，在金色的光芒间交替着绿叶（帕特里克·格迪斯，《进化中的城市》）。位于“东西双城”之间并处于“南北生态”连接处的独特地理位置，决定了海河中游未来的建设需要避免连片化发展，因此从生态格局上确定了强化“南北联系”的生态控制策略，并分为三个层次。

第一层次是连接南北的生态主廊道，根据众多学者关于生态廊道宽度的研究，并结合该地区实际情况，必须保留宽度为1200m 和 600m 的生态主廊道，才能实现南北生态的基本联系，这两条廊道应作为严格控制区。第二层次则在地块层面强化南北生态联系，探索了“毛细廊道”策略，采用“绿地转移”的方法，将该地区所有地块的东西向绿化带转移到南北向，将提高 5%-7% 的新风通过率，形成一个微观强化南北生态联系的城市格局。第三层次则是强调自身生态建设的“绿色基底”策略，倡导城市公共环境的高绿容率，在传统绿地率指标的基础上提出“外向型绿地率”的引导性指标，通过设置其中的 10% 为“外向型绿地率”，公共环境的绿容率将增加 3%。

在生态治理方面，首先对中游地区的生态承载力和生态敏感性进行了分析研究，从生态安全的角度谨慎地审视其发展的可能性与总量，进而提出高敏感区的空间规划策略，整合现状水体，增加城市亲水空间并改善生态机制，梳理现状水系，加强海河与水渠调节机制，改善水质水量控制，结合滨水绿带防护绿地与城市开放空间形成完整生态网络。

3. 构建快捷的绿色交通系统

通过高效率方格状道路网络连接海港空港与两个主城区，减少机动车使用并结合开放空间的绿色公共交通系统，通过滨水交通开放海河空间廊道作为绿色交通主干。

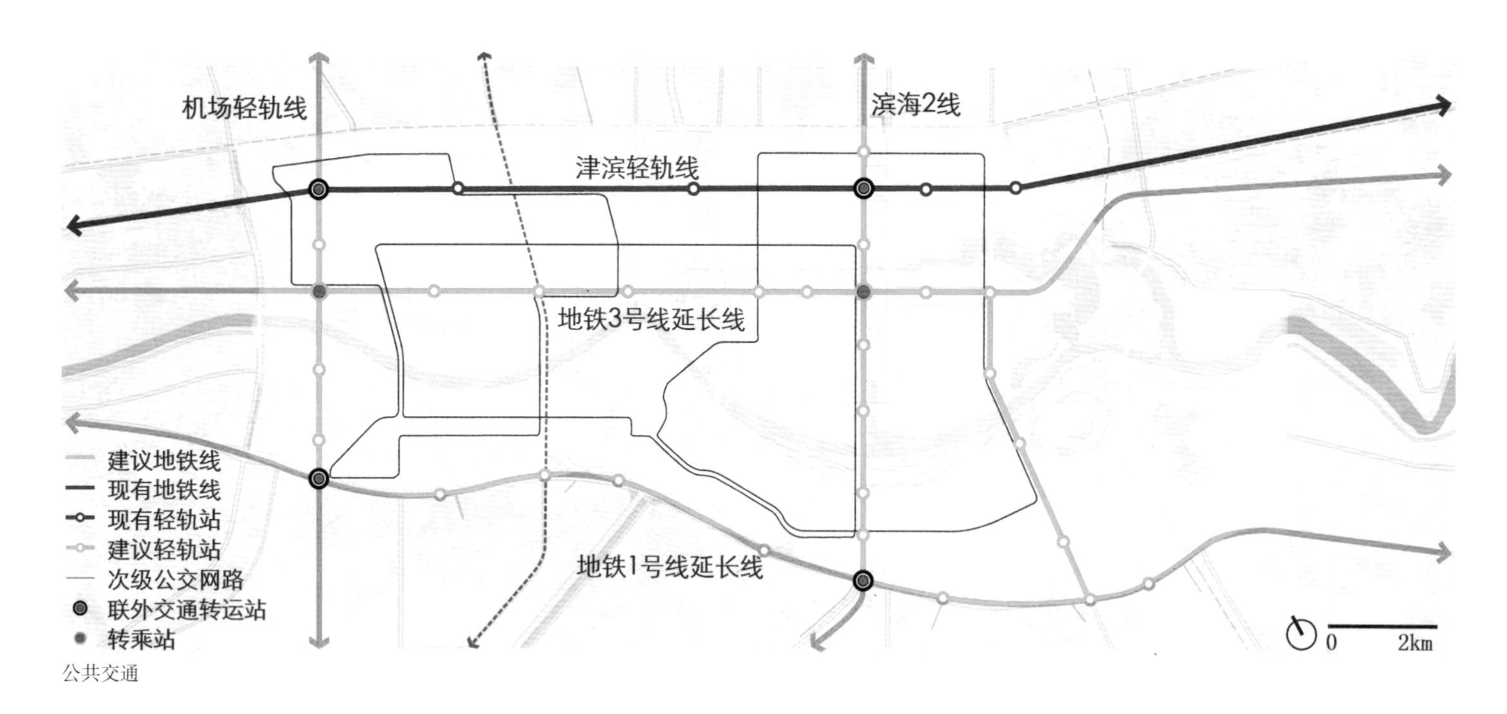

公共交通

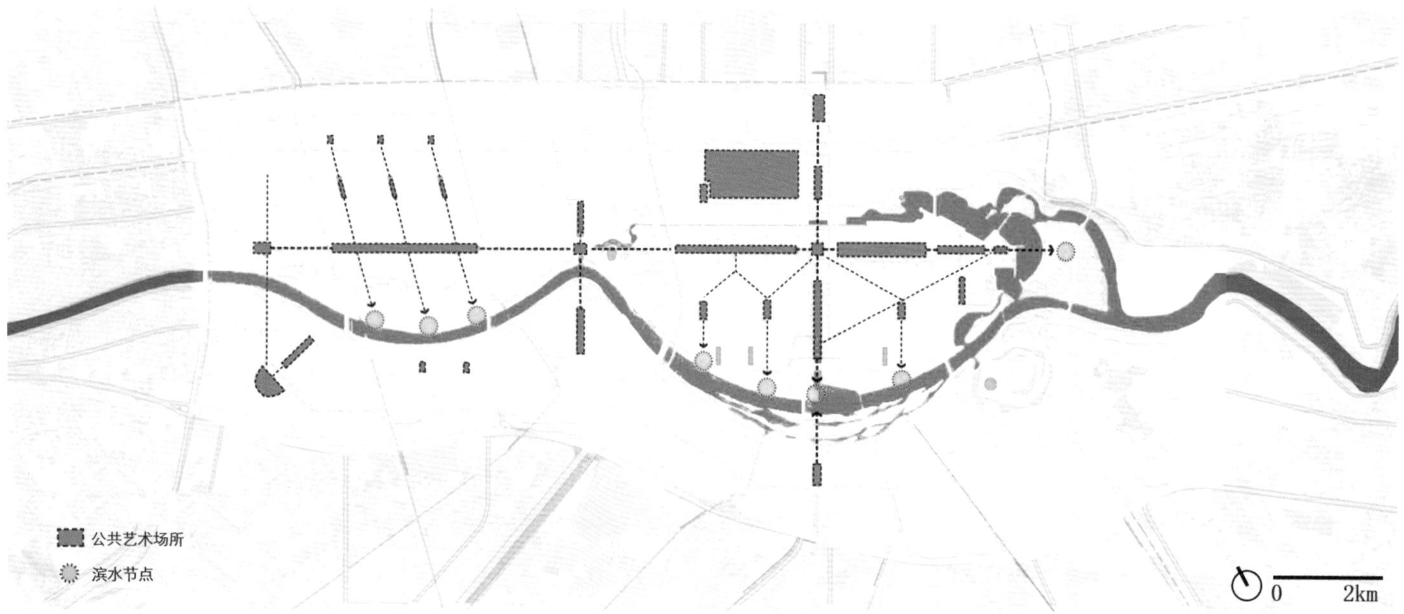

公共艺术网络

以轨道为支撑的完备的交通基础设施条件是城市中心发展的关键。城市功能区的可达性是城市可持续性的一个重要标准。通过综合交通规划的编制，为海河中游地区提供了高效快捷的交通基础设施。海河中游地区的7条轨道线相比西站地区的3条轨道线、小白楼地区的3条轨道线、天钢柳林城区的4条轨道线和于家堡CBD的4条轨道线更加具有交通优势，基本保证了中游地区与其他城市中心间30分钟的可达距离，为该地区的发展提供有力的可持续支撑和保证。

4. 营造宏观空间框架和重要节点

（1）城市轴线。创造以结合海河生态走廊的中心轴线与跨海河的三条功能轴带，为中游城区创造新城市格局与空间主题。

（2）展现个性的公共艺术环境。结合水体再造与大型地景艺术创造地标性景观，并围绕主要广场轴线与滨水节点形成公共艺术展示网络。

（3）六大节点。统筹布局奥林匹克公园、国际教育园区、湿地主题公园、世界博览公园、天津行政中心和国宾接待中心六大节点，并充分体现生态自然的地区特色。

5. 制定土地储备和经济开发模式保障城市设计的落实

为了更好地保证城市设计的落位与实施，方案从土地储备和开发模式两方面着手，在用地布局上结合生态环境优先布局大型文化项目，在突出中游段国际化功能主题、提升项目环境品质的同时，为未来国际文化体育博览项目预留大型用地；在开发模式上，结合地区主要交通节点和核心区域进行先期开发的规划准备。使储备土地与城市绿地系统相得益彰，也避免了长期预留所造成的土地价值的流失。

总体而言，海河中游总体城市设计是一次面向未来的完整空间策略，从宏观的定位到中观的空间结构、生态与交通体系，再到详细的节点设计，直至落实到土地储备与经济开发的保障措施，用全面、形象、科学的空间语言描绘了天津市海河中游的未来发展前景。

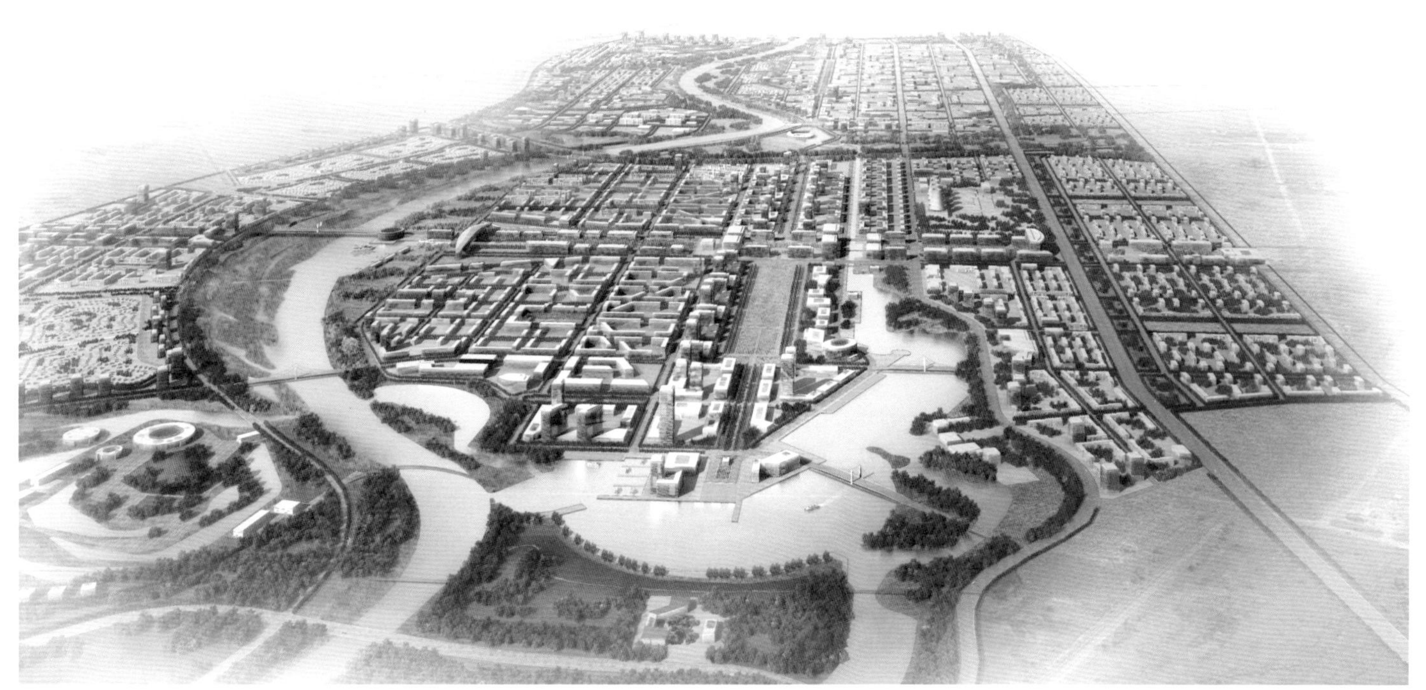

鸟瞰图

鸟瞰图

天津海河沿岸之“海河乐章”——天津于家堡及响螺湾地区城市设计

Tianjin Haihe River Waterfront "the Movement of Haihe River": Urban Design of Tianjin Yujiapu and Xiangluowan Business District

随着天津滨海新区的快速发展，在海河下游入海口处，于家堡金融区与响螺湾商务区相继崛起。于家堡金融区位于海河北岸，东西南三面临海河，是滨海新区中心商务商业区的核心区，主要发展金融创新基地、城市商务、高端商业、都市旅游、生活居住等功能。响螺湾商务区北依海河岸线，东沿海河与于家堡金融区毗邻，将建设成为外省市及中央企业驻滨海新区办事机构、集团总部和研发中心的承载区。于家堡金融区与响螺湾商务区携手奏响了海河乐章的最强音。

1. 于家堡地区城市设计

（1）项目概括

于家堡金融区位于天津海河下游，是滨海新区中心商务区的核心，占地面积 4.13km^2。洋务运动后期，该地区承载着天津铁路与海河的联运的功能，逐渐形成集铁路、公路、内河航运、远洋航运于一身的交通枢纽和商贸繁华区。

于家堡整体城市设计效果图

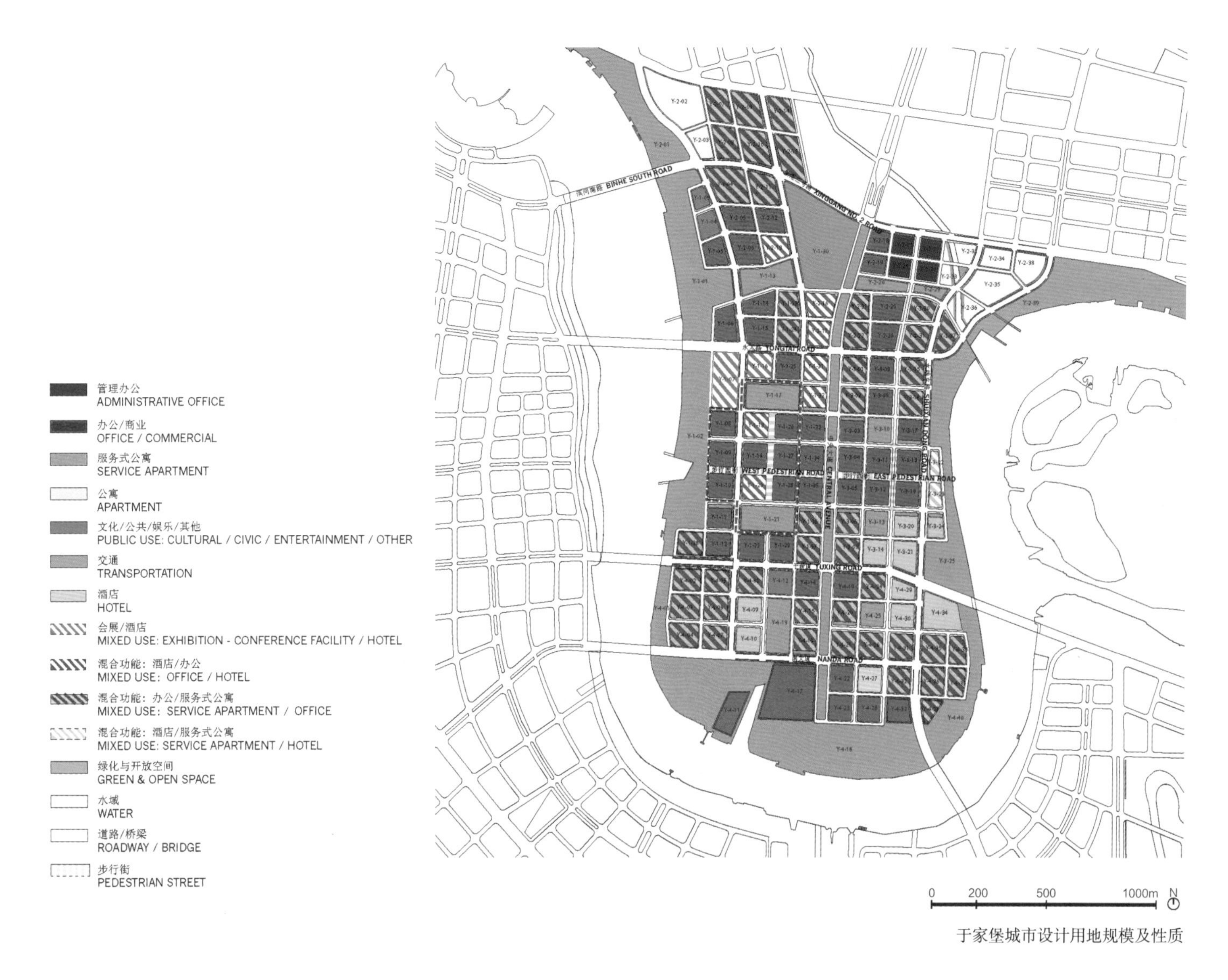

于家堡城市设计用地规模及性质

于家堡金融区西与响螺湾商务区隔河相望，北与天碱、解放路地区相邻，南临大沽生态居住区，东望蓝鲸生态岛。规划建设于家堡金融区是天津市委、市政府贯彻落实中央对天津和滨海新区功能定位的重大举措。

从 2005 年开始，于家堡金融区的规划历时三年多，邀请了国内外著名专家学者和著名的规划设计公司进行规划编制和咨询。2008 年，天津市重点规划指挥部对于家堡金融区规划进行了提升，并通过《天津日报》公开征求意见，滨海新区开发开放领导小组听取汇报，规划最终定稿。2009 年 9 月，京津城际延伸线于家堡高铁站启动建设；5 月，于家堡金融区起步区开工。经过六年的建设，2015 年 9 月 20 日于家堡高铁站开通，11 月 11 日于家堡环球购正式开街，交出了十年磨一剑后的第一份答卷。

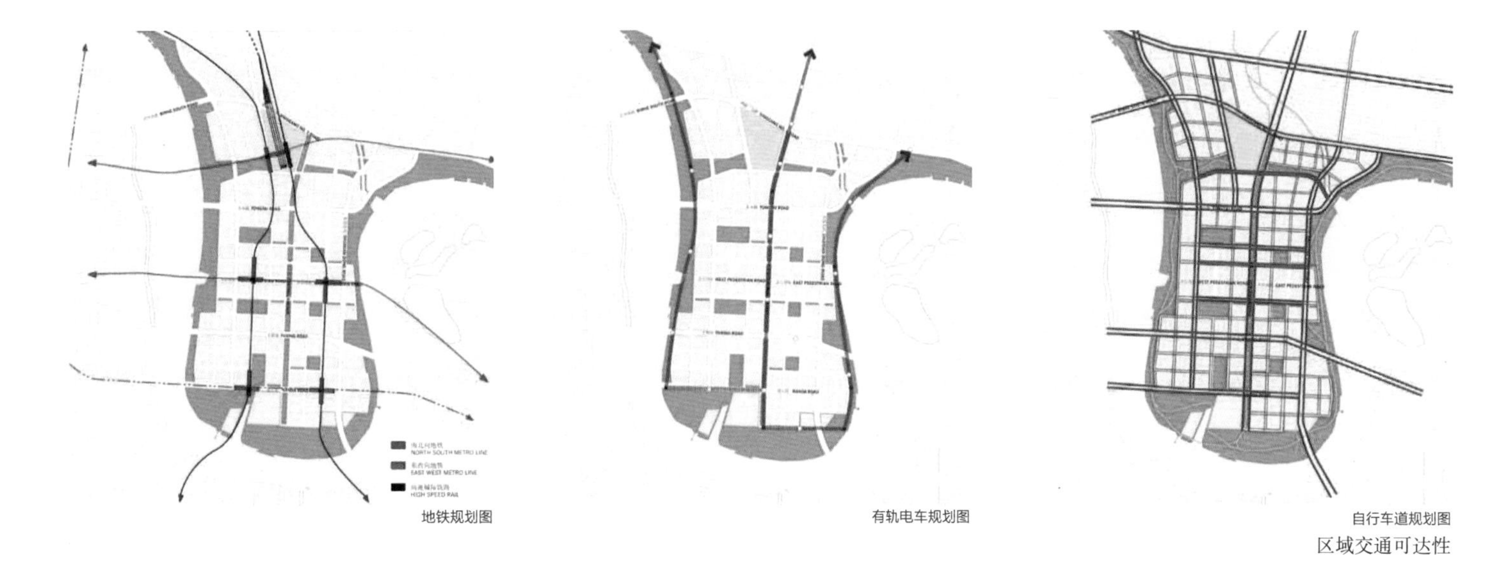
地铁规划图　有轨电车规划图　自行车道规划图
区域交通可达性

超高层建筑沿海河方向高度逐渐降低
Towers gradually step down towards the Haihe River

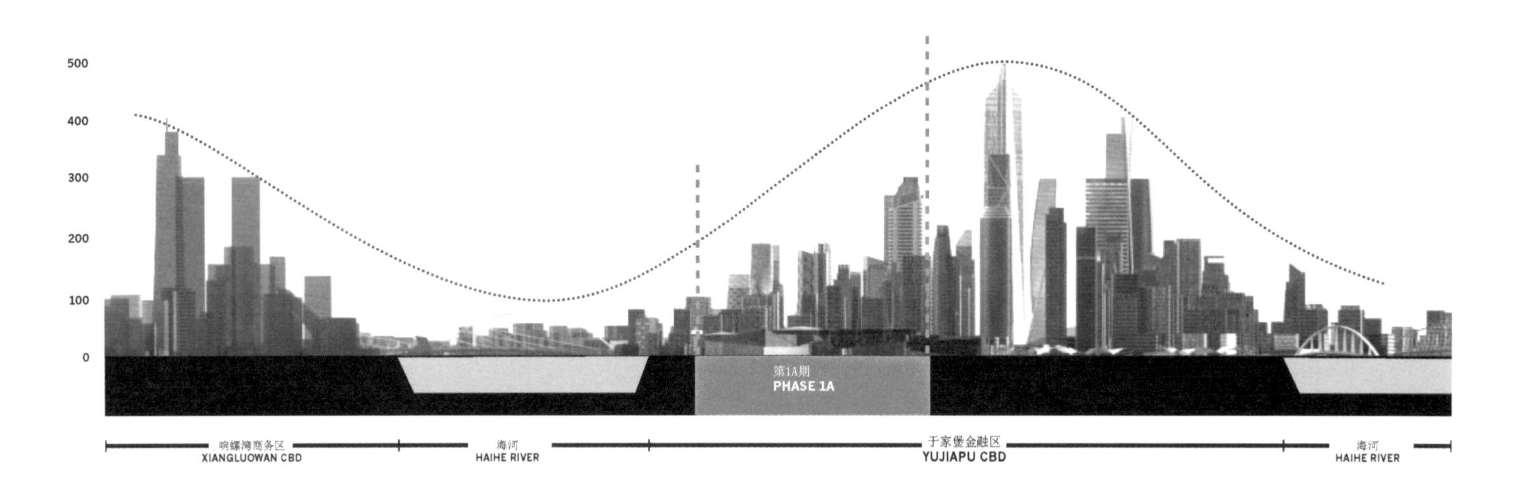

于家堡城市天际线

（2）设计理念及思想

于家堡金融区作为动感的多功能金融区，将有世界级的金融和商务机构进驻。不同性质的用地在层次性的街道体系之内围绕着高档次的公园和滨水开放区域而布置。金融区的土地使用规划包括办公、商业、娱乐、文化、酒店和住宅等。

1）以多样复合的城市用地及集中高强度的地块开发，打造全天候活跃的高效金融区

城市设计范围内总用地规模为 $355hm^2$，其中地块面积占比为 40%，绿化空间占比达 35%，道路空间占比达 31%。以集中高强度的地块开发，释放出更多的公共空间给予市民，以保证其居住、工作、生活、交通的舒适性与高效性。全天候丰富的功能布局，包括办公、服务、公寓、娱乐和文化功能；围绕河流的开敞空间、运河以及全新的公园，营造有利于工作、居住、娱乐的世界级场所。由林荫人行道和自然的公园所组成的中央大道将成为一条贯穿于家堡南北向轴线的绿色通道。这条大道将会是许多金融机构以及服务性住宅的首选位置。零售业和餐饮业提升了街道的活力并给行人提供了一个友好的步行环境。

2）以连续的绿色走廊与高质量的公共区域，实现区域景观资源的共享

打造高质量的公共区域，利用滨河公园的景观优势和连续的开发空间，围绕海河设计一系列主要的城市公园和开放空间，标志性滨河公园系统作为连接整个区域各类用地的公共开发廊道。于家堡金融区作为动态的多功能金融区，将有世界级的金融和商务机构进驻。土地使用在层次性的街道体系之内围绕着高档次的公园和滨水开放区域而布置。金融区的土地使用功能包括办公、商业、娱乐、文化、酒店和住宅等。

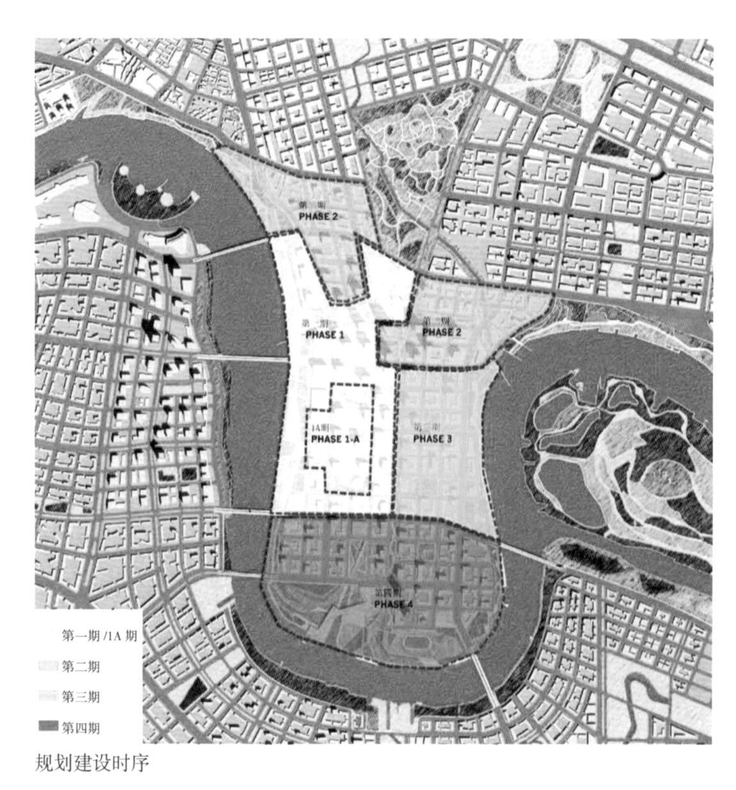

规划建设时序

金融区的主要特征是建立一个高品质的公共开放空间体系，与经济发展相平衡，为在本区工作、生活和旅游的人们提供高质量的生活环境，主要特色包括一个位于中央大道内新的直线形公园，为沿半岛南北轴布置的场地提供一个安全、愉快的步行链接。一系列公园均匀地跨半岛布置，为相邻的开发提供了开放空间。每个公园都拥有独特的功能规划和开发特点。这些开放空间体系的主要特色是沿着半岛的长度连续延伸的滨水公园。滨水公园可以作为观赏自然景观和开展各种活动的娱乐设施以及举办市民文化活动的主要场所。

3）以公共交通为导向，实现半岛区域交通的可达性

在区域的交通设计中，80% 的居民和来此的工作者均采用公共交通方式，城市为居民提供多种模式的便利交通，包括高铁、地铁、本地和区域公交车、出租车等。

高速铁路和交通枢纽作为通往于家堡以及大滨海地区的门户。作为京津高铁的终点站，于家堡城际车站将成为不同运输方式的交会连接中心。这些运输载体包括高速铁路、三条地铁线路、常规公交系统、出租车以及私家车。层次性的街道体系将整个金融区内的出行贯穿连接起来：中央大道沿南北方向贯穿整个半岛，作为机动车和步行循环的主要通廊，将半岛北面的火车站与最南段标志性建筑直接连通；其他通行街道沿半岛均匀布置，并通过跨河桥梁与响螺湾、大沽地区连为一体。

特色步行街位于半岛的中心，形成东西走向的主要通廊，作为金融区的主要购物街。金融区内的其他街道的商业规模按比例递减，形成一个完整的街道体系，满足机动车和步行的需求。

4）以独特的城市天际线与高品质的建筑，实现于家堡作为金融区标识性

除了高品质的公共空间以外，建筑形态对于家堡半岛的形象也具有重要的影响。对光照和视野敏感的城市肌理和建筑形体是构造一个具有凝聚力的城市景观的重要因素。建筑高度将会由河滨的相对低矮向中心交通枢纽和中央大道逐渐升高。在这样的一个建筑形体的设计指导下，位于不同位置的建筑都将享有各自的景观视野，同时在中央商务区创造了别具一格的城市天际线。

围绕着中心交通枢纽组团式的地标建筑群勾画出了于家堡中央商务区的中心。这些超高层塔楼的特征将成为中央商务区的核心形象。标志性塔楼的建筑语言和其他在岛上的建筑将会是整个天津滨海新区形象的重要组成因素。除了一般建筑形体上的考量，独特的外墙设计定义了建筑的个性并进而塑造了城市的形态。结构的设计融入了文化底蕴。对环境的考虑以及绿色技术的使用将会是建筑设计的重要考虑之一。

5）以提升标高与开发地下空间的策略，实现区域协调与可持续发展

为了解决海河的洪水问题，于家堡半岛将会提升标高于洪水位之上。比起建造防洪墙阻断城市与海河的联系，这样的措施将会使城市与河滨公园有着更直接的关系。同时，提升后的地面将更有利于地下空间的发展以及市政设施的敷设。车辆隧道、地铁、行人地下空间、地下车库以及地下管线都将组合成为地下设施的一部分并支持着可持续发展的策略。

6）以分期开发的建设时序，实现健康有序的规划实施

一个这样规模的城市需要一种可以适应市政设施发展，基地情况，市场需求以及房地产需求的发展策略。渐进的分期规划将塑造出一个层次分明和肌理丰富的城市。

于家堡目前将分四期规划发展。第一期坐落在响螺湾的对岸，于家堡半岛的西部河滨。1A 期部分包括了商业，金融服务大厦以及会议中心。而整个一期的发展将包括交通枢纽以及其他的办公和服务性住宅塔楼。第二期将发展半岛北边的，联系着塘沽区与于家堡新中央商业区。第二期的地块功能包括有管理办公，住宅和一般办公。第三期包含了在半岛东岸的混合功能建筑，将延续一期的地块发展模式。第四期将发展半岛的南部，其中服务性住宅和办公功能混合将会是这一区域的主要功能，同时，第四期将结合具有独特文化性的河滨公园和中央大道的终点来发展。

（3）规划实施情况

2009 年初，于家堡控规获市、区两级政府批复，于家堡高铁车站和起步区 9+3 地块动工建设；2010 年 7 月，永太路海河开启桥建成通车；2015 年 1 月，中央大道海河隧道建成通车；2015 年 9 月，于家堡高铁站建成通车；2015 年 11 月，于家堡环球购正式开街，起步区部分楼宇投入使用。经过近十年的建设，于家堡金融区已经初具规模。

2. 天津市响螺湾商务区城市设计

响螺湾商务区作为滨海新区 CBD——于家堡金融区的启动区，汇集中国各省市和中央企业的驻津机构，在功能上实现与于家堡金融区的互补。响螺湾商务区城市设计项目总用地 1.1km^2，该项目获得了 2007 年度天津市优秀规划设计二等奖，同时响螺湾商务区的整合提升规划获得 2013 年度天津市优秀规划设计二等奖。

响螺湾商务区的城市设计项目结合周边环境特点，围绕空间结构、建筑景观、交通组织以及地下空间四方面，进行城市设计及导则的研究与编制工作。塑造了滨水地区标志性特色节点空间与城市意象，构建了快捷交通网络系统，同时具有人性尺度的街道空间，最后通过导则的制定，有效指导了各个建筑单体的设计，使各个建筑单体在实现良好协调的同时彰显了个性。

（1）从宏观到微观，不同尺度的空间意象塑造

响螺湾商务区塑造了“一带三庭”的整体空间结构。“一带”是指平行于海河的一组南北方向的带状商业广场，与亲水平台、内湖及彩带岛共同形成了带状滨水休闲公共空间走廊；“三庭”则是指沿南北向中央主路设置的三个商务中心和开敞空间，形成了响螺湾商务区的三大城市“中庭”。

响螺湾商务区在处理好主要街道沿街建筑空间关系的同时，关注次要街道的空间景观及功能层次配置，通过低层和多层特色建筑导入，形成活力次街。在次街上设置体量较小、尺度宜人的建筑，用于餐饮娱乐、文化休闲，既可以满足附近办公人群的消费需要，又营造了街道特色。次街的宜人尺度与相邻主街高层林立的尺度形成对比，在内敛的街道空间中，容纳了人们休闲慢享的生活方式。

响螺湾商务区在设计上明确点景建筑，整合标志性塔楼与建筑群体的空间关系，重点塑造主从明确、协调统一、主体突出的建筑群体关系，只允许作为城市点景的地标建筑在形体、高度、风格、色彩等方面标新立异，其他建筑则实现风格协调统一。

（2）从滨水到街道，不同界面的建筑景观特色营造

响螺湾商务区注重沿滨水带的城市天际线控制。在沿海河1.2km长的滨水带主要界面，根据黄金分割比例的空间定位，结合已经确定的建筑单体项目，设计三峰式城市天际线，力求突出凹凸有序、错落有致的城市轮廓。

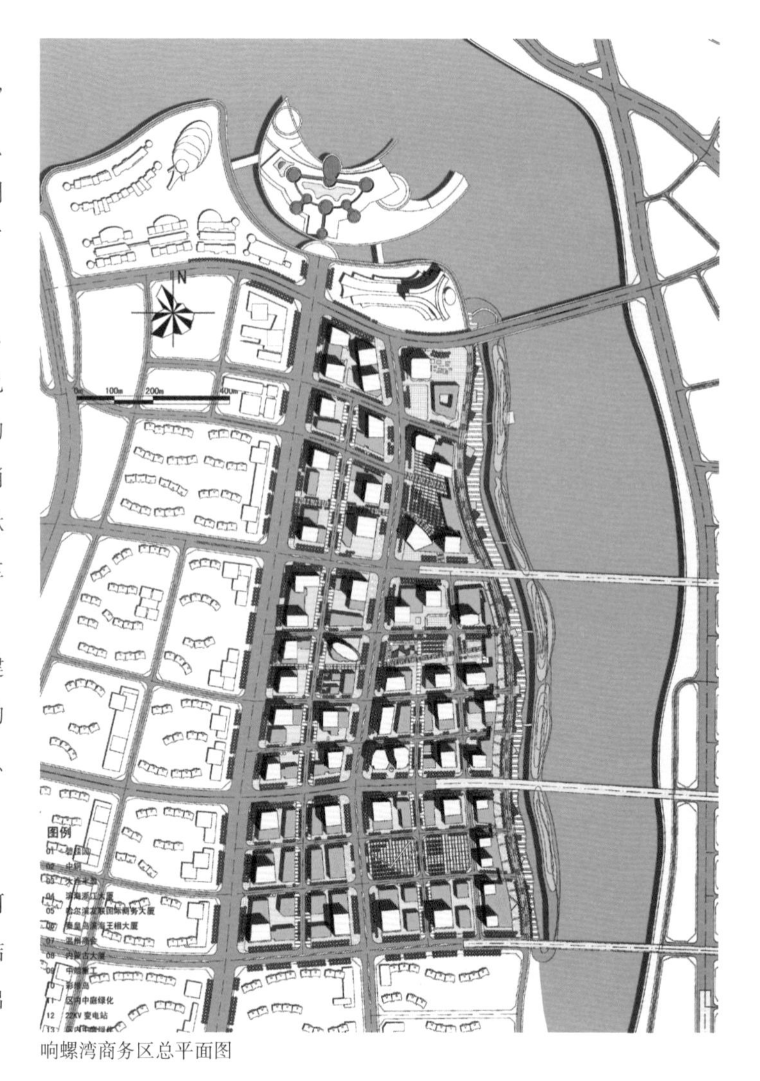

响螺湾商务区总平面图

响螺湾夜景鸟瞰效果

对滨水地带沿岸建筑的景观进行系统分析，首先，从滨水一侧到地块中心的建筑高度依次升高，保证沿河景观资源的有效利用和公平分配；其次，建立若干垂直河道的景观通廊，使得滨水空间与地块内部的街道空间实现互相渗透。

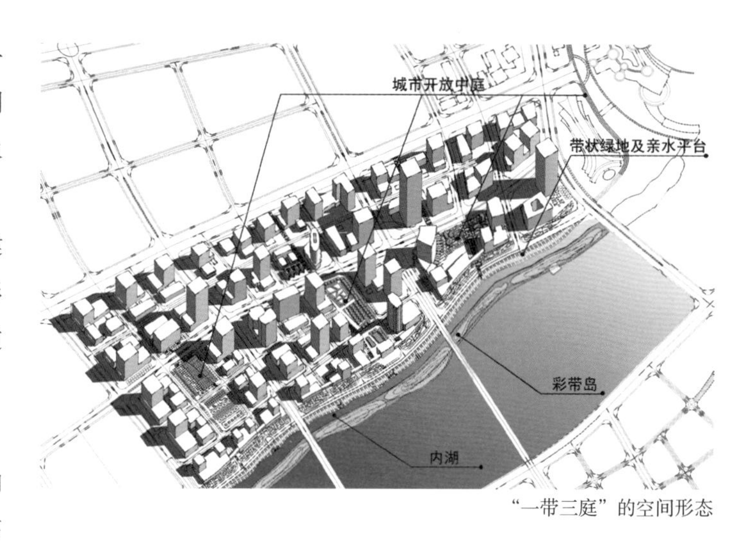

“一带三庭”的空间形态

对街道两侧的建筑景观提出街墙立面线规定，主要街道的建筑退线必须整齐统一，所有的建筑必须沿建筑退线布局，从而形成连续、完整的沿街建筑界面，以利于形成整齐有序的城市街道景观。

（3）从地上到地下，不同层次的交通组织和空间开发利用

地面路网由十三横六纵、级别配比合理的道路组成，将响螺湾商务区划分为若干地块面积为 $1hm^2$ 左右的小街区模式。高密度的路网保证了各地块均享有便捷的交通条件和良好的景观条件，提升了各地块的土地价值。

地下人行系统原则上设置于地下一层，与地下公共交通站点和商业娱乐功能相结合，形成具有活力的地下娱乐中心。地下车行系统设置在地下二层，采取单棋盘网络结构，满足大部分的过境交通和货运交通的需求，同时分担一部分地下停车场库出入交通的组织功能，从而缓解地面的交通压力，把更多、更安全的空间留给地面行人。地下车行交通线路联系大部分地下停车空间，形成整体联通的地下停车系统。

地下物流服务系统覆盖响螺湾商务区全部用地，依托地面物流中心、地下二层的车行系统和设置在楼内的终端货物分拣配送系统，形成完整的地下物流配送网络体系。

响螺湾夜景天际线

天津北部新区城市设计

Urban Design of Tianjin Northern New City

对于一个城市而言，完整的城市空间形态、有序的城市用地拓展是地区可持续健康发展不可或缺的保障。在“十二五”期间，天津市预计常住人口将增加300万人左右，而天津市中心城区作为人口增长的核心地区，建设用地储备量约为20km^2，预计仅能满足3-4年的使用需求。从总体数据上可以看出，天津市中心城区未来人口增量与土地的储备量处于一种不匹配状态。

长期以来天津市中心城区发展呈“南重北轻”的发展状态，同时城区与滨海新区呈相向拓展的趋势，使得北部地区建设相对滞缓。随着京津冀一体化程度逐步加强，北部地区充裕的可开发土地资源以及良好的区位条件等优势将逐步显现其重要性，由此天津市提出了拓展中心城区城市规模，建设天津市北部新区的整体构想。

北部新区，即天津市外环线东北部调线后增加的城市新区，总用地规模为113km^2，其中北辰区约占75km^2，东丽区约占38km^2，外环线调整后的中心城区建设用地总规模将达到约450km^2。现状用地以工业用地和耕地为主，明显表现出城市边缘区的特征，其中已建设用地约占40%，水域和农用地约占60%。

北部新区的建设具有拓展中心城区发展空间、完善中心城区城市功能构架、整合北部新区优势资源、拉动天津整体经济发展等多方面意义。北部新区的总体城市设计编制工作为地区控规编

北部新区城市设计鸟瞰图

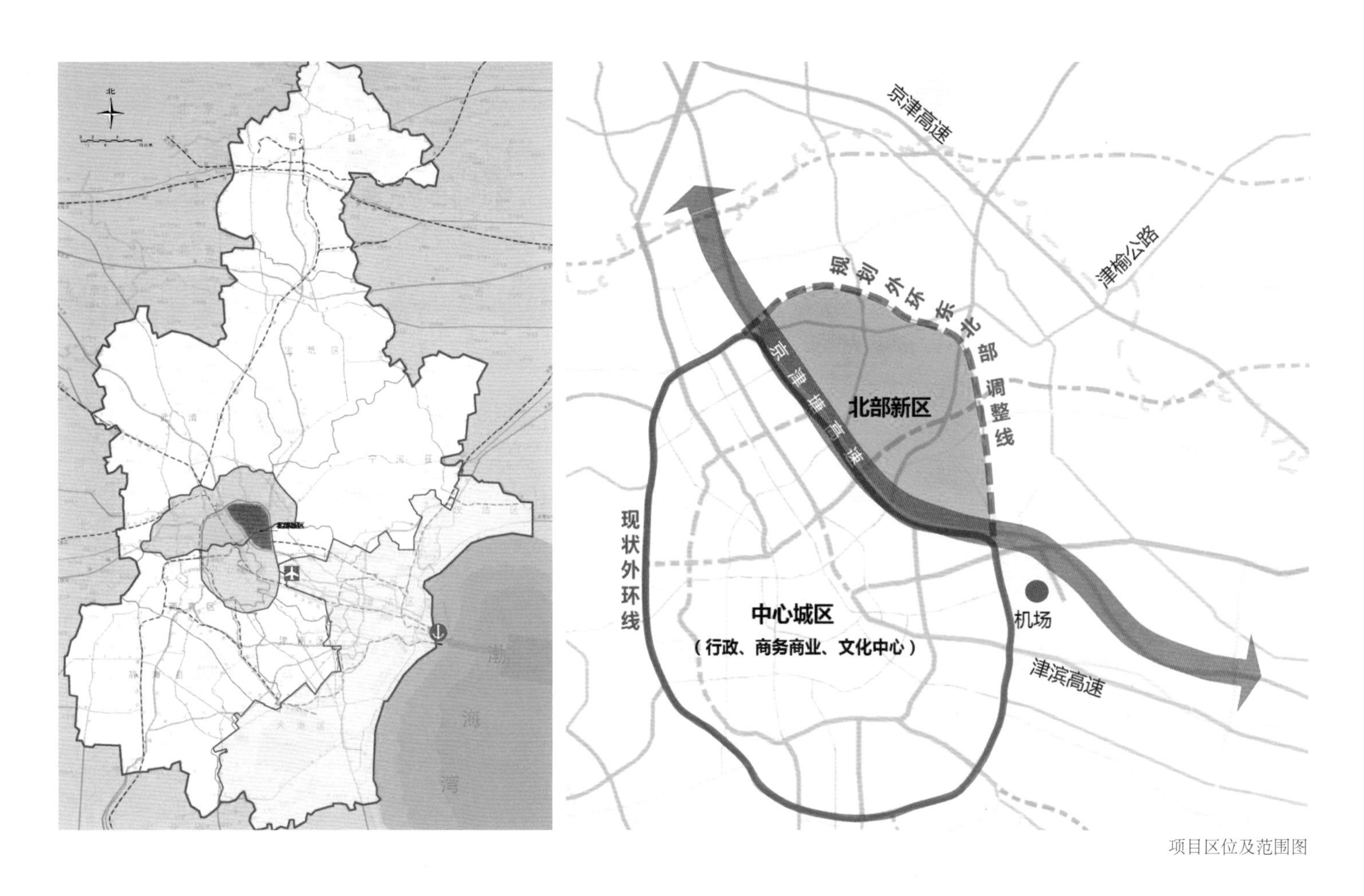

项目区位及范围图

制提供了重要依据，确保了控规指标赋值的规划合理性，保证了整体城区空间系统的完整性，起到了增进城区空间活力、引导城市风貌特色的作用。

1. 城市完型——强调与中心城区紧密联系的城市结构

本次城市设计坚持城市完型的整体理念，通过延伸中心城区城市生长脉络，衔接中心城区城市空间及功能布局，形成了“三片、四轴”的城市发展结构，其中：

“三片”是指北部的商务、生活与休闲片区、中部的产业与服务片区和南部的商贸、生活与休闲片区，三大片区的城市功能均与现状外环内的片区城市功能相对应。随着中心城区沿线的京津塘高速公路实施整体高架后，北部新区可实现与现状中心城区建成区的无缝衔接。北部的商务、生活与休闲片区及南部的商贸、生活与休闲片区均依托现状生态资源，建设大型公共绿地，形成银河风景区及南淀风景区，遵循中心城区外环绿带串联楔状绿地的整体架构，实现对于中心城区绿地公园体系的架构完形。中部的产业与服务片区以新能源、新材料等高新技术产业及科技研发、商务办公等生产性服务功能为主，依托现状北辰经济技术开发区进行产业升级转化，以产兴城、产城融合，形成对北部新区发展的有力支撑。

“四轴”是指北部的龙门东道发展轴、中部的普济河道发展轴、南部的金钟路发展轴，以及纵向的北部新区发展轴。其中龙门东道发展轴串联北辰区的京津公路商务核心区、天津市北部公共服务中心以及银河生态休闲中心；普济河道发展轴串联天津市西站副中心、国家级高新技术产业基地研发中心以及国家级高新技术产业区；金钟路发展轴串联小白楼主中心、金钟公共服务中心以及华明工业园。通过三条横向轴带将北部新区与中心城区的城市副中心及重要节点紧密串联，形成三条有脉络、有特色的城市发展走廊，从而实现北部新区和中心城区一体化发展。

2. 城市亮点——构建多中心串联的城市发展格局

通过明确城市中心位置及重点发展地区，塑造功能各异的城市亮点区域。城市设计提出“一心四核”的中心布局构想，其中“一心”即“天津市北部公共服务中心”，为城市综合性服务中心，未来将着力发展以现代服务业为主体的区域商务办公功能，定位为为天津市北部地区服务的商业文化娱乐功能聚集区，打造具有国际化社区水准的城市区域中心。“四核”均为专业中心，分别包括金钟公共服务中心、国家级高新技术产业基地研发中心、银河生态休闲中心、南淀生态休闲中心。城市设计将城市中心落位于城市发展主轴或交汇点上，形成整体城市结构的串珠模式。中心建设充分结合轨道枢纽的选点布局，通过地铁上盖开发推动地区中心建设。规划对各中心的建筑组群高度提出控制要求，强化整体城市空间逻辑，塑造优美的城市天际线。

3. 发展以公共交通为导向的城区交通体系

以建设北部先进城区为目标，规划提出以完善的公共交通系统支撑地区的城市建设。构建由城市轨道、BRT、市民公交组成的三级公共交通网络体系。规划轨道线路七条，结合新区城市结构布局，形成五横两纵的轨道线路结构；发展 BRT 及轻轨环线，并与轨道交通、公交系统紧密衔接，共同构筑便捷高效的大众运输体系。

4. 构建具有多级绿化控制系统的生态城区

北部新区现状河流纵横贯穿，拥有中心城区内唯一的一座水库资源，生态资源较为丰富。规划以现状生态水体为脉，以整体城市格局为引，建立区域级、城市级、居住区级三级城市绿廊系统架构。区域级绿廊主要沿城市河道及城市高等级道路设置，形成三带一环的布局结构，绿廊宽度界定为 100-200m 不等，起到划分城市功能片区和串联区域生态环境的作用。城市级绿廊主要沿城市主要发展轴带设置，起到串联片区中心的作用，绿廊宽度为 60-80m 不等，以城市化景观廊道或带形公园形式为主，地下设置轨道线路，形成复合功能的城市绿化环带。居住区级绿廊主要起到串联居住区中心的作用，绿廊宽度为 30-60m，绿廊内部预留快速公交线位空间，形成生态绿谷型的社区休憩活动空间。通过划定控制原则形成多级别绿廊网络，丰富整个地区的慢行空

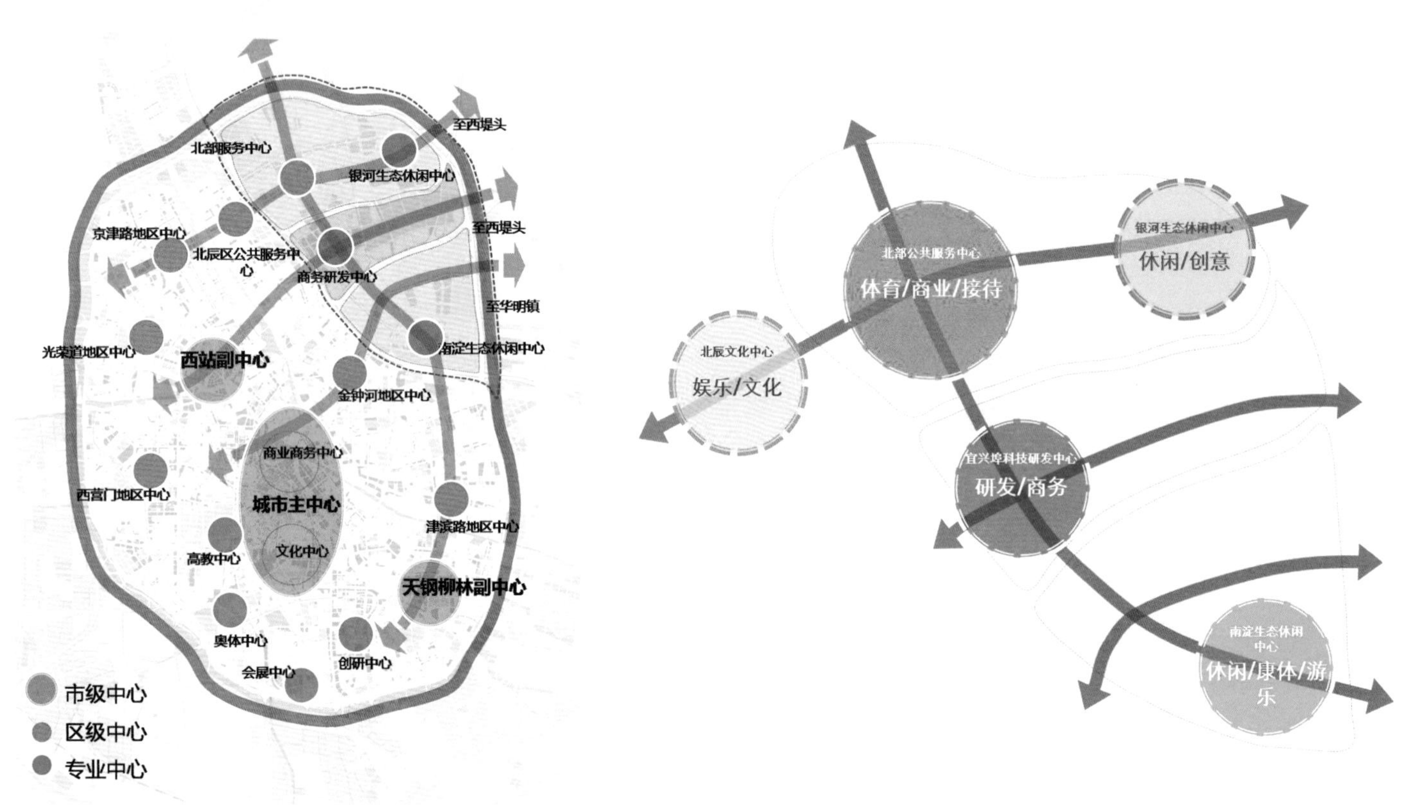

北部新区中心体系及功能布局图

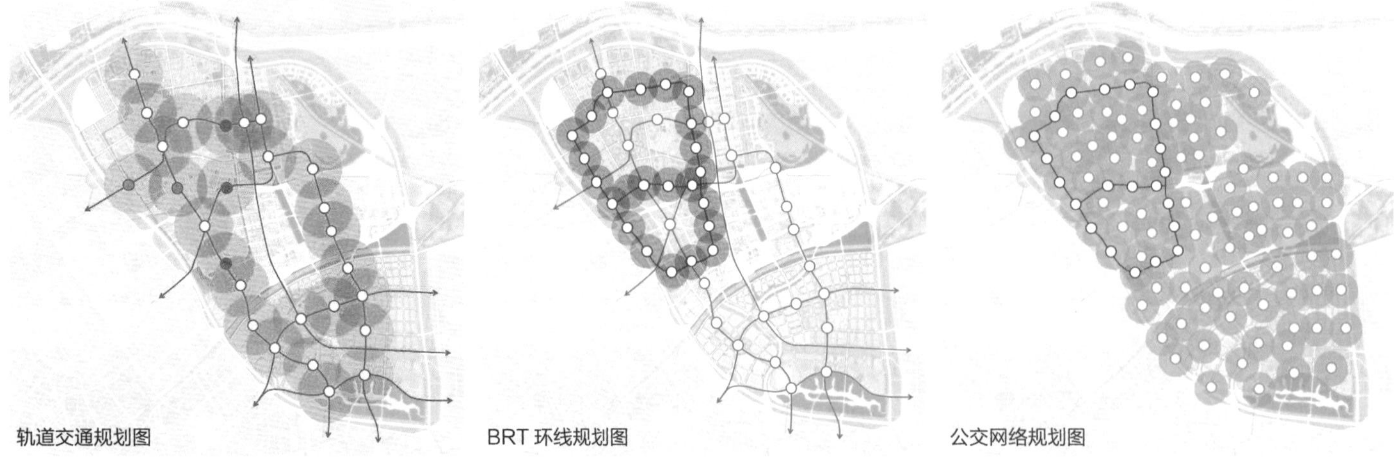

北部新区公交系统规划图

间体验。此外规划提出，通过系统性绿道串联住区绿地、城市公园、郊野公园三级绿化节点空间，实现绿化系统的复合网络化格局，增强大型公园和城市公共空间的可达性，营造与自然亲切交融的智慧生态新区。

银河风景区鸟瞰图

南淀风景区鸟瞰图

天津京津城际周边地区城市设计

Urban Design of Tianjin- Beijing Intercity Railroad Surrounding Area

京津城际铁路作为天津市联系首都北京的重要交通线路，对京津一体化发展以及构建社会主义双城记起到了重要的纽带作用。

2013 年天津市提出对京津城际北辰沿线地区进行整体提升，开展地区城市设计工作。项目用地范围北至滨保高速公路、南至普济河道、西至京津公路、东至京津塘高速，总用地规模为 70.5km^2。

京津城际北辰沿线地区涉及京津公路、京津塘高速、京津城际铁路三条入市通道，未来全线贯通后的滨保高速公路将成为第四条联系首都的重要通道，可直达首都第二机场，由此京津城际北辰沿线地区将成为天津市最重要的城市入市口及对外展示的窗口，地区的整体面貌对美丽天津形象的示范和带动作用有着重要意义。

城际铁路北辰沿线地区现状有华北地区最大的铁路编组站——南仓站，根据天津市城市总体规划布局，南仓编组站将于 2020 年左右向环外地区搬迁，由北辰汉沽港编组站及滨海北塘西编组站替代。南仓编组站的搬迁，是对客货铁路的有效分离，更重要的是为城际沿线地区乃至天津北部地区的发展带来了巨大的空间，有利于实现打造中心城区北部门户的核心目标。

本次城市设计以城际沿线为着眼点，形成对北辰区整体的城市功能架构、空间形态、交通系统、生态格局等多方面的优化梳理，进而实现提升城市门户形象、完善城市载体功能、优化城市生态格局的规划目标。

城市设计整体鸟瞰图

城际入市口效果图

1. 天津“北大门”——营造公园化、科技感的入市门户走廊

城际铁路北辰沿线地区要打造入市门户走廊，须解决两方面问题：首先，铁路沿线现状分布大量产业用地，以仓储物流业及装备制造业为主；依托编组站发展的重型机械、冶金制造、物流等企业大多经营状态不佳，其中处于停产及外迁过程中的企业不在少数；产业用地的更新、落后产业面貌的方向转变，是该地区急需解决的问题。此外，现状整体城市面貌方面，由于地处城市发展较为落后的地区，沿线城市形象单一缺乏活力，绿化景观仅能满足最基本的防护需要，作为重要的城市入市口地区，城市形象需要提升的空间较大。

针对以上问题，城市设计提出，将城际铁路沿线作为城市的公共空间展示区域，把原有城际铁路沿线防护用地及编组站用地提升为铁路沿线的城市级绿地公园，通过对景观要素的控制提升铁路沿线的景观效果。并且在产业更新方面，在环外地区规划布局以新材料及生物医药为主的新兴产业聚集片区；借助天津较好的产业基础，在环内沿线地区强化以总部办公、科技研发、工业设计为主导功能的创新型研发服务片区，形成内外互补、相互支持的产业发展格局，构建京津产业发展走廊上新的科技产业集群，为产业转型升级提供新助力。

在空间上打破以前背对城际铁路的思路，沿铁路两侧设置百米景观公园带，并强调面向铁路沿线的城市公共建筑展示界面，力求形成步移景异、蓬勃发展的城市新景象。

2. 围绕横向城市展示带的城市中央活力区

城际沿线不仅具有重要的入市形象功能，且涉及了天津中心城区北部地区的大部分区域，担负着服务天津中心城区整体北部地区近百万人口的责任。因此，除景观生态双廊系统（京津城际入市公园走廊、永定新河生态郊野走廊），在公共服务功能的补全上，规划了双轴结构，即龙门东道中央活力发展轴、京津公路黄金走廊商业轴。其中京津公路发展轴为北部地区长期坚持的纵向发展轴。规划提出了沿龙门东道形成以城市公共服务功能为主的横向中央活力发展轴，形成北部地区的中央活力区，即从现状资源出发梳理出龙门东道城市公共服务发展带，串联北辰核心的城市服务功能，形成集休闲娱乐、文化创意、总部商务、科技研发、

中央活力区鸟瞰图

公共服务等功能于一体的中央城市活力区，塑造地区公共服务核心，促进服务功能集聚，激发地区活力。

3. 承载工业记忆的特色林下社区

北辰区是天津老工业城区，20 世纪 50 年代，作为天津机械工业的代表“四大天”之一的天津重型机械厂就位于北辰环内地区。天重老厂曾生产了中国第一台水压机，是当时全市最大的企业，是天津近代工业历史上的骄傲。厂区位于城际铁路西侧，占地规模约为 1km^2，目前处于停产状态。老厂区内核心厂房是苏联援建时期建成的，虽然整体建筑外部形态已经开始破败，但建筑整体结构及内部的天车、熔炼及铸造器械仍保存完整，工业感十足，保留着天津重要的工业记忆。天重只是铁路沿线地区老工业的一个代表，该地区还包括天津水泥厂、天津老发电厂、老粮库等等。城市设计提出保留老厂区内具有明显特色的工业建筑及工业元素，通过建筑改造，使其能满足新城市功能的驻入，将原有的工业记忆与当下城市发展相融合，形成增存并重的地区更新模式。

除工业记忆元素之外，规划提出对厂区内行道树生长情况较好的现状道路进行保留，营造城市特色记忆的脉络空间。规划提出保留区内胸径大于 20cm 以上的树木，通过降低建筑密度的方式避让树木，将树木较为集中的地区改造为社区公园，周边布局社区服务，结合保留工业厂房布局居住区级城市公共服务中心。整体上，形成“以线串点”的脉络系统，尽可能地尊重现有的生态本底格局，形成以工业人文为串联，以社区服务为脉络，以林下空间为特色的魅力社区，形成天津有记忆、有故事、有特色、有传承的城市空间。

4. 以生态为引领的美丽天津示范区

为了强化京津城际沿线城区的整体生态格局，提高地区作为美丽天津示范区的带动作用，城市设计提出通过网络化的生态构架及系统性的指标系统有效管理和把控未来的城市生态建设。生态架构为“一横一纵、区域绿廊；南北半环、城市绿围；两横四纵、城区绿轴；中央公园、林下社区”，通过对不同层级绿化生态架构的功能及设计控制，形成尺度分明、系统性完善的整体城市生态系统。规划提出并建立了美丽天津示范区指标控制体系，从自然环境、人工环境、生活模式、基础设施、管理机制、经济发展、公共保障等多方面提出要求，共涉及 13 大类及 59 个子项。

截至 2016 年年中，京津城际北辰沿线地区已建成京津城际公园绿带、北辰郊野公园及外环两侧 50m 绿廊，基本完成城际沿线 550 万 m^2 绿化建设，整个片区纳入天津市城市建设管理体制改革试点。随着基础设施建设及沿线土地开发的不断推进，城际地区将逐步建成为天津美丽的“北大门”。

天重老厂区

天重厂区植被

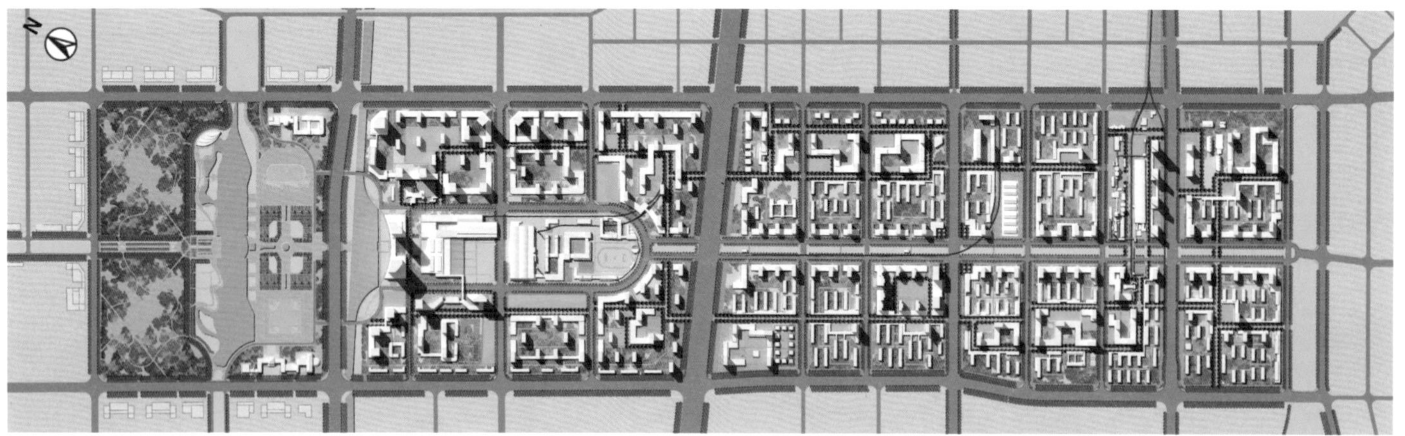

林下社区总平面

详细城市设计——重点地块城市设计

Detailed Urban Design: Key-blocks Urban Design

天津第一热电厂地块城市设计

Urban Design of Tianjin No.1 Heating and Power Plant

天津第一热电厂（以下简称“一热电”）位于河东区海河东岸，四至范围为东至六纬路、南至大直沽西路、西至海河东路、北至十三经路，占地面积约 29.4hm^2，属于天津市海河历史文化保护街区。随着 2008 年一热电开展搬迁选址工作，该地块的城市更新被提上土地规划的议事日程。作为海河沿线的工业风貌遗存，其价值探讨和开发利用就成了亟待规划研究的问题。

一热电厂房始建于 20 世纪 30 年代，经过不断改扩建，逐渐形成今天的规模。尤其是 1985 年建设的 195m 高的大烟囱，曾经是海河沿线一道独特的风景。在近 80 年的沧桑岁月中，其曾经为半个中心城区提供生活热水、采暖用热和生产用汽，热源辐射约 10 万户居民及部分企事业单位，是天津城市记忆中重要的组成部分。

地块内的厂房建筑是海河中心城区的区段沿线留存下来的单体最大最完整的工业遗存，厂区内建筑、工业设备现状复杂。按照 2011 年天津市开展的工业遗产普查研究结果（后形成《天津市工业遗产保护与利用规划》成果），只保留厂区内占地面积约 1.2 万 m^2 的主厂房。这座始建于 1937 年的厂房，是日本兴中公司与民国时期党天津市政府签约成立的天津发电所中的主要投用建筑，经过历史沿革，一直沿用至 2011 年初厂区全部关停，具有极高的保留价值。

1. 滨河空间的打造——“一园、两组、三院落”

一热电厂区沿海河一侧的用地南北方向长约 1km，东西方向约 250m，地块尺度并不能满足其自身及周边交通联系及市政管

第一热电厂地块城市设计鸟瞰图

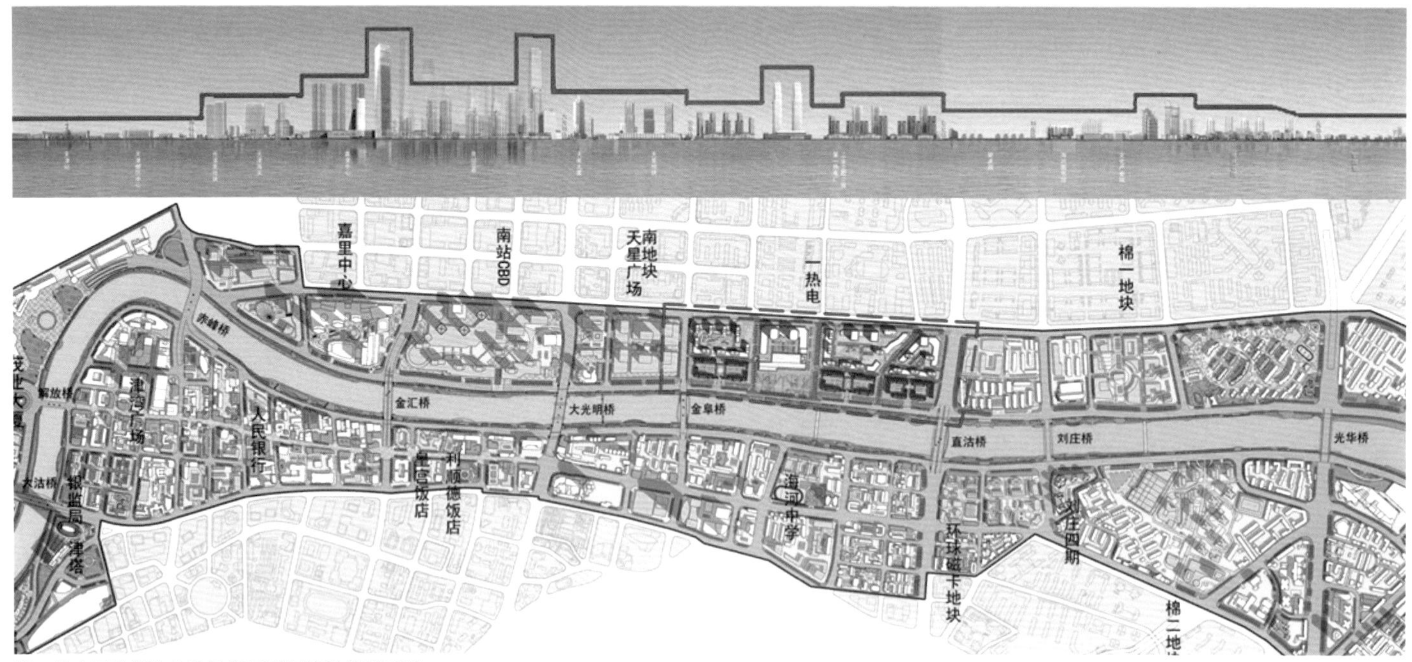

第一热电厂及周边地块沿海河天际线及总平面图

线敷设的需求。规划方案按照周边城市肌理，以 3 条城市道路划分出尺度合理、大小适宜的街坊，以增加路网密度，将原大地块打破为“窄路密网”的 4 个 250m × 250m 见方的小尺度街廓，从而提高土地使用效率，提供便捷的城市环境。

作为天津市海河历史文化街区的一部分，如何保护整个海河沿线的完整风貌是一热电的区位属性所赋予其的重要职能。在充分调研海河上下游的街区业态后，方案最终确定为原有的工业用地植入新的物业形态，以完善海河沿线的功能需求。经过反复论证，地块分别定义为以居住为主导和以商业为主导的混合型生活街区，既符合时代快速发展的节奏，又可以灵活满足地块开发的实际需求。最终，规划方案以“一个公共花园、两个居住组团、三个商业院落”为结构骨架，充分强调功能与形式的紧密结合。

（1）一园——海河岸边的城市记忆

出于对天津近代工业文明的追仰怀念，以及对地区历史文脉的充分尊重，规划方案将保留厂房作为地块的最核心建筑。故而，将厂房面向海河的一侧用地作为城市开放空间，以期能更好地显示工业遗迹在整体布局中的核心地位。

在中心城区土地价值最具潜力的海河沿线，将 $1hm^2$ 的可用地规划为城市花园，打造开放空间。纵览海河上下游，所有启动地块高密度开发，建筑基座如同一张巨大的地毯满铺在路上。鉴于城市红绿线的控制，这些楼宇对海河岸线进行按相应的退让。此处规划为海河留一方“内气”，为高压缺氧的海河沿线调适出一段舒缓的节奏，厂房前的空地就是为城市提供了合适的机会与位置。

（2）两组——高端河景的居住社区

住宅组团作为海河沿岸的建筑底景，在空间形态上对厂房地块起到烘托作用。从海河对岸望去，以厂房地块为中心两侧均衡分布，形成错落有致的天际线。而从海河东路到六纬路沿线的建筑高度则是逐层升高，以保证海河沿岸景观视线层次丰富，舒朗有序。在城市色彩营造上，住宅建筑选取了天津市城市基质中最为常见的暖黄色，作为画布的底色，衬托出前排沿河的多层建筑。

住宅组团的建筑形式延续了周边地块的风格，采取古典主义手法，以坡屋顶及简洁的线脚等古典元素为装饰，与周边建筑呼应。

（3）三院落——独具风格的商业氛围

商业氛围是衡量地区活力的重要指征，尤其是在城市的重要景观节点中。规划方案沿海河布置坡屋顶院落，形成规模商业建筑群。适宜的街墙比例为商业内街营造了舒适的尺度。连续的建筑立面极大程度地勾勒出完整的街廓。建筑立面形式采取古典手法，与其南北侧地块的沿河建筑相互辉映，形成连续的具有良好视觉观感的海河景观观赏面。乘坐海河游船，可以为游客提供古典建筑“步移景异”的视觉盛宴。

两座超高层塔楼通过裙房与保留的厂房建筑围合成商务办公板块，通过外檐材质的推敲设计，形成新与旧的对话，体现了对比与统一的协调互补关系。

随着城市轨道系统的日益完善，公共交通成为人们生活中必不可少的重要元素之一。一热电地块与地铁线位的结合更好地缓解了地块自身及周边的交通出行压力。在规划的统筹协调下，地铁 4 号线以对各方干扰最小的线位从地块经过，并与规划超高层办公建筑的裙房结合设置“六纬路站”，协调了各方面需求。这也使一热电成为具有极大商业价值的“地铁上盖”。便捷舒适的交通条件为地块的商业氛围提供了更多的机遇与可能。

2. 城市规划的愿景——理想与现实的协调

随着土地整理工作的推动，方案涉及的各个部门都开始着力于研究地块带方案出让的可行性。规划方案在日照影响、交通评价、场站设施等方面进行了详细的评估。

在中心城区土地价值最具潜力的海河沿线，新建（高层）建筑对周边现状住宅产生一定的日照遮挡，是很难避免的。一热电周边用地情况复杂，现状住宅建设年代不一，有些已不可考。方案尽可能地将外部日照的影响减到最小，以便在项目建设时，减少对周边居民的影响。

城市规划需要在理想和现实中寻求平衡，找到平衡就可以协调好各方面需求。规划需要重视地区的价值挖掘与保护，为现实可操作性提供前瞻性考虑，同时要承担更多的社会责任，使各方利益得到均衡。建筑作为城市形态的重要组成部分，要兼顾使用需求和传承历史文脉，使当下和将来的使用者获益，对城市、对文化有所贡献。

模型照片

内街效果图

沿海河立面图

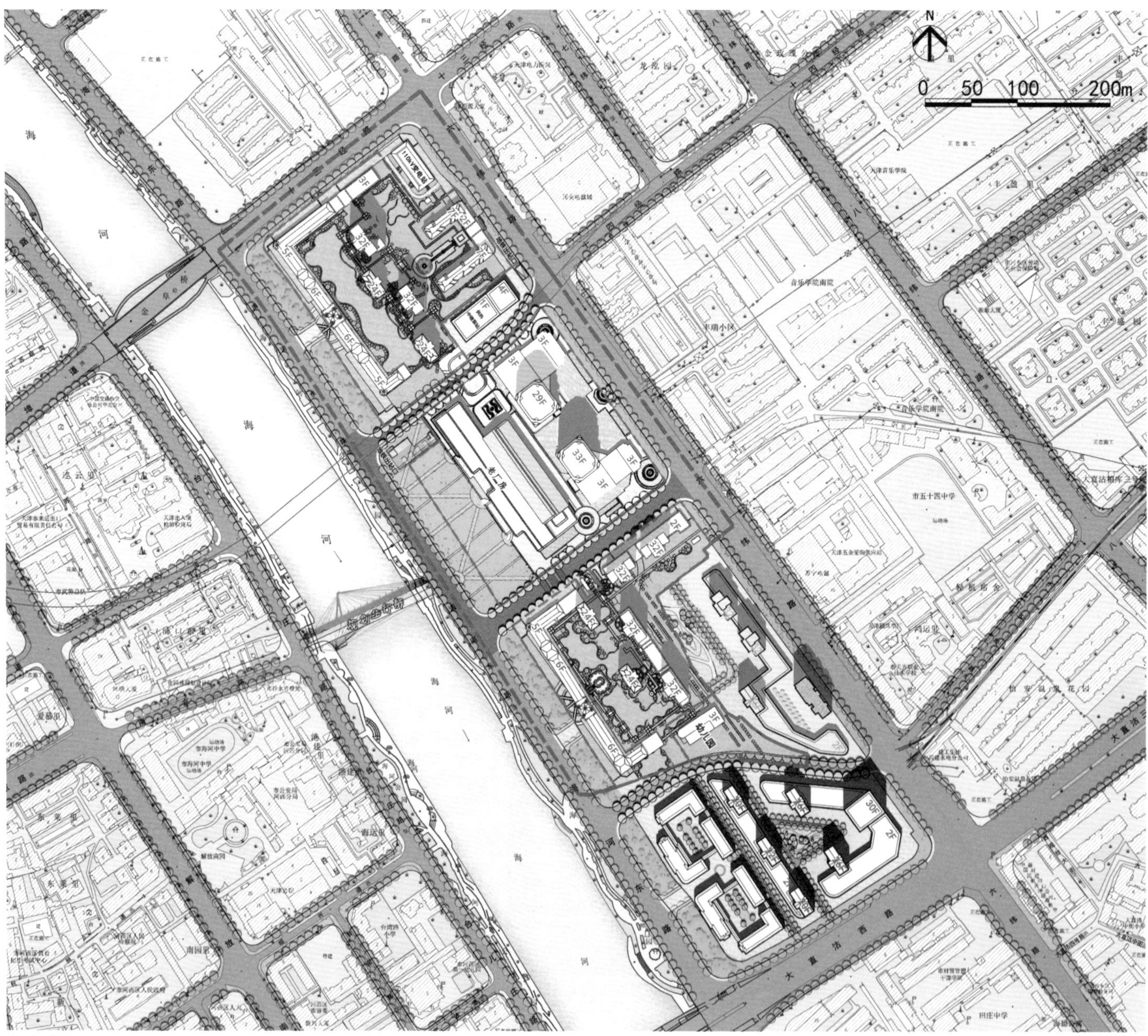

总平面图

天津绿荫里地块城市设计

Urban Design of Tianjin Lvyinli Area

绿荫里地块东至卫津南路，南至天塔道，西至水上公园东路，北至水上公园北道；地块西与水上公园相望，东与天塔相邻，南与上谷商业街相对，北与地铁 3 号线相接，一面是秀丽美景，一面是繁华商业，可建设用地面积为 104324.8m^2。如何将天塔湖和水上公园的美景尽收眼底，如何打造能提升城市活力的步行商业街，如何能将喧嚣与安静这两种迥然不同的特点融为一体，如何打造具有天津地方特色的独特街区，是城市设计工作中需要着重考虑的内容。

为了解决以上问题，该项目从开放街区、街角退让、庭院布局、景色渗透、文脉融合这五个方面入手，在打造繁华都市的惬意生活的同时，延续天津的历史文脉，创造具有时代特色的高品质街区。

1. 多元化城市节点——以丰富的用地功能提升城市活力

绿荫里地块位置优越，既与水上公园和天塔湖相伴，又与地铁 3 号线相连，与上谷商业街相对。同时拥有自然美景和都市繁

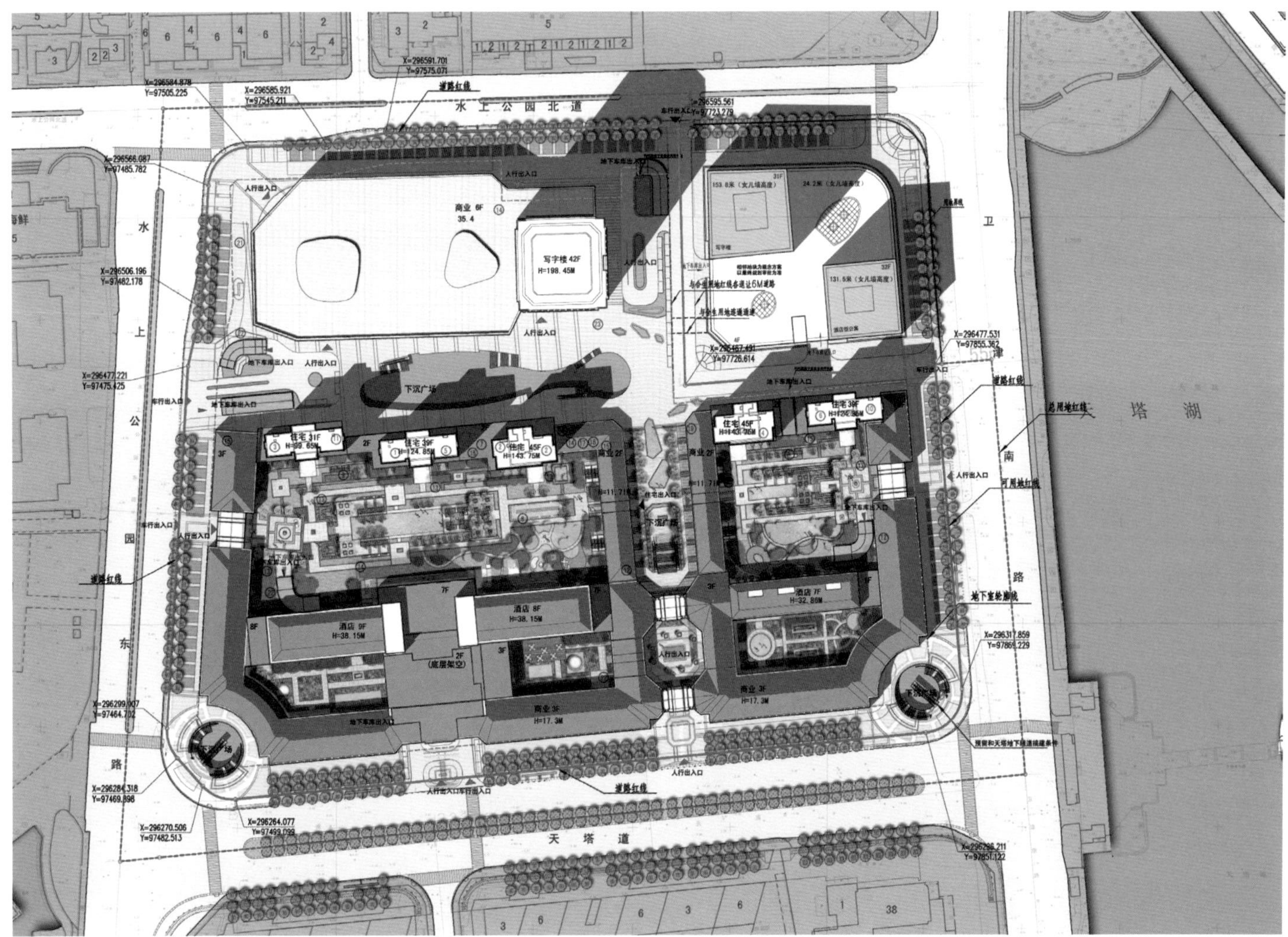

规划总平面图

华的区位优势，使绿荫里地块与众不同，颇具特色。绿荫里地块是一个融合了甲级写字楼、国际五星级酒店、集中式商业MALL、高标准商业街（院）以及高品质居住建筑的城市节点，也是具有活力的大型城市综合体。其中写字楼、酒店、集中式商业MALL布置在地块北侧交通条件较好的区域，有利于交通疏散。而精品商业院落（街道）置于地块南侧，可与以人行为主的天塔林荫大道结合，成为高品质的城市休闲空间。

街区功能的多元化可提升城市活力，大型商业中心是活力之源，写字楼充满蓬勃朝气；酒店提升消费档次，公寓及住宅能够提供浓郁的生活气息；而城市广场又极大地聚集了人气，当这些功能融合在一起之时，可为城市提供源源不断的活力，避免了由单一功能造成的未来发展的局限性。

地块北侧交通便利，是主要人流车流疏散区，街区内各功能区均可通过地下空间与北侧地铁取得交通联系，东南方向地下空间还可与天塔相连。快捷方便的交通条件提升了城市效率，解决了城市拥堵问题，让城市拥有更多“喘息空间”。同时地块南侧与林荫大道结合成为轻松悠闲的高品质城市休闲公共空间，从而达到进一步聚集人气，提升城市活力的目的。

此外，地块内部的十字街与城市空间相连，能够更好地将内部功能向大众开放，使其与水上公园、天塔湖等城市空间融为一体，街区内部空间与城市空间相互渗透。气势如虹的天塔，繁华热闹的绿荫里，宁静舒展的水上公园，三者相融，成为亮丽的城市风景线，形成独具特色的城市节点。

2. 围合式开放街区——以庭院式布局提升街区的开放氛围

该项目的住宅建筑结合酒店采用庭院式布局，营造良好的居住氛围，将城市的喧闹与住区隔离，同时街区布局很好地保留了城市历史脉络和城市骨架，延续了城市的记忆，可将历史文脉很好地传承下去。住宅庭院采用了人车分流的交通方式，通过设置人车分流的出入口管理人流与车流，避免相互干扰。院落内部绿化采取乔、灌、草结合的方式构建复合的绿地系统，在院落之中塑造安静闲适的休闲空间。

3. 延续性城市空间——构造更积极的城市外部空间环境

绿荫里地块的整体空间布局由南至北逐渐升高，南侧建筑空间较低，营造了天塔至水上公园的开放空间。住宅塔楼的布置采用由中央至两侧逐渐降低的方式，1、2、3号楼在布局时主要考虑水上公园的景色渗透，住宅采用递退方式布置，为中间住宅保留视线通廊；4、5号楼在观赏水上公园景色的同时也能够欣赏天塔湖的景色，建筑空间的退让为住户提供了更广阔的视野，也使城市空间得到了良好的延续。

该项目由四个建筑组团构成，其中东北侧组团由公寓与办公

沿卫津南路鸟瞰图

建筑构成，西北侧组团以集中商业和超高层办公建筑为主，东南侧组团由住宅、产权式酒店、沿街商铺组成，西南侧组团布为住宅、酒店及沿街商铺。其中东南侧组团建筑采取退让街角的方式预留城市广场，并结合下沉庭院连接天塔景区和地铁 3 号线出入口；西南侧采取同样的方式以达到激活地下商业节点的目的；在地块核心区域，分别设计了东西向和南北向的下沉广场，与街角的广场相呼应，形成公共空间网络，同时进一步为地下商业聚集人气。在上述公共空间中，还在配置公共配套设施时充分考虑了城市服务的需求，提升了服务品质，使市民拥有更好的空间体验。

4. 传承历史文脉——演绎传统与现代的邂逅

建筑是一个城市发展的重要标志，建筑风貌是城市特色的体现。为了传承天津的历史风貌，方案结合自身的定位，整体采用偏古典的建筑风格，同时兼具时代性，在体现天津地方特色的同时，又具有一定的标志性，因此在住宅塔楼部分融合了古典风格和现代风格。住宅塔楼设计采用两个体块相互咬合的形式，两部分的结合恰到好处，使得超高层住宅的外部形象简洁大气，较好展现了本项目的定位及价值。

5. 强化设计导则——保障规划实施的有效手段

为了让绿荫里地区的历史与文化很好地利用与保存下去，也为了让我们的城市规划成果能得到完整的落实。我们编制了空间设计导则对建筑空间进行了详细的控制，最大程度的促进了历史街区风貌的延续和提升。

此外，在该项目的更新改造过程中，有关部门高度重视城市设计的统筹作用，将其作为项目建设过程中最为关键的核心环节之一。与以往城市设计工作不同的是，该项目的城市设计环节中不仅有规划师参与，更有策划、建筑、景观、交通等多个专业、多个团队参与其中，通过各个专业的深入研究和统筹磨合，不但明确了功能定位、街巷空间的主要肌理、建筑布局的基本模式等问题，还针对建筑风格选型、立面色彩材质、环境景观、街道家具、交通疏导组织等方面的问题形成了明确的指导方案，并提前对各个专业的指导方案形成了深度的整合，避免了可能出现的相互矛盾、相互制约等问题，保证了后续建设实施工作有序、高效。

最后，为了保证城市设计阶段的工作成果能够更加深入地在建设实施过程中得以贯彻落实，该项目还明确提出了总规划师负责制的工作模式，在后期开展的建筑方案设计审查、景观方案设计审查等工作阶段，项目总规划师都必须深入参与其中并充分发表意见。

通过上述两种方式，一方面保证了各专业设计理念的协调统一与相互融合，另一方面保证了所提出的理念思想能够在后续建设过程中得以充分落实，为天津市后续的重大项目建设积累了一定的实践经验。

天塔道酒店入口效果图

水上公园方向效果图

天塔道沿街商业立面效果图

专项城市设计——历史文化街区专项

Specific Urban Design: Urban Design of Historic and Cultural Blocks

天津大运河沿线地区保护规划

Conservation Planning of Tianjin Great Canal and Surrounding Area

2014 年 6 月 22 日，联合国教科文组织第 38 届世界遗产委员会会议审议通过将中国大运河列入《世界遗产名录》。成为我国第 46 处世界遗产，也是天津除了长城之外的第二处世界遗产，更是唯一一处穿越天津中心城区的世界遗产。

中国大运河历史悠久，文化积淀深厚，沿线城市众多，运河不仅仅是水系的联通，也是中国的经济命脉，更是传承中国文化的历史长河，运河文化记载了沿线城市的成长和发展。尤其对于天津来讲，河与城更是密不可分。有句古话说“天津是运河载来的城市”，可见天津城市的发展与运河密切相关。

作为天津市中心城区的重要水系，南、北运河与海河、子牙河、新开河共同构建中心城区的生态骨架，也是城市重要的文化轴、发展轴。规划以挖掘运河文化为切入点，在研究保护的基础上重点对滨水区的建筑风格、空间形态、文化传承等方面统筹规划，引导运河及周边地区的整体保护与发展利用。

1. 南、北运河现状概况

大运河天津段主要包括南运河和北运河，市域范围运河总长 195.5km，中心城区段为 24.6km，包括北运河 14.2km，南运河 10.4km，涉及北辰、河北、红桥、西青、南开 5 个区。

通过分析运河现状，南北运河各具特色：南运河河道相对较窄，宽度为 30-40m，河道蜿蜒。滨水建筑以现代风格的高层、多层居住为主，局部有多层公共建筑，滨水可开发用地较少；相对于南运河，北运河宽阔大气，河道宽度为 60-120m，周边以现代风格的高、多层居多，可开发用地较多。南北运河沿线历史遗迹较为丰富，多集中于三岔河口地区。现有的主题展示多与公共空间结合，以设置主题雕塑、博物馆展示为主，表现主题涉及漕运、

运河沿线现状照片

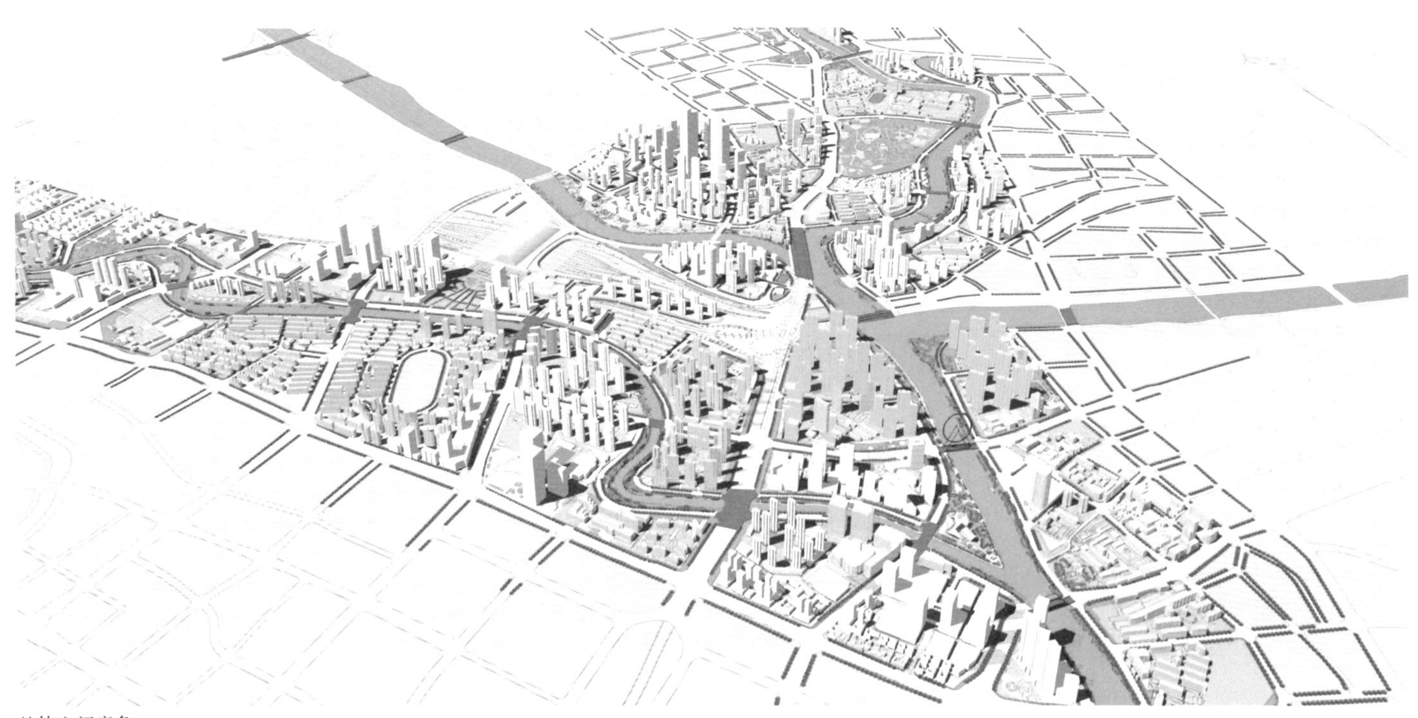

整体空间意象

水利、近代教育、人文历史、近代工业、军事文化等。但存在缺乏整体布局，主题重复、文化性不强、与周边环境不协调等问题。

2. 以运河文化为切入点，整体控制与重点引导相结合

为进一步挖掘运河的历史文化资源，以大运河世界遗产为载体，展示历史悠久的运河文化、天津文化。城市设计将搜集到的运河文化进行分时段、分类型等多种形式的梳理归纳。类型上从漕运文化、近代工业、教育发展、军事文化、园林文化、民俗文化、饮食文化等方面进行了梳理，总结运河文化特征，挖掘天津历史故事。力图以一条清晰的脉络将运河文化完整地展示出来，同时结合沿河的用地和建设情况，考虑整体控制与重点引导。

3. 严格落实保护要求，整体控制沿河空间

由于“中国大运河”的特殊身份，城市设计充分对接相关法律法规，严格落实“国家级重点文物”及“世界遗产”双重身份的保护要求，为城市设计做好扎实的基础研究。

依据以上要求，规划进一步明确大运河地区的核心保护区及建设控制地带范围，并与现行控规、涉及建设用地规划情况进行梳理分析。明确沿河控制高度及限制建设的相关要求，分层次进行控制引导：临水控制区强化河道（绿带）空间的围合性，控制沿河界面连续性。对新建建筑提出严格的高度控制要求，外围区要求协调与临水建筑的空间关系，重点控制天际线有序变化。

在以上沿河层次控制的基础上，规划对南北运河及沿河空间的建筑高度进行了整体引导，临河形成连续界面，外围区以西站副中心为地标，形成高低起伏、有序变化的天际线。河道交汇口、河湾处及主要入市口考虑设置地标节点。

4. 对接现状及可开发用地，引导重要节点主题展示

规划在整体空间引导的基础上，通过梳理沿岸可开发土地，引导地区有序更新。重点片区引导风貌建筑集聚，结合沿河公共开放空间塑造多样水岸风貌，创造活力滨水场所。引导三岔河口节点、西沽传统村落、桃花寺节点、南运河文化公园四个文化节点塑造。

（1）三岔河口节点

三岔河口为南、北运河及海河交汇处，是天津的发源地及城市重要的发展节点，是内河文化与海洋文化融合之地。历史遗存众多，包括北洋时期的直隶总督衙门旧址、天津觉悟社纪念馆、李公祠旧址，展示天津工业发展的近代工业展览馆、三条石展览馆，水利方面的引滦入津纪念碑、耳闸公园，宗教类型的大悲禅院、文庙、天后宫、清真寺、天津基督教青年会、望海楼等，这种多种教派共存的文化现象也是天津所特有的，在整条京杭运河上非常罕见。

城市设计对接现状，传承历史，引导地区形成现代、欧式、传统中式多风格融合区域。结合大胡同地区改造提出以现代风格为主，适当融入中式要素的要求。严格控制滨水新建建筑高度及层次，重点结合滨水空间及耳闸公园、金钢公园、天子津渡等公园的提升，融入文化展示，形成中西合璧的整体风貌以及可参与可感受，多文化融合的滨水休闲空间。

（2）西沽传统村落

西沽位于北运河西侧，占地约 $20hm^2$。现存的西沽仍保存着清末民初的基本格局，尚存传统中式民居四合院数十处，是天津城区内现存最大、最具代表性的传统中式生活社区。历史建筑包

括丹华火柴厂的职工宿舍、书法家龚望的旧居、天津基督教西沽堂、显立文坛社旧址等，遗留多处百年古树，都是珍贵的历史见证和文化遗产。

城市设计通过梳理文化内涵，在对其街道（胡同）空间、院落建筑形式分析的基础上，将片区定位为以传统天津民居建筑群为特色、展现天津风俗及运河文化、承载天津历史记忆的多功能综合街区。更新功能，传承文化。对街区格局整体严格保护，划定重点保护建筑，对住宅原型进行衍生设计，营造既具有本地特色又具有良好使用功能的文化街区。

（3）桃花寺节点

桃花寺节点位于北辰道以北，北运河西岸，片区面积约 $1km^2$。以现状北辰刘园苗圃及北部空地、村落为空间载体。挖掘北运河畔桃花寺的人文历史故事，以新建中式建筑群为环境，结合中国古典园林设计手法进行整体布局，展示漕运文化，再现漕运场景。

（4）南运河文化公园

南运河文化公园，位于西青区南运河两岸，依托南运河历史上“水西庄”的相关历史，结合天津传统民俗、非物质文化遗产等文化，打造民俗主题公园，传承天津传统文化。

5. 慢行系统串联节点空间，特色植物营造意境水岸

城市设计利用滨河绿带空间，规划一条连续的滨水步道串接节点，同时对滨水特色植物提出统一的控制要求。北运河延续现状桃花堤的特征，南运河结合蜿蜒曲折的河道特色，打造以柳堤为主干树种的特色植物景观形态。

三岔河口节点效果图

西沽节点效果图

桃花寺节点效果图

南运河文化公园节点效果图

天津西开教堂地区保护规划

Conservation Planning of Tianjin Xikai Church

西开教堂(St Joseph 's Cathedral Church)于1913年由法国传教士杜保禄选址并主持修建，于1916年竣工，建筑面积约1892m²，坐南朝北，三个铜绿色穹顶在平面上构成“品”字布局，平面为拉丁十字形，立面为法国罗曼风格，红黄色黏土砖分层相间砌筑，极具特色。因地处法租界南侧的老西开地区而得名，随后在附近陆续开办了教会小学、修女学校和医院等，形成了教会建筑群。建成以来，历经水灾、战争、“文化大革命”、地震等劫难，受到不同程度的损毁，一度中断使用，1979年落实宗教政策后，经过修缮于1980年重新恢复使用，于20世纪90年代被列为“天津市文物保护单位”、“国家级优秀近代建筑”，后又被列为“特

西开教堂的前世今生

西宁道沿街建筑设计

西开教堂前广场圆形方案效果图

殊保护等级历史风貌建筑”，2003 年正式启动该区域保护性规划，2015 年获得天津市优秀城乡规划设计二等奖。

教堂区域保护性规划东至营口道，南至宝鸡东道，西至贵阳路，北至南京路，地处天津市滨江道商业区的最南端，规划面积约 $16hm^2$，该区域与天津站形成南北向轴线，无论商业经济、交通旅游，还是视线景观，教堂所处区域都成为城市空间发展最重要的节点和规划重点。

1. 时间和思想的积淀，理念与方案的融合

改革开放后，伴随教堂周边区域的发展，尤其是独山路自发的花鸟鱼虫市场和周边区域商业的发展，西开教堂不仅面临自身建筑老化、用地萎缩等问题，其周边恶化的环境氛围更使其陷于拥挤混乱的夹缝之中。难以发挥宗教、观光、旅游等作用。基于此现状，对该区域环境空间进行品质改造提升的需求显得尤为迫切。

为进一步落实城市空间发展战略，引领该区域更好的协调发展。2003-2013 年，项目先后经历三个大的设计阶段，并最终在 2013 年完成规划批复，随后开始实施，尽管该规划针对的是以西开教堂为中心的核心保护区（营口道、独山路和西宁道围合的区域）。但为随后开展的西开教堂外围区域的综合规划奠定了坚实的基础和指导原则。

第一阶段：2003-2006 年，伴随中心妇产医院、原 21 中学、胸科医院等文教卫生资源调整和抢险救灾专项规划等工作的开展，西开教堂区域保护性规划同步配合启动。方案围绕西开教堂大手笔的拓展空间布局，以更好地发挥宗教、旅游、观光、避震和抢险救灾功能。

第二阶段：2006-2008 年，借助迎奥运市容综合整治以及中心妇产医院新址建设的契机，西开教堂区域规划再度成为关注的焦点。为尽早推进规划的实施，经过各方协商洽谈，本次方案对拆迁、置换区域采取了较保守的方针，对西开教堂进行了小范围的、具备近期可操作性的规划方案编制。

第三阶段：2008-2013 年，随着全市重点规划改造提升的全面实施以及民众对该区域改善的迫切呼声，西开教堂区域再次被列为市重点督办的规划项目和 2017 全运会“亮点工程”。方案围绕延续历史、平衡矛盾、先里后外、分步推进的原则，放弃了以往“核心式”的空间布局，提出“一主两副一轴线”的有机空间格局。

实施阶段：2013 年至今，规划进入实施阶段。2014 年进行现状拆迁工作，随后按照规划开始实施建设，2015 年新建教堂附属综合楼开工建设，2016 年已竣工验收投入使用。西宁道拐角商业楼带建筑方案出让并开始工程设计，营口道中心妇产医院原址改扩建设计获得批复，开始进行施工图设计，预计 2017 年开工建设。

在核心区实施的同时，依照之前规划所确定的分步推进原则，2015 年独山路占路市场被取缔；教堂南侧的吉利花园等现状住宅区进行了市容综合整治；同时国际商场地块新建西开广场被列为重点规划项目并开始设计，现已被列入十三五期间重点推进规划项目。

附属综合楼效果图

2. 强化城市特色、突显建筑风姿

繁华、线性延展的滨江道不仅强化了西开教堂的空间地位，以西开教堂的拉丁十字长边为轴线，西开教堂为核心建筑，西侧新建综合楼和东侧现状神父楼为副楼，突显“一主两副一轴线”的新格局，同时为教堂设置前广场，打开视觉通廊，充分展现区域独特的建筑风貌。并提升外围邻近地块景观，以借景手法，使其与规划区域内的建筑组群融合，将绿化景观与特色建筑完美结合，相互映衬。通过独山路串联原有的挂牌古槐树以及吉利花园桃花林，打造休闲观赏路线。

对教堂主立面所在的西宁道沿线和东南侧的营口道沿线进行有机更新，重塑街道空间、景观，突显欧式街廓特征。位于西宁道上教堂西侧的原西宁道小学拆除后新建教会附属综合楼，其高度、风格以及色彩均与东侧现状的神父楼协调处理，并有意识地采撷神父楼外观的元素和符号，使历史文脉得到传承与延续。围绕教堂的相邻建筑在处理上都采取平实的、谦卑的体量，二者簇拥在教堂两侧，形成“一主两副”的新空间秩序，渐进过渡到外围现状的高楼大厦，以此努力在小环境中构建“一览众山小”的空间感，力求在日益压迫的大环境中为其重塑历史地位，形成独特的历史风貌区域。营口道借中心妇产医院和商业楼整体拆除新建这一契机，重点协调临街建筑在高度、色彩、风格等方面的整体性。

西宁道拐角商业楼建筑设计效果图

3. 区域的价值挖掘与保护

在城市设计思路上以西开教堂为主角，对现状空间进行梳理，遵循肌理特征进行有机更新，使建筑用地化零为整，动态调整平衡。建筑处理以旧带新、新旧搭配，力求通过城市设计的微创手术实现区域空间的有机更新与和谐，力求在无序的现状中为西开教堂建筑组群重塑空间语境和地位。

营口道街景效果图

通过拓展教堂周边语境来强化城市特色、挖掘提升其观光旅游价值；通过交通组织疏解、业态调整，实现观光旅游与商业活力提升并举；通过完善绿化景观、配套设施、活动场地来提升市民生活的便利性和生活环境。

4. 改善交通合理利用整合资源

西开教堂地区紧邻两条地下轨道交通线，拥有密集的公交巴士线路以及逐步完善提升的智能公交体系，可与便捷的出租车体

独山路街景效果图

系协同有效地解决区域内的交通出行问题。天津中心、吉利商场、津汇广场和西安道停车场等是区域内的主要机动车停泊站点，配以高效管理和绿色出行引导，基本能够满足停车需求。通过科学的交通管制，取消营口道、西宁道等占路停车，落实规划道路要求，提升区域内道路交通承载力。原规划道路红线 12m 宽的独山路微调线位、等级和宽度，使其成为景观性的步道。

区域人流组织通过规划使高密度的复杂人流有了明晰的行走线路，区域内多个高人流量目的地均具有多方向的导入、导出线路，不同线路流量、性质的道路规划调整使区域人流组织更加合理。

该项目通过政府、设计师和管理者之间的密切合作以及广泛的调研、沟通和协商达成共识，在设计目标中大胆创新，突破了传统的规划方法“一控规，两导则”，转而充分结合项目实际特征以及需求，进一步推动规划在技术层面上对下一层次建筑单体设计的控制，使区域内新建、保留、保护和整修等各类型建筑更加准确地贴合城市设计要求，既要着眼于城市整体的空间形态、业态布局，也要贴合于百姓现实的期望和日常需求，同时注重文化层面、社会层面、管理层面等的相互协调，保证城市设计空间效果的完美实施。

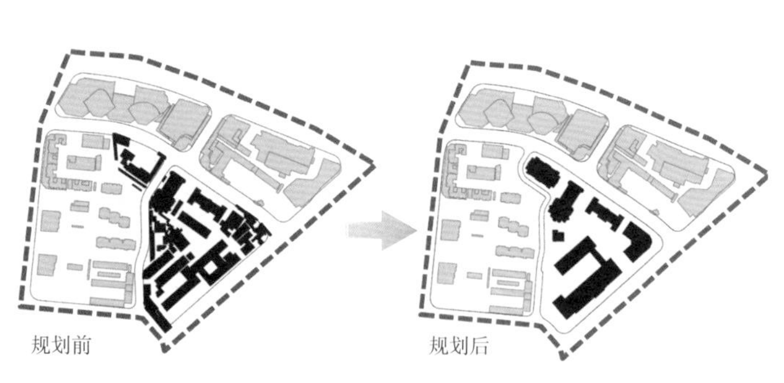

西开教堂区域规划前后肌理表现

区域交通、人流组织分析图

西开教堂区域整体城市设计效果图

天津鞍山道地区保护与改造规划

Conservation and Reconstruction Planning of Tianjin Anshan Road

鞍山道地区是作为天津市十四片历史文化街区之一位于天津市和平区，街区以鞍山道为核心，北临和平路，南临南京路，总用地面积 40.8hm^2。

历史上官僚张彪、军阀段祺瑞、革命先行者孙中山、末代皇帝溥仪等均先后居住于鞍山道街区，使这一片区成为当时风云人物的政治避风港，而武德殿、静园、张园、段祺瑞旧居等建筑直至今日仍静静地矗立在此，见证着这段传奇的历史。同时街区内还存在新中国成立初期兴建的苏式八一礼堂和市公安局指挥中心等建筑，以不同时期的历史建筑展现了从晚清、民国到新中国成立这段时期的历史文化，也是鞍山道历史街区独一无二的文化价值。

从整体布局看街区内多为里弄式的居住空间，建筑层数以 1–3 层为主。街区建筑多为欧式折中主义风格，部分建筑为西洋风格，兼有少量现代风格和日式风格建筑。这些历史建筑和日租界时期形成的井字形小街廓、密路网的城市肌理，对天津城市建筑特色空间的营造起到了重要作用。

业态单一、特色消失、品质降低、交通拥堵等问题成为制约鞍山道地区未来发展的、普遍意义的关键问题。本规划力求以活力为源、文化为根、体验为先、多元融合的原则探索街区保护更新的规划途径。

1. 活力为源—— 依托重要节点，整合业态布局

针对街区内业态单一无序的问题，规划积极引入“触媒”理念。

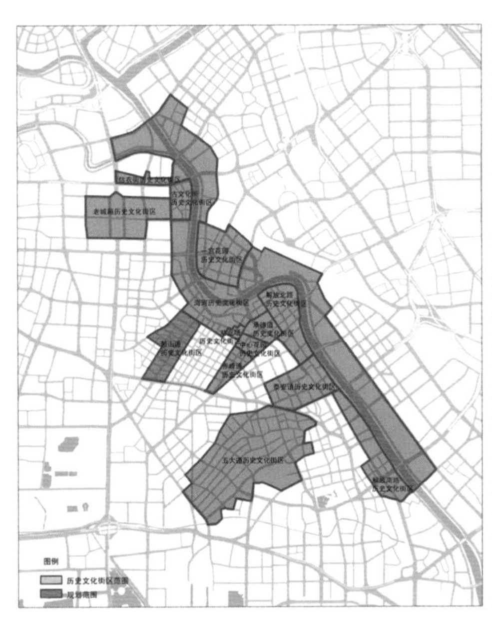

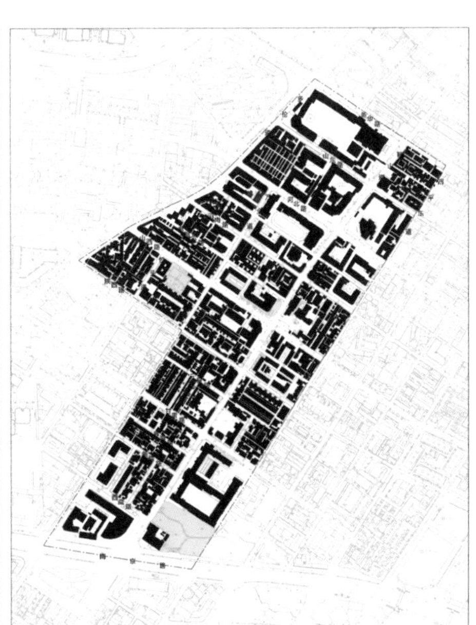

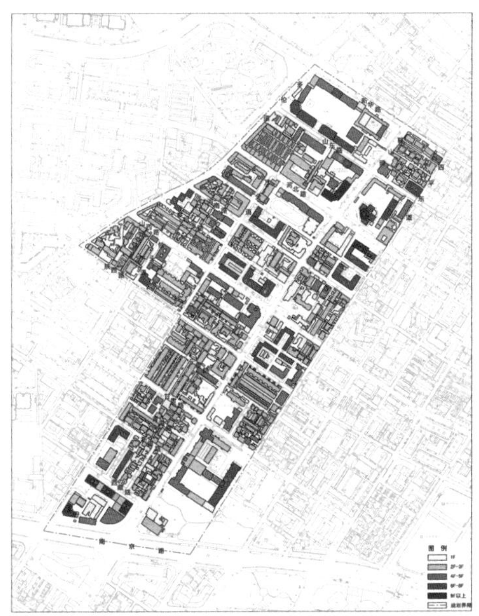

区域位置图、现状空间肌理分析图、现状建筑高度分析图

武德殿、静园、段祺瑞旧居、张园现状图

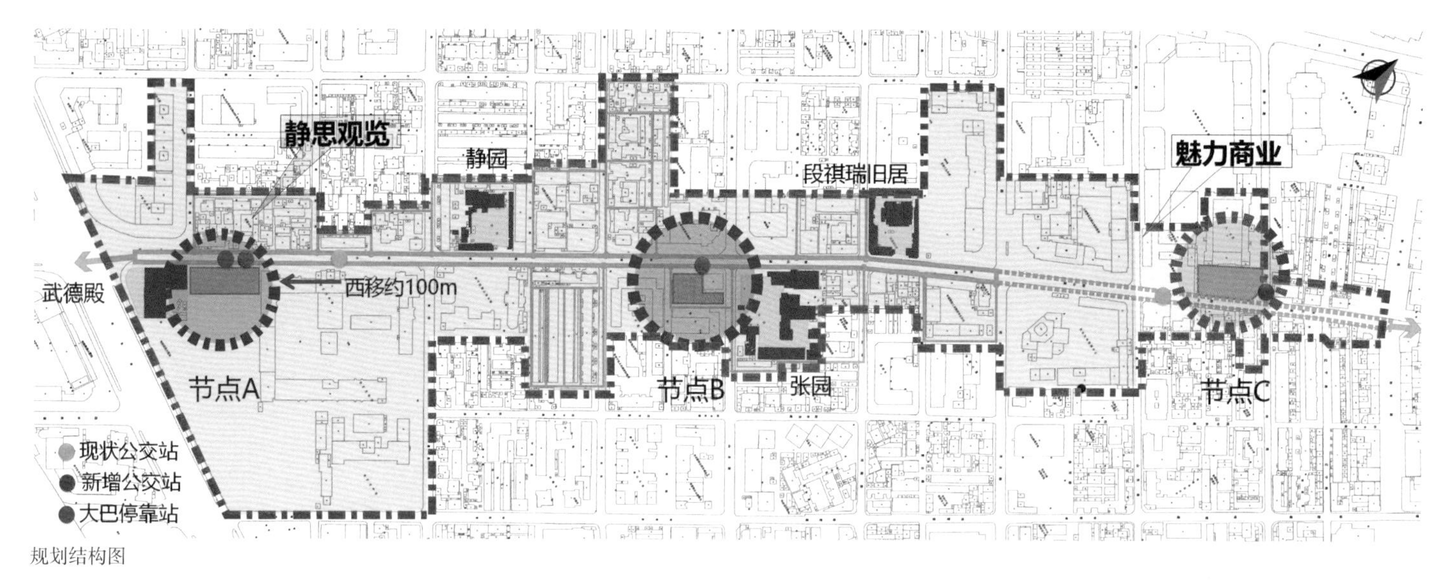

规划结构图

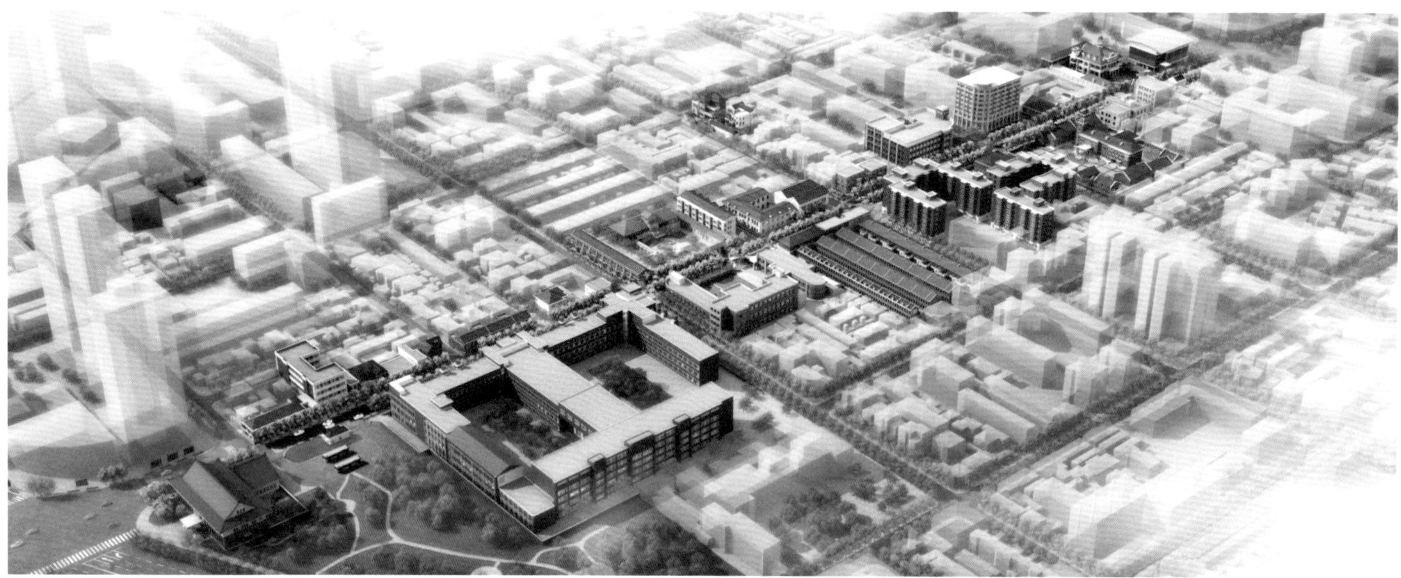
鞍山道保护与改造规划鸟瞰图

通过“以点带面”的介入原则，依托重要文物建筑作为重要空间节点，组成核心区域，形成示范效应，进而带动街区整体的发展。

武德殿商业区以文物建筑武德殿为核心，规划建筑一层业态为鞍山道历史文化展示、街区沙盘展示、游客中心，二层为运动俱乐部。一方面让人们感受日租界历史，一方面与原有建筑的功能相呼应，自强不息、勿忘国耻。周边建筑业态规划为高岛屋百货、伊藤洋华堂、无印良品、日式料理、居酒屋、日本饮食文化体验店等日式特色商业。

静园商业区以文物建筑静园为核心，规划静园为爱新觉罗·溥仪展览馆，鹿钟麟旧居为北京政变展览馆，展示当时的相关历史事件。周边建筑规划业态为皇室体验酒店、清末特色民宿、清末曲艺文化、清末民间艺术体验、宫廷御宴等晚清特色商业。

张园、段祺瑞旧居商业区以张园、段祺瑞旧居为核心，规划业态为：主楼为辛亥革命展览馆，辅楼分别为“总理”酒店、民国餐饮、中山服饰等；段祺瑞旧居规划业态为展览馆、纪念品销售、教育培训、餐饮等功能；周边建筑规划业态为报业文化传媒、民国主题酒店、民国茶文化、民国戏曲相声、民国文化创意、素菜馆等民国特色商业。

传统商业在与电子商务的斯杀中可以体验式消费方式为重要突破口，鞍山道历史街区的商业必须与历史文化相关，以上述规划的特色商业为主，通过整体策划，分步实施完成。方式以体验类为主，而人的体验是电商无法替代的，这也是历史街区独有的韵味，最终将成为“能吃、能玩、能住、能看”的综合性街区。

2. 文化为根——保留历史记忆，更新建筑功能

作为历史文化街区，不仅要保护本街区的历史文化遗产，对于本街区有历史文化环境价值的建筑肌理、空间布局、街巷尺度、绿化等真实的历史遗存和信息也应尽可能 f 予以保护和保留，更要合理利用、兼顾发展，规划借鉴“微循环有机更新”的理念，强化对历史风貌街坊整体的传承与利用，采用整理街区微环境功能置换的方式将原先的居住功能调整为餐饮娱乐等体验式消费，同时针对部分历史建筑的外立面开展拆除违章、修补残墙、规范

广告牌匾等整治工作，最大限度地恢复历史建筑的原貌。建筑首要的功能是供人使用，同时建筑本身还具有一定的艺术价值，但有别于其他艺术品，如字画、珠宝等，使用功能更重于外观，因此对于历史建筑的保护不宜采用博物馆式的保护方式，令其只可远观。建筑应在一定的保护下，结合新的生活方式，注入新的活力，不断地进行有机更新才能持续发展。

对于现有的历史建筑采取外观修旧如故的方式，对内部进行改造以承接新功能业态。例如对段祺瑞旧居的设计中，依据历史资料，对现存建筑外观进行复原，同时对内部空间进行整合。

3. 体验为先——尊重人性感受，提供便捷条件

为了提高游客步行体验的舒适度，通过改造街头绿地广场、新建休闲广场、营造特色体验空间形成多处舒适宜人的休憩空间，为满足游客的步行需求，规划设置残疾人坡道、翻新破损盲道、增加道路交叉口语音信号提示、完善商业标识系统等设施，实现全街区无障碍设计的体系化。

段祺瑞旧居历史照片

现有鞍山道为混合性次干路、单行路，与多伦道形成一组上下行道路，交通流量较大，停车位严重不足，人行道较窄，无自行车专用道。

在规划设计中，为实现人们体验历史街区文化韵味的需求，在交通设计中，将原有的9m宽机动车道改为6m，减少机动车停车位，加大公共交通运力，限制私家车辆的进入，鼓励绿色出行。

为保障最小3.5m的人行道宽度，对现状人行道内的各类市政设施进行了合并迁移，使其让位于步行道路，统一设计树池及人行道铺装，提升慢行空间品质。增设自行车道，通过浅色铺装自行车道以提高非机动车道识别性。

在建筑物出入口设计中，对鞍山道开放人行出口，将机动车引入两侧支路，一方面减少对道路压力，一方面减少对行人的干扰，保持静谧环境氛围。

4. 多元融合——规划统筹安排，多专业精准互动

在城市设计中，多方参与已成为共识，城市设计作为一种涉及公共利益的设计，除了引领城市公共空间发展，创造宜人的城市生活环境之外，还是调配社会多方利益主体达到共赢的社会实践过程。近些年，国外一些城市由于面临经济衰退、老龄化严重、生态环境破坏等复杂城市问题，多元利益主体合作的公众参与被称为“开放式的公众参与”，而基于开放式公众参与的城市设计被称为“开放式城市设计”，同时开放式公众参与体现了自下而上

段祺瑞旧居复原效果

与自上而下相结合的机制，特别是在资金筹措、功能业态定位等方面已经取得了广泛的效果。

在鞍山道历史街区设计过程中，从设计伊始便邀请多方参与，包括和平区政府、交管局、市政局专家学者、居民、历史保护单位、商业策划公司、商业运维公司等，目的只有一个，即从设计初期，充分融入多方意见，在实施中顺利将设计目标完成。

在历史文化保护的前提下，提升建筑品质、改善街区环境、发挥历史文化价值，避免大拆大建的同时进行部分建筑功能置换并调整商业业态，未来鞍山道地区将逐步更新，形成扶桑市井商业旅游区，以辛亥革命等历史事件为脉络、以近代风貌建筑为特色，引入休闲餐饮、文化创意展示和精品旅游路线，形成以近现代中西文明融合为特征的历史文化展示区。

宁夏路片区改造后效果图

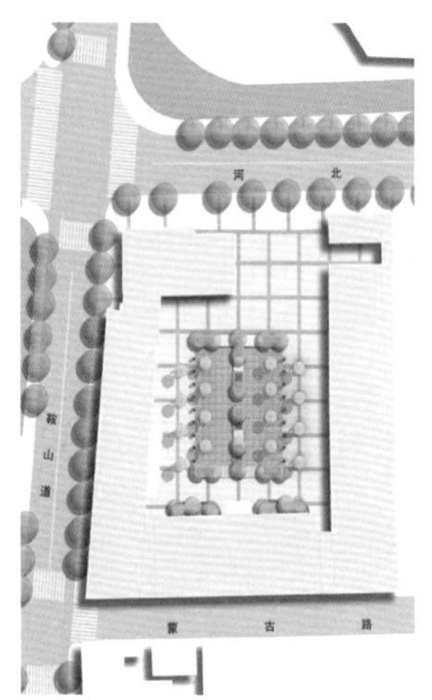

船舶物资公司改造后效果图

新疆路改造后效果图

天津中心公园地区保护与改造规划

Conservation and Reconstruction Planning of Tianjin Central Park

中心公园地区位于天津市和平区，是中心城区地理位置的核心地带，临近滨江道和大沽路金融城，与劝业场－恒隆广场－天河城等一街之隔，具有优越的区位价值。

该地区历史上曾为法租界，中心公园史称“法国公园”，1917 年初建，1922 年竣工，占地约 1.4hm^2。美丽雅静的公园、豪华的商场、饭店、现代化的电影院，吸引着当时上流社会的人们在此建起座座造型别致的小洋楼，具有较高的历史文化价值。

近年来，随着海河两岸城市功能的发展，滨江道核心商圈的不断提升，该地区面临着品质衰落、功能衰退、风貌衰败等多方面现实问题的困扰，作为天津市最具特色的历史文化街区之一，如何传承历史文化，激发街区活力，提升街区品质成为本次规划工作的核心要义。

历史照片

鸟瞰效果图

该项目规划范围 7.5hm^2，在历史文化街区保护规划（控制性详细规划）的指导下，利用城市设计的方法，对该地区进行整体的改造提升。

1. 保护历史，引导风貌修复

中心公园地区现保存有不可移动文物 11 处，历史风貌建筑 1 处，为本次街区重点保护建筑，现状外立面保存较好。公园经历数次整治后，部分历史风貌缺失，其中公园中心的八角凉亭曾是众多天津老人的童年记忆，具有较强的代表性。规划参照历史资料，着眼于新功能的引入，对 12 栋保护建筑逐一进行风貌整治引导，该引导注重对建筑细部的梳理和推敲，力求对历史风貌的基本还原，巩固保护建筑的历史文化价值。

恢复公园的历史空间架构，梳理法国公园的历史资料，总结空间结构特征，恢复法式公园的中轴对称、内部环路及放射路网结构，使中心公园再现历史经典的空间尺度，同时重建中心八角凉亭，唤醒城市的集体记忆。独特的历史风貌是历史文化街区的灵魂，应当予以足够的重视。

2. 尊重文脉，协调建筑新建

街区现有两个地块以当代建筑为主，整体空间尺度和风貌均与历史街区不协调。规划将两个地块建筑进行新建引导，相对于现状建筑的不协调，引导新建后的建筑对历史文化街区的空间肌理进行了织补，建筑空间节奏与历史建筑相融合。严格控制高度体量，保持街区空间尺度的整体性。建筑立面处理分段变化，改善连续界面过长的问题。传承庭院空间历史特征，新建地块内增加半围合庭院,并注重与历史公园的呼应。细部处理参照历史要素，材质以涂料为主，重在衬托街区的历史厚重感，协调新老关系。

3. 激发活力，倡导街区开放

历史上的中心公园地区主要为高档住区，现有建筑主要为住宅建筑，本次规划在考虑街区功能提升中倡导增强街区的开放性，在保护建筑改造和地块更新建设中均引导首层开放，采用设置绿化或街道家具的景观方法处理历史围墙界面的保护问题，尊重历史的同时，使室外空间更加开敞，为游人提供更多的休闲场地。注重对雨棚、招牌、附属设施的引导，旨在从建筑风貌改造到室外环境打造整体突出街区从传统社区到文化街区的系统转变。

4. 对接发展，承载城市功能

该地区所在周边为天津市百年老街和传统商业核心，整体空间结构仍然基本维持历史状态，虽然在历史文化价值上得到充分保护，但是缺乏符合现代人活动习惯的相应设施。规划结合建筑新建和公园整体改造，新建地下两层空间，地下首层引入精品超市、主题超市等新型商业业态补充核心商圈职能，地下二层引入公共停车职能，完善该地区的公共设施配套。

现状公园边缘处理完全是封闭性的，人群活动主要集中于公园中部，缺乏与街区周边建筑的互动。本次规划在公园外圈增加了环形步道，并增加与周边建筑庭院呼应的对景广场，将原有的社区公园转变成公共休闲空间，并为该地区增加一条环形的活力带。

5. 创新与特点

百年沧桑，历史文化的积淀使得该地区焕发着独有的魅力。本次城市设计方案在尊重历史文脉的前提下，注重对街区功能的活化，对传统空间的改造，对历史风貌的传承，规划旨在使历史街区发展融入城市整体功能板块，用新建建筑的低调衬托历史建筑的魅力，以现代空间串联历史空间，从整体上实现对老街区的活力激发。在保护历史文化价值的同时，对接城市的发展，使老街焕发新意。

新建建筑风貌协调

历史建筑风貌恢复

专项城市设计——生态设计专项

Specific Urban Design: Urban Design of Ecological Protection

天津生态专项规划

Specific Planning of Tianjin Ecological System

环境与发展存在密不可分的关系，可持续发展战略思想已成为当代环境与发展关系中的主导潮流，作为一种新的观念和发展道路被广泛接受。在城镇化快速发展背景下，大规模拆旧建新的城市开发模式使资源紧张、环境恶化危机加剧。因此在城市规划设计时，应站在可持续发展战略的高度上，考虑以城市长期持续增长及结构变化来实现高度发展的城市化和现代化，既要满足当前城市开发的现实需求，又要兼顾未来城市的发展需求。天津生态城区实践遵循环境可持续、经济可持续及社会可持续原则，运用生态工程技术进行规划设计和管理，保护环境、集约利用资源，注重城市生活的舒适度和便捷性以及城市文脉的传承，实现人、城市与自然三者之间的和谐统一。

1. 生态规划指标体系

生态规划遵循可持续开发理念，根据总体规划定位，结合现状条件，将生态策略融入城区功能、土地、能源、水资源、建筑、废弃物、交通、景观、信息化等城市建设的各个方面。以实现环境保护、资源高效集约利用、城市生活健康舒适以及市民生活的便捷高效为出发点，选取国内外生态城市的指标体系进行分析和类比，并参照各国绿色建筑和绿色城区标准体系，构建生态规划指标体系。

解放南路地区生态规划指标体系由生态环保、绿色开发、民生保障和智慧生活 4 个一级指标，17 项二级指标和 62 项三级指标组成，形成完整的生态指标体系框架。指标体系在生态环保基础上融入宜居、智慧内容，扩展创新了生态理念。指标体系中避免选取对应整个城市发展的宏观指标，取而代之的是适于区域开发的中观和微观的指标。并通过在区域、街坊、建筑三个层面上的控制，提高可操作性。兼顾新建开发和既有改造确定生态策略，62 项生态指标中有 22 项既有区域改造指标，有 17 项独创性指标，31 项绿色建筑指标，投资增量指标不到总数的 1/4，体现了因地制宜原则和经济性原则。规划过程中与城市管理部门、城市运营商、开发商等进行了充分沟通和讨论，与市政、交通、景观及地下空间等相关专项规划进行了多层次和全方位对接，指标体系中有 33 项与各专项规划衔接指标，体现了整合规划设计的原则，确保生态规划指标在各规划层面的充分落实。

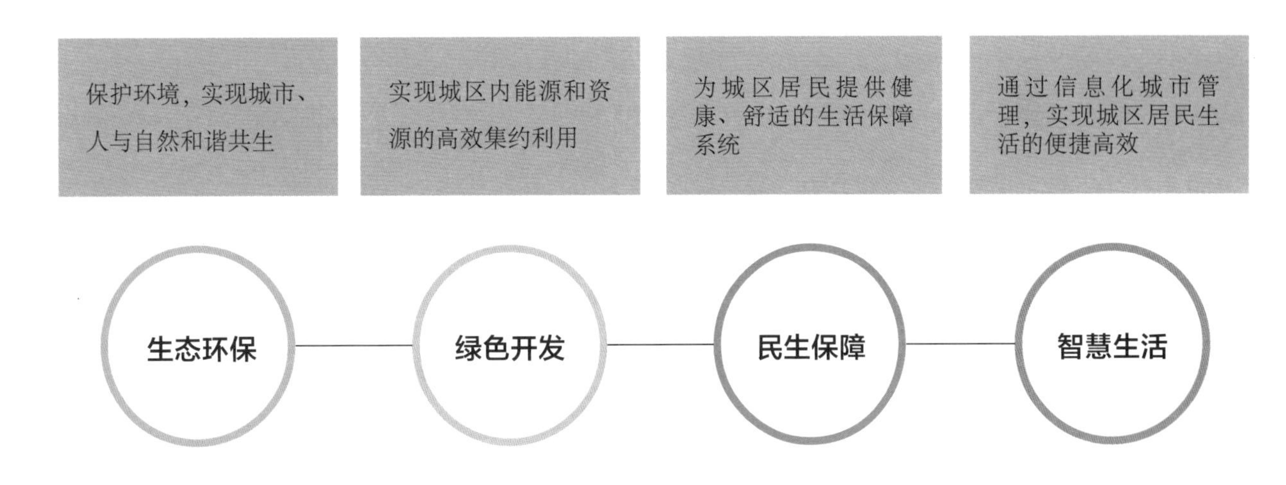

解放南路地区生态规划指标体系框架

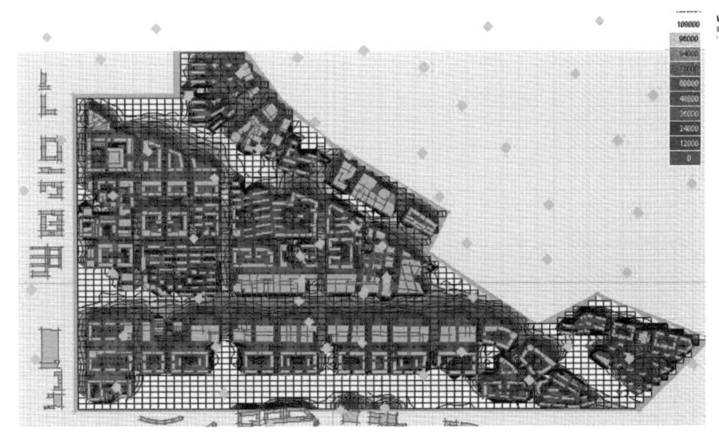

新八大里规划区域冬季和夏季太阳辐射分析图

新八大里规划区域夏季城市通风标量图和矢量图

2. 可持续规划设计

作为一种观念和方法，可持续设计强调以融贯的综合研究方法来解决城市和建筑环境问题，使城市布局与自然资源环境达到最佳配置。这是从“普适设计”到“地域设计”、从“单体设计”到“整体设计”、从“灰色设计”到“有机设计”和“绿色设计”的尝试。对规划区域进行气候分析是城市可持续设计的基础性工作，是“普适设计”到“地域设计”的具体表现。气候分析内容包括：气温、太阳辐射和日照、风环境、降雨等。

新八大里地区生态规划可持续设计内容包括气候分析、基于城市气候学的城市规划导则、区域太阳辐射分析和城市通风分析。借助可持续理念进行研究，通过科学分析指导城市设计，改善城市微气候，改善城区居民室内和户外的舒适度，减少建筑能耗。使该区域从规划设计阶段就具备成为整体、有机、绿色的生态城区的基础条件。

3. 可再生能源建筑应用

可再生能源的充分利用是生态城区建设的重要内容之一。可再生能源在建筑中的规模化应用可大幅减少一次能源消耗和污染物排放，是生态城区实现节能、低碳、环保的重要因素。因此可再生能源建筑应用规划研究是生态规划体系的重要组成部分之一。

根据天津市地源热泵系统适应性分区，新八大里地区处于埋管地源热泵适宜区，且区域南侧复兴河公园为地源热泵的采用提供了丰富的自然资源条件。规划根据建筑功能和布局方案构建模型，模拟计算逐时冷、热负荷及全年能耗，为方案分析提供准确依据；根据业态特征、负荷分布、使用规律等因素分析区域能源形式，确定商业、办公采用集中冷热源形式，居住及学校、幼儿园采用集中供热、分散供冷形式，对于建设周期不一致或有特殊要求的建筑建议自建冷热源。综合考虑资源条件、可实施性等因素，规划沿黑牛城道两侧办公、商业、文化、配套建筑的冷热源由集中能源站提供；一里、六里商业办公自建冷热源；所有公寓、教育建筑均由市政热网供热，分体空调供冷。针对集中能源站，引入多因素评价法综合评价各种可行方案的经济性、节能环保性、能源利用率、实施难度以及能源利用方式，得到适用于本项目的最优方案为垂直埋管地源热泵系统。根据建筑规划、管网实施可行性及最佳供冷半径等因素，规划两座集中能源站，分别结合二里和四里的地下空间设置。技术方案为带有冷、热调峰的地源热泵系统。能源站与单体建筑采用间接连接方式，一次管网敷设于黑牛城道辅道，地源侧管道通过地下空间进入能源站。该项目的

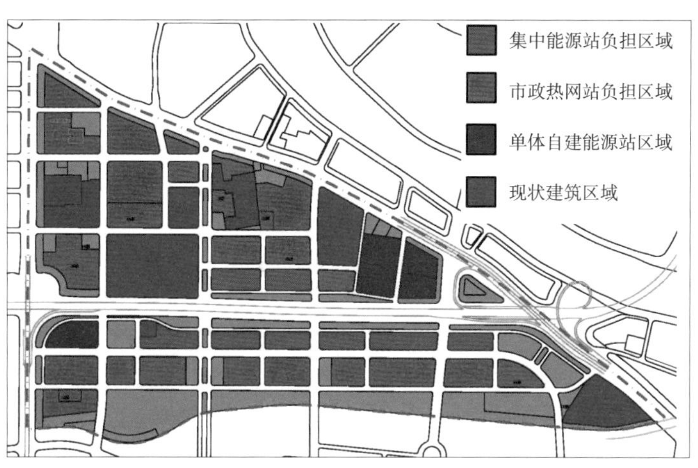

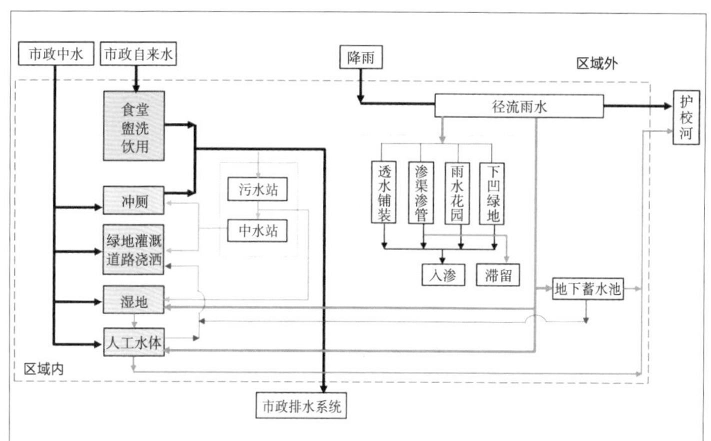

新八大里区域可再生能源供冷、供热规划

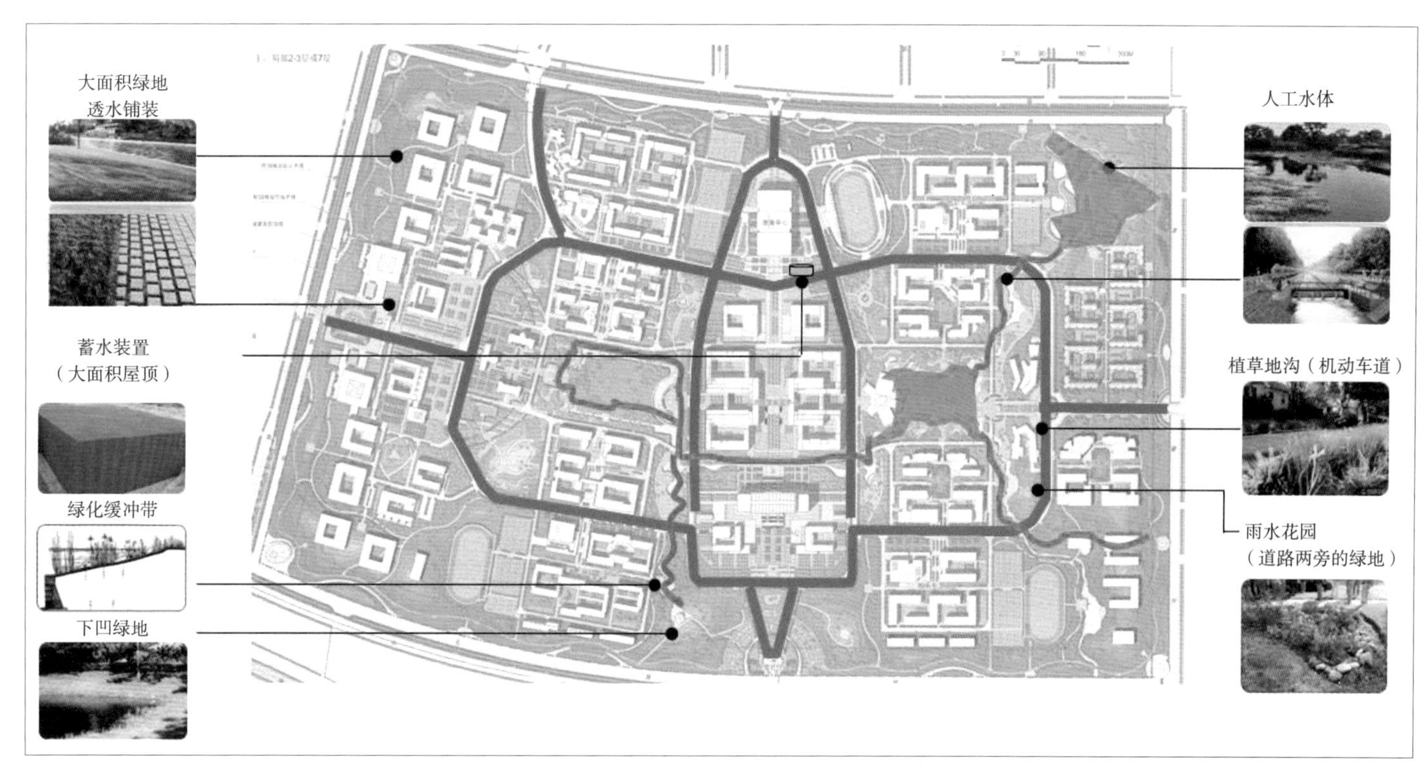

南开大学新校区水资源专项规划

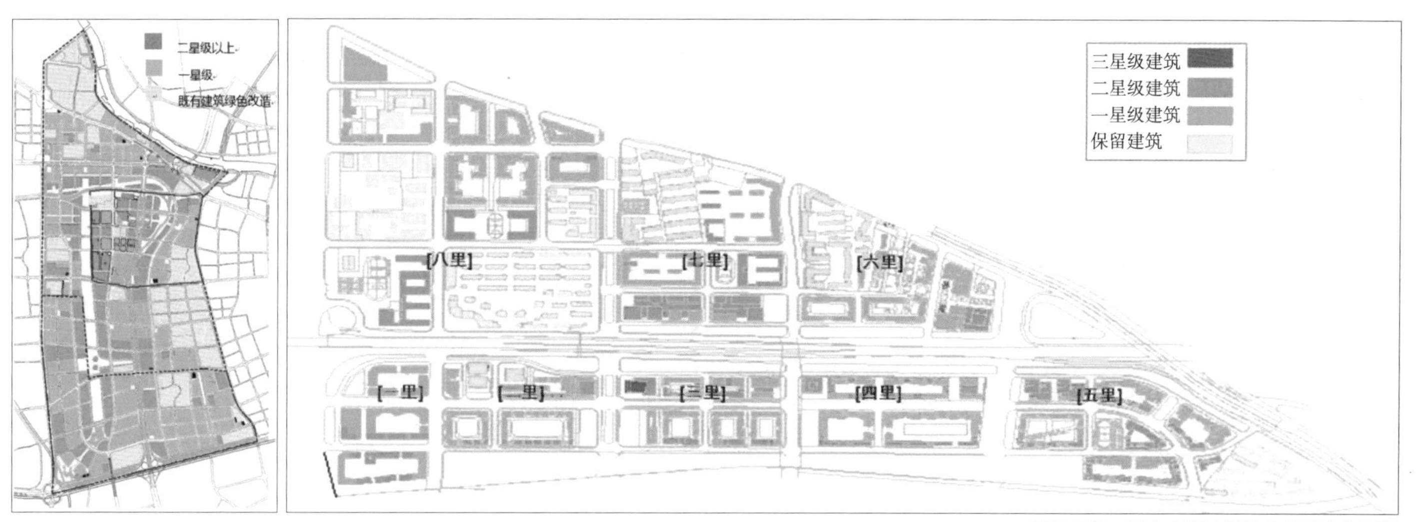

解放南路、新八大里地区绿色建筑实施规划

实施可实现区域集中能源站可再生能源贡献率达到71.26%，大幅减少一次能源的消耗和污染物排放，为生态城区的建设提供重要保障。

4. 海绵城市建设与水资源利用

“海绵城市”即在确保城市排水防涝安全的前提下，最大限度地实现雨水在城市区域的渗透、积存、净化，促进雨水资源的利用和生态环境保护，是城市水环境系统问题的重要解决方案，是一种基于经济和环境可持续发展的雨水系统设计策略。在生态规划中应确定海绵城市建设目标和具体指标，因地制宜利用原始地形地貌对降雨的积存作用，充分发挥植被、土壤等自然下垫面对雨水的渗透作用，湿地、水体等对水质的自然净化作用，实现城市水体的自然循环。

在南开大学津南新校区生态专项规划中，针对水资源的综合利用以及雨洪控制目标，确定了点线面结合，多种技术措施组合的规划设施策略，实现污水和雨水的资源化利用以及景观水体的生态净化。在污水回收利用方面，规划2座污水处理站，处理站出水用于绿地灌溉和道路浇洒。景观水体作为雨水调蓄装置，主要通过点源污染控制、面源污染控制和富营养化控制来实现水质保障。在富营养化控制方面，对人工换水、物化净化和生态修复三种方案进行比较，从环保、节水和经济性各方面综合考虑，确定采用生态修复方案，包括水深设计、湖形设计、护岸湖床设计和生物链设计等内容。通过水资源规划设计，使整个校区雨水年径流总量控制率超过85%，达到海绵城市建设要求。

5. 区域绿色建筑实施规划

建筑是城市的重要载体之一，生态城区规划应从示范性、可实施性和经济性等方面综合考虑，通过分析绿色建筑发展趋势和项目现状条件等，拟定区域内绿色建筑实施策略。确定区域内建筑达到绿色建筑标准的比例和目标，提出绿色建筑实施技术策略。

在解放南路、新八大里地区生态专项规划中，根据不同建筑功能类别，绿色建筑技术适宜性、政府要求等因素综合拟定绿色建筑实施策略，确定了区域内建筑100%达到绿色建筑标准，且不低于30%建筑面积比例的建筑项目达到国家绿色建筑二星级以上标准的目标。在确定各类建筑的绿色建筑星级的基础上，针对各类建筑提出具体合理的绿色技术措施，并将绿色建筑规划要求纳入各地块土地出让条件，为区域规模化绿色建筑实施和生态城区的实现奠定基础。

天津生态用地保护红线规划

Planning for Boundary Lines of Tianjin Ecological Facilities

为贯彻落实党的十八大和十八届三中全会关于“建设生态文明”、“划定生态保护红线”的有关精神，加快建设“美丽天津”，有效保护全市生态资源，促进经济、社会、生态和谐可持续发展，由天津市规划局会同市建交委、市容委、国土房管局、环保局、水务局、林业局、海洋局共8个委局，共同组织编制了《天津市生态用地保护红线划定方案》。

红线划定工作严格依据相关法律、法规及已批复的规划，结合自然资源特色，因地制宜，划定对保障全市生态安全具有重要意义的生态用地保护红线，通过多个管理部门参与，充分考虑实际情况，协调好发展与保护的关系，确保方案的实施效果。

1. 科学合理地制定划定标准及过程

结合《国家生态红线—生态功能基线划定技术指南》的要求和全市生态资源特色，提出生态红线划定范围与类型。同时明确生态红线保护目标、划定生态红线空间边界。并制定生态红线的管控要求和规划实施保障机制的相关建议。最终进行生态红线制图与数据库建设。

2. 多重保护体系促进天津生态城市定位目标的实现

通过生态用地保护红线的划定，在全市构建“三区、两带、

生态红线划定方案图（湿地、林带、河）

多廊、多园”的生态保护体系，形成“碧野环绕、绿廊相间、绿园镶嵌、生态连片”的实施效果，促进天津“南北生态”战略的落实和生态城市定位目标的实现。

在完成物质空间布局的基础上，构建了一套可操作的生态空间管控策略与政策体系，实现了规划编制从技术文件向公共政策的同步转型。立法保障方面，出台有关生态用地保护红线落实工作的行政法规，为全市生态城市建设提供有力的法制保障。落实责任方面，则明确各行业主管部门监督管理责任及区县政府所属管理责任。建立生态环境保护问责机制，对于破坏生态环境的行为，依法追究责任。加强管理方面，主要是不断加强和创新生态红线监管工作，建立年度监测制度，动态跟踪生态用地保护范围内用地变化情况，加强监督管理。同时资金保障上，加大对生态用地保护的公共财政投入力度，制定和完善各种经济优惠政策，多渠道筹集资金，建立生态补偿机制，引导社会各方积极参与生态 用地保护红线落实工作。此外，在公众参与上，加强对全市生态用地保护的科普教育，提高公众爱护环境、保护环境的意识；加大各类传媒的宣传力度，动员公众积极参与保护生态用地。

3. 以分级管控，实现生态保护的合理性与可实施性

生态用地保护实行分级管控，划分为红线区和黄线区。在红线区内，除已经依法审定的规划建设用地外，禁止一切与保护无关的建设活动。在黄线区内，从事建设活动应当经市人民政府审查同意。

红线区、黄线区内涉及自然保护区的部分，应按照有关自然保护区的法律、法规和规章等实施严格的保护与管理。不同类型保护区的重叠部分，按照最严格的管控标准实施保护和管理。

方案划定共涉及山、河、湖、湿地、公园、林带五大部分。全市生态用地保护总面积达到 2980km^2，占市域国土总面积的 25%。其中红线区面积 1800km^2，占市域国土总面积的 15%；黄线区面积 1180km^2，占市域国土总面积的 10%。

4. 数据分析与部门合作，科学制定方案

率先开展规划实践，构建“双统一”的工作平台，强化部门协作。

采用多途径技术分析和多方案比较的方法，合理确定生态红线划定。开展生态服务功能重要性评价，划定生态服务保障线；开展生态敏感性和脆弱性评价，划定人居环境安全屏障线。

5. 多方面协作，推动规划实施

为推动生态红线划定方案的有力实施，在宣传、保障及勘界方面开展了大量工作。首先通过媒体平台积极宣传，通过天津日报、今晚报及政府网站等对《天津市生态用地保护红线划定方案》向全市人民广泛征求意见；人民日报也同期以大版面关注了《天津市生态用地保护红线划定方案》。

同时政府方面主导，全力推动落实。由天津市第十六届人民代表大会常务委员会第八次会议通过了《天津市人民代表大会常务委员会关于批准划定永久性保护生态区域的决定》，确定了生态红线划定的法律地位。随后市政府对划定方案进行了批复，并以市政务文件的形式印发了《天津市永久性保护生态区域管理规定的通知》，自 2014 年 9 月 1 日起施行。

在实施方面，通过勘测定界与数据库建设进行具体落实。相关部门目前已在资料收集与图件制作基础上，汇总生态红线各类基础信息与专题信息，进行勘测定界，设立了永久性保护生态区域标桩；并通过数据库技术进行信息集成，开展生态红线基础信息数据库建设。

不同类型生态区域的分级管控区域

类型	分级管控	
	核心区（红线区）	控制区（黄线区）
山	山地自然保护区、国家森林公园、国家地质公园景区	—
河	河道管理范围	河道管理范围外两侧一般不小于 100m 范围
湖	水库管理范围	水库管理范围外一般不小于 200m 范围
湿地	湿地自然保护区核心区、缓冲区，洼淀，盐田	自然保护区实验区
公园	郊野公园，城市公园	—
林带	外环线绿化带，中心城区周边楔形绿地，中心城市绿廊，西北防风阻沙林带，沿海防护林带，交通干线防护林带	—

生态红线划定实施实景图

专项城市设计——工业遗产保护专项
Specific Urban Design: Urban Design of Industrial Heritages Preservation

天津工业遗产保护与利用规划
Conservation and Utilization Planning of Tianjin Industrial Heritages

“百年中国看天津”是对天津辉煌近代史的精简概括。作为“洋务运动”和“洋务教育”的重镇之地，近代天津在教育、军事、市政建设、金融、邮电通信、铁路运输、海洋化工、科学技术、医学、对外贸易、商业娱乐业、港口建设等社会发展的各个领域处于领先地位。直至新中国成立后，天津也一直扮演北方工业中心的重要角色。天津近百项“中国第一”中，有近三成与工业发展有关，包括我国的第一部电话、第一块手表、第一台汽车发动机、第一家制碱企业等。

天津市于2011年开展了工业遗产普查工作，以第三次文物普查结果为基础，通过评价、遴选，确定工业遗产名单，并划分为“与工业生产直接相关的重点工业遗产”和“与工业生产间接相关的一般工业遗产”两类。2013年，结合城市发展实际，对第一批重点工业遗产开展了《天津市工业遗产保护与利用规划》，并于同年通过规划审批。2015年，在深化并更新第一批工业遗产保护与利用规划的基础上，又对第二批重点工业遗产开展了《工业遗产保护与利用规划》的编制，并组织开展对全部重点工业遗产的规划设计策划编制工作。

天津工业遗产主要集中分布在中心城区、滨海新区两大区域。为了靠近资源、方便运输，中心城区工业遗产大多沿河流岸线及铁路沿线分布，主要集中在和平、河北和红桥3个区域。滨海新

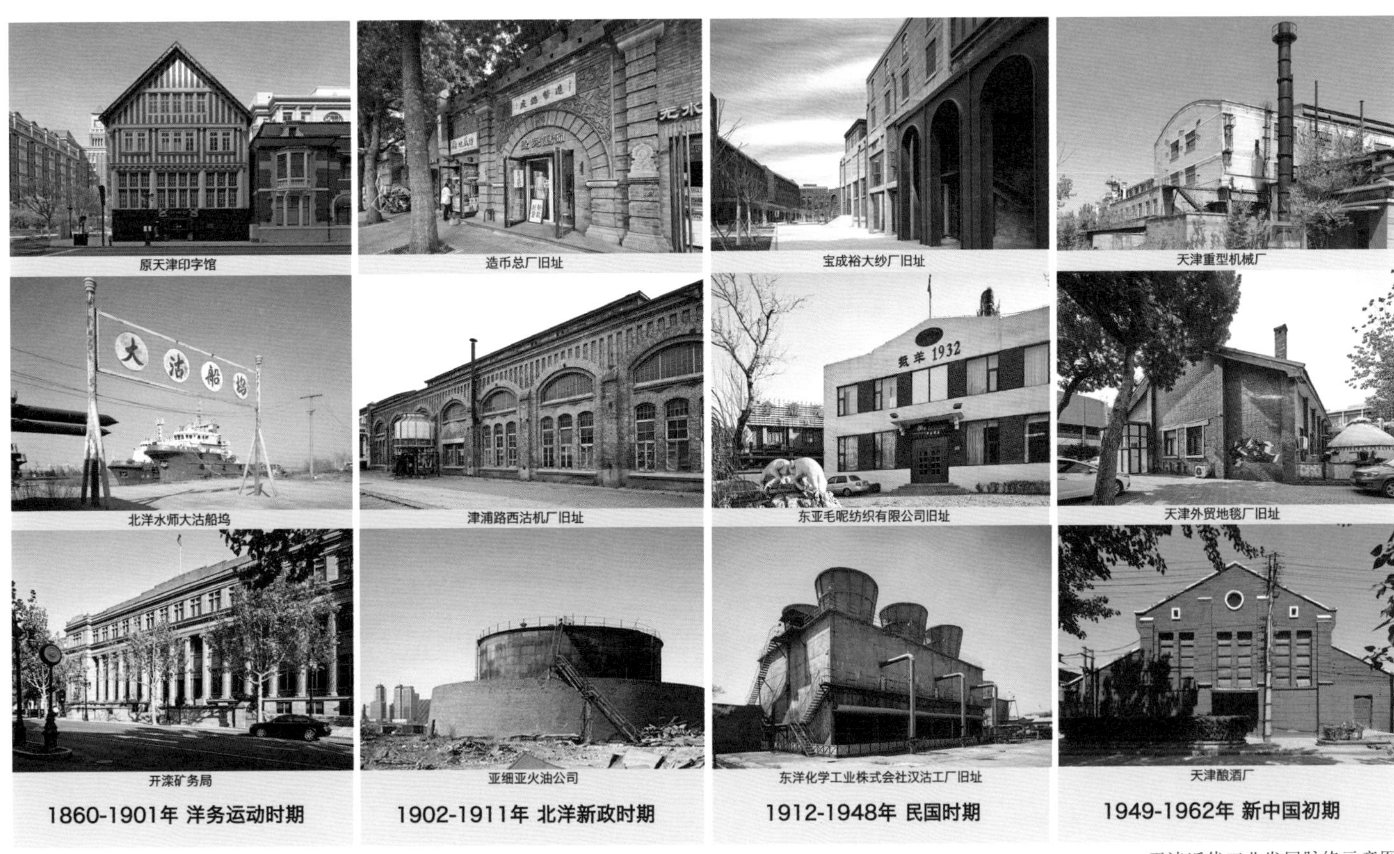

天津近代工业发展脉络示意图

天津市中心城区工业遗产空间布局示意图

区的工业遗产由沿海河逐渐向沿海布局，体现了港口和水运对天津早期工业发展的影响。塘沽丰富的海盐资源为海洋化工的发展提供了基础，因此塘沽区集中了众多的化工厂。另外滨海新区作为海河入海口，分布着大量的船厂和船坞。

天津丰富的海盐资源、便利的交通设施、优越的海港资源，促使各种类型的产业集群在天津蓬勃发展。因此在产业特征上，天津工业遗产主要涉及制造业、运输业、水利工程、采矿业、仓储业、通信业、基础设施及与工业相关的教育等行业。各行业之间具有很强的关联性，体现了工业遗产群的产业链特征。

天津的工业遗产在全国极具代表性与典型性，有效的保护与再利用有利于保留与生动展示我国近代工业的辉煌历史，也有利于丰富我国工业遗产保护的内涵，同时是对天津近代城市记忆与发展特征的保护。天津丰富的工业遗产与天津其他著名的近现代建筑共同塑造了天津独具特色的城市风貌与城市个性。

1. 以挖掘存量资源、激发城市活力为规划目标

通过工业遗产保护与利用，充分挖掘存量资源，展现天津近代工业发展成就，搭建创新创业的新兴产业平台，提高城市品质，激发城市活力。

整体性原则：保护工业遗产的建构筑物、景观元素、工艺流程等物质与非物质遗产的完整性。

原真性原则：尊重历史真实性，突出工业遗产的工业风貌与特色。

协调性原则：保护与利用从城市功能定位和空间布局出发，结合时代要求合理更新改造，为产业结构调整和经济转型搭建平台。

多元性原则：挖掘工业遗产保护与利用的多种可行模式，增强工业遗产保护与利用工作的可操作性。

2. 有重点、有针对性地建立工业遗产分级分类保护体系

（1）按照与工业生产关系的紧密程度对工业遗产进行分类保护

将天津现存 97 处工业遗产划分为“与工业生产直接相关的重点工业遗产”和“与工业生产间接相关的一般工业遗产”两类。

与工业生产直接相关的重点工业遗产共计 37 处，主要包括生产、加工、仓储等工业建筑物及附属设施，这些工业遗产能够体现天津工业发展的历史特征，并具备鲜明的工业风貌特色。同时，这些工业遗产往往在相应时期内具有稀缺性、唯一性，在全国或天津具有较高影响力，如造币总厂旧址、北洋水师大沽船坞旧址（天津造船厂）、塘沽南站等；在全国同行业内具有代表性或先进性，品牌影响较大，工艺先进的工业遗产，如天津第一机床总厂、亚细亚火油公司塘沽油库旧址、比商天津电车电灯股份有限公司旧址等；企业建筑格局完整或建筑技术先进，并具有时代特征和工业风貌特色的工业遗产，如天津拖拉机厂、天津外贸地毯厂旧址（天津意库）等。

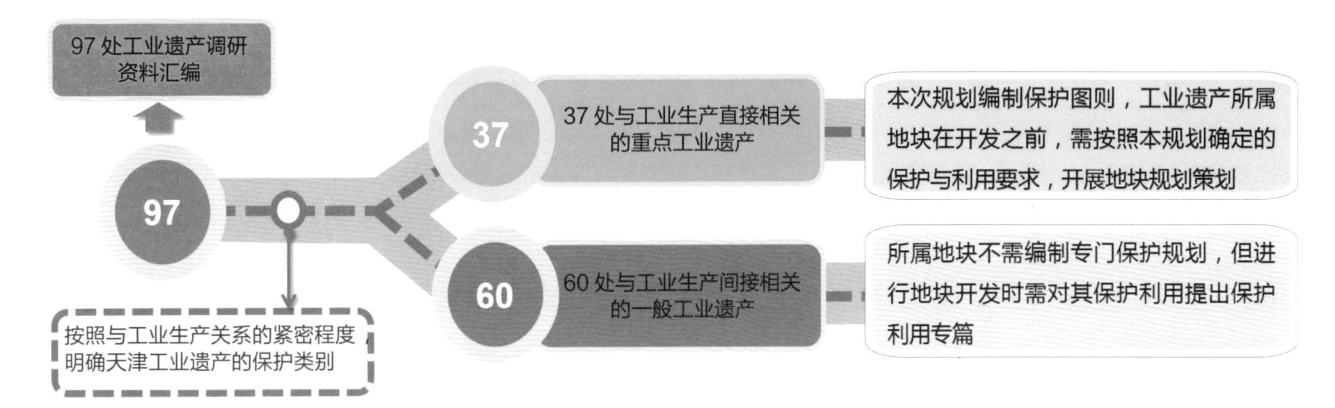

天津市工业遗产分类保护示意图

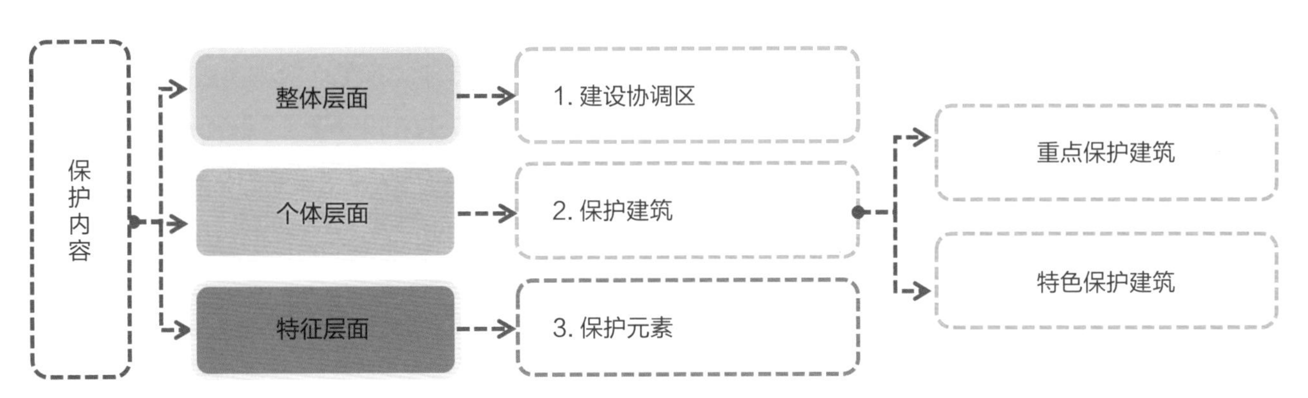

天津市工业遗产保护体系示意图

这 37 处工业遗产在《天津市工业遗产保护与利用规划》中需编制保护图则，保护图则具备相应的法律效力。工业遗产所属地块在开发之前，需按照本规划确定的保护与利用要求，开展地块的规划策划编制。此类工业遗产由市规划局统一挂牌，进行规划管理。

与工业生产间接相关的一般工业遗产共计 60 处，主要包括与工业生产间接相关的企业办公、职工居住、城市交通运输设施等工业遗存，以单体建筑、构筑物形式为主。

这 60 处工业遗产的所属地块在《天津市工业遗产保护与利用规划》中未编制专门的保护图则，需在进行地块开发时对其提出保护利用专篇。此类工业遗产由天津市规划局统一挂牌，区县规划行政主管部门进行规划管理。

（2）按历史、技术、社会和建筑价值对工业遗产进行分级保护

将与工业生产直接相关的 37 处重点工业遗产分为三个保护级别。

一级工业遗产为包含国家级、市级、区级文物保护单位，以及天津市特殊保护和重点保护等级的历史风貌建筑的工业遗产。一级工业遗产以保护为主，对文物保护单位和历史风貌建筑的建筑原状、结构、式样进行整体保留。其中，文物保护单位的保护与利用应符合《中华人民共和国文物保护法》、《天津市文物保护管理条例》和《天津市境内国家级、市级文物保护单位保护区划》的要求，历史风貌建筑的保护与利用应符合《天津市历史风貌建筑保护条例》的要求。

二级工业遗产为历史、技术、社会、建筑等价值较高，能够体现天津特色，或具有重要的纪念和教育意义的工业遗产，以及包含尚未核定为文物保护单位的不可移动文物和天津市一般保护等级的历史风貌建筑的工业遗产。二级工业遗产重点保护建筑外观、结构、景观特征，对功能可做适应性改变，对遗产的利用必须与原有场所精神兼容。其中，尚未核定为文物保护单位的不可移动文物、一般保护等级的历史风貌建筑的保护与利用必须符合相应的法律法规要求。

天津第一机床总厂

三级工业遗产指满足工业遗产评定标准，具有一定历史、技术、社会和建筑价值的工业遗产。三级工业遗产在再利用中须尽可能保留建筑结构和式样的主要特征，可对原建筑物进行加层或立面装饰，实现工业特色风貌与现代生活的有机结合。

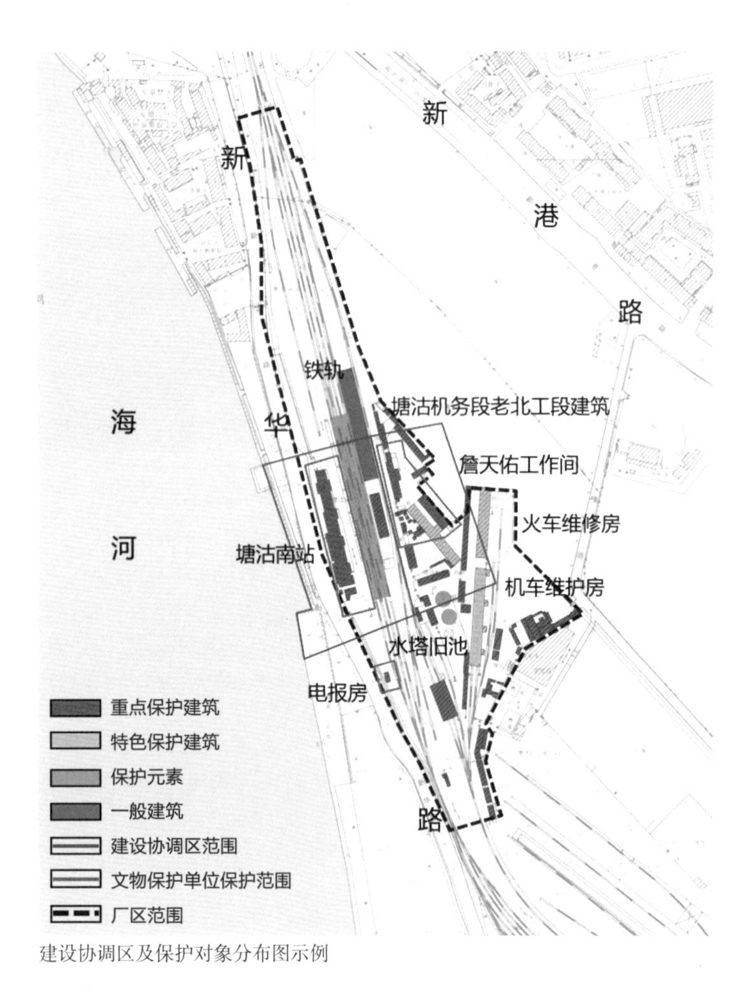

建设协调区及保护对象分布图示例

津浦路西沽机厂

（3）“整体－个体－特征”保护体系的构建

保护与利用规划主要从三个层面建立：一是整体层面的保护，通过划定建设协调区，保护厂区的整体格局与核心风貌；二是建筑层面的保护，通过划定重点保护建筑与特色保护建筑，保护厂区内的建筑个体特征；三是元素层面的保护，通过确定保护元素，保护有特色的工业景观元素与生产设备，保护厂区内的工业元素特征。

规划编制中特别强调与文物保护体系和历史风貌建筑体系相衔接，在保护要求中充分吸收并体现了文物保护要求，为未来在实际管理中部门间相互协调奠定了基础。

3. 以城市设计手段实现工业遗产的有效保护和高效利用

工业遗产不仅是城市工业技术进步的重要遗存，更是城市发展的重要存量资源。伴随着城市发展向挖掘存量的方向转变，现存的工业遗产将成为推动城市集约发展的重要抓手，一方面，工业遗产老厂区和建筑可以作为产业升级的实体承载空间，另一方面，工业遗产凝聚的工艺流程和技术工艺将成为激发老工业区复兴的文化元素，从而盘活城市现存用地资源、创造产业升级发展新空间、带动就业增长、实现经济发展与历史传承的和谐共生。

通过城市设计的手段将工业遗产的保护要求与实际开发结合，将有助于在实现传承天津工业历史文脉、发扬天津近现代工业文明的同时，将工业遗产再利用与城市更新紧密结合，实现文化效益、社会效益和经济效益的和谐统一。因此在规划编制中，充分考虑了如何在保护的基础上实现再利用，提出各工业遗产厂区的再利用方向，并组织开展编制与保护利用规划相结合的工业遗产规划设计策划工作。将工业遗产的保护与再利用规划与相关地块的规划设计策划方案充分衔接，要求在规划设计策划中充分结合土地细分导则进行工业遗产地块整体功能和道路交通的规划控制，同时，结合已审批的开发策划方案提出工业遗产建筑再利用功能的规划建议，对尚未编制开发策划方案的工业遗产所在地块，提出工业遗产建筑再利用的方案和策划示例。

天津塘沽火车站及周边地区工业遗产保护及改造规划和天津天钢地区保护及改造规划这两个城市设计项目是工业遗产规划设计策划方案中的佼佼者，在继承工业发展辉煌历史与记忆的同时，创造出功能复合的活力地区，为城市产业调整升级和经济转型搭建新平台。

天津天钢地区保护及改造规划

Conservation and Reconstruction Planning of Tianjin Steel Plant Area

工业发展史是天津近现代城市发展历史的重要基因和城市文化。天津钢铁厂作为天津市最早的钢铁企业，在天津工业发展历史上留有诸多辉煌成绩，可以说是一部天津百年工业发展史的缩影。因此，保留天钢历史遗存对地域文脉的传承，对天津近代工业发展史的保护与展示，对本地区文化特色的塑造都有非常重要的价值和意义。天钢厂区现状主要历史遗存包括从 20 世纪 60 年代到 90 年代不同时期建设的钢铁厂房、龙门吊、运输铁轨、烟囱等工业构筑物，工业遗产类型丰富，各有特色。项目区位于天津市天钢柳林城市副中心核心区域，是天津市近年城市发展的重点区域。地区的开发建设是城市发展的客观需求，天津中心城区可开发建设的土地资源十分有限，天钢柳林城市副中心称得上寸土寸金。因此在城市设计工作中应重点考虑如何保护并利用好工

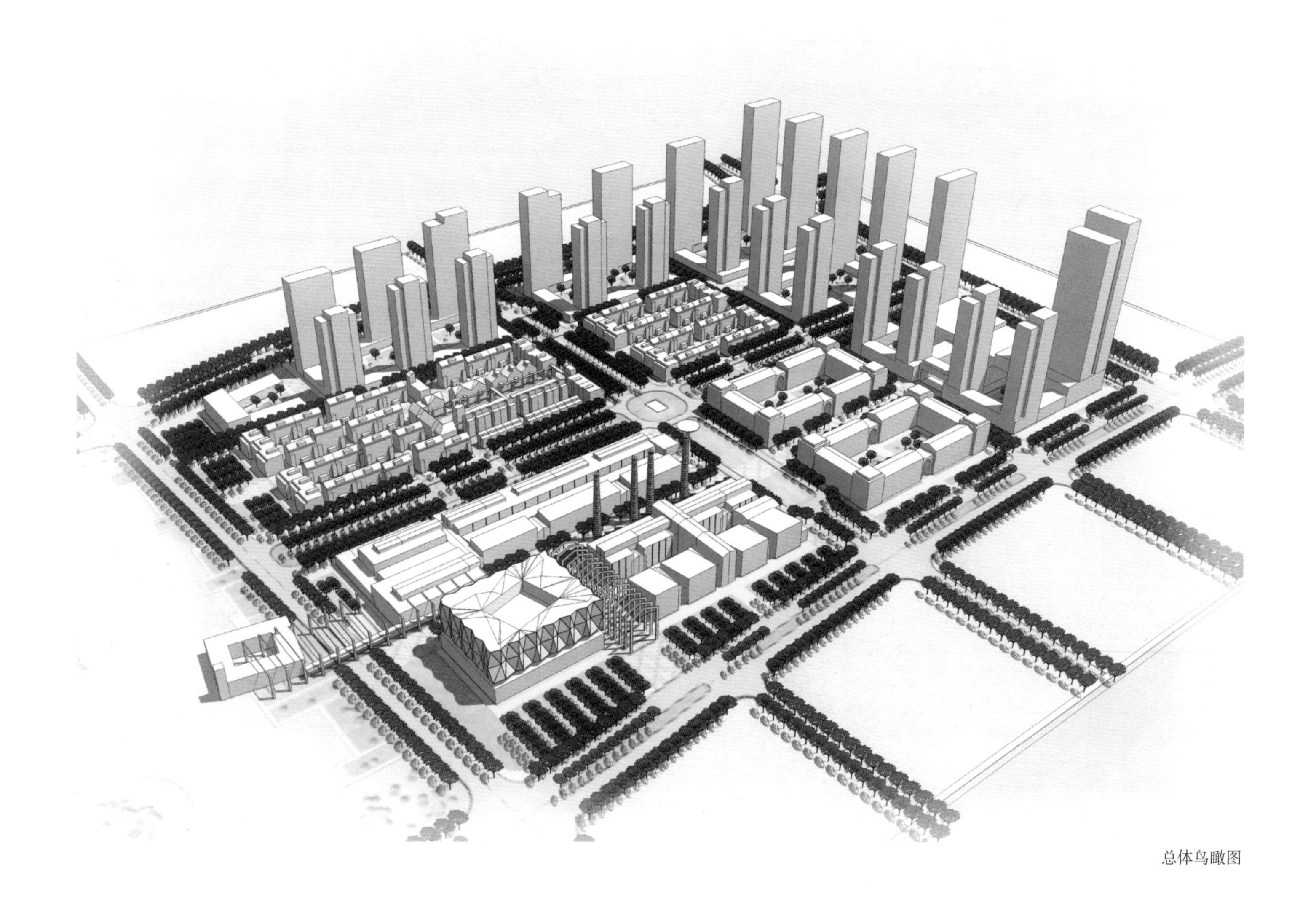

总体鸟瞰图

现状保留建筑

业遗产资源，如何实现遗存保护与城市发展相协调，以及如何以工业遗存为特色塑造能够体现中央城市工作会议精神的城市特色街区。

1. 挖掘工业遗产自身特色并分类利用

在充分考虑建筑质量、历史价值、风貌特色、与地区开发建设之间的关系等因素的前提下，项目区保留了一栋完整厂房（高线厂），具有地标性质的四个烟囱（“四大津钢”），景观特色突出的建筑桁架、龙门吊、铁轨等工业构筑物，并充分结合项目区的开发建设对工业遗存加以利用，利用方式主要分功能性与非功能性两类。

（1）具有使用功能的建筑改造利用：高线厂建设于20世纪90年代，建筑面积两万三千多平方米，建筑结构以钢结构桁架为主，外立面以石棉瓦为主，是项目区核心保护建筑。整栋建筑结构质量较好，建筑基底面积超大，外立面材料缺乏特色、价值一般。针对这样的建筑特点，改造中拆除了原有建筑的外墙部分，但保留了原有建筑的主体结构。建筑内部在原有的厂房内划分为三层，南北两侧为主要的功能空间，建筑中部共享空间作为开放的中庭，同时将原厂房天窗进行改造并与中庭空间结合，既保证了建筑内

高线厂改造剖面图

高线厂入口效果图

部的自然采光，又利用热压通风的原理，解决了内部空气流通的问题。建筑立面采用简洁的现代风格，以暖色调的红砖作为主材料，体现了天津城市整体的材质和色彩特征。

（2）没有具体使用功能，以景观功能为主的构筑物的改造利用：这部分改造主要包括烟囱、铁轨、水塔等构筑物，改造对象没有实际使用功能，但有明显的景观价值和文化价值。城市设计中结合四根烟囱及周边场地塑造项目区标志性广场区域，形成公共活动核心空间及项目区地标；对于不能完整保留的厂房，建议保留了建筑桁架，在新建项目区将建筑桁架与社区配套公建结合设计建设，形成生活社区的特色公建配套区；龙门吊及铁轨等构筑物则充分与街区开放空间结合，形成具有工业特色的景观环境。

高线厂室内改造图

2. 开发与保护相协调、合理布局功能及产品

城市设计工作中综合考虑工业遗产保护与项目开发的协调，保留最有价值的历史遗存；在有历史遗存的新建区域，规划设计方案通过街区开放空间、广场等空间的设计对铁轨、天车等工业构筑物加以保留、避让，并在进一步的景观设计中充分考虑工业遗存与景观设计的结合；对于确实具有一定保留价值但无法避让的历史遗存，在规划设计中考虑“新老结合”的设计方案进行加建、插建，在新建建筑中保留历史遗存元素；对于便于异地再利用的工业构筑物（如：铁轨、钢板等），城市设计根据场地景观及建筑装饰的需要加以利用。通过以上几方面的原则，力争实现历史遗产保护与城市发展的协调。

高线厂室内改造图

项目区主要包括商业休闲、文创办公、配套居住等三大功能板块。在整体空间布局上，考虑到工业厂房改造利用更适合与商业办公等功能相适应，因此将商业办公等建筑的功能与高线厂厂房保护利用相结合，同时通过新建商业综合体，与保留厂房形成完整的商业活力区，承载商业休闲与文创办公功能。住宅功能因为受到建筑日照、建筑高度等因素的限制，很难与工业遗存结合，因此在布局上尽量避开厂房、烟囱等工业遗存。同时通过多层住宅与高层住宅的高低搭配在空间上保证工业遗产集中的商业办公区与住宅配套区的空间协调性。

“四大津钢”广场改造示意图

3. 开放空间串联工业遗产、塑造街区式商业

天钢城市设计充分考虑工业遗产保护、城市开发建设与开放街区、城市活力塑造的结合：在路网规划中，考虑避让需要保留的工业遗存的同时增加路网密度加强对外交通联系，将地块面积控制在合理的规模范围内（3-5hm^2），形成具有“窄路密网”特征的道路交通体系；开放空间设计上一方面结合工业遗存塑造具有工业历史特色的公共开放空间，另一方面注重整个项目区开放空间的连通性及与外部城市开放空间的联系，整个项目区形成

天车改造示意图

“井”字形的开放空间体系；商业布局上以高线厂、“四大津钢”为核心，引入非物质文化遗产创意产业，形成特色商业组团。结合开放空间及窄路密网的道路格局，沿道路、开放空间布局街区式商业，形成连续的商业界面，并充分考虑与项目区东南侧公交站及轨道站点等公共交通设施的联系。通过窄路密网的道路格局、开放的公共空间系统、街区式商业布局等规划理念，在天钢项目区塑造一个有社区生活、有历史底蕴的开放式街区。

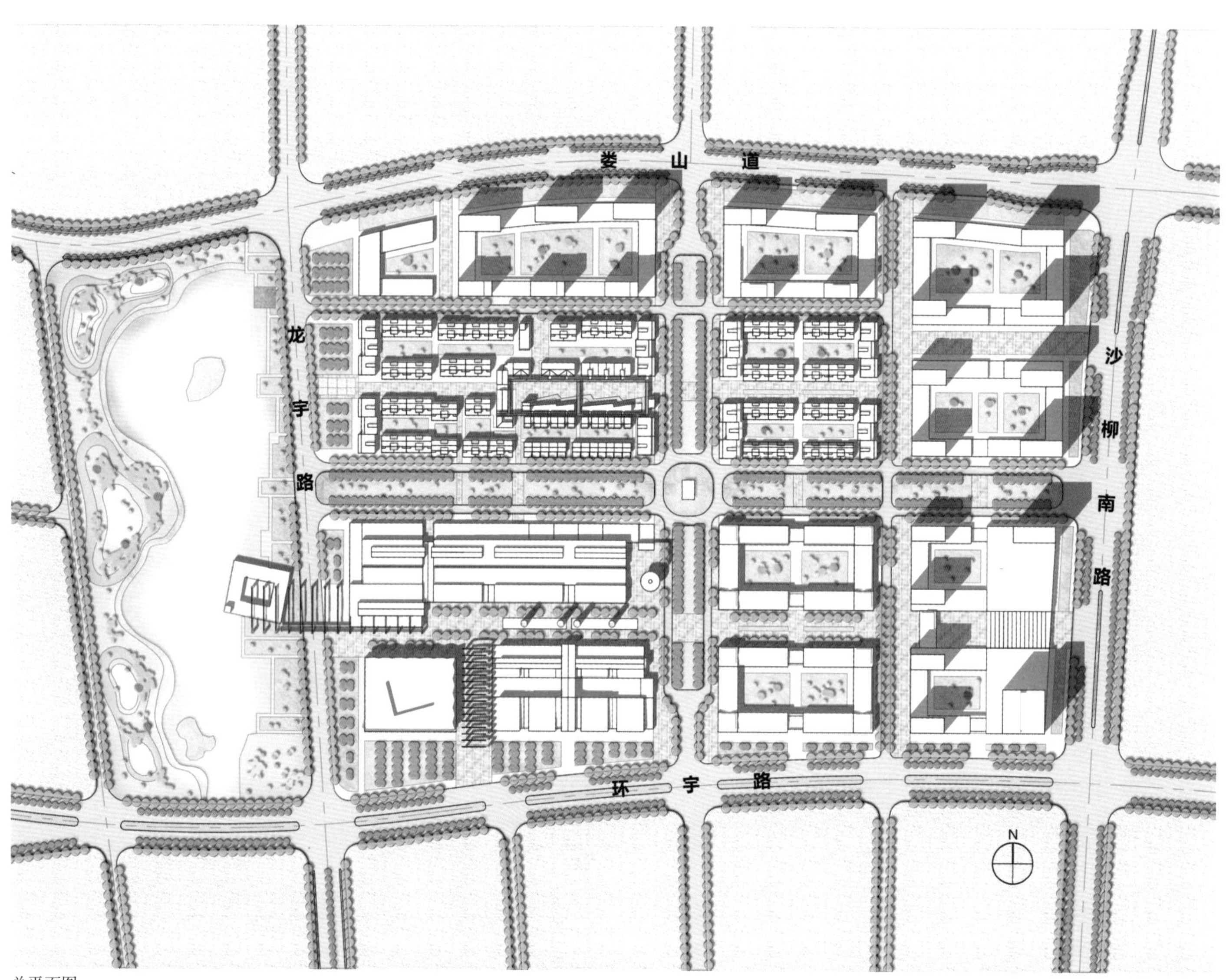

总平面图

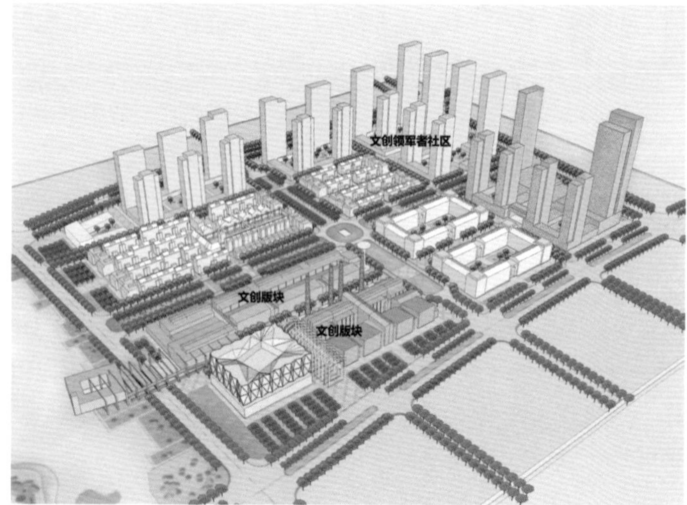

功能分区图

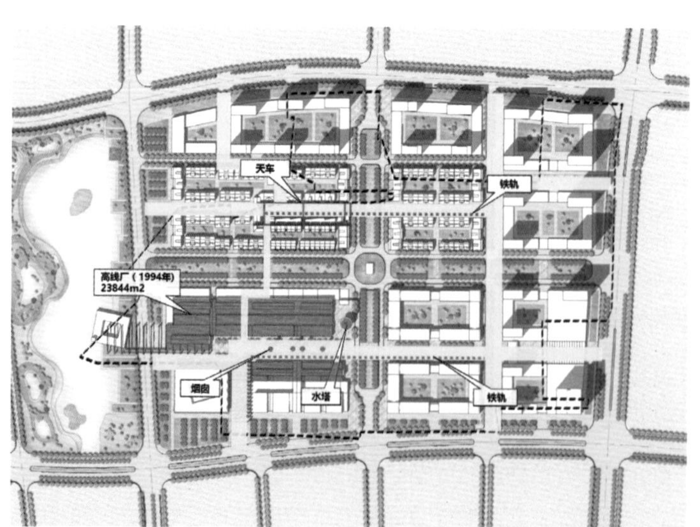

开放空间结构图

天津塘沽火车站及周边地区工业遗产保护及改造规划

Conservation and Reconstruction Planning of Tianjin Tanggu Railway Station and Surrounding Industrial Heritages

1888年设立的塘沽火车站，是当时洋务运动中，李鸿章为“便商贾，利军用”兴建的中国第一座标准化铁路车站，杰出的爱国工程师詹天佑先生参与了建设。至2004年随全国铁路第五次大提速，客运历史宣告结束。

“先有南站，后有塘沽繁华”是人们对塘沽火车站的回忆。由于临近天津港，同时是唐胥铁路的重要节点，建站后即成为货物进出买卖的据点，站前车水马龙，上下车的货物及旅客、卖东西的商铺和拉货及载客的车马，汇成一片红红火火的景象，更进一步带动了天津的经济发展。

除了作为带动繁荣经济的重要交通枢纽，南站地区又是历史上《塘沽协定》的签订地。1933年，日本侵略军大举向长城一线进攻。国民党政府派熊斌与关东军参谋长冈村宁次在塘沽签订了停战协定，将冀东地区划为“非武装区”。签字的地点就在南站西侧的“日本大院”（日军兵营）里。

由于见证中国近代的复兴与世界第一次工业革命接轨的历史，同时能触动天津市民的共同记忆，在2007年获选成为天津十大不可移动文物。

如此举足轻重的工业遗产，应该尊重历史，审慎设计，协调周边发展风貌；重新定位，细腻策划，活化利用历史资产，使塘沽火车站重新回归到历史上的辉煌地位，再次作为带动地区发展的火车头。

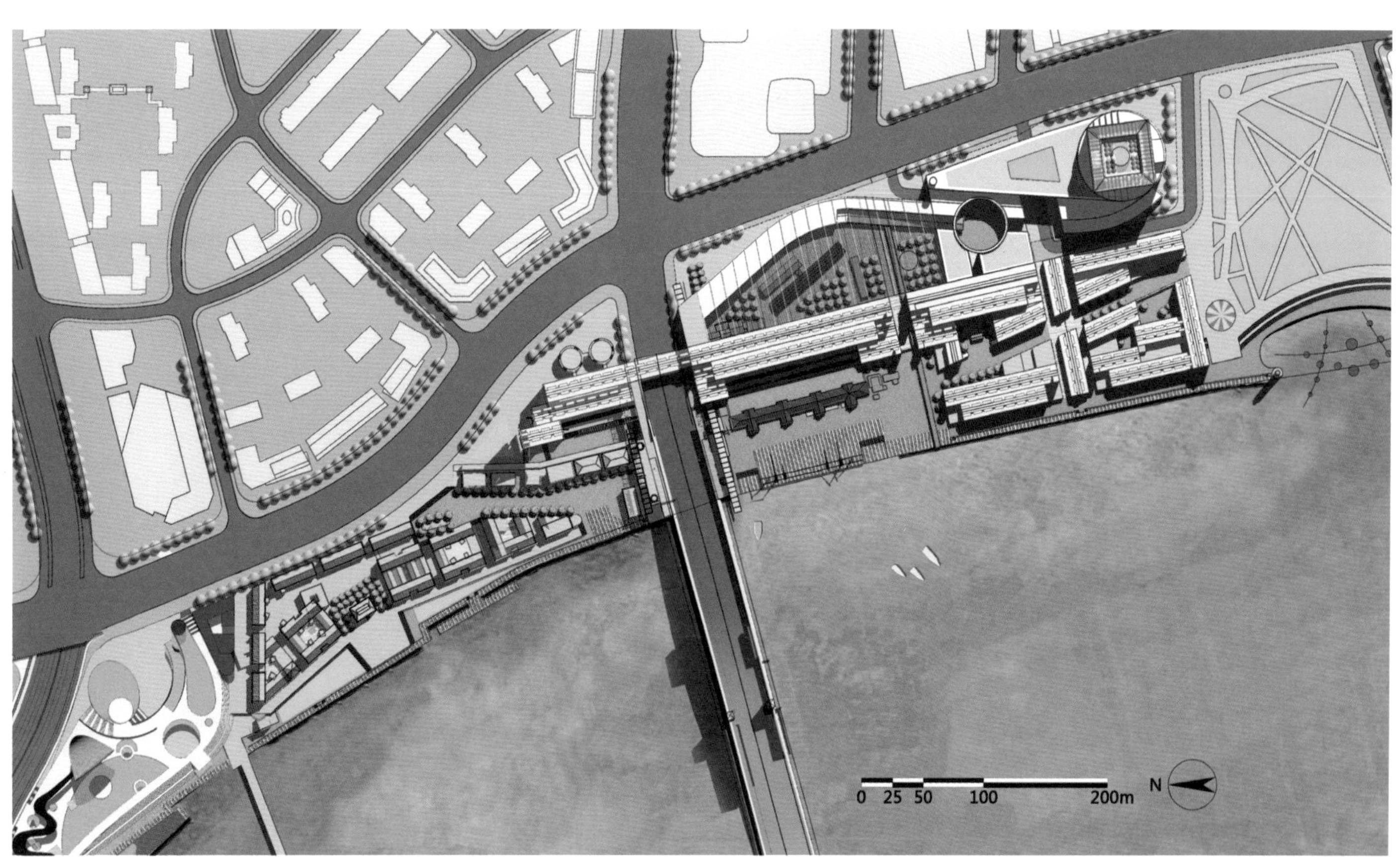

总平面图

塘沽火车站原貌

1. 尊重地区历史肌理的城市设计

为尊重保护历史，在城市设计上，首先必须做到保留史迹遗址，重现历史要素。对于现存的历史建筑予以保留并保护，具历史意义而现已毁损的旧建筑予以重建，同时恢复部分历史铁路与道路的肌理，重现塘沽火车站历史记忆。

其次必须协调背景高楼，凸显历史建筑。由于与东侧众多超大尺度摩天楼相比，塘沽火车站体量明显过小，缺乏存在感。城市设计可以隐喻月台意象，延伸连续形成的大气水平背景建筑群落设计，衬托塘沽火车站，同时强化海河的水平尺度。

最后必须塑造风貌分区。塘沽火车站周边地区依遗址的原始建筑样式及位置，分为“南站历史风貌区”、“南站历史商业街”与“日本大院历史风貌区”三区，必须依照各自历史风貌延续原始意象。而与东侧高新建筑间的“南站历史风貌及于家堡风貌过渡区”与将塘沽火车站地区切分的“与滨河南路桥结合的桥头区”，则必须和谐地协调地区整体风貌。

2. 展现城市文化深度及广度的城市设计

除了实体上的建设必须尊重突显历史样貌与肌理外，在再利用及改造与业态及活动的引入等软体上，必须先依托塘沽火车站特色及条件，制定再利用原则，才能展示出城市文化深度及广度。对应在现状及历史上的角色及意义，由于塘沽火车站是于家堡金融区的主要门户，同时是一带一路起点的自由贸易区，又为工业遗产保护的重中之重，在再利用开发时，必须要与邻近地区资源整合及协同，形成于家堡魅力窗口；对国家战略有积极的回应与贡献，引领地区及周边发展；并重现铁路文化及日本大院的文化记忆，展示历史价值意义。

依据再利用原则，设置构想有三。

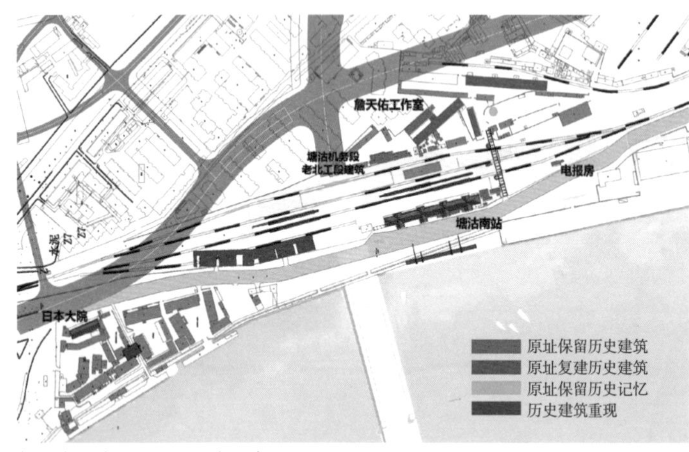

保留史迹遗址，重现历史要素

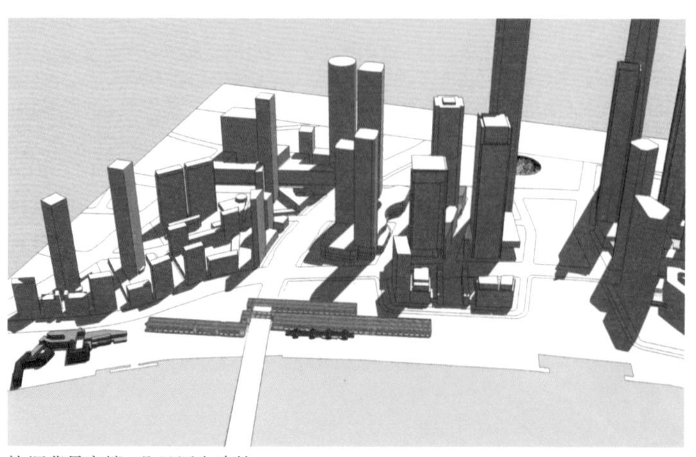
协调背景高楼，凸显历史建筑

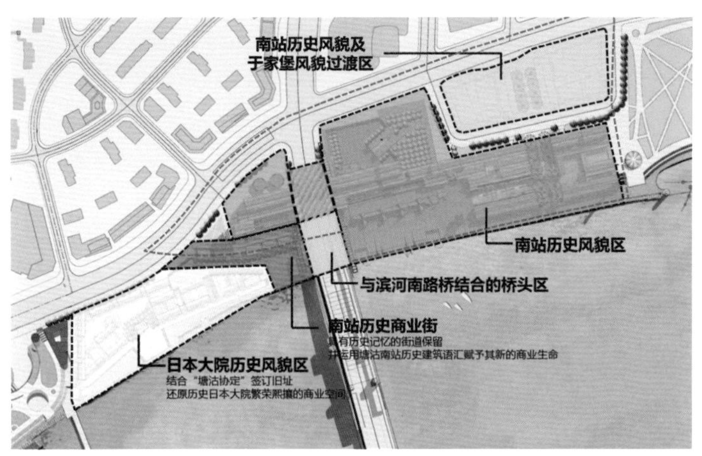

风貌分区

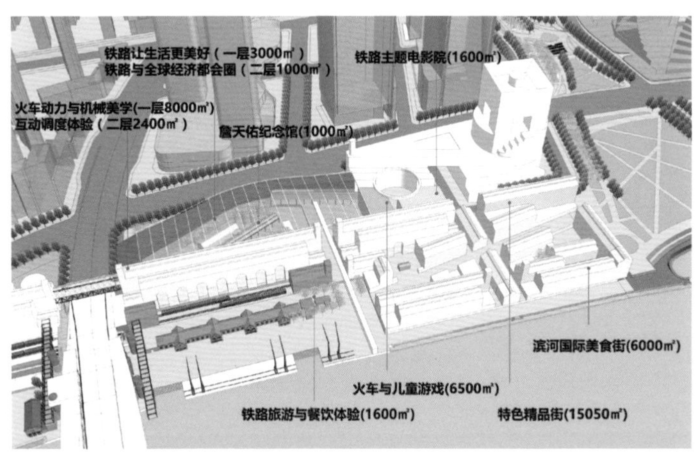

空间再利用构想

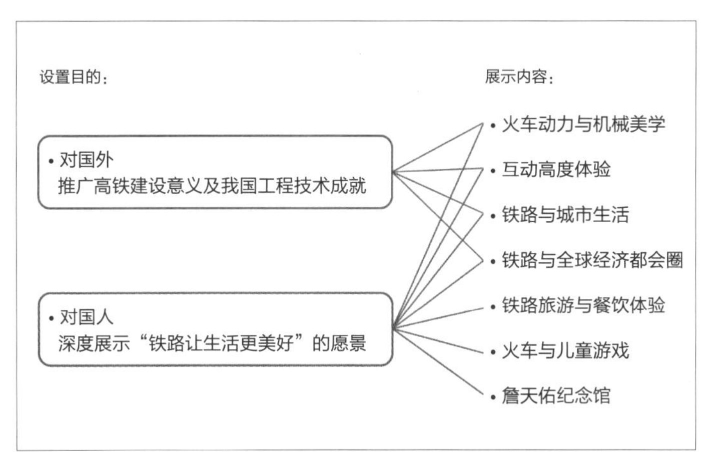

铁路文化推广平台构想

塘沽火车站历史商业街效果图

第一要建立铁路文化推广平台。为对国外推广高铁建设意义及我国工程技术成就；对国人深度展示“铁路让生活更美好”的愿景，建构“立足天津，放眼国际”的综合性铁路文化推广平台，推广七项主题内容：

（1）火车动力与机械美学：包括火车动力与机械美学及铁道艺术美学展示。以精致布展方式，呈现国内外特色机车及演进历史；同时展示铁道相关绘画，及包括火车机械美学及铁道地景美学的摄影，呈现铁道与美学艺术文化。

（2）互动调度体验：以重现过去扳道岔的调度，展现历史性；并将列车行车控制及驾驶模拟体验结合互动游戏，增添趣味性的方式，说明行车安全的相关设施技术及重要性。

（3）铁路与城市生活：包括展示国际级公交导向城市交通枢纽的模型与研究成果，作为落实城市可持续发展的资料库，同时让参观者进一步体会轨道交通的建设对城市生活已经与可能带来的各种美好改变；另外，设置温馨浪漫惊悚悬疑的铁路生活故事剧场，播放与火车相关的主题电影，引起观众对生活上与铁路的记忆共鸣。

（4）铁路与全球经济都会圈：以影像短片的播放，对国内外说明，高铁建设对国内而言，可以将个别城市串联成为分工互补的城市群，进而带动地方至国家的各种发展；对外将有机会与全球经济都会圈连接，是国家值得挹注的必要投资。

（5）铁路旅游与餐饮体验：火车列车及各地车站本身即可让异乡游子品尝当地美食佳肴的场所，透过让游客体验各地的风味飨宴，勾勒铁道旅游的无限想象。

（6）火车与儿童游戏：设置亲子铁道主题游乐区，以“游中学”的方式，激发儿童对铁道科普知识的兴趣。

（7）詹天佑纪念馆：以詹天佑工作间遗址，作为工程技术展示厅；并以蜡像陈列方式再现工作场景，纪念詹天佑先生，同时落实爱国教育。

第二要建立一带一路运输数据库及研究中心。面对全球“工业 4.0”革命，“数据”成为至关重要的生产力，服务可因此精准到位地针对需求而设计。因应一带一路国家发展战略与打造世界级铁道建设及运营服务团队；同时为建构天津成为智慧城市与提升滨海新区物流服务需求，建设全球国际运输大数据库。

第三要建立滨河休闲旅游活力商街。提供滨河观光休闲文化商业，并满足周边高端人群消费需求，同时形成于家堡水岸节点，配置与周边错位竞争的滨河休闲旅游活力商街。

于家堡地区是滨海新区中心商务商业区的核心地区，作为天津对外门户，除了规划建设现代高新城市风貌外，更应该体现塘沽火车站所承载的历史意义，让我们的城市看得见发展，记得住乡愁，成为承旧创新，丰富多元的文化之都。

塘沽火车站历史风貌区西立面沿河效果图

塘沽火车站历史风貌区西南角效果图

专项城市设计——城市有机更新专项

Specific Urban Design: Urban Design of City Renewal

天津小白楼五号地规划设计

Planning of Tianjin Xiaobailou District Block No.5

小白楼五号地位于天津市和平区小白楼地区，占地面积约 $4hm^2$，百年前曾是犹太人聚集的国际社区。五号地毗邻泰安道、五大道、解放南路三个历史文化风貌保护区，其里弄式空间肌理，在天津传统街区中独树一帜，整个用地内含七里、大小三十余巷。如今的五号地是“五大道”、“五大院”和小白楼 CBD 的接驳点，周边汇集了海信广场、国贸中心等天津一线的高端百货及成熟的高层商务办公建筑。

但是，由于五号地现状的产权情况较为复杂，涉及宗教产权、企业产权、国有自管产权、公管产权等近十个类别，其中以直管公房（住宅）为主。虽然地块内的大部分住户并不拥有房屋

整体鸟瞰图

现状产权分布

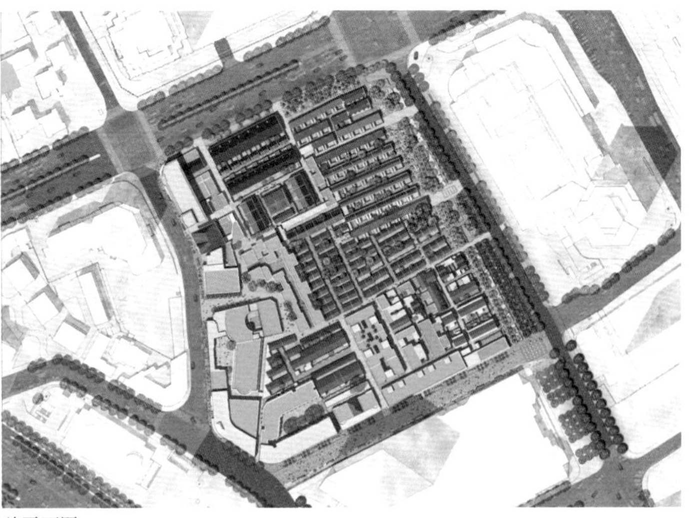
总平面图

产权，但由于一系列的历史因素，住户都将其“租赁使用权”当作是合法产权，并在城市更新时要求较高的征收补偿。更为特殊的是，地块内还有大量面积的宗教产权住宅建筑，这就意味着房屋征收时所面临的征收补偿对象不仅有住户，还有房屋的真正产权人——教会，征收补偿费用翻番。因此，多年来，由于产权结构复杂多元、房屋征收成本高企，传统的高投入征收拆迁方式的更新改造在小白楼五号地举步维艰，亟须探索低成本的、自上而下与自下而上相结合的盘活存量资产的更新方法。

1. 降低交易成本、提升房屋价值

小白楼五号地更新规划的关键在于既能避免房屋的高额征收补偿，又能有效地盘活地块内的房屋价值，提高地块内房屋的使用效率。房屋价值与使用效率的评判标准是看更新后的房屋市场价格（租金）是否比之前有较大幅度的提升，是否能和其所在区位的影子地价相匹配。市场价格反映的是民众及市场在自由选择的条件下，对于该地块的喜好程度。房屋更新后的价值提升主要可以带来两个方面的有利影响：首先是提升地块内的业态品质与环境风貌，实现地块内的“产业结构升级”；其次是有利于房屋的租户，只要相关收益分配制度设计到位，房屋价值的提升会切实增加住户的收入。

2. 厘清产权结构，深化制度设计

摒弃传统的以“房屋征收”为核心的城市更新模式，以“制度设计”为主要手段对地块进行更新修补。地块内房屋的低效利用与房屋现状价值与真实价值悬殊的主要原因在于房屋的产权结构不清晰，导致房屋的使用无法从低效率使用者手中向高效率使用者手中流转。通过“制度设计”的方法，重新厘定地块内房屋的产权结构，提出“三权分置”，即将“使用权”与“所有权”、“承租权”进行分离，从而在基于不征收“所有权”、“承租权”的前提下，将房屋的“使用权”从低效使用状态向高效使用状态进行转变。保持“所有权”、“承租权”不变，可以从根本上避免了项目更新中征收成本高企的核心问题；同时，“使用权”的转移降低了高效使用者与高效业态进入地块的门槛。

3. 制度微置换，空间微改造，业态微养育，资金微循环

采用“三权分置”的方法进行制度微置换。鼓励地块内居民让渡住房的使用权，从而换取政府的一定补贴，转移至别处居住条件更好的居住区居住。政府获得地块内住房使用权后进行相应的基础设施改建，并委托市场运营商进行运营，从而实现地块内房屋的真实价值回归。该项目提出 26 字方针：“居民承租权不变，房屋使用权置换，尊重居民意愿，使用权换补贴”。

小白楼五号地更新规划以“多元混合，渐进更新，导则管理，社区融合”为基本原则进行空间微改造。以“亮入口，营活力；拆违建，通消防；藏设施，增亮点；理路面，缮老墙”作为城市设计空间改造的具体实施路径。同时，明确了城市设计控制的两个重点，即“街道环境品质提升，空间规划分级管理”以及“营造情景消费社区，创新机制导则管理”。

小白楼五号地更新规划变“投资导向”为“服务导向”开展业态微养育。研究周边业态类型、规模、经营状况的基础上，确定项目周边潜在服务对象，培育引导适应需求的业态渐进生长，实现房屋资产的增值。地块内的业态引入以“市场配置”作为基本原则，通过将房屋委托给市场上专业的运营机构进行经营。与此同时，加强政府的调控与监督机制，牢固地控制业态的发展与导向，使其在符合公共利益要求的前提下，实现业态的可持续经营，并使参与主体获得合理的投资回报。

小白楼五号地更新规划以“由易到难，滚动开发”的方式保障资金微循环。依据产权、业态、风貌、空间等现状条件，将地块划分为若干政策区。以政策区为单元，做到大政策统一，小政

策有别。通过“限制规模，饥饿营销”的方式，控制推向市场运营的房屋供给规模，保证资金的回报率与回笼速度，降低财务与投资的不确定性与风险。在渐进更新的过程中，逐步积累经验，避免一次性、高杠杆的资本投入，减轻投资与财务压力。

综上，小白楼五号地更新规划设计改变了传统的“房屋征收—开发更新”的模式，以制度设计为核心方法，重新厘定了地块内房屋的产权结构，通过制度微置换、空间微改造、业态微养育、资金微循环等城市设计更新策略的持续推进，既避免了房屋的高额征收补偿，又有效地盘活了地块内的房屋价值，使房屋的使用权从低效使用者向高效使用者流转，提高了房屋的使用效率，从而持续推动小白楼五号地实现有机更新。

局部鸟瞰图

街景效果图

公共空间微改造——亮·敞·透·蔽

天津西营门地区规划设计

Planning of Tianjin Xiyingmen Area

西营门地区东至红旗路、南至宜宾道、西至密云路、北至黄河道，规划面积 $3.3hm^2$，位于南开区西北部，是天津中心城区重要的老工业区之一。随着城市建设的发展，在加快产业结构调整的大背景下，全市工业战略东移，存量工业用地目前正面临产业的转型升级。在土地资源稀缺的中心城区，西营门是南开区整个西部片区可利用土地资源最为集中的区域。2015 年，南开科技园纳入天津国家自主创新示范区“一区二十一园”范围，西营门地区迎来国家创新驱动发展、京津冀协同发展的两大战略机遇，是“十三五”期间南开区重点打造的“产城融合的西部片区”重要功能区。

西营门地区的整体更新定位“天津市‘自主创新示范园’ 中心城区智库城”。

依托“科技南开”，采用创新型城市发展模式，西营门地区将从老工业基地逐步转变为：以文化创意、信息技术研发服务为主导的现代服务产业基地；配套齐全的城市综合片区；宜居宜业、可持续发展的城市街区，焕发出新的生命活力。

总体鸟瞰图（东南方向）

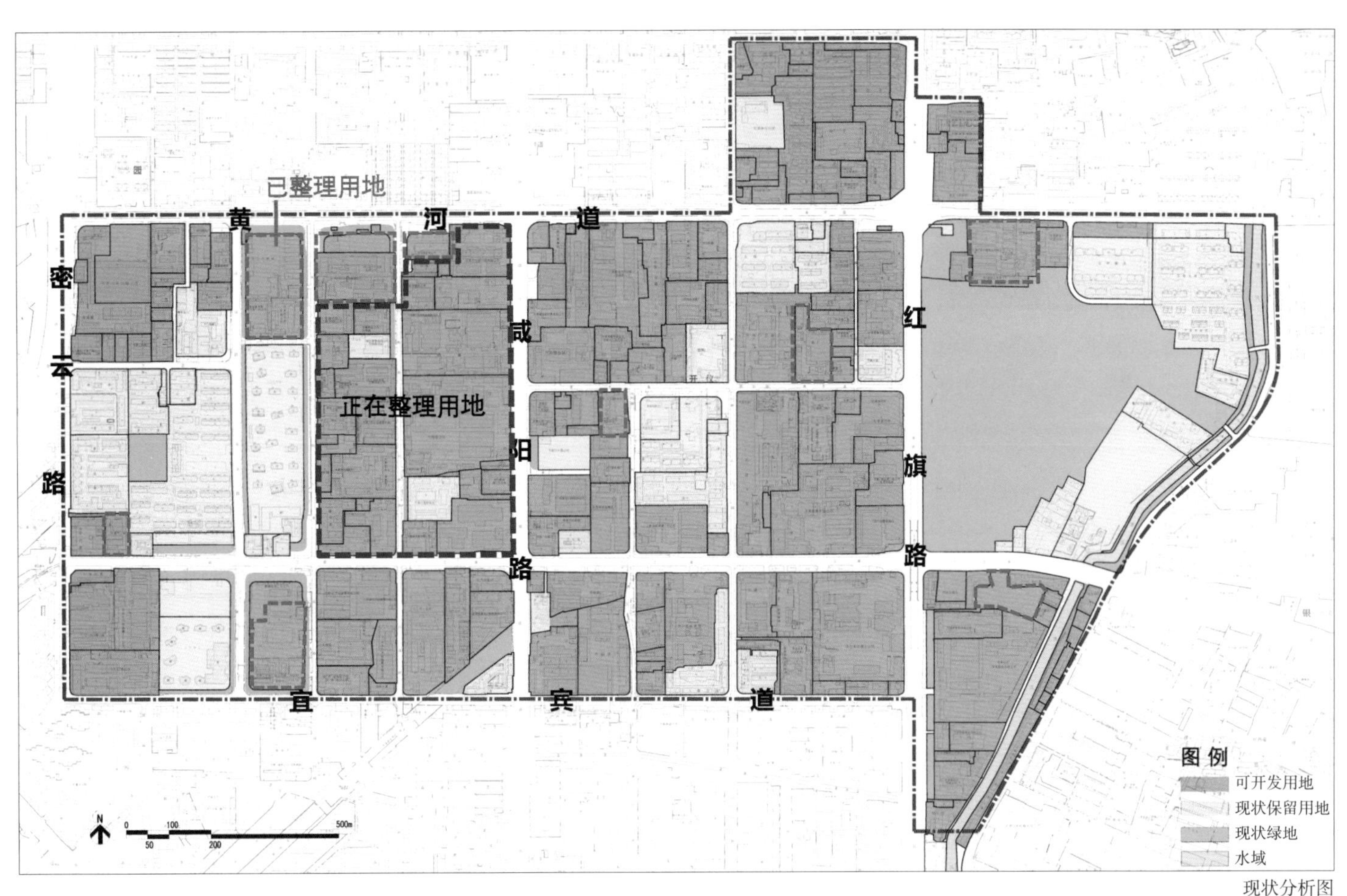

现状分析图

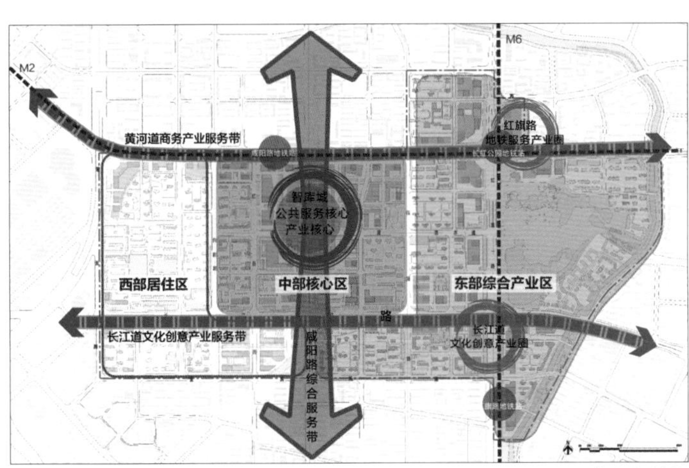

总体规划结构

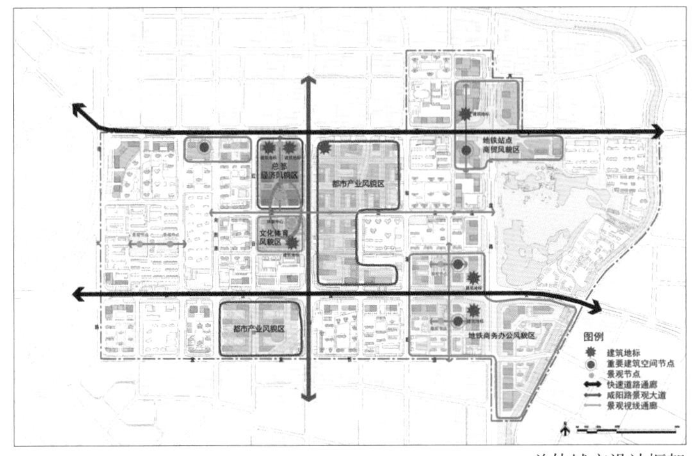

总体城市设计框架

1. 基于地块权属的存量土地整理

西营门作为更新项目，现状权属复杂，涉及138个企业，24栋住宅。现状调查以现有的土地产权基础，明确保留及再开发地块，实施主体城投公司以此为基础，对存量土地进行逐块收储，分期实施。基于地块权属的现状扎实摸排及准确判断，保证了土地整理工作进展顺利。

2. 生产生活平衡发展的有机更新

方案采用产业转型与地区更新并进的创新发展模式，以产业转型带动地区整体更新。在产业发展层面上，确立以创意产业和信息技术研发服务产业为主导产业，以科技创新和文化创意双轮驱动经济发展。在地区功能层面，保留地区原有的生活肌理与空间格局，注入新的元素和新的活力，形成居住、商务办公、商业服务、配套生活等多元、复合的功能体系。

在开发建设规模方面合理安排，保证生产与生活平衡发展，产业：居住：配套用地比例4：4：2，产业：居住建筑规模配比6.4：3.6，可实现地区新增就业岗位17.2万个，新增居住人口3.3万人。

3. 结构清晰的空间发展框架

城市建成区域的内部更新，是在“城市上建造城市”。西营门地区的更新框架以南开区总体空间结构为依据，形成“核心引领、带状拓展”——结构清晰的空间拓展骨架。一心，即西营门“智库城”公共服务和产业核心，是整个西部片区的中心；两圈，为结合两大地铁站建设和C92创意产业园扩展的红旗路地铁服务产业圈和长江道文化创意产业圈；三带，即黄河道商务产业服务带、长江道文化创意产业服务带、咸阳路综合服务带；三区，包括以产业服务功能为主的东部综合产业区，以总部经济与新型都市产业为主的中部核心功能区，以居住配套为主的、为地区服务的综合性西部居住区。

结合地铁站点形成三大高强度开发地区，沿重要道路构建错落有致的沿街城市界面、构建复合的地区级公共活动中心，其他重要核心片区形成具有不同空间特色的发展片区。

4. 多样化高效的空间组织

在城市形象方面，西营门地区将形成与功能相匹配、能适应未来发展要求的特色空间环境。其中位于咸阳路核心的总部经济风貌区、都市产业风貌区、文化体育风貌区是地区重要的活力街区，街区内部强调土地功能的混合使用与多样化、趣味性的空间组织。

在街道尺度方面，沿用原“方格路网”的格局，增加支路、提高道路网密度。按不同道路等级对建筑退界分类控制，形成连

慢行系统规划

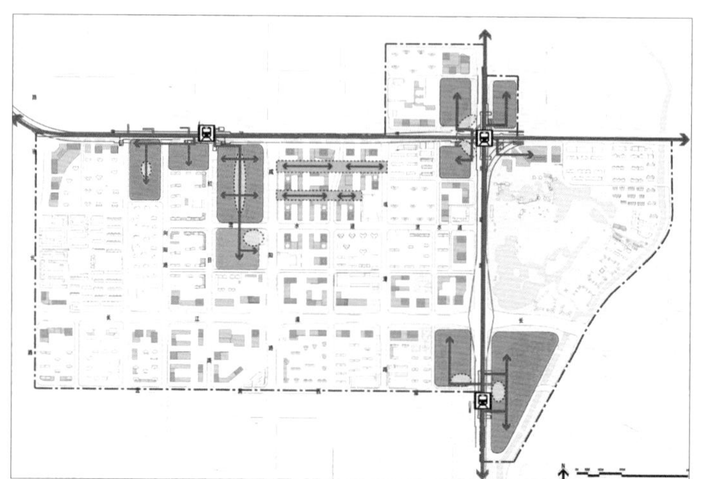
地下空间组织

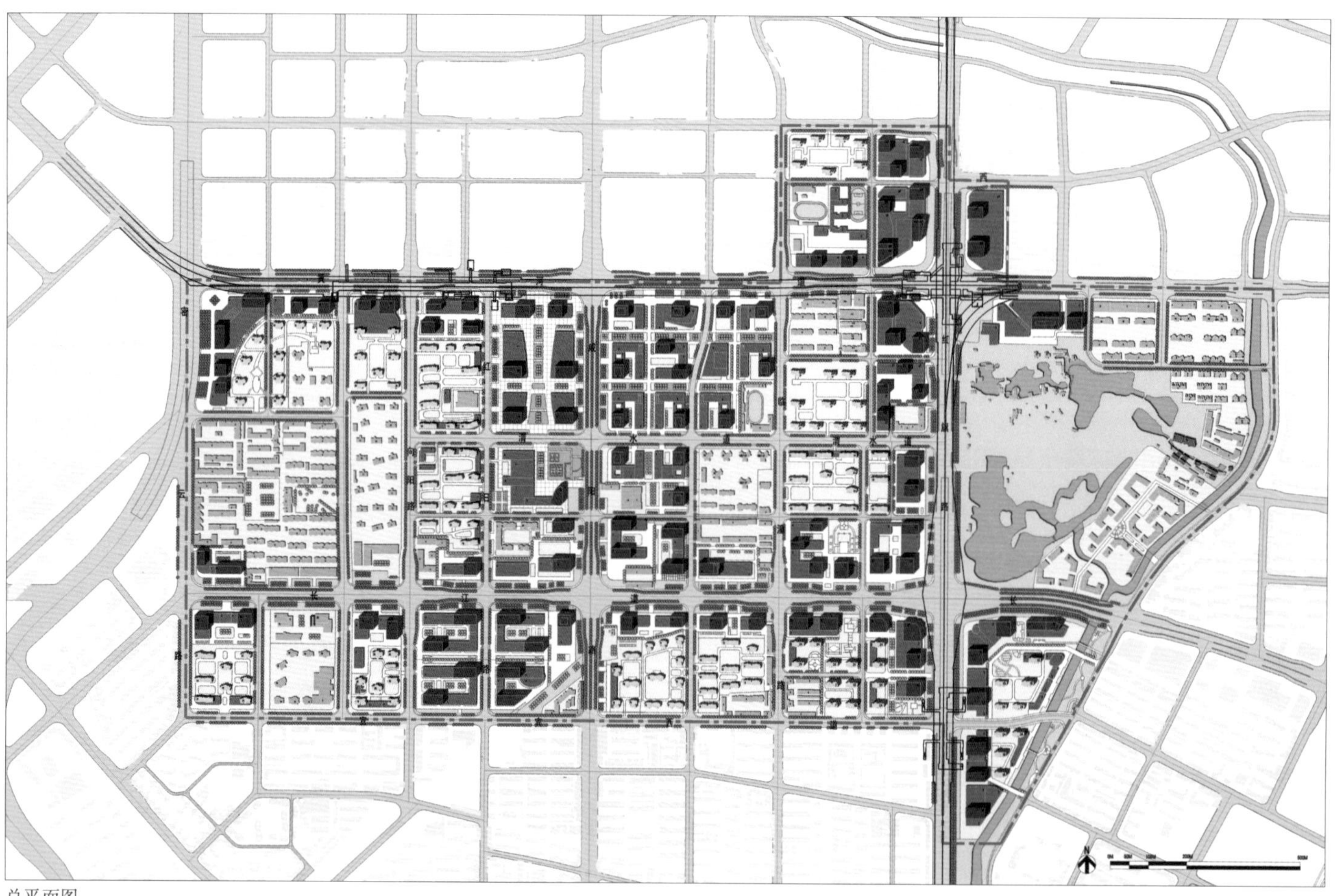
总平面图

续的建筑界面，断面组织以人为本，形成舒适的街道空间尺度。

未来的城市开发，必将走向立体开发，形成地上地下的综合利用，以实现土地的区位价值。西营门地区重点组织地下空间区域：地铁站点周边——依托三个地铁站，发展商务办公集聚区，通过地下步行通道串联地下商业、文化空间；都市工业街坊——形成整体的地下空间，绿轴下方通过两条地下通道，组织地块的内部交通及停车。

5. 灵活可操作的开发模式

空间设计与开发实施统一考虑，注重开发实施的可行性。开发模式方面，强调土地使用的混合型，生产、生活相融合，多种功能业态混合发展，提升产业服务平台；按项目规模确定地块尺度和规模，便于按项目滚动式开发，同时注重单元模式的空间灵活组合变化，提高空间适应性。如单个都市工业园单元的用地规模 1-2hm^2，地上总建筑面积 3.5 万 -6 万 m^2，可满足不同规模企业的需求，多个组团合并开发以适应较大规模的企业要求。

6. 明确可实施的空间管控

将城市设计的成果整合到天津市现有的“一控规两导则”的管理体系中，明确地区发展的空间管控依据。其中系统规划方面，明确开发强度、建筑高度、居住人口分布、就业岗位分布、公共服务设施配套规划、绿地规划等方面内容；开发实施方面，根据地区发展的特点，对开发模式、开发时序合理引导；在空间管控方面，以总体城市设计导则及核心区城市设计导则作为三维管理依据，合理控制建筑高度、建筑界面、景观廊道、开放空间、地下空间利用等内容。

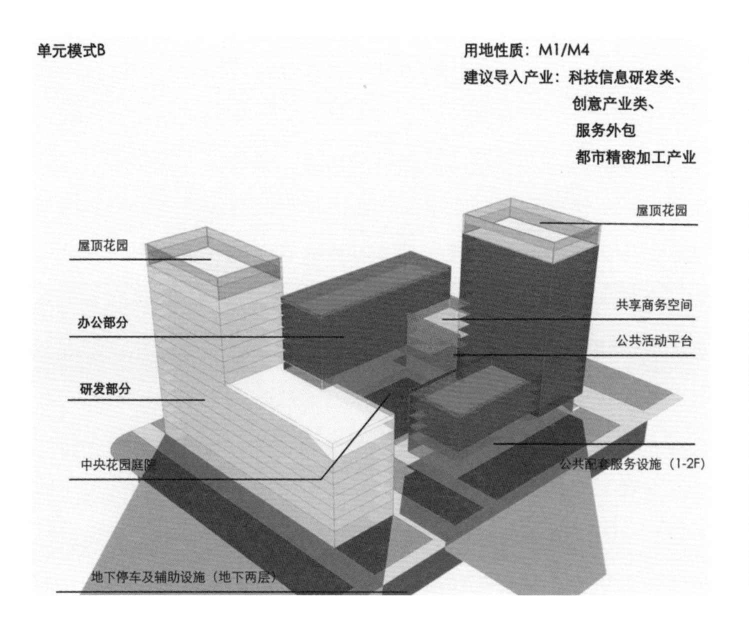

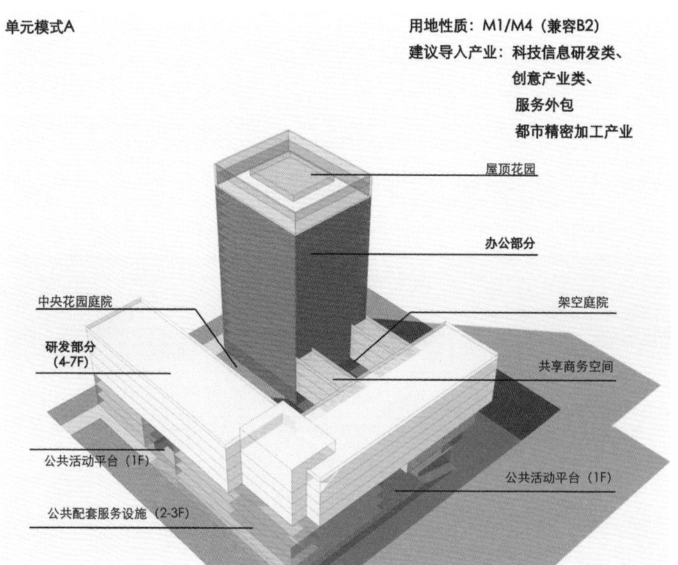

都市工业单元模式示意

总体鸟瞰图（西南方向）

专项城市设计——社区配套专项

Specific Urban Design: Urban Design of Community Facilities

天津社区配套布局规划

Layout Planning of Tianjin Community Facilities

衣食住行是老百姓日常生活最基本的需要，随着居住条件的改善和基础设施的建设，这些基本需求得到满足后，人们物质文化生活的需求逐渐转移到提高公共服务水平上来，因此与居住功能密切相关的公共服务设施配置提到新的高度，成为全面建成小康社会、彰显城市活力的重要内容，公共服务设施也是规划的主要对象之一，按照街道级和居委会级两级分类，内容涵盖了教育、医疗卫生、社会管理、公安司法、养老、文化、体育、绿地、商业等九大项。

公共服务设施类型

序号	类别	内容
1	教育设施	中学、小学、幼儿园
2	医疗卫生设施	社区卫生服务中心、社区卫生服务站
3	社会管理设施	街道办、居委会、社区综合服务中心、社区服务站
4	公安司法设施	派出所、社区警务室、司法所
5	养老设施	社区养老院、托老所
6	文化设施	社区文化活动中心、社区文化活动站
7	体育设施	室内综合健身馆、社区体育运动场、居民活动场
8	绿地设施	居住区公园、小区中心绿地
9	商业设施	社区商业服务中心、菜市场、社区商业服务网点

1. 设施配置的现实状况及原因分析

总体上看，街道级的配套设施是有缺项的，包括类型缺失和数量不足，那么缺少的都是哪些呢？进一步分析会发现，基于管理因素和历史因素，有些设施是有普遍配置的，比如街道办事处这样的管理机构每个街道都有，社区卫生服务中心是从原来的卫生院转化来的，这种基层医疗机构长期普遍存在着，而且对医疗服务的需求一直有，所以也没有缺失。设施缺失主要是两种情况，一种是近些年新增加的公共服务需求，比如司法部2009年开始要求每个街道有一处基层社会矫正机构——司法所，这个设施是自上而下新增加的，在实际的建设和配置中就需要一定的周期来应对；另一种情况是实际需求并没有那么强烈或者具有可替代性的一些设施，比如社区文化活动中心和室内综合健身馆在很多街道普遍缺乏，但并没有普遍降低人们的文体生活水平，相比起缺少文体项目的室内活动中心，老百姓的文化体育生活还是乐于集中在不约而聚的街头树下或者喜闻乐见的大小广场。

而居委会级的设施则呈现出不同的特点。从数量上来看，“托老所”的现有数量最少，对应于居委会的配置率仅有15%左右，其次为社区服务站和社区卫生服务站。托老所是方便于老年人日间照料、生活护理的一类设施，在天津老龄化程度持续增高的情况下，托老所功能的配置还是具有普遍意义的，近年来，养老服务已经列入政府向社会购买的公共服务产品之一，相信随着市场对于养老服务需求的挖掘以及政策的支持，托老所在建设管理和服务水平上将会不断提升。相类似的，社区卫生服务站同样存在有需求但认可度和发展空间有待挖掘的问题，政府推行的三级医疗服务体系，即“市区级医院—社区卫生服务中心—社区卫生服务站”，其意在将医疗卫生服务遍及社区，一是减轻大医院就诊压力，更重要的是让普通的医疗服务及时就近地普惠民众，然而现实中人们对于普通疾患的认识不足，加上对更高医疗服务水平的追求，因而冷落了社区卫生服务站。相比而言，社区服务站的功能并不十分明确，居委会基本上具备了其职能，因此社区服务站现有数量并不多。

2. 配套设施的规划配置

对于现状两级公共服务设施不同类型的缺失，其实规划上呈现的是另一番情景，代表各种设施的图戳密密麻麻地布满了中心城区大小地块内，现状和规划之间为何存在如此大的差距，除了建设周期和管理维护等因素之外，更重要的是社会需求和标准配置之间的错位，有明确需求的设施一般不会缺失，比如新建小区内的居委会；即使暂时的空白也会被市场自发地迅速填充，比如新建小区外的菜市场。

回到前面提到的问题，规划上按照规范要求的设施项目并没有完全地适合人们的需求，当然，人的需求是错综复杂的，需求

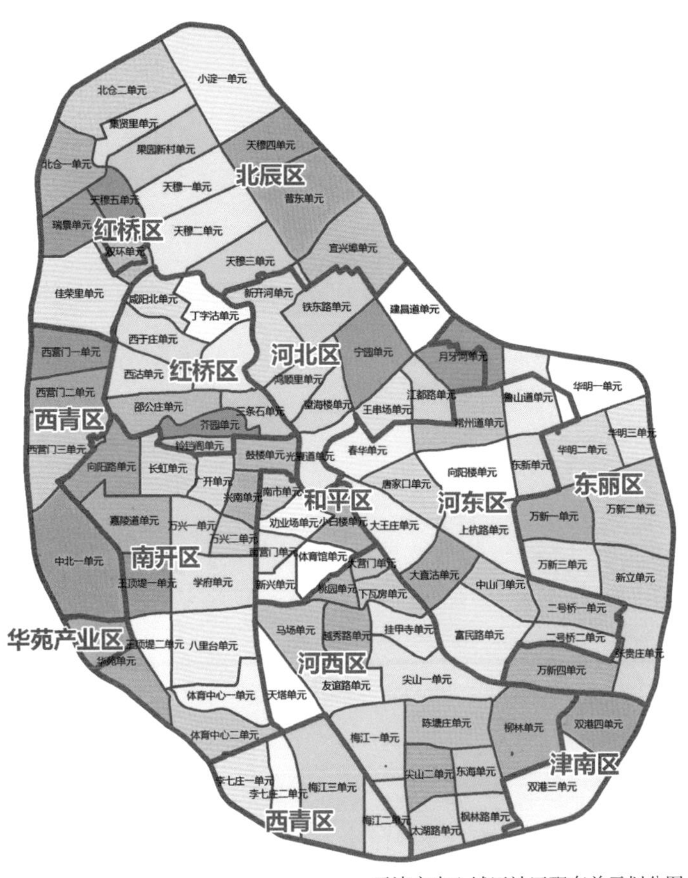

天津市中心城区社区配套单元划分图

的挖掘也有待时间，但是在设施配置上是面对民众需求还是坚守标准规定确实值得规划者做深入的探讨。

我们在规划上倡导设施集中配置的模式，形成中心化的公共服务区域，满足人们日常生活中多种多样的公共服务需求，社区中心的内容主要包括社区管理、社区服务、文化活动、医疗卫生等，并通过社区公园将这些功能集聚起来。当然，考虑公共服务的均等化，社区中心的规模也不宜过大，基本上在 $3hm^2$ 左右。

3. 社区配套的规划标准

俗话说“不依规矩无以成方圆”，任何事情都需要遵循一定之规，对于规划工作更是如此，规划内容需要有普适性的规则，需要依照方方面面的标准规范，我们也的确制定了很多“标准”来规范规划内容，这让我们的规划师和管理者觉得“有所适从”，当别人问起为什么的时候，我们可以硬气地说“这是按标准来的”！然而，面临现实生活的时候标准真的那么“准”吗？真的是“差之毫厘，失之千里”的一道门槛吗？

在设施类型上，标准的规定并没有准确反映公众的需求，例如街道级的室内综合健身馆，实际上作为公益性配套建设的这类设施并不多见，例如河东区 12 个街道里只有 2 处，河西区只有 1 处；居委会级的社区服务站配置率同样不高，中心城区的 1000 多个居委会中只有不足四分之一有这类设施。然而，按照配套标准规定缺口很大的这些设施几乎没有影响人们的日常生活，除了规划建设、管理运行上衔接不畅的原因外，其更多是标准自身的问题，这些类型的设施在功能上具有很强的替代性，甚至可有可无，并没有得到人们的普遍认可。长期来看，人们对公共服务需求的内容和程度通过市场本身会有比标准更加准确的反馈，因此街道中的医疗卫生机构普遍存在，近年来随着老龄化的加剧，民营养老院的建设数量也在逐年增加，这些都是市场服务供求关系的体现，并不是因标准里有而备受关注，反而标准中规定的诸如室内综合健身馆、社区服务站等设施由于需求淡漠只成为一个空壳指标。可喜的是，2015 年 2 月 1 日起新颁布实施的《天津市居住区公共服务设施配置标准》已经回应了部分需求，在设施类型上取消了室内综合健身馆、社区服务站、社区文化活动站等的配置，将其功能纳入其他设施中，增加了司法所等新的配套类型，并且在一些设施的指标上做了调整。

标准中规定明确的数字是否具有明确的意义？设施配置标准按照“千人指标”和“一般规模”相结合的方式，以“m^2”为单位对各类设施做了详细的指标规定，对照这些指标，现状情况并不乐观，尤其是对于市内六区建成区，调查结论是“现状设施功能基本具备，但规模普遍不达标”，如社区卫生服务站，原来的标准是每处 $150m^2$，实际平均每处不足 $100m^2$，而新的标准进一步提高了一般规模，要求每处 $230m^2$，这使得现有的社区卫生服务站“达标率”进一步下降。

事实上面对需求多元化的趋势，标准的制定和实施也确实需要有灵活性的应对，规划的本义不是为了让我们的城市建设各个方面都达到标准，而是“让城市生活更美好”，所以我们提出，在规划编制中标准的应用要允许并且应当是差异化的，所谓“老区老标准，新区新标准”，应当认为老区中的既有设施保留其现有功能和规模，是符合规划要求的，即使它不“达标”，这不但没有降低标准的权威性，恰恰反映了标准在面对需求时的准确性，是务实规划所应提倡的。

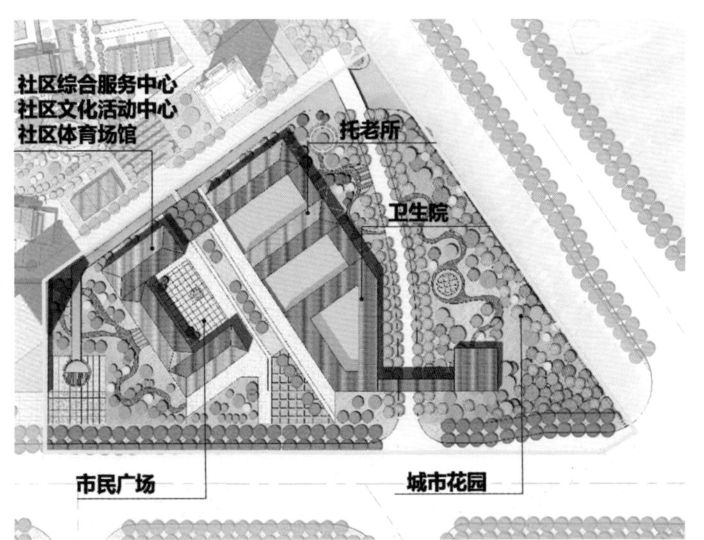

社区中心配套设施与公共绿地结合模式示意图

专项城市设计——城市入市口专项

Specific Urban Design: Urban Design of City Entrance

天津城市入市口规划设计

Planning of Tianjin City Entrance

城市入市口道路是城市与外部联系的重要通道，也是城市展示经济发展、文化风貌的重要窗口。随着天津市城市建设工作的扩展，提升沿外环线主要入市口地区的城市环境品质，对塑造大气、亮丽的城市门户形象具有重要意义。2011 年底，为进一步提升主要入市口地区的城市功能与环境品质，天津市政府组织相关设计单位开展了针对入市口周边地区城市设计的编制工作。天津主要入市道路及快速路共 26 条，总长度 163km，其中具有入市迎宾功能的道路 14 条，通过现状调查与梳理道路周边土地开发情况，最终选定复康路、西青道、京津路、金钟河大街、卫国道、津滨大道、快速路（友谊路—卫昆桥段）、快速路（海津大桥—卫昆桥段）作为首批 8 条开展城市设计的道路。

城市入市口的专项城市设计分为两部分开展：首先通过现状调研，针对“入市口”这一特点，梳理出具有针对性的城市设计控制要素，总结归纳城市设计的方法，为入市口地区的规划控制提供依据与保障；另外根据编制的城市设计方法，对每条道路的属性进行归类，有针对性地编制城市设计方案。

1. 梳理控制要素，总结归纳城市设计方法

（1）确定城市道路属性

通过现状踏勘，依据道路两侧用地性质可划分为三类城市界面，分别是商业（商住）界面、居住界面、绿化界面。根据三类界面在沿街建筑展开面中所占比例，能够确定道路的主要属性，分别是商务（商业）办公型道路、居住生活型道路、绿化景观型道路。

（2）研究优秀道路特性

通过对城市街道结构与空间形态的研究，总结出优秀街道具备的特性包括：尺度感、连续性、舒适性、通达性、识别性。其中尺度感需要塑造清晰的边界、明确的街道空间限定以及两侧协调的建筑高度；连续性要求建筑色彩要相互协调，街道界面连续而完整，同时道路两侧应有连续的景观界面与其相得益彰；舒适

海津大桥节点

津滨大道节点

海河北岸节点

性则包含有安全的人行外出空间以及完善的街道设施；通达性作为街道的基本属性需要快速通畅的出行保障、方便科学的停车系统和合理便捷的辅道设置；最后结合入市口的这一特点，每条道路自身还需要通过特色的街道雕塑与醒目的地标建筑来塑造自身的可识别性。

（3）总结道路控制要素

为确保城市道路设计的品质，针对优秀的道路特性提出切实可控的设计控制要素。其中尺度感需要从街道空间宽高比、建筑体量与高度、建筑裙房高度等方面进行控制。连续性需要从建筑贴线率、围墙、建筑退线、绿化间距、绿化形式、道路最小绿地率、街墙设计、首层檐口线高度控制、裙房沿街面高度等方面进行控制；舒适性需要从街道设施设置、建筑外檐形式、行道树种植间距与高度、人行道宽度等方面控制；通达性需要从人行过街设施、机动车出入口位置以及是否设置辅道、是否允许临时停车等几方面控制；识别性需要从是否设置地标建筑、景观雕塑等方面控制。

根据街道特性总结出的控制要素按建筑形态、街道空间、街道设施、绿化环境四个方面予以分类整理，同时结合道路的属性划分，选取特色要素进行分类控制。

2. 依据道路控制要素，开展入市口地区城市设计

根据道路属性的划分方法，将天津市首批 8 条入市道路进行了分类，其中商务办公型道路 5 条（京津路、复康路、津滨大道、金钟河大街、快速路友谊路至卫昆桥段），居住生活型道路 2 条（卫国道、快速路海津大桥至卫昆桥段），绿化景观型道路 1 条（西青道）。对三类道路各选 1 条进行介绍：

（1）商务办公型道路——快速路（友谊路—卫昆桥段）

快速路（友谊路—卫昆桥段）定位为现代典雅的“商务办公大道”。规划增加沿街商务办公用地面积，打造以商务办公为主的交通型主干道，同时增加沿街绿带宽度，为绿化环境的提升提供足够的空间。结合解放南路地区城市设计和文化中心周边地区城市设计，规划重点打造两个节点：海津大桥节点、洞庭路节点。

海津大桥、津滨大道节点从建筑风格、色彩、地标建筑、建筑贴线率等方面进行控制。建筑风格以现代典雅风格为主，建筑色彩以暖黄色为主，另外在入市口布置地标性建筑。

西站节点

洞庭路节点重点从建筑风格、色彩、裙房高度、建筑退线等方面进行控制。建筑风格色彩保持整体的统一性，沿街建筑裙房高度与退线保持一致，以保证沿街立面的完整性。

（2）居住生活型道路——快速路（海津大桥—卫昆桥段）

快速路（海津大桥—卫昆桥段）规划定位为“生态宜居、功能复合”的重要门户通道。沿线主要打造两个景观节点：京山线北侧节点、津塘路节点。

京山线北侧节点重点考虑两个方向的界面控制：一是沿快速路界面建筑退线统一，居住底层商业裙房界面连续又富有变化；另外考虑海河沿岸的天际线控制，建筑高度层次分明，前低后高。

津塘路节点作为片区中心，重点控制高层塔楼的空间层次。建筑高度由开放空间向两侧逐渐升高，同时建筑的风格与体量要有丰富的变化。

（3）绿化景观型道路——西青道

西青道规划定位为红顶绿树的“绿化景观大道”。通过打造绿树成荫的道路景观，典雅宜居的城市生活片区，形成绿色大气的城西门户区形象。沿线主要打造两个景观节点：入市口节点、西站节点。

入市口节点以绿色为主色调，体现绿化景观型道路的特点。绿带周边建筑高度要层次分明、错落有序，从而形成优美的城市背景轮廓。

西站节点从建筑空间体量、色彩、高度等方面重点控制，同时保证道路两侧的绿化界面延续完整，居住建筑退线统一，景观通廊通透顺畅，使西站副中心成为靓丽的城市底景。

津塘路节点

京山线北侧节点

西青道入市口节点

专项城市设计——城市天际线专项
Specific Urban Design: Urban Design of City Skyline

天津城市核心区天际线控制规划
Regulatory Detailed Planning of Tianjin City Center Skyline

现代城市设计中的天际线不局限于一条线，而是指若干建筑物组成的景观面。塑造城市天际线包含两重意义：其外在意义是对城市意象的归纳，天际线利用简单的图形意象加深城市在人们脑海中的记忆，从而起到识别城市的作用；其内在意义是对愿景的共识，是当代社会背景下驱动城市发展简单易行而又行之有效的策略和手段。城市天际线的塑造是精心设计的城市肖像，它可以创造可视化的振奋人心的城市面貌，从而促进城市繁荣。

1. 城市天际线的塑造方法

天津在多年的城市设计实践中，探索了针对城市天际线的塑造方法，即在考虑人的视觉心理，视觉习惯和观赏方式的基础上，利用城市设计手段模拟天际线的生成的效果，其主要包括六个方面的工作。

平面形态——采用规整的格网状街道格局可达到利用局部组织整体的目的。在城市中心区采用“小街区、密路网”的平面布局更有利于控制和管理天际线。

高度控制——在组成天际线的高层建筑通常被划分为，肌理高层建筑、主要高层建筑和标志性高层建筑。其中肌理高层建筑成为高层天际线的背景；标志性高层建筑起到标志和统领全局的作用，其高度通常为肌理高层的2–3倍；主要高层建筑对标志性高层起到烘托和陪衬的作用，高度控制在肌理建筑高度的1.5倍左右。

地标建筑——地标建筑通常采用特别的设计以彰显其与众不同的地位。除此之外，合理确定地标建筑位置也非常重要。视线可达性、景观和地价都是地标建筑选址需要考虑的因素。地标建筑还应布置在交通便利的地区，以便更好地组织人流集散。

美学原则——天际线景观由不同高度的建筑组成的各层次如同舞台上的楼阁布景，唤起人们的美感反应，因此组织天际线也需遵循协调、对比、韵律、节奏等美学原则，从而形成连续、丰富以及富有层次的景观效果。

天际线照明——建筑照明的原则是充分利用建筑自身的内透光源达到肌理的协调统一，同时强调屋顶灯光设计，利用每栋建筑独特轮廓的变化来强化不同层次上的建筑特征，也使城市轮廓线更加鲜明。

选择观景点——为了得到较好的观赏效果，在观赏者与城市建筑群之间应当设置开阔无遮挡的开放空间，或是选择城市的自然地形的高点等形成观景台，从而提供适当的视距和开阔的视野，

津门津塔津湾广场城市天际线

强化人对城市天际线的感受。

天津市随着整体空间结构的不断完善，津门津塔津湾广场、文化中心及周边地区、于家堡金融区作为天津市中心的重要空间载体，着力塑造了三个地区的城市天际线。

2. 津门津塔津湾广场城市天际线

津门津塔津湾广场城市天际线，是海河上游的核心区段，也是海河上游段城市天际线的高潮点。依托城市“一主两副”的空间格局，以天津地标性建筑——津门、津塔和津湾广场形成城市主中心的标志性节点，在充分尊重海河弯曲的岸线和历史风貌区段等已有的城市环境条件下，在沿海河方向通过形象构建、特色节点打造和历史风貌建筑区段的塑造等手法形成错落有致、特色鲜明的城市景观；在垂直海河方向，以海河为前景，通过对临河建筑高度进行控制，建筑群轮廓线自河岸向腹地由近及远、由低到高渐次升高，通过两个方向的空间塑造，从而形成丰富而层次分明的滨河天际线。

通过城市设计的塑造，探索海河历史风貌的保护和延续、宜人滨水空间的保持和塑造、海河活力的打造和可持续发展之间的关系，形成城市持续发展和文化特色的滨水标志区。

3. 文化中心及其周边地区城市天际线

文化中心周边地区城市天际线，以文化中心建筑群及湖面为前景，展现振奋人心的城市发展景象。大剧院将成为从西侧看天际线的主要焦点。多层次的建筑高度将建立一个引人注目的城市形态，并由大剧院南北两侧的塔楼群所强调呼应。通过城市设计将促进这地区独特的建筑风格、色彩与形式。面积广阔的文化中心公园将提供观赏美丽城市天际线的充裕空间。

城市设计通过区内建筑群体量深化调整，进一步完善天际线形象。主要开发密度将沿着尖山路走廊及地铁站周围发展，活跃的商业建筑围绕着绿轴及中央公园。围绕着文化中心的第一排建筑，高度将不超过 30m，以减少对文化中心建筑的视觉冲击。

4. 于家堡金融区城市天际线

于家堡金融区的布局以中央大道为轴，贯穿整个区域，形成

文化中心及周边地区城市天际线

于家堡沿河城市天际线

区域的发展轴线。建筑高度由海河边向交通枢纽和中央大道逐渐升高，在高铁站南侧为标志性建筑，形成全岛制高点。在形体原则的指导下，位于不同位置的建筑错落布置，拥有不同的景观视野。同时，形成别具一格的城市天际线。在垂直高度形态方面，沿河为公园等开放空间、临河的公寓及办公等建筑呈阶梯式退后升高，从而形成优美的沿河天际线。

东西向开放空间是以海河为主干的城市级滨水开放空间系统，串联塘沽河滨公园、外滩、南站公园、响螺湾滨河公园、于家堡滨河公园、潮音寺公园、于家堡岛南公园、大沽船坞公园。于家堡金融区建筑高度从中心向海河方向递减，最大限度地拓展沿海河的绿带布置，形成了美丽的滨河景观和城市天际线。

于家堡金融区夜晚照明的强度，城市的亮度，将随着半岛天际线的变化而变化。建筑照明设计需要突出其建筑造型和线条，同时需要保留通往海河的视觉景观廊道。于家堡金融区的核心区（高铁站南侧最高塔）将成为全岛照明最强的地方，其顶部的投光灯，使得人们在滨海新区核心区的任何地方都能够看到。

作为现代金融区，于家堡金融区整体建筑确定为现代经典的风格，注重现代但不猎奇，注重经典但不复古，庄重规整，追求建筑质量的高水平。美国 SOM 设计公司对标志性建筑进行了研究，提出除高度具有地标性和功能体量具有地标性的少量标志性建筑外，于家堡地区规划的大部分建筑都是背景建筑。作为金融建筑，背景建筑的材料材质要求高，建筑色彩冷暖适度，建筑标识稳妥且富有新意。通过单体建筑材质、色彩的变化，与标志性建筑配合，使整体建筑群达到统一中有变化、多样丰富的效果。

于家堡东西向城市天际线

于家堡夜景城市天际线

专项城市设计——道路空间专项

Specific Urban Design: Urban Design of Road Space

天津道路空间详细规划设计指引

Detailed Planning Guidelines of Tianjin Road Space

城市道路是交通运输活动的重要载体，也是城市居民的生活场所和最重要的公共空间。当前天津市中心城区现状道路的交通秩序有待改善，公共交通和慢行交通缺乏基本路权，全城区红线较宽的一块板道路逾500km，超过一半的人行道和自行车道被机动车停车泊位、街道家具等各类设施挤占。绿色交通出行安全性、舒适性、通畅性差，已经成为制约天津市交通可持续发展的主要原因之一。另一方面，现状城市道路“三线”（红线、绿线、建筑退线）空间的规划、建设和养管涉及多个政府部门，呈现各自为政状态，造成道路空间功能分区不明、绿化景观设置不当、街道家具配置不完善等问题。

《天津市道路空间详细规划设计指引》（以下简称《指引》）立足于城市道路的交通功能与场所功能的协调，要求将道路规划设计的范围从道路红线扩展到整个道路空间（即道路两侧建筑或防护绿地所围合的范围），侧重从道路空间路权再分配和环境品质提升等角度，探寻基于多专业协同、“三线”融合的精细化规划设计方法。其重点内容如下：

1. 通过优化横断面打造更公平的街道

《指引》主张依据城市道路的功能和空间尺度确定道路空间横断面形式，要求原则上双向机动车道多于2条的道路横断面形式均设置为多幅路，同时严格限定单幅路和双幅路适用条件，通过设置机非物理隔离设施和人车分隔设施，形成行人、自行车、机动车各行其道的清晰边界，以避免相互挤占，最大化改善交通秩序和优化街道景观。在使用对象的指向上，《指引》虽更多地从步行和自行车交通角度解读道路空间，但并不厚此薄彼，而是顺应交通转型时期的阶段性特点，努力为所有出行者提供一个公平的交通系统，并且确保步行、自行车和公共交通的方便性高于私人小汽车。

各等级道路的横断面形式

道路分类	断面形式
快速路	两幅路（仅适用于两侧未设置任何地块出入口且过境自行车有合理替代路径时） 四幅路（单侧辅路宽度 <9m，且辅路限速 30km/h 以下） 六幅路（单侧辅路宽度≥ 9m 时）
交通性主干路	三幅路（双向机动车道≤ 4 条、设计车速≤ 50km/h 且设置中央栏杆分隔） 四幅路（4 ≤双向机动车道≤ 6 条时） 六幅路（设置了机动车集散辅路且单侧辅路宽度≥ 9m 时）
生活性主干路	三幅路（双向机动车道≤ 4 条时） 四幅路（双向机动车道≥ 4 条时）
交通性次干路	三幅路（双向机动车道≤ 4 条时） 四幅路（双向机动车道≥ 4 条时）
生活性次干路	单幅路（双向机动车道≤ 2 条且采取了交通稳静化措施时） 三幅路（双向机动车道≤ 4 条时） 四幅路（双向机动车道≥ 4 条时）
支路	单幅路（双向机动车道 <4 条时） 三幅路（双向机动车道≥ 4 条时）

2. 通过精细化的设计打造更安全的街道

《指引》以交通安全有序为首要原则，主张充分关注道路功能、街道活动特性及街道使用者的差异化行为心理特征，通过增设机非物理隔离设施、规范设置无障碍设施和实施生活性道路稳静化等措施，尽力减少人、车、路之间的矛盾与冲突，营造安全、有序、包容性的交通出行环境。在精细化设计方面亦着墨良多，对可能存在交通安全隐患、需要交通景观设施做特殊设计的路段、交叉口和分车带端部等涉及不同交通方式、不同流线交通组织空间的重点地段，要求开展交通安全分析论证，重点关注各种道路设施、绿化景观条件下，机动车驾驶员之间，及其与骑车人、行人相互之间视认盲区的改善，如要求在沿线集散交通需求较大、行人和自行车路段过街频繁的生活性道路上，道路分车带宜为独立树池 + 铺装形式，而不应采用乔木、灌木结合的复层绿化形式；又如在机非混行道路上，要求行道树树池缘石偏离人行道侧石 30–50cm，以提高机动车驾驶员对过街行人的识别性等。

3. 通过慢行友好设计打造更有活力的街道

《指引》倡导通过人性化的规划设计，营造高品质的出行环境，吸引更多人自觉自愿采用步行和自行车交通方式出行，或者采用步行和自行车交通方式接驳公交。《指引》中单设“路侧空间”和“自行车交通”两章，确立慢行交通空间的规划设计细则，主要内容覆盖慢行空间分配及其路权保障、遮蔽设施、无障碍设施、空间识别措施和休憩设施等，强调将人的特征与活动需求作为路侧空间规划设计的最重要考量，其整体布局除满足高峰时段人流正常通行所需净宽要求外，还应兼顾行人慢速闲逛、横向路径变换、休憩、观赏及遮蔽等多样化的需求，且有利于形成整齐的沿街建筑界面和公私分明的活动分区。从交通体验改善角度，对步行和自行车交通空间及道路分车带的景观设置形式、遮蔽效果、过街便利性、街道围合与美化效果等，明确相关要求。考虑到街道类型的多样性，《指引》并不提倡机械搬用，而要求结合道路功能、沿街建筑首层业态、控制地物等因素，因地制宜设置休憩景观带，营造更丰富多样的活力场景。如在大型商业界面，将其设置为树阵或小型花坛；在居住区围墙界面，将其设置为邻里交往空间；在小型底商界面，将其设置为店前缓冲带或与行道树设施带结合；在非经营性公建界面则将其设置为疏离空间等。

4. 通过尺度控制和网络完善打造更高识别性的街道

《指引》将各类型新规划城市道路的道路空间宽度适当缩减，并明确其控制宽度上限要求。针对天津市现状道路交叉口规模过

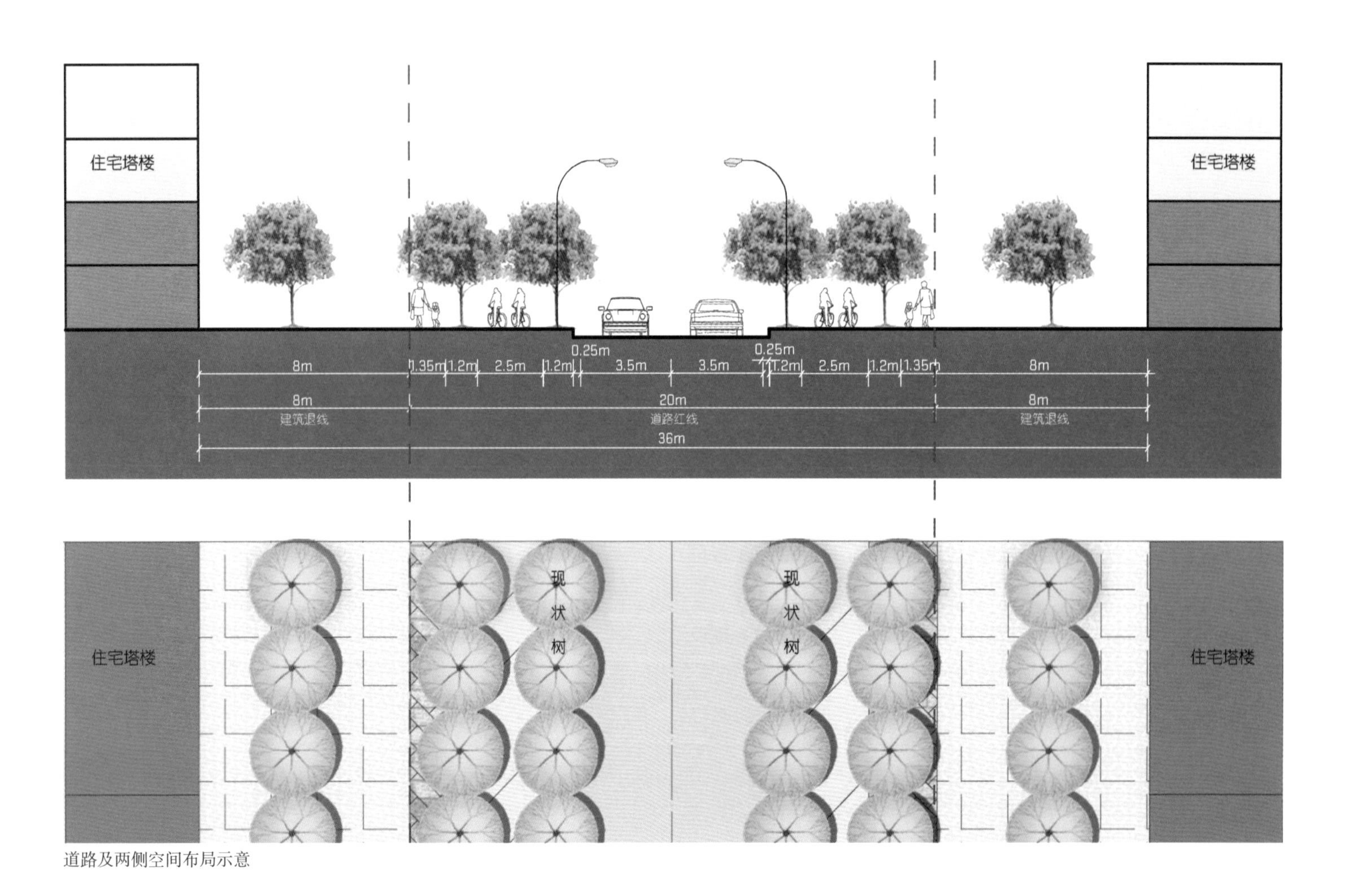

道路及两侧空间布局示意

大、缺乏渠化，尤其互通立交桥下辅路缺乏慢行交通路权的状况，《指引》对各类型交叉口的设置形式、占地规模和通行空间连续性等控制要素提出了更精细化的要求。如在设置形式方面，要求除城市快速路与高等级交通干道相交、城市道路与铁路相交及用地受限情况外，全市各级道路原则上均采用平面交叉口形式，并明确提出，在非连续交通流的各类型道路沿线，不宜架设主线上跨的分离式立交和互通立交，对拟设置的立体交叉，应在确定具体选型基础上，对设置立体交叉后对步行和自行车通行空间的影响、所在交叉口交通改善效果及对周边地区的交通影响等方面展开严格的技术经济论证。对经论证确需设置互通立交的交叉口和现状立交桥改造项目，《指引》则要求规划设计方案应明确桥上是否允许慢行交通通行及所需采用的机非隔离形式，提出桥下辅路慢行交通流线组织方案和确定步行空间（含人行道和过街设施）、自行车道、机动车道位置及控制宽度要求，并绘出立交桥规划范围内桥下辅路的道路空间平面布局图。

大型商业界面的路侧空间示例

居住区围墙界面的路侧空间示例

小型底商界面的路侧空间实景图示例

其他公建界面的路侧空间实景图示例

专项城市设计——环境整治专项
Specific Urban Design: Urban Design of Environment Improvement

天津滨江道、和平路地区环境整治
Environment Improvement of Tianjin Binjiang Avenue & Heping Road

天津是我国近代受西方文化影响最早的城市之一，形成了中西合璧古今交融的城市风格，就此产生了独具地域特色的历史建筑。天津滨江道、和平路商业步行街地处市中心，呈十字形交叉，全长2.4km，是天津市城市主中心核心商业区的重要组成部分。

滨江道、和平路文化历史悠久，建筑形态独具风格。滨江道建于1886年，全长1.2km，随着历史的变迁，这条街道现保留了劝业场、中原公司、亨得利钟表店、光明影院等老字号，近年新建了滨江商厦、友谊新天地、乐宾百货等12栋大、中型商业建筑，商业聚集效益凸显。和平路建于1902年，全长1.2km，天祥、劝业、泰康三大商场，国民、惠中、交通三大旅馆以及渤海大楼、浙江兴业银行等大型建筑坐落于此。和平路、滨江道商业区兴盛于20世纪20年代初，有着“东方夜巴黎”的美誉。曹禺先生在此汲取创作灵感所诞生的剧作《日出》和见证城市百年发展的商业文化演变历程业已成为天津城市发展的写照。与上海南京路、北京王府井等同为全国十大商业步行街之一。

近年来由于消费者购物方式的多元化，使得以零售模式为主的传统商业街面临着诸多因素的生存挑战(如网络购物，电子商务等)。业态单一，特色消失，品质降低，交通拥堵等问题成为制约商业街未来发展具有普遍意义的关键问题。历经百年的发展变化，当天津加快服务业发展，进一步完善城市功能之时，它们作为中心城区的特色地区，打造都市繁华的重要载体，滨江道、和平路商业步行街综合环境整治分别在2008年及2009年开启进行，通过对商业模式发展的综合研究和分析，具有预见性地对滨江道、和平路步行商业街的业态、文化、建筑形式等进行改造调整。以力求活力为源、文化为根、体验为先、品质为本的原则探索焕发传统商业街活力的规划途径。依据规划设计，改造提升后的滨江道、和平路商业步行街2010年国庆黄金周期间，每日均有百万的客流量，营业额同比约26%的增长，如今的滨江道、和平路商业步行街讲述了百年老街重新焕发活力的故事。

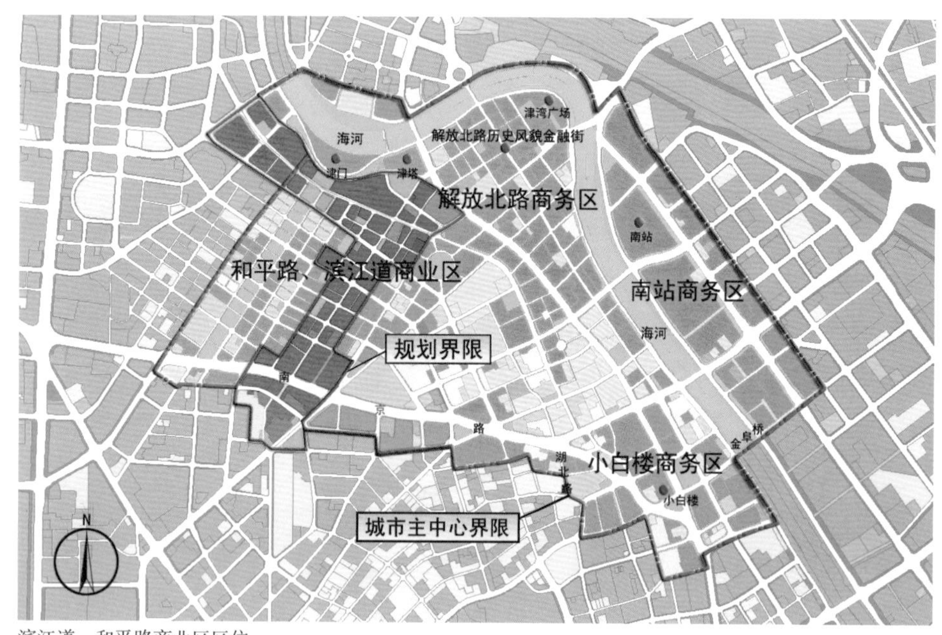

滨江道、和平路商业区区位

20世纪八九十年代滨江道街景

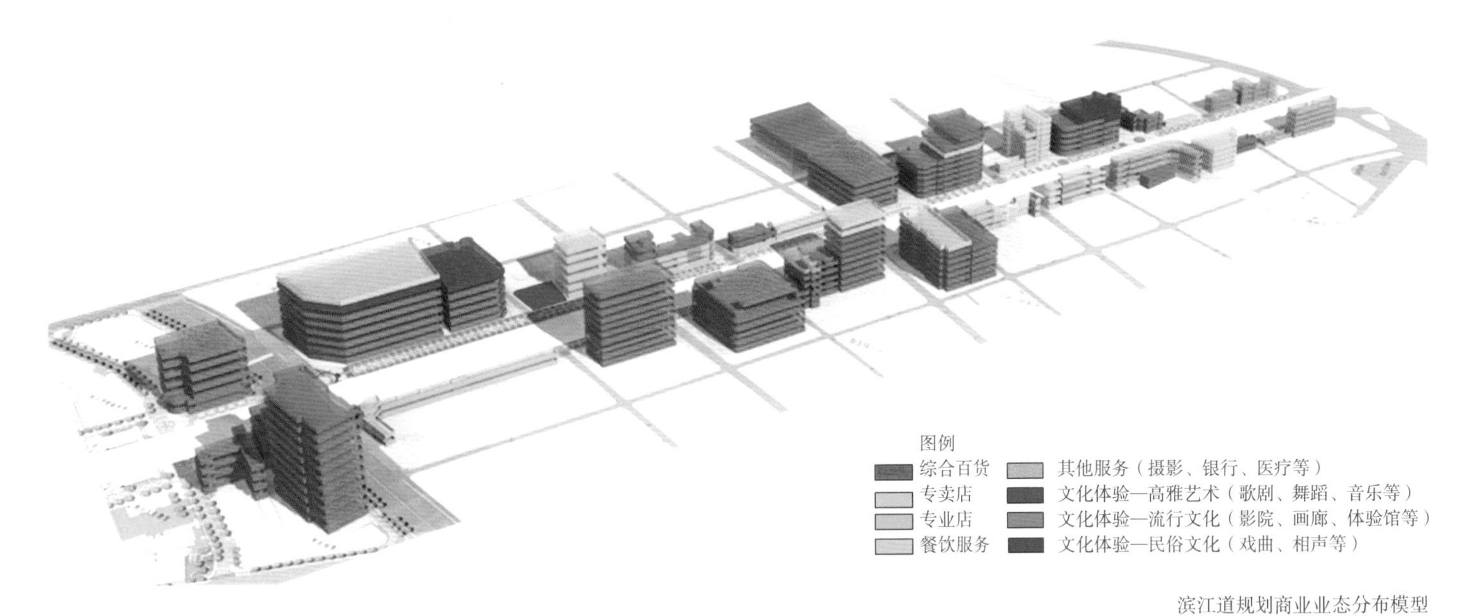

滨江道规划商业业态分布模型

丰余里街区改造前后实景照片对比

1. 活力为源——调整研究范围，引入多元业态

为了焕发商业街活力，通过对滨江道、和平路游客构成、消费收入结构及客源年龄结构分析，结合国际商业街业态构成比例，针对北方地区消费者活动特点，提出在滨江道、和平路步行街原有业态的基础上减少 33% 的零售业态，增加 15% 的服务业态、18% 的体验业态，打造“全天候、全时段”的活力新街区。

在业态调整策略方面，设计积极引入“触媒”理念。通过“以点带面”的介入原则，以百货大楼、劝业场、中原百货、友谊新天地、滨江商厦等多个大型综合百货商场为业态调整主体，构建底层以零售为主，上层以餐饮、娱乐为补充的多元业态综合体，形成示范效应，带动街区业态整体的调整。

同时设计研究范围“由街变区”在充分结合滨江道、和平路周边现有产业的基础上进一步整合资源，打造以滨江道、和平路商业步行街为主干，山西路、陕西路、新华路等十六条特色服务街为有力支撑的多元业态结构体系。形成具有一定规模的文化、餐饮、娱乐等主题休闲服务功能区，增强地区吸引力，成为“能吃、能玩、能住、能看”的综合性商业街区。

2. 文化为根——传承城市记忆，突显文化品位

“文化先行”，充分发掘滨江道、和平路独有的历史文化底蕴，规划再现以劝业场、惠中饭店、兴业银行等历史建筑组群为背景的城市记忆，营造独具特色的历史氛围，通过风貌建筑复原，设置情景雕塑、欧式小品等街道设施，并恢复“八大天”体验天津相声、大鼓、戏曲、话剧等文化表演项目，最终发展成为能全方位体验“近代百年看天津”独有文化品位的城市窗口。

在总体风格控制下，力求保持建筑风格的延续性。采用复原建筑细部的方法，对与历史建筑相毗邻的风格不协调的建筑，外檐按照历史建筑的风格改造；对于特色节点之间过渡区段的建筑，通过建筑元素、符号和细部处理来协调，从而形成较为完整的建筑群组关系。

以丰余里和百货大楼为例。丰余里借鉴“微循环有机更新”

的理念，强化对历史风貌街坊整体的传承与利用，采用整理街区微环境功能置换的方式将原先的居住功能调整为餐饮娱乐等体验式消费，同时对丰余里建筑的外立面进行拆除违章、修补残墙、规范广告牌匾等整治，最大限度地恢复历史建筑的原貌。

百货大楼（老厦）有80余年的历史，加之地震的影响，外檐部分损坏，此次整修恢复20世纪40年代的建筑外檐形式，重现哥特式建筑特色。与其对景的胜利公园也是和平路上唯一的一片绿地广场，通过对绿化和地面铺装、座椅设施等的提升，在喧闹商业气氛中营造了休憩空间。综合商业购物与开敞休闲空间互补、历史建筑与绿化景观融合，形成了该节点的特色。

以“文化先行”为前提，整治后的滨江道、和平路商业街充分发挥“老字号”的品牌影响力。展现“狗不理”、“亨得利”、“桂发祥”等天津百年传统商业的新活力，实现现代与传统的和谐共存，提升步行街的商业内涵，再现百年辉煌的历史。

3. 体验为先——尊重人性感受，提供便捷条件

作为全国最长的商业步行街，为了提高游客步行体验的舒适度，规划依据不同年龄人群步行距离疲劳度曲线确定300-500m为段落建设停留空间，通过改造入口广场、新建休闲广场、后退大型商场入口，营造特色体验空间，形成四处舒适宜人的商业休闲空间，缓解购物人群由于商业街过长造成的单调感，在节假日时又可成为政府和商家政策宣传、品牌推广的空间平台。

为满足游客便捷购物的需求，设置残疾人坡道、翻新破损盲道、降低沿街商场入口台阶高度、增加道路交叉口语音信号提示、商业标识系统等设施，实现全街区无障碍设计的体系化，建设一条游客充满乐趣不知疲倦的商业步行街。

为了解决长期困扰滨江道、和平路地区“进不来、停不住、出不去”的交通难题，规划提出“公交优先，差额停车”的交通策略，结合地铁站点，通过体系化公交车专用车道、限时段公交专用路、出租车停靠站及商业街电动游览车线路，建立完善的公共交通接驳系统。同时为了限制机动车对该地区的交通压力，通过在与滨江道相交的新华路、河南路等七条路上设置单向通行交通，与和平路相交的九条路也施行单向通行交通，并在部分路段采用临时与永久相结合的停车系统，解决约40%的机动车停车需求控制机

改造后百货大楼及周边效果图

和平路综合整治效果图

滨江道综合整治效果图

动车到达与停留意愿，大大改善了滨江道、和平路地区的交通条件，提高了游客前来购物的认同度。

4. 品质为本——改善购物环境，提升街区形象

为了全面提升街区环境品质，规划编制包括建筑首层界面控制要求，商业橱窗广告牌匾规范在内的多个街区控制导则，不仅针对滨江道、和平路两条街区，也可为更大范围的商业街改造提供依据。

建筑提升改造既包括通常所指的墙面、屋顶、门窗洞口等，也包括附属构件。对于店招牌匾、商业广告提升重点在尺度、位置、色彩、材质、灯光等方面的控制和统一设计，使其与建筑外檐成为有机的整体，建筑文化与商业氛围相得益彰。对于橱窗提升的重点主要在建筑首层和二层，拆除了遮挡物、货架，增加了玻璃的透明度，提升了展示商品的档次、品味和布置方式等，增加了三维度活跃元素，并配以灯光照明，取得了良好的效果，使人们一进入商业街就置身于浓厚的商业氛围中。改造后的滨江道、和平路商业步行街整体面貌焕然一新，商业氛围更加浓厚，营造出充满乐趣的高品质商业购物环境。

通过对滨江道、和平路步行街的综合整治，有效地整合了天津市核心商业区功能，带动了天津市商业的整体发展，以天津特有的城市名片，向四面八方的来客展示百年商业街的历史积淀和文化品位，成为天津市乃至全国范围内彰显魅力，充满活力，繁荣繁华的步行商业街。

劝业场地区实景照片

滨江道与南京路交口处交通效果图

滨江道鸟瞰效果图

专项城市设计——地下空间专项
Specific Urban Design: Urban Design of Underground Space

天津重点片区地下空间专项设计
Urban Design of Tianjin Key Sections Underground Space

目前，我国城市的快速发展面临一个突出的矛盾，即城市发展的容量需求与土地资源的稀缺之间的矛盾。所以，城市设计在高密度、立体化、集约化发展的基础上，对城市立体空间的开发控制、城市容量扩大等方面提出了更高的要求。科学合理地进行城市地下空间的开发、高效地利用地下空间是城市有序健康发展的重要保证。

天津发展地下空间已经成为一种必然趋势。近几年，天津市地下空间的发展突飞猛进。短短几年的时间，相继开发了多条地下快速轨道交通线路。城市设计强调构建完善的快速轨道交通网络，统筹安排重点地块地下空间的开发建设，如文化中心、西站、海河后五公里、解放南路等地块。相关技术部门及政府对如何高效布局地下空间功能、合理安排地下空间建设时序、科学衔接城

地下空间竖向意象

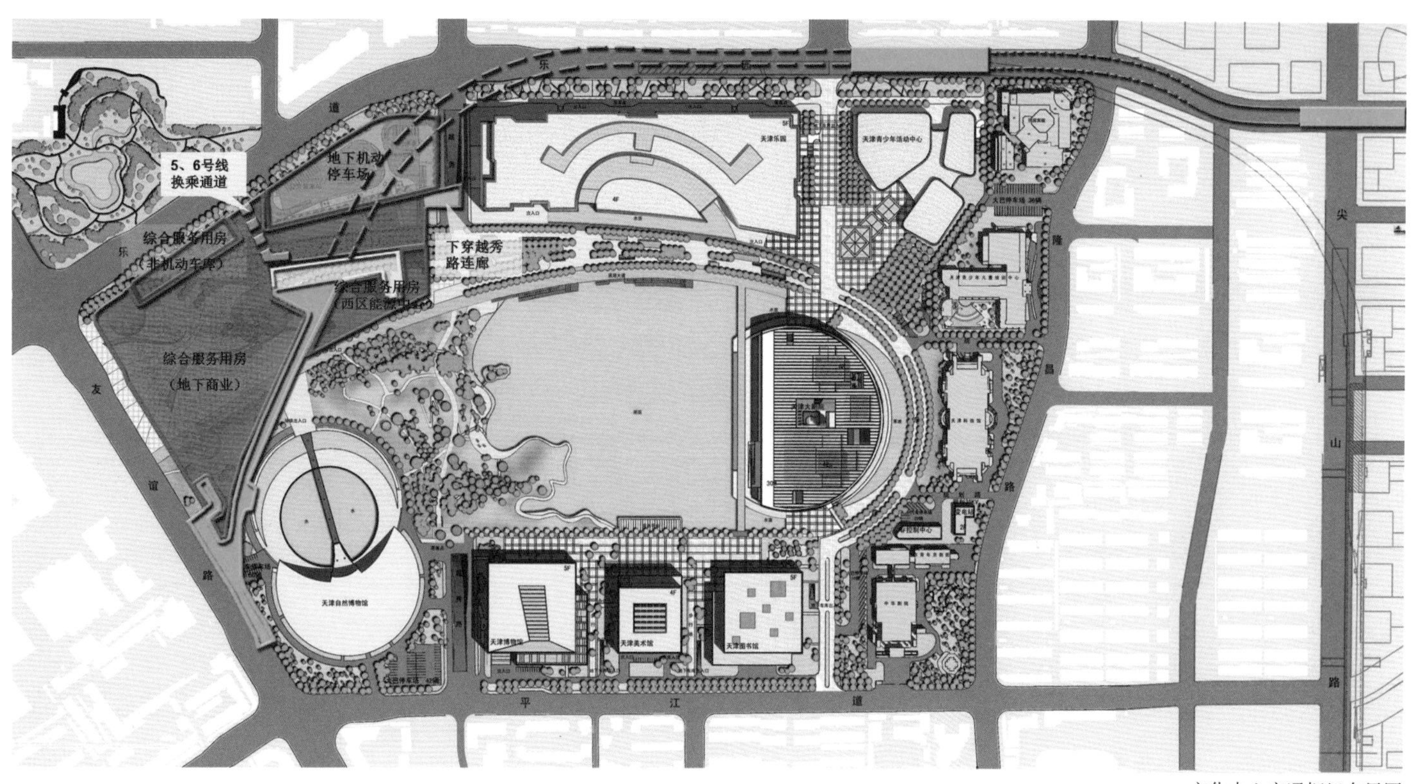

文化中心交通枢纽布局图

市总体规划体系等问题上采取了一系列重要举措，以适应城市建设的需要，加强天津市城市地下空间的规划编制，有效引导、控制天津市地下空间的开发建设。地下空间的建设不仅缓解了城市中心区地面交通压力，也能提高城市抗灾救灾的综合防护能力，完善城市空间发展结构，促进城市经济水平的提高。

1. 绿色、高品质的交通枢纽——文化中心地下空间城市设计

文化中心地下空间是以文化设施服务为核心，以交通枢纽为骨架构成的立体化地下城，包括地铁线路换乘、社会停车场，地下空间综合体等功能。立体化、多层次的出行体系提高了区域客流集疏散能力。

文化中心地下交通与地上交通的沟通和联系很紧密，实现了商业广场、轨道交通、公交换乘、地下过街、出租换乘之间的无缝对接，形成具有综合功能的地下交通空间体系。如轨道交通 5 、 6 、10、Z1 线在文化中心交会形成 4 线换乘枢纽，线路将西北副中心、中央 CBD、东南副中心和滨海新区有机地联系起来，有力地促进天津城市副中心和新区的建设和发展，充分体现了交通引导城市发展的理念。

在建设实施中，文化中心地下空间采用多种创新技术相结合的方式，实现可持续建设的理念。如：按照“先深后浅、先大后小、先传力后连接”的原则处理各类组合基坑接口，采用“周边环板逆作、中心岛顺作”方案有序组织超大基坑建设，全面控制基坑工程风险；用地下能源中心技术减少地区碳排放量；用冰蓄冷技术提高闲置电力资源利用率，降低运行费用；根据峰谷电价政策创造节能效益；通过水源热泵系统、变频设备、太阳能灯具等节能手段，多方位、多层次地建立和完善环保绿色理念；引入了自然采光，打造环保节能的景观中庭；地下景观与地面景观有效结合，如精选合适的植株种类和遮蔽方式解决楼梯间、新风井、排风井、土建风道、水池基础、景观配电室等设施外露问题。

文化中心地下空间提高了城市景观以及市民居住、购物、休闲环境的品质，提升了区域的吸引力和承载力，地下空间鼓励绿色出行，缓解交通压力，促进周边地区商业经济、房地产市场、商务往来、旅游开发的发展，同时是该地区重要的公共活动中心，推动城市精神文明的建设水平的提高，具有明显的社会和经济效益。

2. 便捷、集约的地下城——海河后五公里地下空间城市设计

海河后五公里地区地处天津市中心城区外围，是城市副中心之一。天津市对海河后五公里地下空间的规划建设非常重视。《天津市中心城区地下空间总体规划》中指出海河后五公里地下空间规划为天津市三大地下城之一，并在编制阶段指出结合海河后五公里地区功能布局和地铁建设的契机，打造海河便捷、集约的地下城。

作为天津市中心城区的重要组成部分，海河后五公里区域交通需求量很大。以对外交通为主，主要流量指向市区方向。其中，

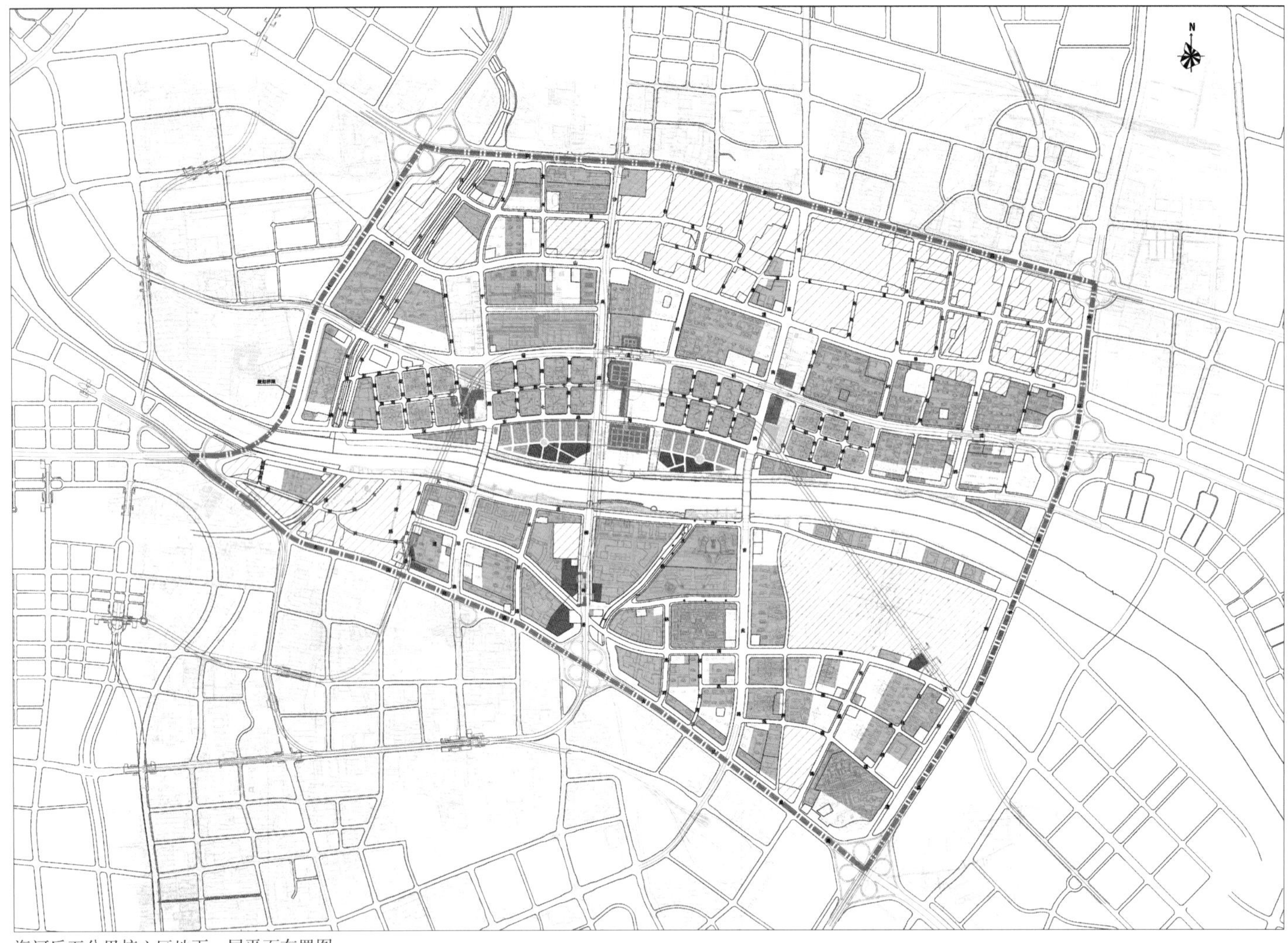

海河后五公里核心区地下一层平面布置图

承担地区交通出行的主要通道为昆仑路、大沽南路、津塘路、利福道、雪莲南路、先锋路、沙柳南路。并且，海河后五公里区域功能复杂多样，不仅具有居住功能，还具有为核心区大量就业人群提供餐饮、购物、休闲等快捷服务的功能。因此，基于对交通与功能的综合考虑，以地铁站为节点，以地铁沿线的地下空间为骨架，以地下步行系统和公共空间为纽带，贯穿南北两岸，贯通并激活各个地下空间的功能，并且兼顾统筹地上空间与地下空间。

海河两岸开发特点不同，海河南岸商业金融用地开发强度较大，结合地铁站与柳林路两侧沿街建筑布置地下商业，市民可从地铁出入口进入商业区，扩大商业服务辐射范围。海河北岸以地铁站结合周边公共绿地，完善配套交通枢纽、商业、人行通道、停车、车行通道、市政设施等功能。海河地下空间对开发深度和层数控制也有具体的要求，如开发深度控制在地下 0–20m 范围内，开发层数主要有地下一层、地下二层、地下三层。

地下空间的开发建设是不可逆的。需要科学合理地预测区域地下空间需求量，结合地面功能属性，以满足地下空间功能布局的网络化要求及各地块配建停车位、设备等需求。海河后五公里地下空间强化和完善了海河沿线及两岸公共服务职能的布局。南岸服务区，如医疗健康、商业服务、娱乐休闲及国际社区等功能，与北岸创意产业集聚区，如研发设计、文创产业及商务功能等区域，以快速轨道交通的方式连接，方便海河两岸、海河沿线市民生活需求及出行便利等要求。

3. 系统化、网络化的地下空间——解放南路地下空间城市设计

解放南路片区中，统筹安排地下空间与地面建设实施是有效构建城市交通网络架构中的重要举措，避免了因地块开发而造成的地下空间资源、功能、设施的重复浪费，解决了交通连通差、建筑界限模糊、公共通道权责不清、生态环境破坏、地下市政通道受影响等问题。在地面建设实施前，预先对地下空间进行开发调控与引导，使地下空间协调有序建设，使土地集约利用，提高城市容量，解决了基础设施下移等问题，并预留出更多的地面空间，实现了开发与保护相结合的目标。综上所述，解放南路地下空间城市设计主要总结归纳为以下两大原则：

（1）整体考虑、因地制宜、弹性开发的原则

按照地块性质、功能、开发强度、自然条件等因素确定相应

的地下空间开发策略，着重针对商业中心、轨交站点周边等重要公共地下空间的开发利用，增强连通性。重点区域整体开发，预留发展余地且灵活调整空间，根据发展需要进行弹性管理，并以集中开发为主，公共绿地下区域以保护性开发为主。结合地面城市设计进行立体化地下空间设计，整体协调与地上空间的关系，充分考虑与地面的竖向、交通、功能等的衔接关系，系统性统筹地下市政管网、轨道、交通等网络布局。

（2）功能与品质的提升、生态性与经济性的平衡

地下空间应满足相应功能需求，实现功能多样性，强化商业、交通、防灾等公共功能。在保证功能的前提下确保经济、合理、可行，充分利用节能技术，实现生态建设的目标。地下空间围绕地铁站布置商业等公共设施，延伸地铁站服务半径，注重空间品质，创造舒适宜人的地下空间内部环境，构筑网络化、人性化地下交通系统。

在以上指导思想下，解放南路围绕轨道站点、商业商务中心等重要区域，构建系统化、网络化地下空间，高效利用城市复合功能，打造活力地下空间，从而提升解放南路整体城市品质，体现了生态和可持续城市设计理念。解放南路南北片区各具特色：北部片区依托海河及黑牛城道现有资源，以专业商贸、创意办公为主的活力街区衔接文化中心周边地区；南部片区依托梅江南成熟社区的品牌优势，是居住生活为主的生态社区。根据南北片区优势以及 5 条轨道交通线路网络，对地区进行开发评估，包括地上用地规划、建设时序、地上开发强度等因素进行分析。这些因素决定了对地下空间分阶段、分层级的开发实施。按阶段分为黑牛城道两侧，陈塘科技商贸区、陈塘科技起步区；按层级分为核心地区、次要地区、一般地区。核心地区为地铁站周边及高强度商业聚集中心区，由于地铁修建计划分为不同的阶段，控制主要以预留为主。次要地区是核心区周边区域，该区域的地下空间主要考虑步行系统的联通性，地下空间宜以商业开发为主；一般地区主要为居住用地及已建用地区域，该区域地区地下空间以满足停车需求为主。

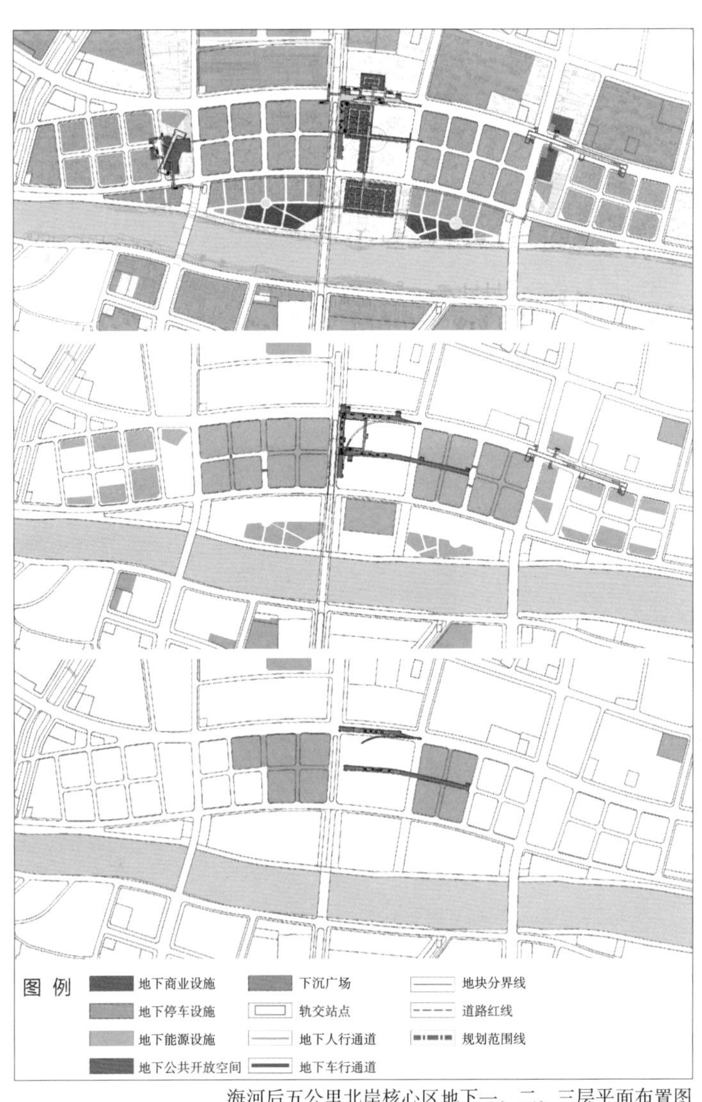

海河后五公里北岸核心区地下一、二、三层平面布置图

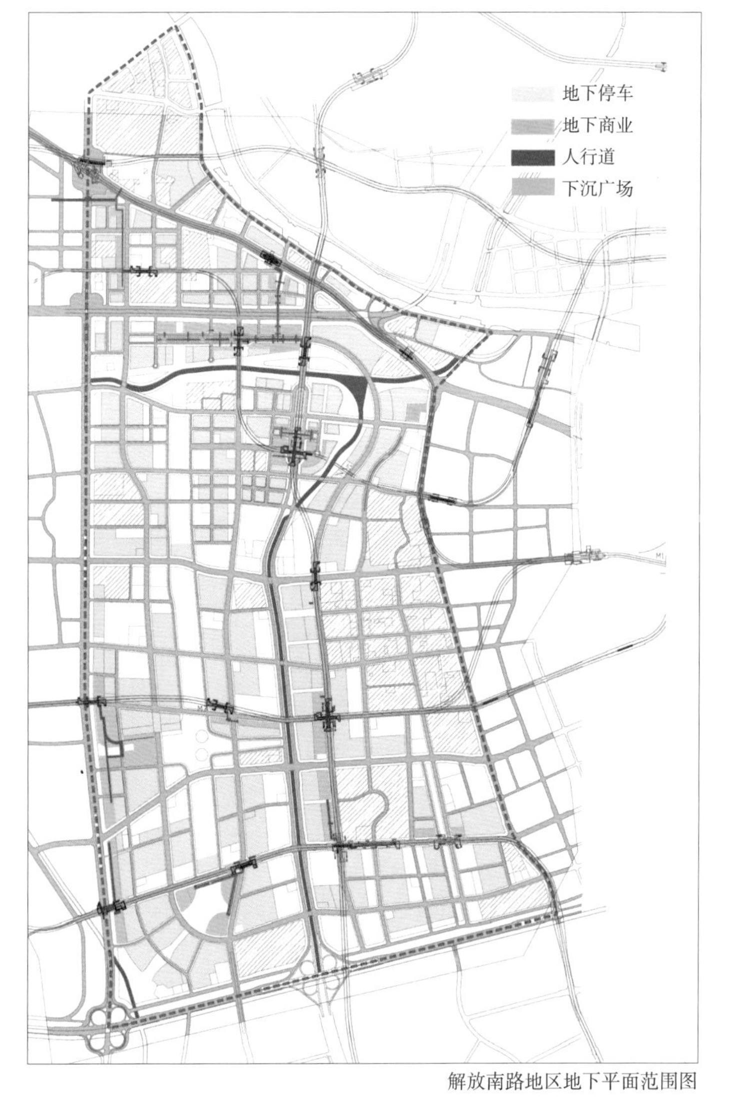

解放南路地区地下平面范围图

天津地铁上盖规划设计

Planning of Tianjin MTR Station

城市轨道交通是促进城市经济发展、改善城市生态环境、优化城市结构、实现城市可持续发展的关键。近几年，随着天津海河沿岸地区综合改造开发和城区大规模基础设施建设的推进，城市面貌不断发生变化。相应地，轨道交通建设发展迅猛，继地铁1、2、3、9号线投入运营以来，地铁5、6号线也即将全面竣工运行，地铁4、10号线已启动建设，天津轨道交通将迎来崭新的局面。根据规划，天津轨道交通出行比例将由现在的不足5%提升到15%，将极大改变人们的生活和工作方式，进而对城市空间发展产生影响。

同时，地铁建设给沿线的土地利用与建设项目开发带来了新的机遇，也会促使地铁沿线城市空间形态发生一定程度的改变，高密度、混合用途的城市空间格局将会随着地铁建设过程而逐步显现。以地铁上盖物业开发为代表的综合发展模式在地铁建设过程中将占有特殊地位，在城市空间资源合理利用方面也扮演着越来越重要的角色。

1. 轨道综合开发，激发市场活力

轨道交通综合开发（TID，Transport Integrated Development）

地铁6号线北运河站上盖物业总体鸟瞰图

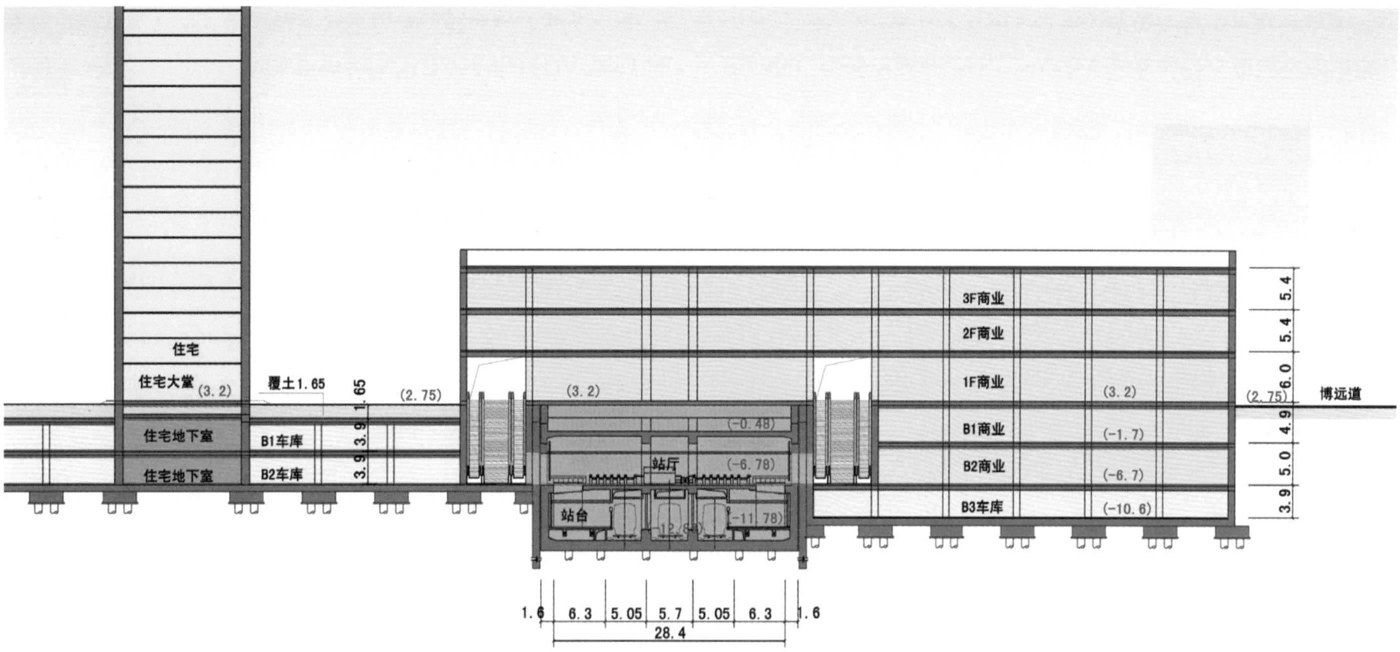

外院附中地铁上盖地下空间剖面图

起源于商业运作模式，在收支平衡方面具有得天独厚经验优势。借助 PPP 模式（公私伙伴关系 Public-Private-Partnerships），发展轨道交通枢纽综合开发将极大地提升城市活力，降低政府财政补贴压力，甚至在物业合理开发的条件下增加政府财政收入。这一模式在香港的轨道交通建设中取得了巨大的成功。

天津中心城区地铁沿线 TID 开发的目标是实现交通枢纽功能的综合型地铁上盖。通过对相关项目进行统计整理，天津 7 条地铁线（1、2、3、4、5、6、10 号线）共有地铁站 237 座，其中有 34 个站点进行地铁上盖项目的策划。从空间尺度上看，天津地铁上盖项目可分为三个类型，即功能型上盖物业、综合体上盖物业以及车辆段上盖物业。

地铁上盖城市设计中，在用地梳理阶段，如地铁 4 号线沿线可开发用地约为 416hm^2，占 4 号线研究范围的 18%，且主要分布在城市外围区，其中外环路以外两站的可用地 298hm^2，占全线总可用地的 72%。

不同类型地铁上盖特征

类型	空间尺度	位置特征	交通接驳	业态整合
功能型上盖	占地面积 1.5hm^2 以内，建筑面积 1 万 m^2 左右	中心城区非核心地段分布较多，多位于道路交叉口	设置非机动车接驳功能为主，部分考虑机动车停车场接驳	社区便民公共服务设施
综合体上盖	占地面积 1.5–3hm^2，建筑面积 2 万 –100 万 m^2	地铁换乘枢纽站	布置 P+R 停车场和非机动车停车设施	商业、办公、住宅
车辆段上盖	占地 100hm^2 左右，建筑总量 150 万㎡左右	地铁首末站车辆段，位置偏远，周边尚未发展	布置机动车停车场和非机动车停车设施，部分结合公交场站	居住区、商业

通过实地站点周边以及相关物业调研，对轨道沿线宏观及土地市场进行分析，建立分析模型，从经济、产业、人口、消费、行业趋势方面给出相应结论。

在中观层面，对地铁沿线的住宅、办公以及商业市场进行调研分析，提出适宜沿线各站点发展的上盖物业模式。

2. 优化沿线交通，打造发展廊带

为了使轨道交通更好地为城市服务，加快实现沿线区域“绿色出行”的城市设计目标，针对轨道线路所属的不同区域提出整体交通整合策略。

交通优化策略一：加快站点区域规划路网的实施，加密区域次干道和支路，为构建“绿色交通出行体系”做好硬件基础。

交通优化策略二：通过新增和优化区域既有公交系统的站位设置，实现轨道交通与城市既有的公交线路的便捷换乘。

在 4、10 号线沿线的城市设计中，对沿线站点周边 200m 范围内公交线路与轨道线路实现接驳的换乘比例进行研究，提出公交优化方案，两条线分别提高了 20% 与 54%。

交通优化策略三：沿线重要站点新增公交首末站以及公交线路，提升公交线网的覆盖率，在轨道交通沿线打造“高密度公交网络”。

交通优化策略四：局部地区增加 P+R 停车场，无缝衔接轨道交通与道路交通。

为有效节流城市外围区进城交通，缓解道路交通压力，鼓励轨道交通出行，沿线重要站点新增小汽车停车场（P+R）9 处，从而实现 4、10 号线沿线布局小汽车停车场 16 处，共计停车位约 5700 个。

交通优化策略五：整合区域公共步行空间和土地开发商业步行空间以及轨道交通内部的换乘空间，打造便捷、安全、舒适的接驳空间。

3. 延伸地下空间，提升综合效益

轨道站点上盖物业综合开发涉及地上地下的综合方案，对地下空间的规模、范围、主要业态分布、出入口及垂直交通等指标进行强制性要求，充分利用地铁出站口的人流密集特点，结合地铁出入口，布置地下商业，引导地铁人流，同时使出入口的使用效率最大化。

在5号线成林道站上盖方案中，地下一层的地铁枢纽站集散大厅与成林道地块商场形成一体，以地铁地下一、二层为纽带，辅以相关通道，将南北两个地块建筑的地下一层联系起来，形成一个四通八达的地下步行系统及商业空间。地下二、三层以停车功能为主，将现有独立的地下车库通过地下通道进行整合连接，实现地下停车资源的动态共享。

成林道站交通出行量分析

用地类型	规模	全天出行人次	早高峰出行人次
居住	1615户	9077	1252
商业	91000m^2	70725	5988
办公	37000m^2	7992	1251
酒店式公寓	501间	2054	226
合计		89848	8716

成林道站交通方式结构分析

方式	2009年中心城区	2020年中心城区	成林道地块
步行	32%	27%	27%
自行车	37%	22%	22%
公共交通	14%	27%	36%
小汽车	12%	21%	12%
出租车	5%	3%	3%
合计	100%	100%	100%

成林道地块用地主要为商业、居住、办公、酒店式公寓，项目建成入住后，全天交通出行人次约为9万人，早高峰出行人次为0.87万人次/小时，晚高峰出行人次为0.92万人次/小时。地铁4、5、13三线换乘站高峰小时载客能力为6.0万人次/小时，预测公共交通出行比例为36%，小汽车出行比例与现状持平。

地块南侧的成林道交通拥堵严重，红星路该段为高架形式，两侧辅道通行能力有限，应尽量避免在成林道和红星路地面辅路上增加车行入口，应完善晨光道、嘉盛路等次支路以分担路面交通压力。地下空间中明确车行环路与人行环路位置，分设人行、车行出入口，并结合地铁形成人行通道、过街通道，保证高效集约和通达安全。

城市设计对于项目具体实施也提出了建议，要求地块内地下空间由地上业主负责实施，并按规定预留接口，地铁及其出入口通道由地铁公司负责实施，地铁站要预留远期4号线和13号线的空间位置。同时，由政府部门监管，尽量保证同期施工，减小对地面交通的影响。

4. 强化节点区域，塑造精品空间

（1）功能融合——上盖地块与周边地区功能定位相结合

地铁上盖综合体本身是一个精密的系统，虽然地铁汇聚的巨大人流对于商业不可多得，但具体到线路上的每一个车站，城市规划，周边现状，区域人口构成，周边辐射地区购买力等因素，都将切实而深刻地影响着整个系统的运行情况。

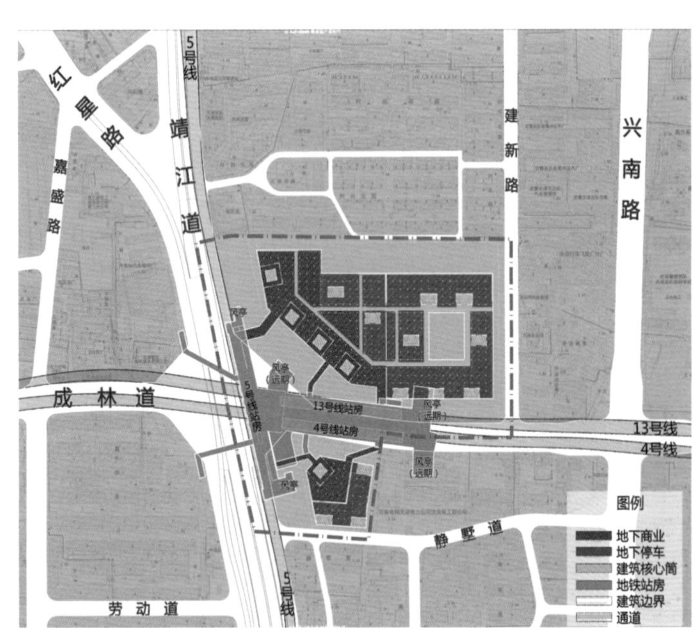

地铁成林道站地下空间-1F平面图

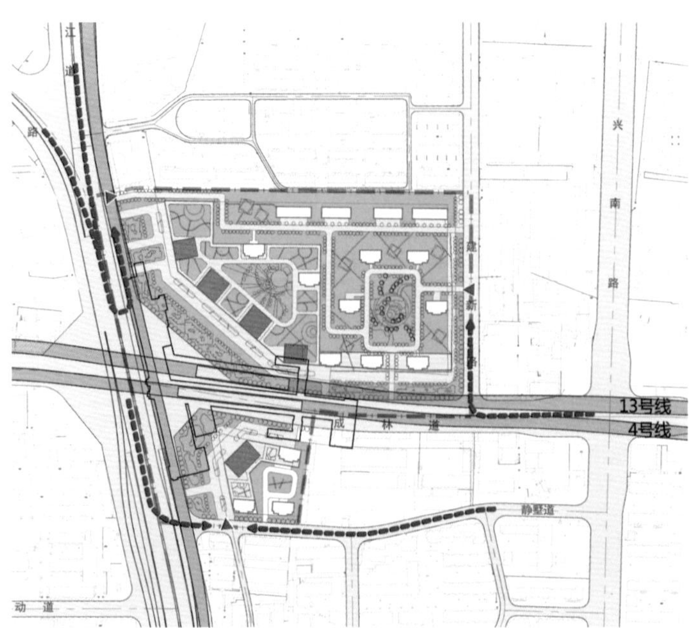

成林道站交通组织示意图

在北运河地铁上盖综合体的设计中，我们就充分考虑到商业与居住的总体比例是否适合整个周边地域的承载量，是否能在城市规划的层面上补充或提升整个地区的活力——因此通过对人口密度、收入及购买力、周边商业及业态、配套设施、地铁出入口的位置和方向的调查，并经过周密的推算与讨论，得出最终商业和居住建筑的配比。

（2）集中布局——物业开发项目、住宅、公建相对集中布局

地上物业开发项目、住宅、公建的相对集中布局，可以使地铁与社区相互促进，为城市轨道交通的建设和运营带来资金，形成一种良性循环。

天津地铁上盖建设注重发挥地铁的整体效益，在规划设计上借鉴纽约、东京、中国香港等国际都会成熟的“地铁物业”运营模式，强调集中布局，将轨道交通建设与地上物业开发项目等综合开发，一方面构建了“轨道 + 物业”资源开发经营新模式，方便居民生活和出行，实现“地铁全生活中心”、“无缝连接”及“十分钟步行圈”的全新生活方式和消费路径；另一方面更好地发挥地铁的高通达性，提高了土地综合利用效率，重塑高密度城市的空间，从而带来沿线土地价值的提升，带动城市“辐射式”发展，实现交通可持续发展。

（3）结合设置——地铁出入口及附属设施与地上物业有效结合

为了更集约地利用城市土地，地铁出入口可以与其他设施用地结合，实现综合开发，使具有不同功能的多种空间结合在一起，实现城市空间资源的充分利用，并且将各种设施的功能综合协调，发挥出更大的经济和社会效益。同时，这种规模庞大的空间效应作用下，城市的结构也发生了相应的变化。这些设施极大地强化了本地机能，引导其他各类设施向这里集中，形成高密度的中心，改变整个城市的布局。

地铁出入口及附属设施与地上物业的有效结合为地铁带来更多人流，提升了区域的经济效益，其结合方式有多种，比如外院附中站出入口在规划设计上与地上地下的商业区以及公交站相结合，提高了经济利用价值，丰富了商业活动空间，同时缩短了行人换乘流线，缓解了地面交通的紧张状况。设置时考虑周边环境，城市地域文化特色，形成统一和谐的景观。

结合设置的设计原则有利于带动周边物业发展，解决百姓生活问题。天津地铁上盖项目结合地上物业设置出入口，提高了本市建设用地的利用率，带动了地铁车站、车场周边土地开发，推动了城市化进程。

（4）平层贯通——地铁站厅层与地下商业平层贯通

这种平层贯通的形式从两方面可以体现其优越性。第一，从商场的角度来看，将以往人气低落、客流稀少的地下层变废为宝，能提高地下商铺的租金，充分利用来往的人流提升人气和销售量。第二，地下空间与地铁结合，明亮宽敞的商业空间不仅能够缓解从逼仄的地铁通道里进出乘客的压抑心理，还能将地铁的大量进出站人流部分分流到商业中，没有台阶及坡道的贯通式设计也体现了以人为本的设计理念，通行顺畅可极大地减少在某个节点上发生踩踏事故的可能性，能够较为有效地缓解地铁高峰期间的人流压力，提高疏散效率。

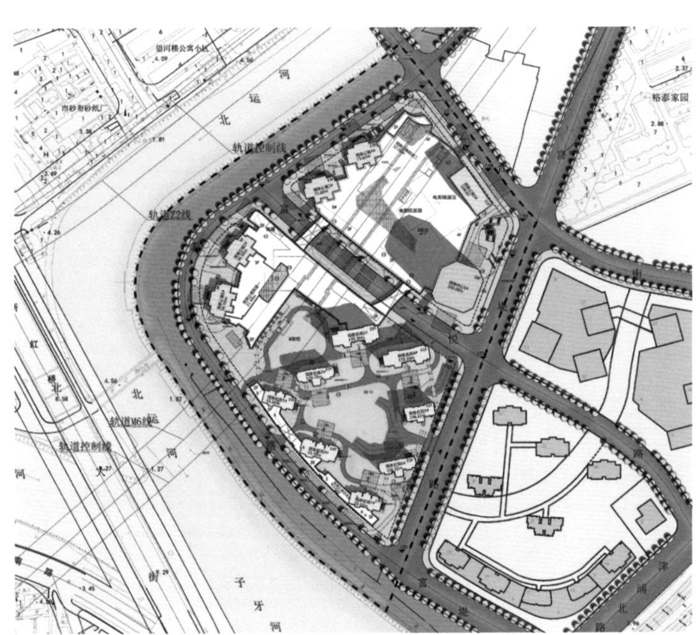

地铁 6 号线北运河站上盖物业总平面图

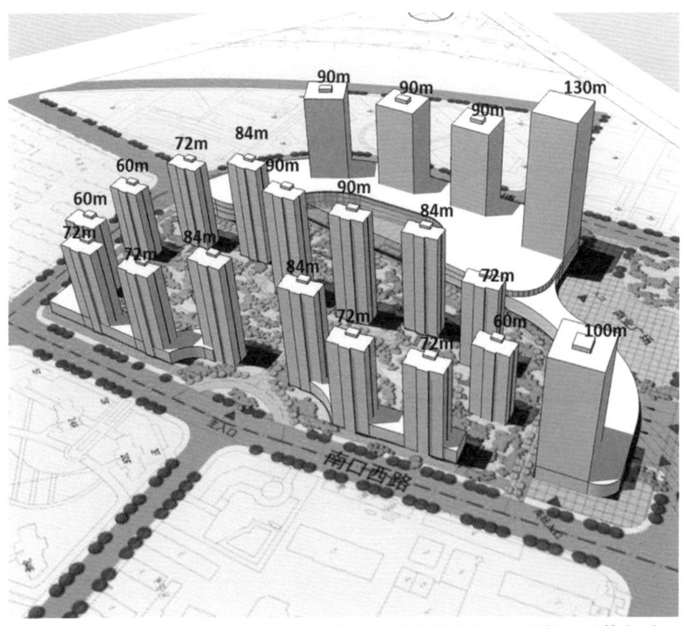

地铁 6 号线外院附中站上盖物业总体鸟瞰图

北运河地块地铁上盖沿河透视图一

北运河地块地铁上盖沿河透视图二

专项城市设计——保护性建筑专项
Specific Urban Design: Urban Design of Conserved Buildings

天津保护性建筑专项规划
Planning of Tianjin Conserved Buildings

历史文化是城市的灵魂，随着党中央和国务院对历史文化遗产保护工作日益重视，我国历史文化遗产保护工作迎来难得的发展机遇。《中共中央国务院关于进一步加强城市规划管理工作的若干意见》（中发〔2016〕6号）要求用5年左右时间完成所有城市历史文化街区划定和历史建筑确定工作。天津拥有众多具有历史风貌特色的保护性建筑，通过全面的梳理，结合规划管理信息系统，不断加强对建筑文化遗产的保护和利用，突显城市风貌、增添城市亮点。

1. 整理保护性建筑信息，建立保护管理信息系统

2014年，住房和城乡建设部下发了《住房城乡建设部关于坚决制止破坏行为加强保护性建筑保护工作的通知》（建规〔2014〕183号），要求各地开展保护性建筑普查工作，建立保护性建筑名录。为落实国家要求，2015年8月，天津市政府决定在全市范围内开展保护性建筑普查工作，全面掌握我市保护性建筑的数量、分布、特征、保存现状和环境状况等基本情况，建立我市保护性建筑信息管理系统，为准确判断保护形势、科学制定保护措施和实施有效的规划管理提供可靠依据。

首先通过考察调研，结合天津实际，研究制定保护性建筑普查工作方案、技术标准、资料整理要求细则、保护性建筑认定标准等文件，确保全市保护性建筑普查工作的顺利开展。普查调研小组通过基础资料收集整理、划定普查范围、制订调研计划、外业现场普查、内业数据整理等工作，筛选整理出大量具有保护价值的建筑。在外业现场普查过程中，对建筑名称、地址、基本情况、保存状况、人文历史、建筑特色等内容进行逐项调查，并核查建筑拆除或变化情况。同时对现状建筑进行拍照与测绘，绘制工作草图，走访相关单位与居民，了解核实详细情况，收集历史图片与资料图纸。在外业现场普查的基础上完善各项数据信息，绘制图纸，整理现状照片、历史图片及建筑资料图，形成数据库文件。经过专家评定确定保护性建筑名录。2016年3月，公布了天津市

天津工商学院

天津利顺德饭店老照片

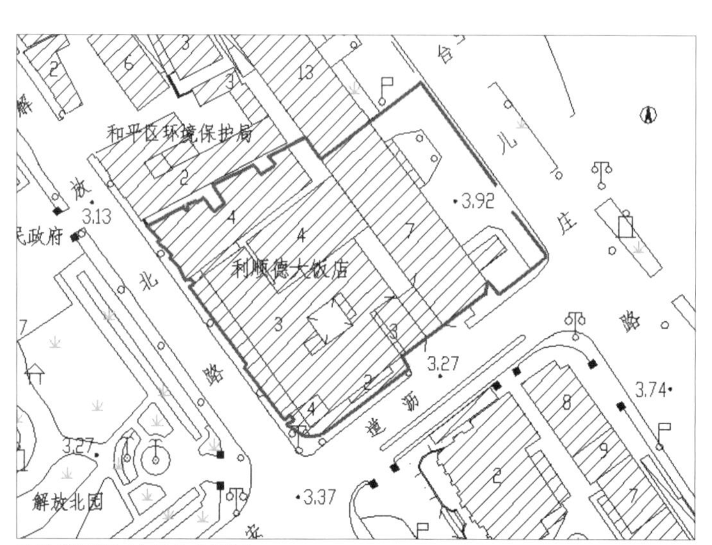

天津利顺德饭店保护范围图

天津利顺德饭店保护性修复后实景照片

第一批保护性建筑名录，共计910座。同时，对保护性建筑的各项信息数据进行整理归纳与认真核实，录入数据库与信息管理系统，建立完善的保护性建筑信息系统与数据库。

2. 保护建筑历史风貌，延续城市文脉特色

天津市保护性建筑既包括已纳入天津市法定保护体系的不可移动文物和历史风貌建筑，又包括在中心城区14片历史文化街区中确定的历史建筑、工业遗产保护建筑及其他新发现的具有保护价值的历史建筑。保护性建筑与天津市的历史发展息息相关，是天津人文资源与建筑资源的宝贵财富，是城市发展的文化支撑，也是城市历史文脉的延续。

天津市保护性建筑展现出不同时代和文化背景下的多样性风格，同时具有明显的个性化色彩，形成了姿态万千的建筑景观，享有“万国建筑博览会”之称。天津60%的保护性建筑是在1900–1937年不足40年的时间里建成的，建筑年代相对集中，建筑风格纷呈，建筑艺术多样，各类建筑相对集中。传统建筑主要集中在老城厢与古文化街一带，近代金融建筑主要分布在解放北路一带，被称为金融一条街；商贸性建筑主要分布在和平路与估衣街、古文化街一带；居住建筑主要集中在老城厢、意风区、五大道及中心花园附近；工业建筑主要分布在海河沿岸。

天津保护性建筑有其自身的独特性与文化性，有着“中西合璧，百家争鸣”的特色。首先是具有地方特色的建筑材料和先进的建造技术在保护性建筑上得到了充分的体现。天津独特的地理环境和水土形成黏土过火砖，在五大道民居楼中广泛运用。厚重的质感与沉稳的色彩，是天津建筑的标志。其他如清水砖、粗面石材、仿石水刷石、水泥拉毛墙、细卵石墙等材料也很常见。此外，天津近代建造技术融汇中国南北地区建造工艺以及先进西方建造技术，形成了天津独具特色的建造技术，使保护性建筑能够一直完好遗留至今。同时，先进的规划设计理念，精致的室内设施、完善的公共配套使建筑群呈现丰富多样的历史特色。天津地靠北京，开放较早，经济繁荣，社会各界名流涌居天津，天津成为其施展才华的舞台。经考证，近代有200余位名人政要曾在天津留下寓所、足迹和故事。这些保护性建筑见证了天津近代时期的历史地位，承载着众多开创性的历史事件。

3. 保护建筑种类多样性，复合利用建筑功能

天津市保护性建筑特色鲜明，种类多样。按时间划分，可分为古代建筑、近代建筑、现代建筑。1860年以前为古代建筑，如天后宫、玉皇阁等，主要分布在老城厢与古文化街一带。1860–1949年为近代建筑，是天津保护性建筑中比重最大、数量最多、最具特色的，主要分布在原租界地区范围内。1949年以后为现代建筑，主要为新发现的具有一定价值或代表性的新中国建国后建筑。按建筑风格划分，可分为中国传统建筑、古典主义建筑、折衷主义建筑、现代主义建筑。中国传统建筑是指严格按照中国传

渤海大楼

利华大楼

天后宫

天津西站

统建筑的形制建造的建筑，主要为寺庙、官衙等，像天后宫、玉皇阁；古典主义建筑多以古希腊、古罗马及文艺复兴时期的建筑范式为摹本进行建造，如原汇丰银行、开滦矿务局办公楼等；折衷主义建筑既有欧洲典型的集仿主义建筑，也有中西合璧的折衷主义建筑，天津许多保护性建筑均属于此类，如庆王府、孙殿英旧居等；现代主义建筑主要以引进新结构、新材料的建筑为主，如孙桐萱旧居、利华大楼等。

保护性建筑不仅种类多样，功能特征也很明显，涵盖了居住、公建、工业等多个领域。有居住建筑、教育建筑、金融建筑、商贸建筑、办公建筑、厂房仓库、宗教建筑、娱乐体育建筑、医院建筑、交通建筑等十余类。其中居住建筑是目前保存量最大也是最具特色的一类，又可细分为独门独院式住宅（如张园）、单元公寓式住宅（如民园大楼）、独门联排式住宅（如安乐邨）等。

通过认真研究保护性建筑的建筑特色与历史背景，分析与研究其种类及功能，充分结合保护性建筑普查成果与数据信息平台，为重点片区的城市设计提供规划依据，强调周边空间环境与保护性建筑的融合，延续其建筑风貌与历史文脉，使天津市在城市更新过程中能不断焕发出迷人的风采。

安里甘教堂

开滦矿物局

专项城市设计——三维可视化专项
Specific Urban Design: Urban Design of 3D Visualization Program

天津城市设计三维可视化应用
Urban Design of Tianjin 3D Visualization Implementation

随着信息技术、计算机技术、空间技术的发展，我们逐渐进入了以数字化为特征的时代。《中华人民共和国国民经济和社会发展第十三个五年规划纲要》中明确指出“十三五”创新驱动的战略重点与创新型国家建设研究——行业创新中的智慧城市和数字社会技术建设的需求，三维可视化技术作为“数字城市”的核心技术之一实现了在城市三维场景中信息的查询与分析，不仅能为用户提供视觉上的感受，让用户对城市规划建设具有感性认识，更使得决策者、设计师和用户对城市规划现状和规划设计蓝图有更为生动、客观和理性的了解和认识，从而拓宽城市规划、设计和管理人员的视角，使城市规划、基础设施设计更加科学化，对于城市可持续发展研究有重要意义。

天津作为现代化气息的大都市致力于采用信息化手段以领先的技术服务于城市规划管理工作，率先采用“三维可视化技术”服务城乡规划设计。早在2008年，在天津市规划局的领导下，由天津市勘察院承担，以领先的机载、车载激光雷达技术和三维地理信息系统技术相结合的方式完成了天津市三维数字城市建设，包括天津全市域1.2万km^2的数字高程模型、1400km^2的建筑体框模型、600km^2的精细三维模型以及334km^2的三维城市设计模型。其规模与成效得到了业界及各单位的广泛认可与好评。经过专家鉴定该成果在大面积精细建模效率和成果应用开发方面均达到国际领先水平，同时该项目于2011年荣获全国优秀测绘工程金奖第一名、天津市科技进步一等奖，并授权多项发明专利。

天津市自主研发三维GIS平台，突破了激光雷达测量技术与三维模型构建技术相融合的瓶颈，将三维数字城市成果成功应用到城市设计规划编制、策划方案空间分析、建设项目设计方案研究等多项规划管理工作，成功应用于10余项重大区域城市设计研究，620余项建设项目设计方案研究，针对核定用地、放线、规划验收等规划管理的各类环节进行深入研究，实现了城市规划设计的编制、审批和实施管理由二维平面向三维立体的转变，提升了天津市规划管理的技术水平。

天津三维数字城市

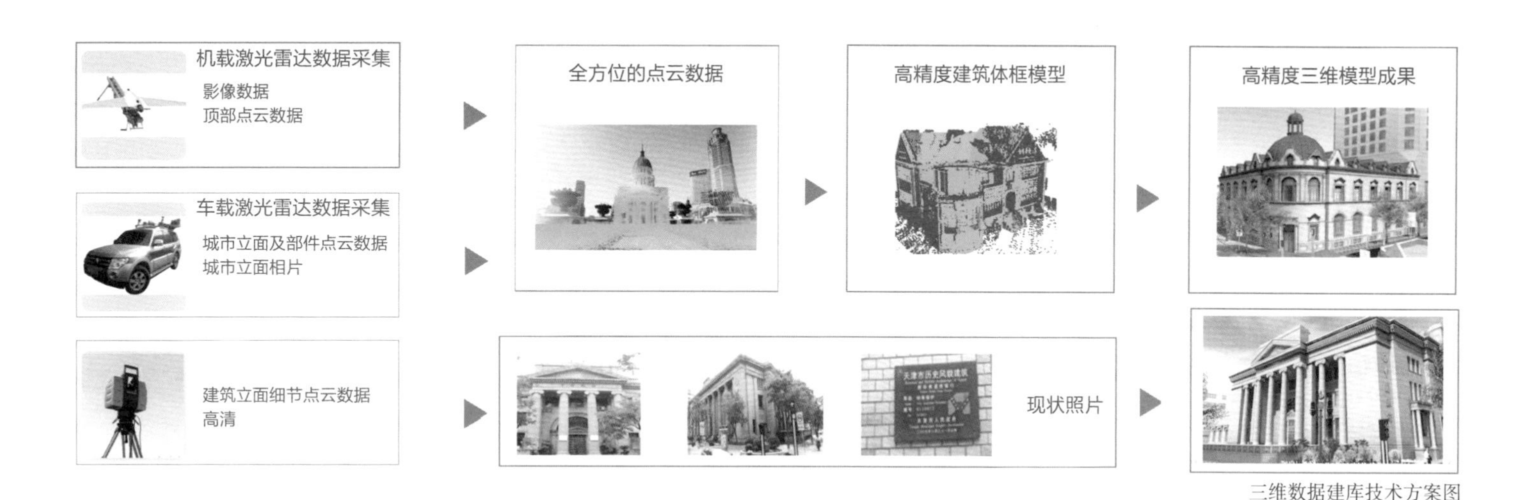

三维数据建库技术方案图

1. 精准成果，奠定三维规划研究基础

采用机载、车载激光雷达设备结合的方式建立的全市域 1.2 万 km^2 的数字高程模型，能清晰地反映地面的起伏走势，准确的查询地面高程信息，轻松获取城市的地形地貌，为山区、高地地规划设计提供精准的地面可视化信息。

通过机载、车载激光雷达测量技术获取的点云数据融合自动生成的全市 1400km^2 的建筑体框模型，可轻松量测建筑高度；同时利用城市实景照片，建立起天津市 600km^2 的精细三维模型。基于激光点云提取的城市特征点、灯牌、桥梁等城市部件的细节信息进行的数字化建模，大幅度提升了数字城市模型的深度和精度。

为了更好地为历史文化街区规划管理工作提供技术支撑，经过不断的技术探索和创新，研究出通过站式激光雷达扫描技术实现建筑立面结构的精细化。完成了天津市五大道、古文化街等十四片历史文化街区近千栋的历史保护建筑超精细三维模型制作，总面积 9.8km^2。真实、精准地记录了历史保护建筑的建筑风貌，为规划管理提供全方位、准确的三维可视化模型信息。

在城市设计编制工作中，传统平面的表达方式较为抽象，缺少对城市空间的总体控制和引导。天津率先将三维技术与城市设计编制工作进行融合，利用三维技术直观地反映城市整体在空间形态、体量、布局、天际线上的特点，将城市设计“立”起来，建立了 334km^2 的中心城区三维城市设计模型库，经过长期的城

建筑体框模型

市设计方案研究应用，证明三维可视化能更加直观地诠释城市未来的空间形态，体现城市设计的构想，更科学、更准确地辅助城市设计导则编制与方案策划工作。

2. 创新模式，开启城市设计新篇章

“立体”的城市设计，创新了传统的工作模式，采用三维可视化技术将控规编制成果导入规划管理三维数据库内，与三维城市设计数据叠加查看，并且通过建立三维控规盒，实现城市设计与控规盒的立体叠加分析，可直观、快速地分析建筑高度是否存在超高、体量不满足控规要求等情况，实现城市设计导则与控规指标的校验。

规划管理部门还可通过三维可视化技术对策划方案的容积率、建筑密度、建筑限高等指标进行校核，直观审查其是否符合要求。并对策划方案三维城市设计进行实时调整，实现容积率、建筑密度等指标的联动，实现快速的方案分析与策划。

3. 多维分析，优化城市空间布局

建筑体量、形式、色彩以及绿地率、建筑后退红线等都与城市空间环境密切关联，为了优化城市空间布局，需对建筑方案在策划阶段、规划阶段、建筑方案阶段的各项指标进行全过程审查把控。建筑色彩通过色相、明度和彩度组合会产生千变万化的效果，传统的通过文字进行控制有一定的难度；且对于建筑形态仅局限于对建筑高度和建筑面宽的二维控制，存在很大的局限性；传统的审查模式不仅效率低，而且无法起到辅助创造良好城市空间的作用，三维可视化技术通过多维分析可以弥补传统的不足。

2014 年天津市规划局研究将抽象的规划原理和复杂的规划要素进行简化和图解化。在各阶段将建设项目设计方案用简练、明确的三维可视化技术表达并分别融于现状环境及规划环境中进行全面分析，计算出建设项目的建筑高度、退线距离、建筑间距、建筑风格等指标是否符合规划要求。通过时间维度和空间维度的多维度综合分析、协同控制，最大程度地实现规划管理的可操作性，保证天津市城市设计更加科学化。

4. 立体核定，管控项目空间界限

由于城市建设的不断发展，市场主体需求的个性化不断提升，传统的核定用地方法无法对建设项目空间跨越进行核定，经过不断的探索研究，采用地上、地表、地下垂直剖面叠合等三维可视化技术，将规划设计方案与空间核定用地进行匹配，实现超出界限部分的自动报警，进一步解决了传统模式在空间跨越上核定的难题，明确并加强了核定用地在空间上的约束力，为规划管理与

天津中心城区现状精细模型

设计单位提供一种有效、准确的沟通桥梁，为规划管理部门对方案审查、审批提供依据，进一步完善了规划管理。

5. 统筹研究，辅助评审城市界面与空间形态

随着天津市三维数字城市数据库的不断完善，经过深度研究于2010年将搭建起的强大数据库资源采用三维可视化技术成功辅助建设项目的规划审查，实现了从单一项目审批到对城市空间形态统筹研究的转变，从简单设计评审到对城市界面和空间结构进行全面分析的转变。

全方位分析方案与现状、方案与未来城市规划设计的关系，实现了方案多屏对比、方案体量及空间位置调整、视点通透性分析、天际线分析、立面分析、日照分析等。建设项目方案可以按照审批阶段、区域或年份集中管理，可按任一方式调取和查阅。利用三维仿真技术模拟项目建成后的现时效果，发现设计中的缺陷，有效减少建成后效果与设计意图的偏差，及时完善设计方案、提高审批效率、降低项目成本，为提升城乡规划审查工作的科学性、高效性提供了技术支持。

6. 突破传统，精确评审规划实施方案

近年来天津市规划局通过不断地梳理总结对外审批的相关工作，发现现行的建设工程规划许可证报审的二维施工图纸存在表达不够明确、容易出现结构争议等缺陷，致使审查人员无法精确地判断报审的材料是否符合相关要求。仅通过传统的二维验线来进行查验已经满足不了应用需求。

2015年天津市规划局突破传统，将三维可视化技术运用于建筑工程规划验线中，弥补传统验线的不足，实现放线阶段全方位的监督和查验。承接单位依据建设单位提供的总平图、平面图、立面图、剖面图、效果图，综合分析建立三维仿真模型，将抽象的、

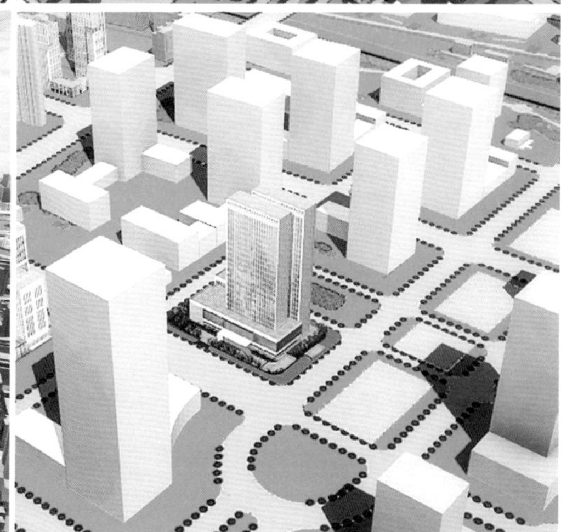

天津中心城区城市设计三维模拟

城市设计三维技术与控规统筹管理

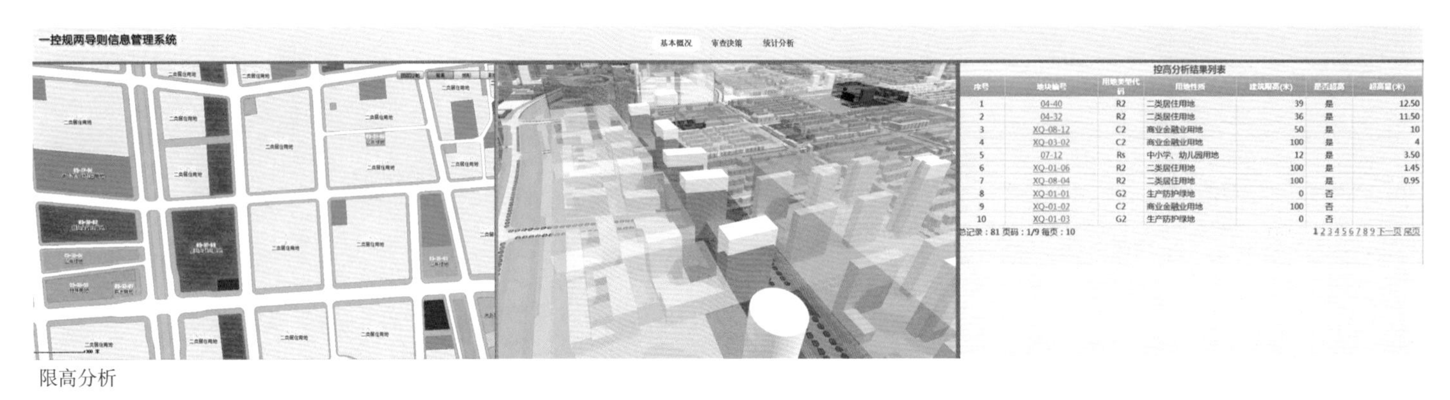

控高分析结果列表

序号	地块编号	用地类型代码	用地性质	建筑限高(米)	是否超高	超高量(米)
1	04-40	R2	二类居住用地	39	是	12.50
2	04-32	R2	二类居住用地	36	是	11.50
3	XQ-08-12	C2	商业金融业用地	50	是	10
4	XQ-03-02	C2	商业金融业用地	100	是	4
5	07-12	Rs	中小学、幼儿园用地	12	是	3.50
6	XQ-01-06	R2	二类居住用地	100	是	1.45
7	XQ-08-04	R2	二类居住用地	100	是	0.95
8	XQ-01-01	G2	生产防护绿地	0	否	
9	XQ-01-02	C2	商业金融业用地	100	否	
10	XQ-01-03	G2	生产防护绿地	0	否	

总记录：81 页码：1/9 每页：10　　1 2 3 4 5 6 7 8 9 下一页 尾页

限高分析

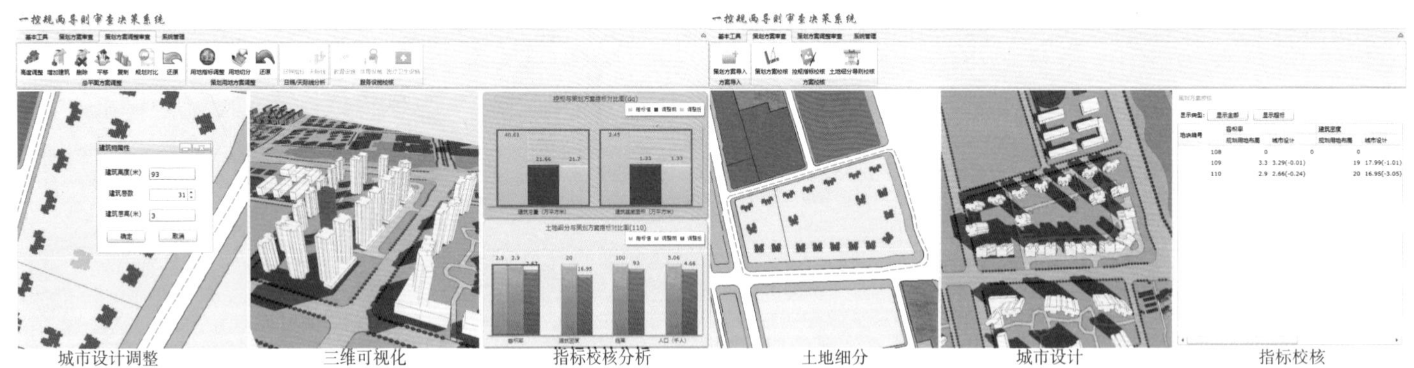

城市设计调整　三维可视化　指标校核分析　土地细分　城市设计　指标校核

策划方案的指标校核与调整分析

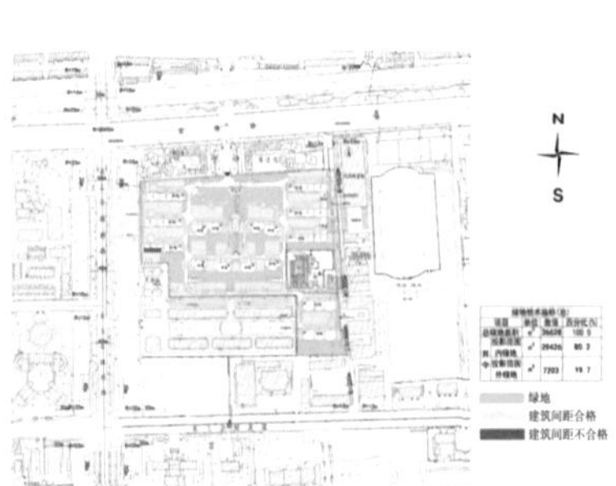

空间布局分析图

分散的二维图纸集中于一个图面进行表达，利用三维可视化平台将设计方案三维仿真模型融于真实的三维仿真环境中，直观地进行方案空间尺寸、立面结构、色彩、材质、高度、配套设施等技术指标的审查。在作业过程中作业人员能及时、准确地发现建设单位提供的各项施工图纸是否一致；及时准确地判定施工图纸是否符合建筑设计方案要求，精减了规划管理人员审查大量施工图纸的时间，提高了规划审批的工作水平和工作效率。

7. 具象对比，辅助项目规划验收

传统的以图纸和规划竣工测量技术报告为主的规划验收模式，无论是成果表达还是显示效果都不够直观，判读性较差，尤其是结构复杂的建筑物。2014 年天津市开展三维可视化技术应用于规划验收专项研究工作，自主研发“天津市三维规划验收系统”，改变了传统的竣工测量的验收方式，在传统竣工测量的基础之上，增加三维空间模型的运用，通过三维可视化技术，在系统平台中将规划版模型与竣工版模型进行双屏对比，校验建设项目竣工成果是否满足《建设工程规划许可证》批准的间距、尺寸、范围等各项指标要求，减少审查人员现场勘查的时间，为规划验收提供了丰富的数据、直观的表达，使建设项目成果走向规范化、标准化。对建设工程规划批后监督、管理和验收提供了全面准确的依据。

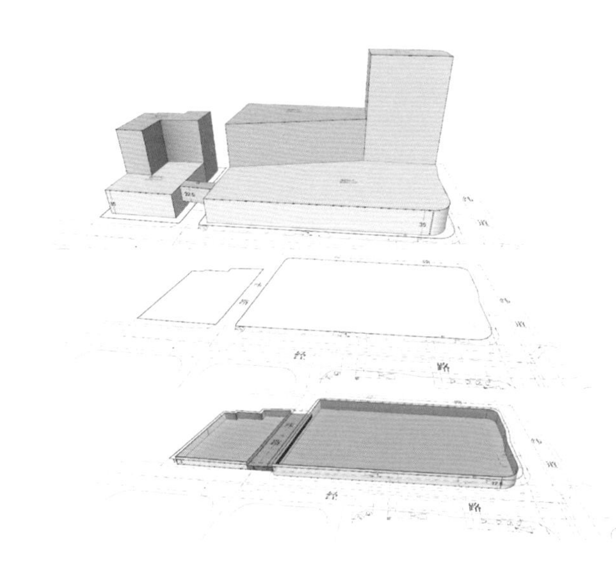

三维核定用地审核分析

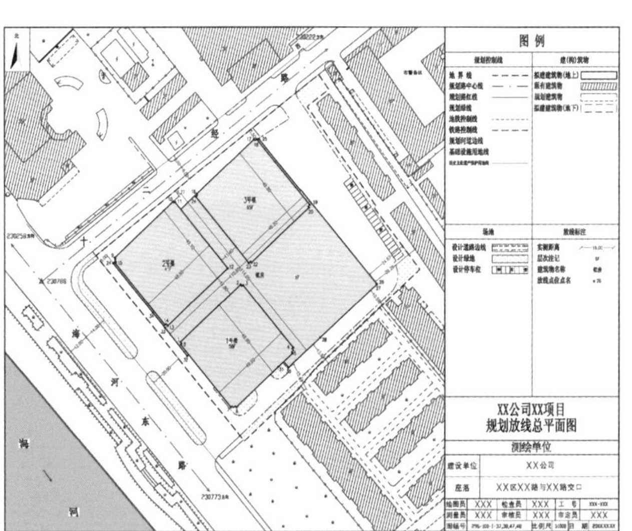

建筑工程规划定位测量

多方案对比分析

A LUCID EXPOSITION OF AN OUTLINE

Tianjin Urban Design Planning and Administration

CHAPTER 4

第四章

纲举目张

天津城市设计规划管理

管理机制体制

管理技术措施

天津市在规划管理措施上进行了种种探索，将城市设计作为一座城市实现规划管控的有力手段，经过多年的不懈努力，天津城市面貌的改变与城市特色的凸显说明了城市设计在城市规划建设中起到的重要作用。天津在快速城市化建设过程中也同样遇到了种种问题，第一，快速化城市过程中如何保持城市固有特色，通过对城市历史文化遗产资源的有序保护、整合，实现城市特色风貌的重塑；第二，如何发掘丰富的城市建筑文化资源，通过合理规划控制与引导城市的建筑形态、色彩、街廓空间、开放空间等要素，塑造整体特色与局部个性塑造相统一的建筑风貌与城市意象；第三，如何通过城市管理水平的综合提升，在管理手段与模式、技术政策的制定、规章制度的科学化等环节实现规划管理的科学高效、理性公平。在城市设计没有被提到如此高度的历史时期，我国大部分城市发展已经进入了注重环境和质量的新时期，城市规划建设面临的更加复杂多变的发展中问题引发了城市规划工作者更多的思考。多年的工作经验告诉我们，在城市规划的理念和方式上要深入研究城市发展规律，在城市特色空间塑造上要充分发掘城市内在资源和地域特性。从市域层面注重地域特色的挖掘、城市中心区层面注重片区空间形态连续性的提升和建筑群体秩序感的增强、建筑设计层面精益求精，鼓励设计元素融入天津文脉特征，体现时代特色。

管理机制体制
Administrative Systems

天津作为一座城市并不如国内很多古城历史悠久，然而发源于三岔河口的天津，短短600余年，即崛起为特大城市，这在中国城市发展史上是极为罕见的。近年来，作为我国北方经济中心和环渤海地区最大的沿海开放城市，天津各方面都发生了新的历史性变化。历届市委市政府高度重视城市规划，特别是针对城市规划建设管理付出了巨大心血，引领开展了大量卓有成效的工作。从天津的城市定位出发，立足于实现国家发展战略，立足于体现天津的特色和优势，提出了规划是经济发展、社会建设、城乡建设的蓝图和依据；强调高水平的规划创造巨大的经济和社会效益，规划滞后或者落后，将制约经济社会发展，影响城市建设，甚至造成极大的浪费，给后人留下包袱和历史遗憾；强调城市要发展，规划要先行。有什么样的规划，就有什么样的城市面貌，就有什么样的发展结果。天津的规划工作要立足于充分反映天津的历史文化底蕴、独特的自然景观和现代化气息，使城市的发展建设真正建立在高水平的规划基础之上。

1. 开展城市设计规划编制工作

在城市设计没有被提到如此高度的历史时期，我国大部分城市发展已经进入了注重环境和质量的新时期，城市规划建设面临的更加复杂多变的发展中问题引发了城市规划工作者更多的思考。多年的工作经验告诉我们，在城市规划的理念和方式上要深入研究城市发展规律，在城市特色空间塑造上要充分发掘城市内在资源和地域特性。从市域层面注重地域特色的挖掘、城市中心区层面注重片区空间形态连续性的提升和建筑群体秩序感的增强、建筑设计层面精益求精，鼓励设计元素融入天津文脉特征、体现时代特色。我们深感在各级规划编制体系中，极为欠缺的是对城市空间形态的感知和把控。为此利用2008年市委市政府组织成立市重点规划编制指挥部的契机，将城市设计编制和管理工作提上日程。通过150天的连续奋战，共编制完成了包括总体城市设计、重点地区城市设计、专项规划等119项规划成果，11项各分区总体设计，12项市重点地区城市设计，9项区县新城总体城

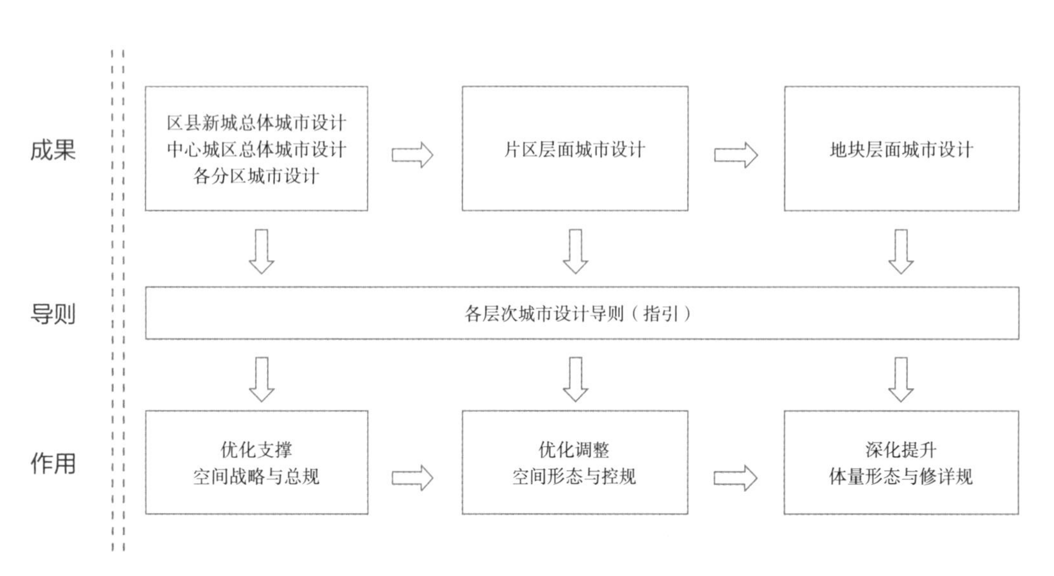

城市设计与规划编制关系图

市设计，实现了中心城区城市设计全覆盖，为今后几年的规划实施奠定了坚实基础。近年来，城市设计编制成为指导总体规划编制、控制性详细规划编制、规划实施核发规划条件前规划策划的重要指导。总体规划阶段编制总体城市设计和分区城市设计，对城市或区域空间总容量及形态进行整体掌控，制定战略发展区域。控制性详细规划阶段编制城市设计，通过空间布局、体量、形态、秩序等的推敲形成一控规两导则的管控要求，作为核发规划条件的依据。核发规划条件前依据一控规两导则编制地块层面城市设计，对控制性详细规划阶段城市设计进行深化细化，形成城市设计指引文件，指导土地出让后的规划方案编制。两个阶段的城市设计编制内容和目的不同，相互衔接，成为天津市从中观到微观层层控制城市空间特色的有力手段。

天津具有深厚的历史文化底蕴、独特的自然风貌，拥有众多珍贵的文物、历史建筑；保存完好、风貌独特的历史文化街区；

总体规划阶段总体城市设计（中心城区总体城市设计）

和平区总体城市设计

河西区总体城市设计

控规阶段重点区域城市设计（海河后五公里城市设计）

传统特征显著、格局完整的历史文化名镇、名村。2008年国家《历史文化名城名镇名村保护条例》颁布实施后，对保护工作提出了更高的要求，在开展全市各层次城市设计编制工作的同时，我们结合天津名城保护工作的特点及历史文化资源的组成情况，建立了由总体、分区、控规、建筑四个层面组成的保护规划体系，对全市的历史文化资源进行系统的保护规划管理，进一步彰显天津历史文化特色和底蕴。为了规范保护规划的内容、深度和成果要求，指导保护规划的编制，在编制规划之前，参照国家有关法规制定了《天津市历史文化街区保护规划编制技术标准》、《天津市历史文化名镇名村保护规划编制技术标准》，确保了保护规划编制的科学性、准确性、规范化。

《天津市历史文化名城保护规划》是总体层面的保护规划，主要对保护资源进行发掘和价值评估、明确各类保护对象、初步划定保护范围、提出保护策略及总体保护要求，并指导其他层次保护规划的编制。重点对历史城区保护内容进行了补充和完善，如工业遗产、非物质文化遗产、山水环境等，提出保障措施；突出天津近现代的历史文化特色，反映“中西合璧、古今交融”的独特风貌，全面体现天津历史文化名城的价值。

分区层面的保护规划是对总体层面保护规划内容的深化和细化，确定各历史地区的功能定位、细化保护范围、整合保护资源，确定保护要素，提出保护要求、措施及发展建议。《天津境内京杭大运河保护与发展规划》梳理了天津境内大运河的现状情况，

地块层面城市设计（德式风情区鸟瞰图）

地块层面城市设计（德式风情区沿海河效果图）

明确现状遗产分布、价值；针对遗产自身制定保护措施以及遗产周边的建设控制措施，结合历史文化做好重点地区的保护，在保护的基础上利用好运河遗产，发挥现代价值。

《天津市历史城区保护规划》对中心城区的物质形态和非物质形态的历史文化资源进行再发掘，提出将历史城区内文物及历史建筑较为集中，在建筑风格、路网格局、空间形态等方面能体现天津城区某一发展阶段的典型风貌，且最能代表天津城市特色的典型区域划定为 3 片特色风貌区。

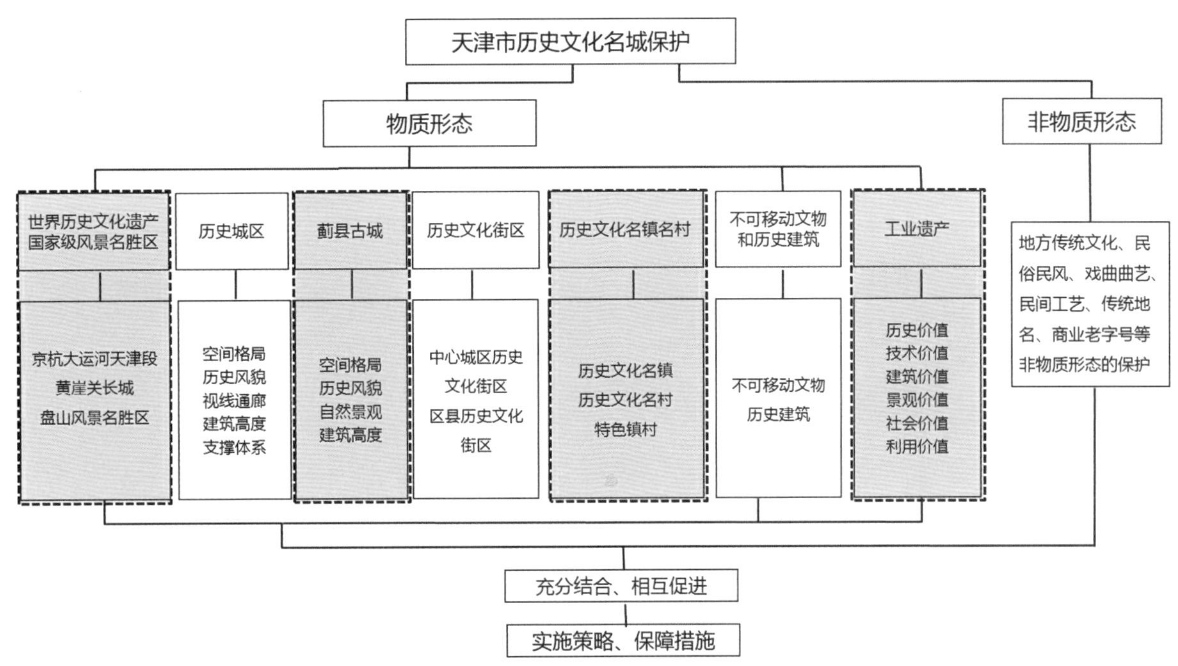

天津市历史文化名城保护框架图

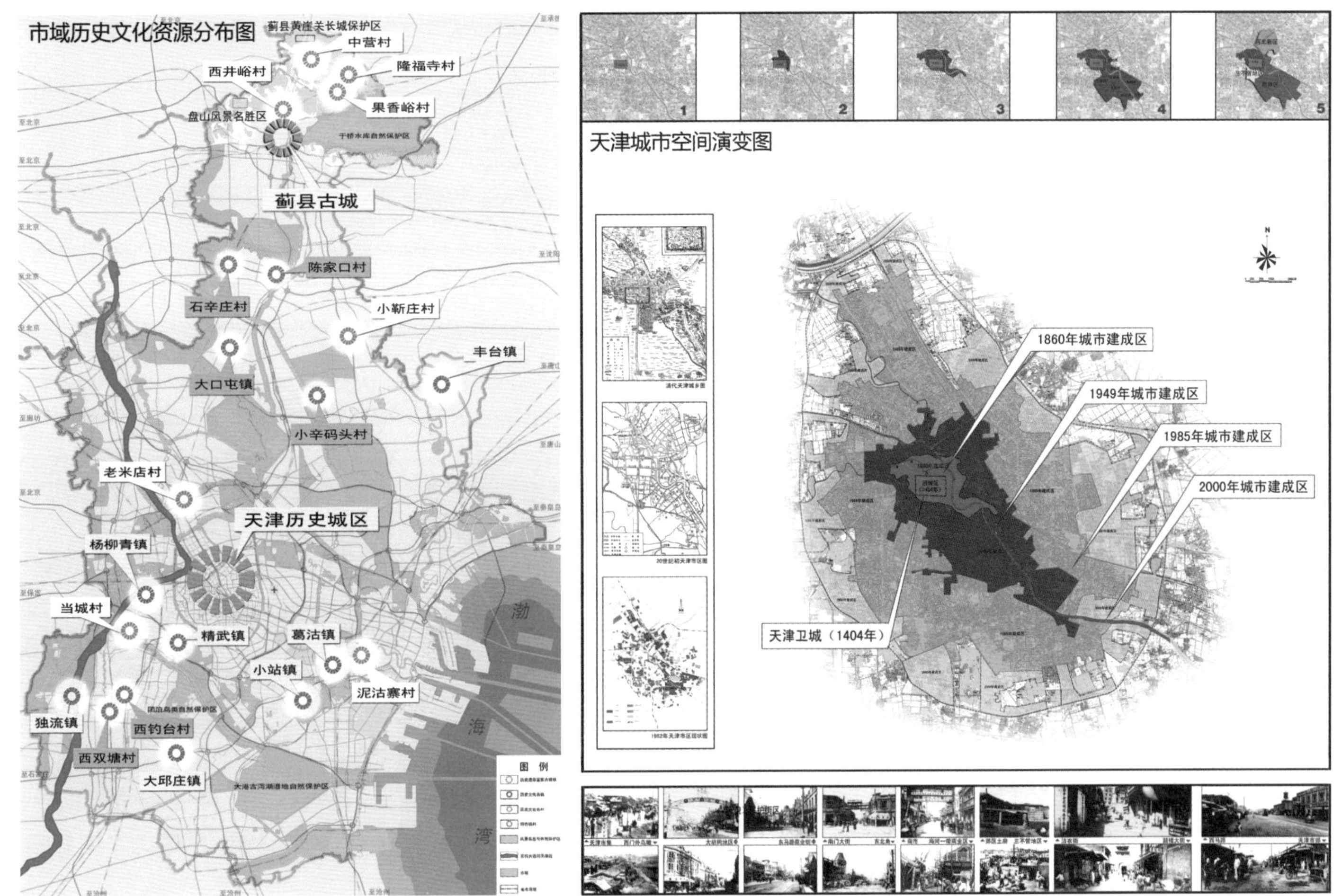

天津市域历史文化资源分布图

天津城市空间演变图

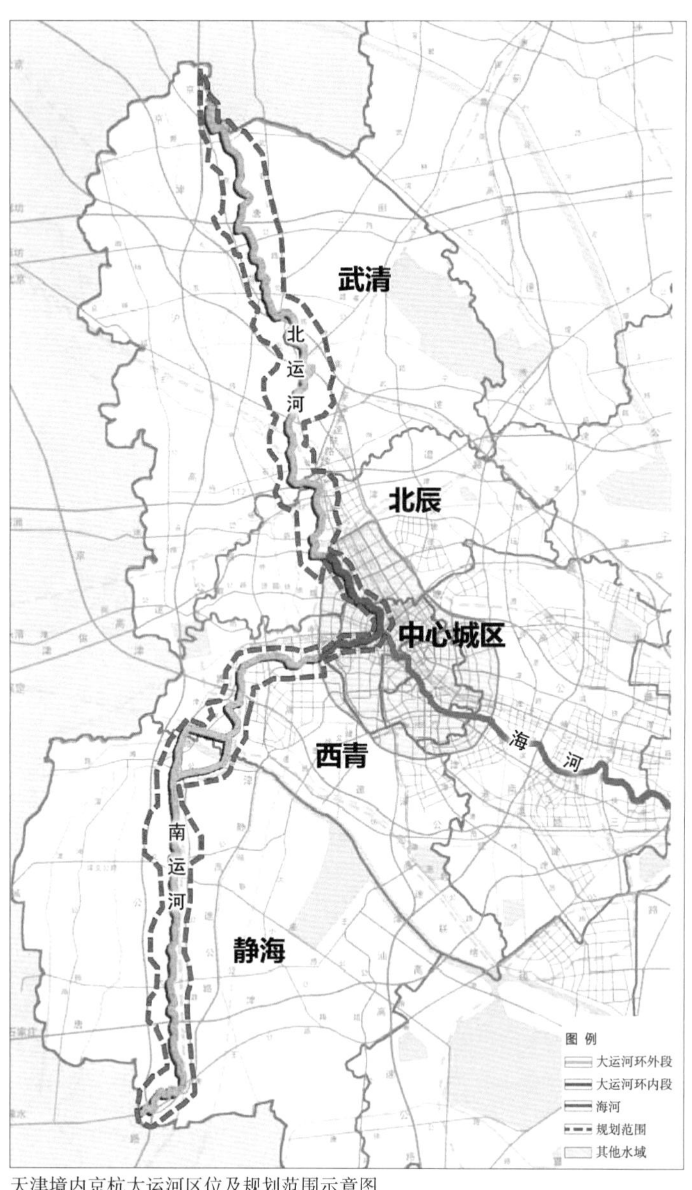

天津境内京杭大运河区位及规划范围示意图

河西务镇
陈庄
昭阳寺
后幼庄
羊坊
郭官屯
长屯
武清新城
老米店
北辰双街片区
西青新城
当城
西青辛口片区
独流镇
荀家营
府君庙
静海新城
高家楼
八里庄
南长屯
西钓台
王官屯
吕官屯
刘上道
唐官屯镇
图 例
规划新城
重点发展片区
中心镇
村庄
大运河

天津境内京杭大运河沿线城镇村体系规划图

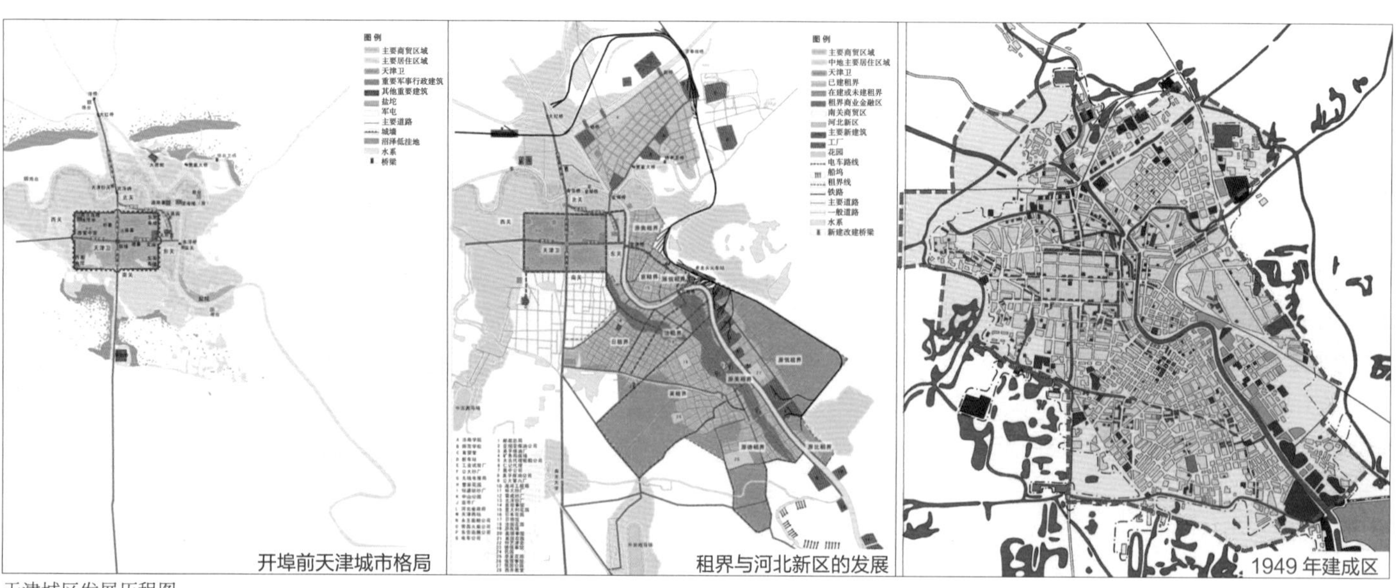

天津城区发展历程图

在控规层面上，编制完成了中心城区泰安道、五大道等14个历史文化街区和杨柳青镇、葛沽镇、西井峪村保护规划，并得到市政府批复。控规层面的保护规划用于指导保护范围内的土地利用、建设管理、城市空间形态控制以及修详规的编制等，与一般地区的控制性详细规划有一定的共同点，同时也突出体现了历史文化保护的特点。

在建筑层面上，重点对全市具有保护价值的建筑进行了全面的普查，形成保护性建筑名录并分批次对社会公布。同时还对全市的工业遗产进行了普查认定并编制了保护性利用规划，确定工业遗产保护名录，制定天津工业遗产保护利用图册。

在编制系统性的保护规划的同时，我们还对历史文化资源集中、历史文化特色突出的重点区域开展了重点地区城市设计。为

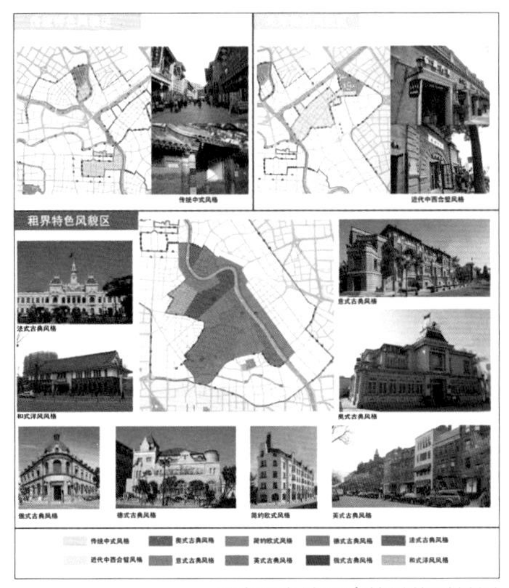

天津历史城区建筑风格引导图

天津历史城区建筑色彩引导图

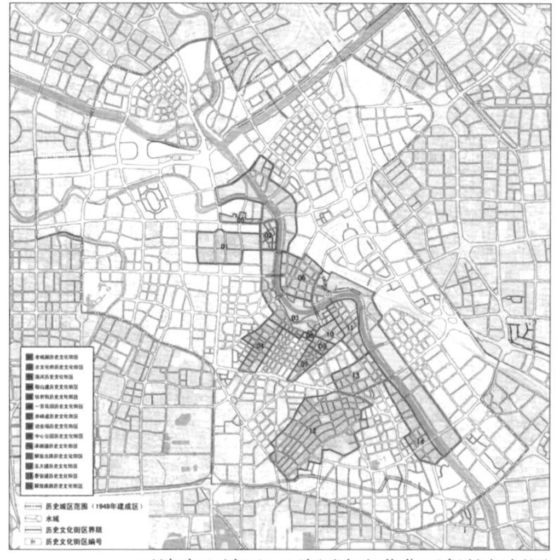
天津中心城区14片历史文化街区保护规划图

厂区概况	
区位图	航拍图
区位	天津市塘沽区大沽船坞路27号。
历史沿革	创建于1880年； 1882年开始建造舰船； 1890年，开始制造枪、炮、水雷等军械； 我国北方最早的船舶修造厂和重要的军械生产基地。
现状概况	占地面积：约22.3公顷； 产权单位：天津市船厂。

历史概述及建筑价值评价	历史及价值	建筑照片
轮机车间	建于1880年，1976年唐山大地震，部分墙体倒塌，更换为红砖，现状建筑内墙壁还保留原有青砖。 建筑为砖木结构，溜肩形高封山墙，屋顶呈双脊型，铺灰色泥质瓦，建筑开间19.77米，进深14间，长55.26米，宽19.8米，是大沽船坞的主要机械加工力量，内部梁柱相对完整。	
办公楼	建筑为砖混结构，主立面水平向延伸感强，建筑立面风格显著。	
车间	建筑为砖混坡屋顶结构。	
甲坞	兴建于1880年，原有的坞壁桩为木质，后于二十世纪七十年代改为混凝土，坞门于1968年由原来的双扇木质挤压式对口坞门改造成钢质浮箱式坞门。 甲坞目前仍承担修船、造船功能。	
海神庙遗址	1697年海神庙重建，兴建于1880年，康熙帝题匾“敕建大沽口海神庙”。1920年被辟作“大沽海军管轮学校”。1922年，海神庙观音阁失火，大庙化为灰烬。 海神庙是地下文物遗存，有建筑基础、通向大海的甬道和三开间山门遗址。	
船坞遗址	兴建于1880年，乙坞于1998年被填平，在原址上建造仓储货场；丙坞于1993年被填平，原址上建成造船下料、造段平台；丁坞于1981年改造成半坞式机械化船台。 兴建于北洋水师大沽船坞建造之初，历史悠久，各坞规模及形制稍有不同，但均是中国北方最早的船舶修造厂的代表。	

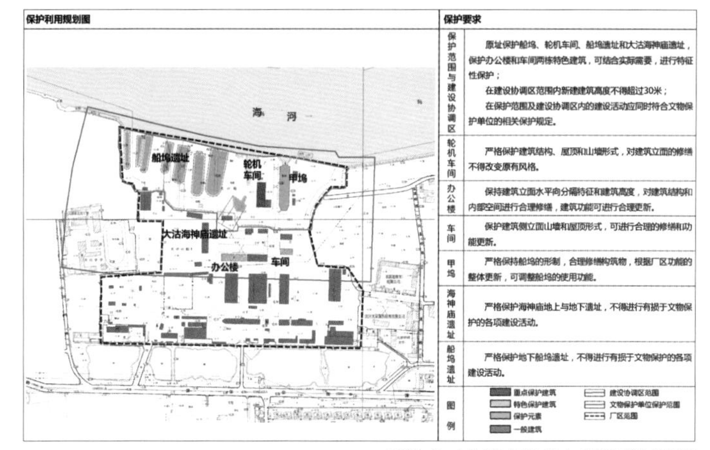

保护要求	
保护范围与建设协调区	原址保护船坞、轮机车间、船坞遗址和大沽海神庙遗址，保护办公楼和车间两栋特色建筑，可结合实际需要，进行特征性保护； 在建设协调区范围内新建建筑高度不得超过30米； 在保护范围及建设协调区内的建设活动应同时符合文物保护单位的相关保护规定。
轮机车间	严格保护建筑结构、屋顶和山墙形式，对建筑立面的修缮不得改变原有风格。
办公楼	保持建筑立面水平向分隔特征和建筑高度，对建筑结构和内部空间进行合理修缮，建筑功能可进行合理更新。
车间	保护建筑侧立面山墙和屋顶形式，可进行合理的修缮和功能更新。
甲坞	严格保持船坞的形制，合理修缮构筑物，根据厂区功能的整体更新，可调整船坞的使用功能。
海神庙遗址	严格保护海神庙地上与地下遗址，不得进行有损于文物保护的各项建设活动。
船坞遗址	严格保护地下船坞遗址，不得进行有损于文物保护的各项建设活动。
图例	重点保护建筑；特色保护建筑；保护元素；一般建筑；建设协调区范围；文物保护单位保护范围；厂区范围

天津市工业遗产保护与利用规划图则

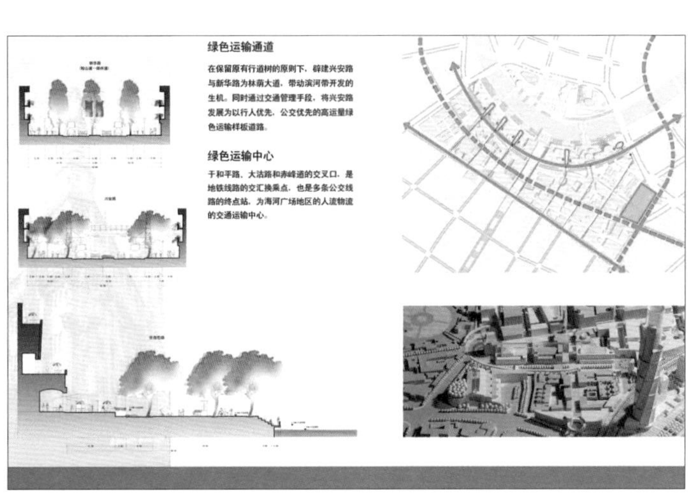

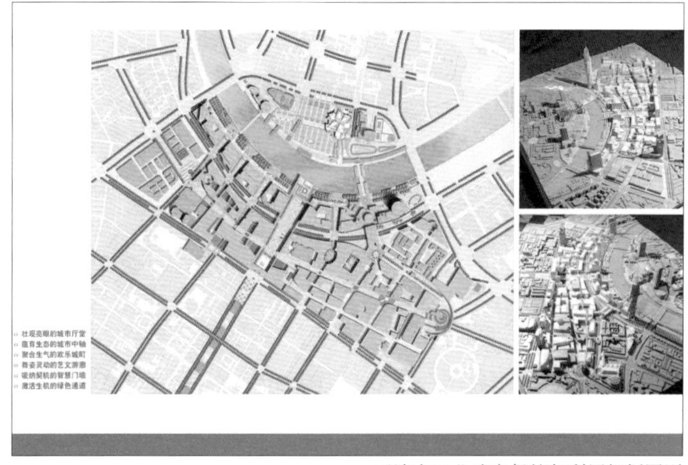

天津市工业遗产保护与利用规划图则

解放北路地区城市设计

将海河打造成“独具特色、国际一流的服务型经济带、文化带和景观带”，2002 年我市组织开展了古文化街、三岔河口、解放北路、解放南路、中心公园等地区的详细规划和城市设计方案国际征集，进一步提升了海河两岸历史文化街区的特色和品质。同时，为充分发挥历史文化街区的价值，优化城市功能，提升城市活力，2015 年组织对五大道、中心公园、解放北路等历史文化街区进行了重点地区城市设计，这些规划成果使得历史文化街区与周边环境整体更为协调，进一步彰显了天津的历史文化底蕴和城市特色。

2. 形成城市设计管理特色机制

“一控规两导则”是天津市在中观层面推进城市设计管控的特色管理机制。控制性详细规划是规划实施管理的直接法定依据。面对中心城区城市化快速推进、土地利用类型复杂多变的形势，单纯的“指标管理”已经不能适应城市发展需要。为妥善处理好维护规划严肃性和促进城市发展的关系，天津对控规编制与实施进行了积极的创新与实践，以城市设计为引领，将城市设计转化

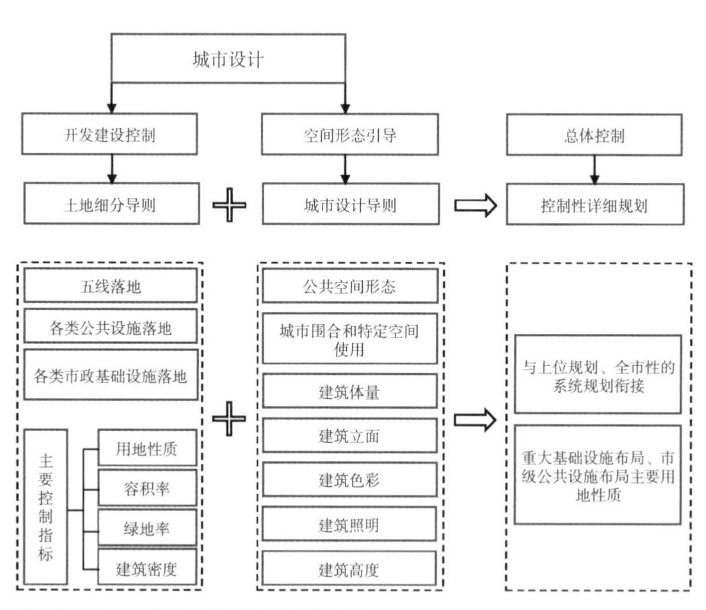

城市设计与“一控规两导则”关系框架图

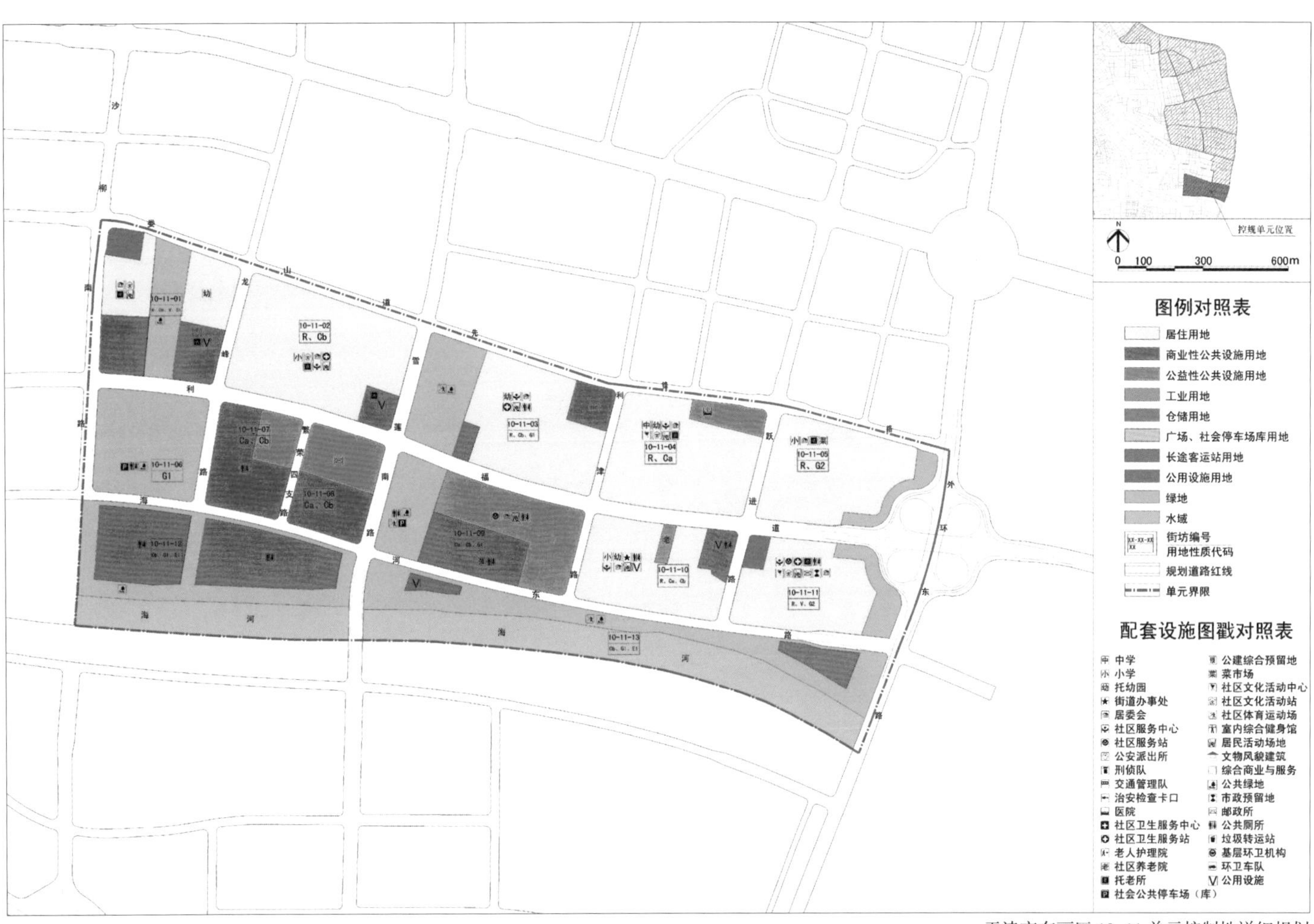

天津市东丽区 10-11 单元控制性详细规划

街坊编码	主导用地性质代码	用地性质	用地面积（hm^2）	容积率	建筑密度（%）	绿地率（%）	配套设施项目	备注
10-11-01	R	居住用地	7.84	2.3	20	40	托幼园、居委会、托老所、社区文化活动站、居民活动场地	
	Cb	商业性公共设施用地	6.21	4.2	40	20	公安派出所、托老所、公用设施	
	V	公用设施用地	1.17	—	—	—		
	G1	公共绿地	5.17	—	—	75	公共绿地	
10-11-02	R	居住用地	21.67	2.5	25	35	小学、社区服务中心、居委会、社区卫生服务站、托老所、社区文化活动站、居民活动场地	
	Cb	商业性公共设施用地	1.49	1.9	20	25	托老所、公用设施	
10-11-03	R	居住用地	15.74	2.8	20	40	托幼园、社区服务中心、居委会、社区卫生服务站、居民活动场地、公厕	
	Cb	商业性公共设施用地	2.81	4.8	50	20	综合商业与服务	
	G1	公共绿地	7.31	—	—	75	社区体育运动场、公共绿地	
10-11-04	R	居住用地	17.27	2.2	20	40	中学、托幼园、社区服务中心、2个居委会、托老所、社区文化活动中心、社区文化活动站、居民活动场地	
	Ca	公益性公共设施用地	2.21	1.8	30	25	医院	
10-11-05	R	居住用地	15.31	2.4	25	45	小学、2个居委会、托老所、菜市场	
	G2	生产防护绿地	2.05	—	—	90		
10-11-06	G1	公共绿地	13.50	—	—	75	社会公共停车场库、公厕、公共绿地	
10-11-07	Ca	公益性公共设施用地	2.53	8.7	35	20		
	Cb	商业性公共设施用地	7.35	8.3	30	20	公厕	

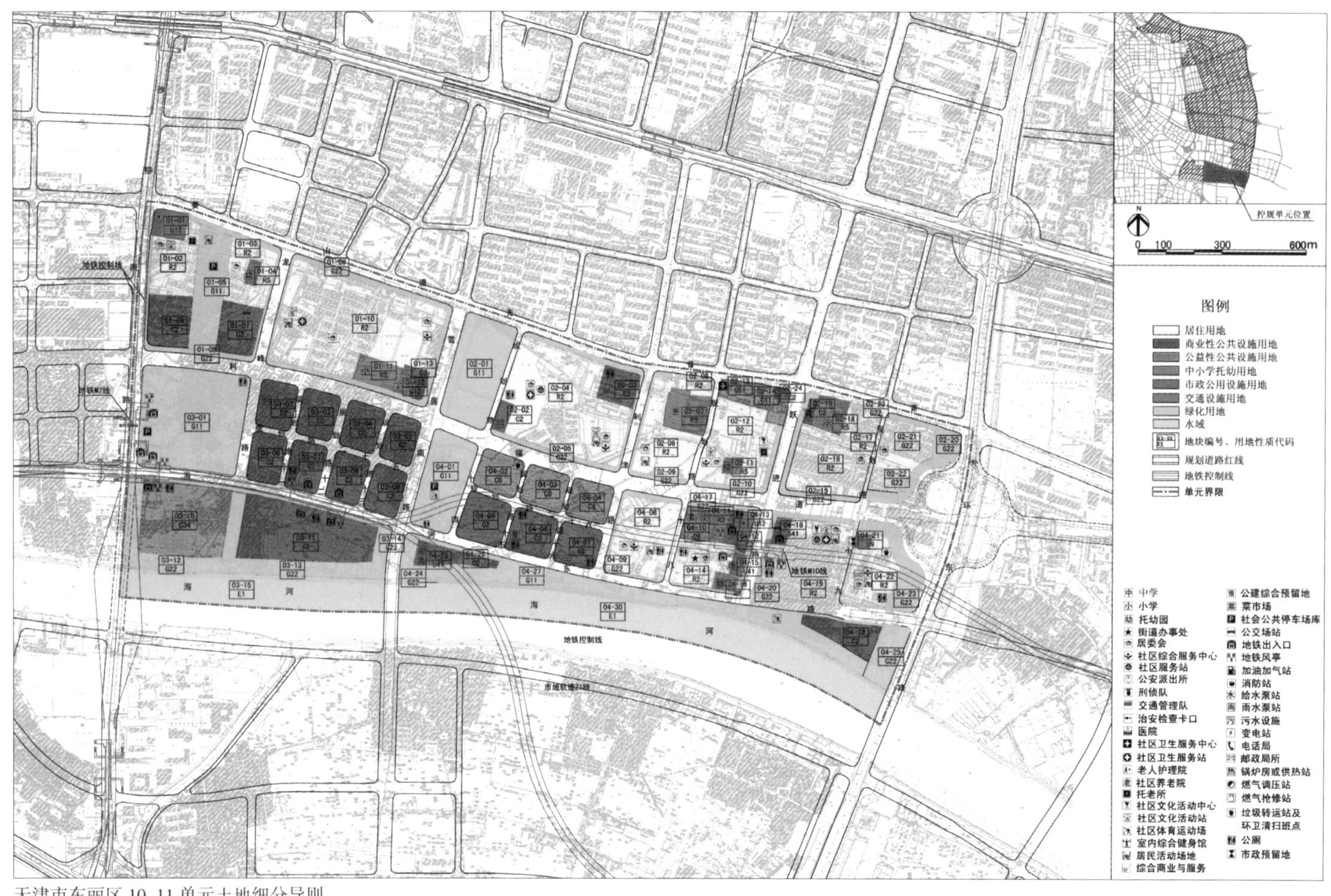

天津市东丽区 10-11 单元土地细分导则

街坊号	地块编号	用地性质代码	用地性质	用地面积（m^2）	容积率	建筑密度（%）	绿地率（%）	配套设施项目		备注
								设施名称	建设规模、方式	
1	01-01	U12	供电用地	11725	—	—	—	变电站	110kV、独立设置	现状保留
	01-02	R2	二类居住用地	62100	2.0	25	45	社区文化活动站、居委会居民活动场地、托老所	合建	海河上游后五公里地区总体城市设计确定
	01-03	R2	二类居住用地	30534	2.5	25	45			海河上游后五公里地区总体城市设计确定
	01-04	Rs	中小学、托幼用地	3934	0.7	40	35	托幼	建立设置	海河上游后五公里地区总体城市设计确定
	01-05	011	公园	46900	0.1	3	75			海河上游后五公里地区总体城市设计确定
	01-06	C2	商业金融业用地	27513	3.5	40	20			海河上游后五公里地区总体城市设计确定
	01-07	C2	商业金融业用地	24971	3.5	40	20	公交场站、派出所	合建，公交场站首层建筑面积 $3500m^2$，派出所 $2000m^2$	海河上游后五公里地区总体城市设计确定
	01-08	022	防护绿地	22820	—	—	90			海河上游后五公里地区总体城市设计确定
	01-09	022	防护绿地		—	—	90			海河上游后五公里地区总体城市设计确定
	01-10	R2	二类居住用地	171285	2.5	25	45	社区文化活动站、居委会、居民活动场地、社区服务中心、社区卫生服务站	合建	海河上游后五公里地区总体城市设计确定
	01-11	RS	中小学、托幼用地	14720	0.7	40	35	小学	建立设置	海河上游后五公里地区总体城市设计确定
	01-12	U12	供电用地	3472	—	—	—	变电站	110kV、独立设置	海河上游后五公里地区总体城市设计确定
	01-13	C2	商业金融业用地	8241	3.5	25	25	垃圾转运站及环卫清扫班点	独立设置	海河上游后五公里地区总体城市设计确定

为土地细分导则和城市设计导则，再提炼出控规的控制要求。逐渐形成了“总量控制，分层编制，分级审批，动态维护”的总体思路。通过控制性详细规划、土地细分导则、城市设计导则的有机结合、协同运作，提高控规的兼容性、弹性和适应性，形成“一控规两导则”的控规编制和实施管理体系。“一控规”是实施规划管理的法定依据，是土地细分导则和城市设计导则的主要支撑。“两导则”是指土地细分导则和城市设计导则，是实施精细化规划管理的具体措施。

“一控规”是指以控制性详细规划为依据。作为土地细分导则和城市设计导则的主要支撑，控制性详细规划以落实天津市城

天津市东丽区 10-11 单元城市设计导则

街坊号	地块编号	用地性质代码	用地性质	街道				开放空间	建筑					建筑首层开放区	建筑首层通透度	建筑墙体广场
				建筑退线（m）	建筑贴线率（%）	建筑主立面及入口门厅位置	停车及车行出入口位置	类型及控制要求	建筑体量	建筑高度（m）	建筑风格	建筑外檐材料	建筑色彩			
01	01-01	U12	供电用地	娄山道退绿线5	—	—	—	—	—	—	—	—	—	—	—	—
	01-02	R2	二类居住用地	沙柳南路、娄山道：退绿线5	已批修详（沙柳南路：40；娄山道：90）	—	地下停车为主，在沙柳南路设车行出入口	—	新建高层建筑顶部宜采用平坡结合屋顶，应与建筑周边环境及建筑主体协调	已批修详（建筑主体高度大于80m且小于等于100m）	现代风格	高层主体：面砖、涂料裙房：石材	以暖黄色调、砖红色调为主导，不宜采用大面积纯色和深色	—	—	—
	01-03	R2	二类居住用地	娄山道、龙峰路：退绿线5	已批修详（娄山道：60；龙峰路：40）	—	地下停车为主，在娄山道、龙峰路设车行出入口	—	新建高层建筑顶部宜采用平坡结合屋顶，应与建筑周边环境及建筑主体协调	已批修详（建筑主体高度大于80m且小于等于100m）	现代风格	高层主体：面砖、涂料裙房：石材	以暖黄色调、砖红色调为主导，不宜采用大面积纯色和深色	—	—	—

市总体规划为目标，以“控规单元”为范围，对建设用地的主导性质、开发强度和建设规模进行总量控制，对公共设施、居住区级的配套服务设施、基础设施、城市安全设施和绿地以及空间环境等制定控制要求，“粗化”了传统控规编制内容，将规划控制指标由地块平衡改为单元平衡，同时考虑土地利用的兼容性。

“两导则”是指以土地细分导则和城市设计导则为措施。“土地细分导则”是对城市用地最直接的规划管理依据，是在控规的框架下对控规单元内的地块的深化和细化。结合开发建设的实际需求，分解控规单元的总体控制指标，将控规确定各项控制指标和要求预先落实到具体地块，作为实施建设项目规划管理的依据。“城市设计导则”是对城市空间形象进行统一塑造的管理通则，目的在于为政府和规划管理提供一种长效的技术支持，引导土地合理利用，保障优良的空间环境品质，促进城市空间有序发展。

在“一控规两导则”的管理体系下，土地细分导则通过开发强度指标、“六线”等的规定，形成对地块开发规模和基础设施支撑等二维控制；城市设计导则主要通过街道立面、空间环境和建筑群体等的控制塑造城市的三维形象。在规划编制时间上，二者同时进行，在成果应用上相互印证与融合，共同运作与完善，实行一体化管理。

城市设计成果以导则的形式纳入规划管理体系，在控规的框架下运行，使城市设计有效地纳入城市规划编制法定体系和城市建设管理法制体系。控规纳入了城市设计导则的内容后，在总量控制、数理指标方面更有说服力。城市设计导则，分总则和分则两个层次，从整体风格、空间意象、街道类型、开敞空间、建筑形态等五个方面、共十五个要素，提出控制要求。目前，天津已完成了中心城区与控规单元相对应的城市设计导则全覆盖。

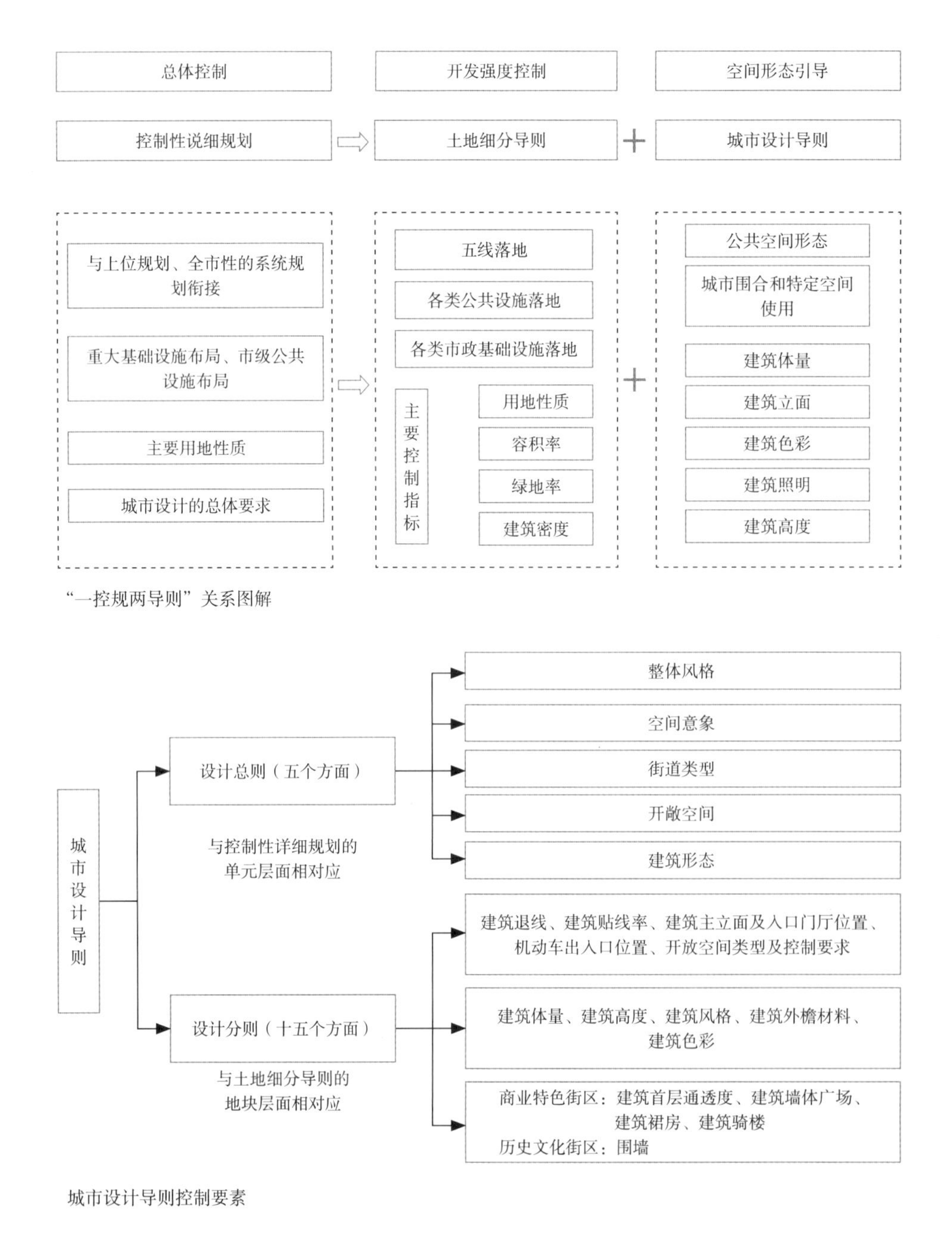

“一控规两导则”关系图解

城市设计导则控制要素

通过开展城市设计，我们对全市各地区和重点地区的空间结构、形态特色、功能布局、交通组织、建筑风格与色彩等有了较为明确、详细的引导，提出了具体的控制方向和规划要求，优化支撑了空间战略规划和城市总体规划，优化调整了城市空间形态、功能布局，优化创新了重点地区的修详规，规范控制了建筑风格等城市细节。

3. 推进城市设计法定化工作

自2008年完成了城市设计中心城区全覆盖工作后，天津在中观层面推出了“一控规两导则”的特色管理机制，将城市设计管控与规划管理工作相结合。一方面通过相关法规、规定、规章体现法定地位，形成政策性依据；另一方面不断完善科学合理的管理体系。天津先后在《天津市城市规划管理技术规定》、《天津市城乡规划条例》、《天津市城市设计导则管理暂行规定》等法规、规定中将城市设计在规划管理中提出具体。

首先，出台政府规章。2009年3月1日起施行的《天津市城市规划管理技术规定》（天津市人民政府第16号令）中首次明确了城市设计导则在天津规划管理中的作用和意义。其中第一编总则第四条规定：规划行政主管部门可以根据本规定制定城市设计导则，城市设计应当符合城市设计导则的要求。第二编规划编制第二章总体规划第十五条规定：城区或者镇区规划包括下列内容：……（十九）制定总体城市设计引导策略，确定城镇风貌定位，确定建筑高度分区、建筑密度分区、城镇天际线、城镇重要界面、景观轴线、景观节点、文化体系等重要总体城市设计内容的设计原则与总体布局。第二编规划编制第六章控制性详细规划第二十九条控制性详细规划包括下列内容：（六）重点地区应当提出城市设计要求。

第二，在地方性法规方面实现了法定化。2010年3月1日起施行的《天津市城乡规划条例》，明确了城市设计和城市设计导则的法定地位。该条例第十二条规定：编制城乡规划应当以上一级城乡规划为依据，其内容应当符合法律、法规、规章和技术规定，体现城市设计的要求。第三十条规定：市人民政府确定的重点地区、重点项目，由市城乡规划主管部门按照城乡规划和相关规定组织编制城市设计，制定城市设计导则。前款规定以外其他地区，由区、县城乡规划主管部门组织编制城市设计，制定城市设计导则。第五十六条规定：设计单位必须按照规划要求、城市设计导则和有关规定，进行规划设计和建设工程设计；施工单位必须按照建设工程规划许可证的内容进行施工；测绘单位必须按照测绘规范和有关规定进行测绘。

第三，出台相应规范性文件予以落实。2011年7月起施行《天津市城市设计导则管理暂行规定》（规法字【2011】491号）。该规定针对天津市行政区域内，城市设计导则的制定和实施进行了明确规定。2011年3月起施行《天津市城市设计导则编制规程（试行）》，规范了城市设计导则的编制工作。

第四，加强历史文化街区的规划管理。一是制定并实施《天津市五大道历史文化街区规划管理规定》，对于历史文化街区提出了更为严格的建设规划管理规定，确保历史文化街区的建设项目从核发规划条件阶段开始，就严格按照保护规划进行审查。在建筑方案审批及管理阶段，针对建筑风格、材料及砌筑方式都有深入细致的研究，重点关注地块内新建建筑与历史建筑之间的衔接和融合。通过严格的规划管理，保证项目最终的实施效果与规划设计方案高度吻合。二是将工业遗产和保护性建筑的保护要求与一般地区的控制性详细规划进行结合，确保保护要求能在规划实施中落实。

4. 依据城市设计推动规划实施

在完成了城市设计的编制后，怎样将城市设计的管控要求在项目审批环节进行层层落实，既是规划建设管理的重点也是难点。天津市在这方面进行了不断的探索。

（1）在规划条件阶段纳入城市设计指引：规划条件是规划实施的第一个行政许可环节，也是后续规划手续办理的依据。将城市设计与规划条件依法依规、科学合理地进行结合尤为关键。为了实现规划条件阶段刚性强制性要求和弹性指导性要求相结合，既能共同指导项目实施，又能避免规划条件的变更，进行了多种方式方法的探索。目前施行的规划条件与城市设计指引相结合的方式取得了较好的效果。规划条件作为合同的组成部分，成为刚性控制的组成部分。规划行政主管部门核发规划条件时，同步将城市设计指引提供给土地整理单位。城市设计指引是出让地块编制规划设计方案的重要参考，不作为规划条件的组成部分，不纳入国有建设用地使用权出让合同。国土行政主管部门发布国有建设用地使用权出让公告后，在竞买人购买招标、拍卖、挂牌文件时将城市设计指引提供给竞买人。城市设计指引包括区位示意图、建筑相对位置关系示意图、空间形态示意图、功能布局示意图等，建设用地位置特别重要的，还应包括建筑立面效果示意图。

（2）在规划方案阶段引入三维数字模型：为了充分利用城市设计成果，保证按规划实施到位，我们将城市设计成果转化为空间电子模型，建立了中心城区三维数字模型系统，实现了中心城区精细化模型100%全覆盖。该系统是在建立天津中心城区三维数字模型的基础上，将各建设工程项目放置在真实的三维城市环境中，从区域整体城市设计中推敲空间尺度、建筑形体、风格色彩，从各个角度分析具体建设项目的规划布局和建筑设计是否符合规划要求，是否体现城市特色。该系统还可以在虚拟环境中实时对规划和建筑方案进行修改和调整。通过实践，三维数字模型

XX区XX地块城市设计指引

（字体微软雅黑，54号，加粗）

天津市规划局XX规划分局（签章）

XX年XX月（字体微软雅黑，24号，加粗）

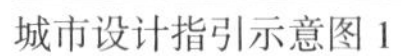

城市设计指引示意图 1

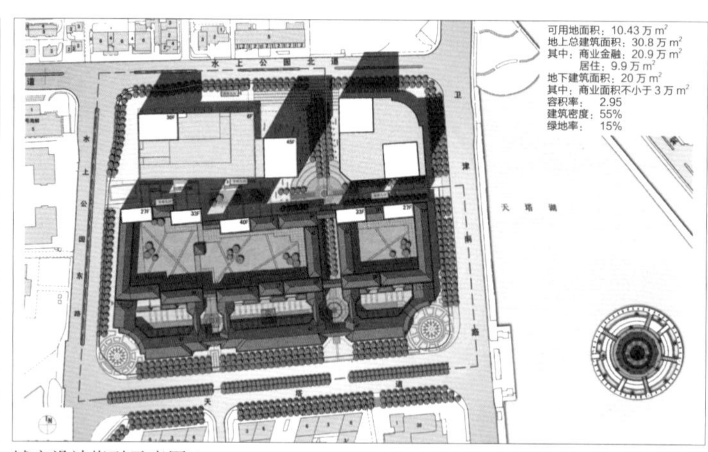

城市设计指引示意图 2

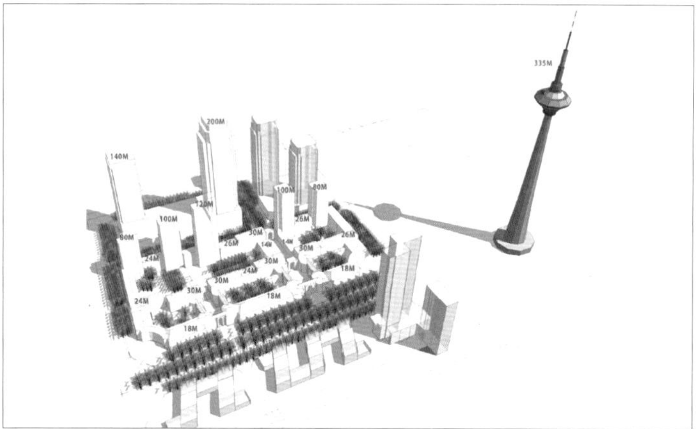

城市设计指引示意图 3

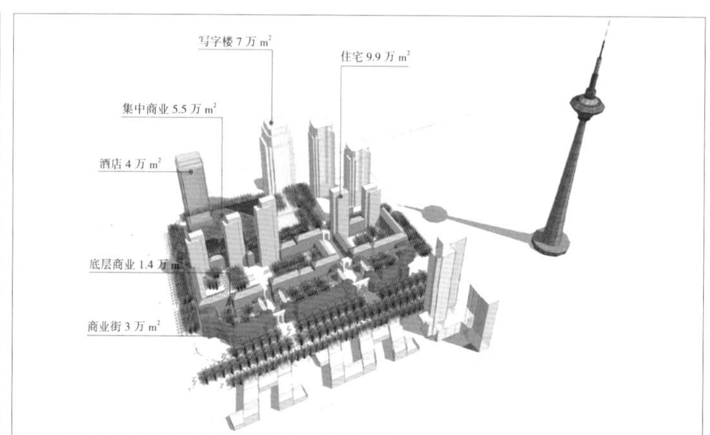

城市设计指引示意图 4

土地出让前城市设计指引（冷冻厂地块）

土地出让后实施方案（冷冻厂地块）

系统能够辅助规划管理者快速、科学、正确地选定出最合适的规划和建筑方案，确保规划管理的科学性、提高规划审批效率。同时，我们将城市设计引入规划审批管理，实现三维动态审批，从城市环境的角度审视每一项规划和每一栋建筑，力求将每一个建设项目都做成精品。

（3）在建筑方案阶段落实规划导则要求：建筑方案体现的效果是决定建筑立面风格、形式、设计品质的重要环节。天津在建筑方案的审查上形成了一套卓有成效的方式方法。近年来以各层次城市设计为依托，将城市设计导则的要求具体落实到建筑单体层面，开展了专项控制导则的探索与实践，编制形成了《天津市

三维数字模型系统辅助规划审批

三维数字模型系统辅助规划审批（方案一）

三维数字模型系统辅助规划审批（方案二）

立面方案多方案比选

规划设计导则》等十余个导则，从建筑特色、建筑色彩、建筑高度、建筑顶部等方面，对居住、商业、办公等各类建筑设计提出控制要求。简化整合建筑顶部造型，准确把握建筑色彩的，有效控制建筑材料，突出和强化城市建筑组群合理性以天津特有的历史文化为精髓。以融贯中西的现代折衷主义建筑为主导，逐步强化突显天津特有的城市精神与气质，并通过导则引导使天津呈现整体多元融合，分区特色明显的城市特色。

（4）在施工阶段建立巡查机制和监管系统：为实现“批得好、管得住”的工作目标，建立并实施了建筑外檐规划管理工作制度，从建设项目的选址、规划方案、建筑方案、建设工程规划许可证、外檐材料审查、过程查验和规划验收七个阶段，强化建筑外檐管理，并在每一个审批阶段相应增加和突出建筑外檐管理的内容和要求。积极推行多方案比较和专家评审论证制度、建设工程外檐材料登记审查制度、预告知制度等多项保障措施，特别是对沿河、沿街、重要片区的重要项目，要求“样板墙”先行，现场实物审查通过后，方可开展外檐施工。对不满足规划要求的建筑外檐材料，进行严格把关。开发完成 iOS 平台在建项目监管系统，为实现实时跟踪检查建筑外檐施工情况提供保障。该系统集成了在建项目的土地坐落、总平面图、方案效果图、规划条件、建设进度等信息，可在移动终端对全市域在建项目的相关规划信息进行实时定位查询。实现在建建设项目“易看、易定位、易查、易管理”，满足规划管理人员在室外现场办公的情况下，通过移动终端进行规划业务信息查阅和记载的需求。

天津市规划设计导则

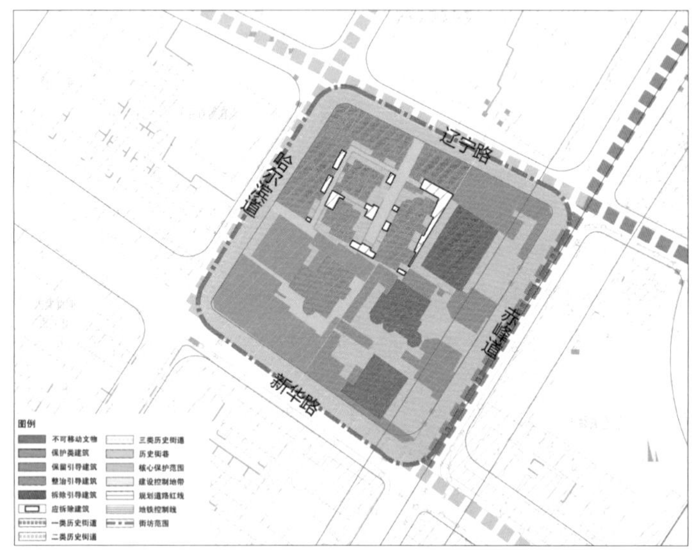

历史文化保护图则

5. 运用更为精细的城市设计手段确保历史文化街区保护规划实施

针对历史文化街区的特殊性，我们运用更为精细的城市设计手段，积极探索历史文化街区保护规划管理的方式方法。

（1）划定不同控制区域，提出相应管理要求。在中心城区 14 片历史文化街区的保护规划中，首先是根据历史地区的特点发掘历史风貌特征，确定了各个不同历史文化街区的整体功能定位。其次是根据历史文化街区内保护建筑分布情况以及空间格局的完好性、历史文化特征等，确定街区的核心保护范围和建设控制地带。对于核心保护范围，不得擅自改变街区的空间格局，严格控制建筑总量，一切建设活动都应经过专家委员会论证，不得擅自新建、扩建道路，严格保护环境景观要素。对于建设控制地带的规划控制应与街区的整体风貌特征协调。

（2）明确保护对象和规划管理要求。历史文化街区保护规划在确定总体保护原则后，针对历史文化街区内的每个街坊编制保护图则，对每个街坊的用地性质、开发强度、建筑限高、建筑密度等进行了详细的规定。除一般控规内容外，保护规划还从保护要素的认定、保护对象的分类、历史街巷与公共空间等方面，提出了城市设计控制导则和历史文化遗产保护要求；同时还对历史文化街区的空间结构、市政配套系统、建筑单体控制等多个层面提出管理与控制要求，对街区内每一栋建筑进行梳理和分类，提出保护与更新措施，并对每一个街坊从用地规划、历史保护、建筑与环境控制等方面编制保护图则；结合保护区的特点，规定了日照、间距、消防、停车、退线、高度等符合历史文化街区现状的特殊性要求。

（3）明确街区内单体建筑规划管理要求。对历史文化街区内每栋建筑进行梳理分类，将历史文化保护要求细化到每一栋建筑，提出保护与更新措施。根据保护对象的历史文化价值划分为文物保护单位、历史建筑（历史风貌建筑）、传统风貌建筑、与传统风貌相协调的建筑以及与传统风貌不协调的建筑。并根据保护对象分类确定为不可移动文物、保护类建筑、保留引导建筑、整治引导建筑、拆除引导建筑、应拆除建筑，提出了相应的更新利用方式。

（4）提出空间规划控制要求。历史文化街区保护规划还特别强调对空间环境的整体保护与延续，明确了历史街道、历史街巷的划定标准和控制原则，要求在系统保护历史性街道有形物质文化遗产的同时，对于风貌特征、历史街巷、环境要素、古树名木等无形的历史要素进行发掘和保护。

在保护规划的基础上，对于重点项目要求编制专项城市设计，确保项目的最终实施效果和设计方案的一致性。

（5）建立更为精确化、规范化二维和三维数据管理信息系统，加强对历史街区内建设项目的控制和管理。在对新建建筑方案审查过程中，运用三维空间信息系统，从整体区域角度，分析研究历史文化街区、历史建筑与周边环境的空间关系，突出强调与整体环境相协调，在城市设计导则的指导下，深入细致推敲建筑方案的体量、风格、色彩与材质等设计细节。

（6）多部门联合审查制度。在保护区建设项目管理方面，进一步规范建设项目审批程序，涉及与历史文化街区内的不可移动文物和历史建筑（历史风貌建筑）相关的建设活动，由规划局牵头，会同文物局和国土房管局共同进行审查，加大对各类保护性建筑的保护力度。

（7）专家论证会制度。为了提高历史文化街区规划管理水平，建立相关专业专家库。历史文化街区内的建设项目通过召开专家论证会等形式，听取多方意见，不断提升管理水平，优化管理决策。对于历史文化街区内的重点项目采用多方案比选的方式或是组织开展方案竞赛，确保建筑设计的高水平。在项目策划阶段，借助专家论证会广泛听取专家意见，使项目更符合历史文化街区的整体风格，避免新建项目对历史环境和肌理的破坏。

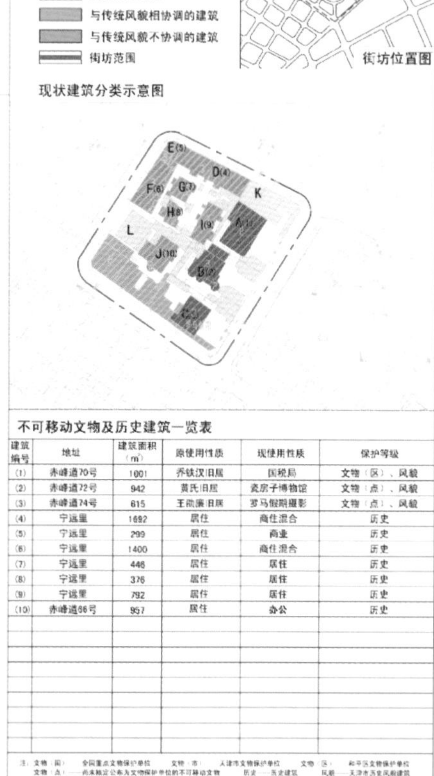

不可移动文物及历史建筑一览表

建筑编号	地址	建筑面积（m²）	原使用性质	现使用性质	保护等级
(1)	赤峰道70号	1001	乔铁汉旧居	国税局	文物（区）、风貌
(2)	赤峰道72号	942	黄氏旧居	瓷房子博物馆	文物（点）、风貌
(3)	赤峰道74号	615	王荫廉旧居	罗马假期摄影	文物（点）、风貌
(4)	宁远里	1692	居住	商住混合	历史
(5)	宁远里	299	居住	商业	历史
(6)	宁远里	1400	居住	商住混合	历史
(7)	宁远里	446	居住	居住	历史
(8)	宁远里	376	居住	居住	历史
(9)	宁远里	792	居住	居住	历史
(10)	赤峰道66号	957	居住	办公	历史

历史文化街区保护规划现状建筑与环境分析图则

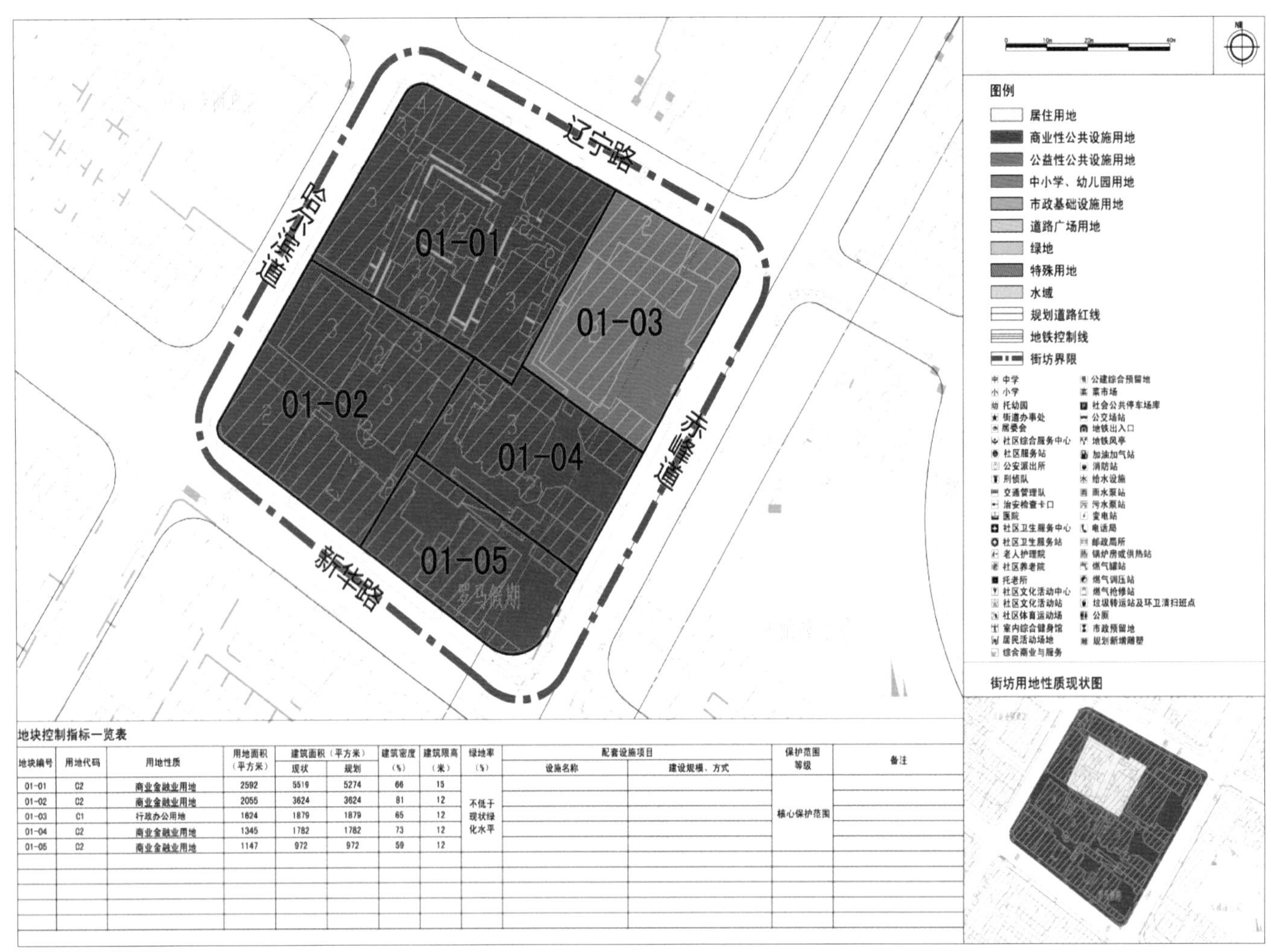

地块控制指标一览表

地块编号	用地代码	用地性质	用地面积（平方米）	建筑面积（平方米）		建筑密度（%）	建筑限高（米）	绿地率（%）	配套设施项目		保护范围等级	备注
				现状	规划				设施名称	建设规模、方式		
01-01	C2	商业金融业用地	2592	5519	5274	66	15	不低于现状绿化水平			核心保护范围	
01-02	C2	商业金融业用地	2055	3624	3624	81	12					
01-03	C1	行政办公用地	1624	1879	1879	65	12					
01-04	C2	商业金融业用地	1345	1782	1782	73	12					
01-05	C2	商业金融业用地	1147	972	972	59	12					

用地规划控制图则

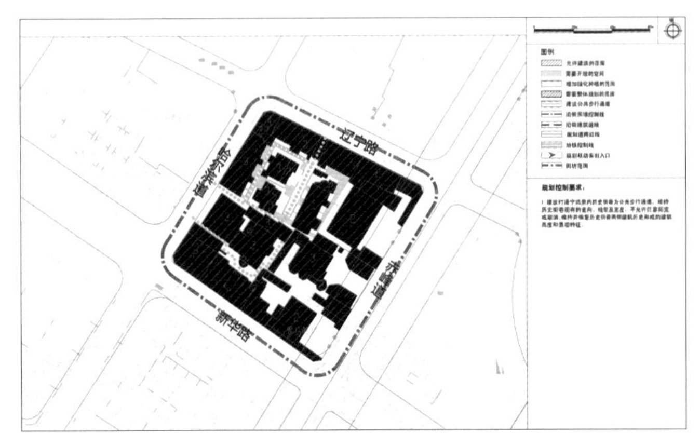

历史文化街区保护规划建筑与环境控制引导图则

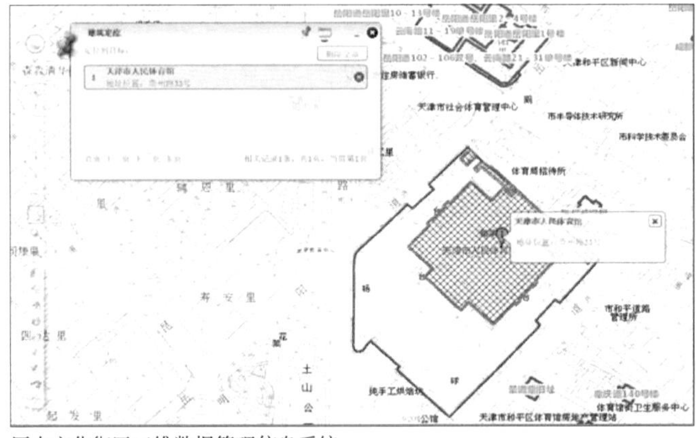

历史文化街区三维数据管理信息系统

历史文化街区三维数据管理信息系统

泰安道地区保护规划

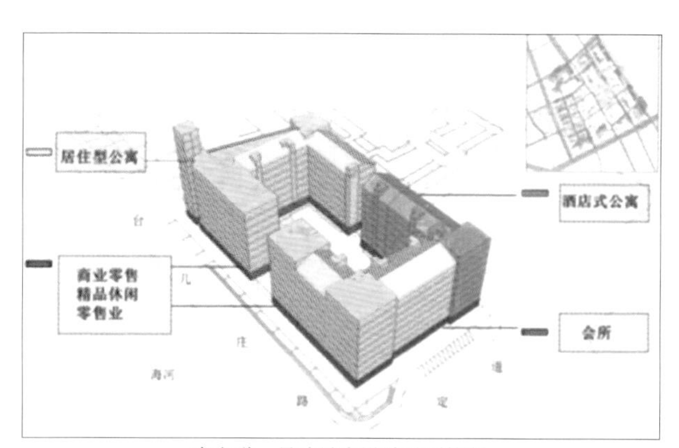

泰安道一号院城市设计导则控制

泰安道一号院沿海河效果图

泰安道一号院沿海河实景照片

历史文化街区内的重点项目编制专项城市设计

历史文化街区强调对街道及细节的控制

管理技术措施

Administrative Measures

1. 一般地区管控技术措施

在城市设计编制成果和城市设计导则引入管理的背景下，对如何贯彻落实城市设计的各项要求，提出了新的任务。实际上，在城市设计推进工作过程中，我们一直在不断地探索如何更好地实现城市特色风貌。一座城市就是一段历史的遗存和见证，城市规划管理的任务就是如何记录好一个历史阶段的行为烙印。2011年天津市第十五届人民代表大会常务委员会第二十八次会议通过了《天津市空间发展战略规划条例》，该条例是对城市发展方向、空间布局、城市功能等重大问题做出的战略性展望和安排。其中明确提出了实施本市空间发展战略规划，应当发挥规划设计导则的作用，加强对建筑和景观的管理，体现大气洋气、清新亮丽、中西合璧、古今交融的城市特色和风格。将城市风貌纳入城市空间发展战略，并以条例的形式加以明确，确保了在一段历史时期，城市风貌的具体目标不动摇。为了对城市空间形态从管理层面严格管理，将城市特色的塑造与建筑风格的形成作为一项长期性、连续性、系统性的工作，先后编制《天津市规划设计导则》、《建筑外檐色彩提升导引》、《居住建筑风格及色彩组合导则》等十余个导则，《天津市规划建筑导则汇编》是各导则的集成，成为天津建筑风格特色管控最重要的指导文件，也是规划管理部门的有力抓手。同时采取了一系列精细化措施，确保以城市设计为指导，在规划实施环节进行落实。

（1）建筑风格

建筑风格的研究是梳理一个城市特色的过程，是体验一个城市人文历史的感悟。天津当代建筑风格定位为中西合璧、古今交融，是在充分尊重历史风貌建筑和传统民俗建筑的基础上，综合考虑天津的基础环境、内涵特色和载体表达后的总结。具体到建设项目上，我们将其分为居住类、公建类、学校类、厂房类等不同类型，针对不同类型结合各个项目所处的区位、周边环境、城市设计要求等提出相应的管理控制要求。海河沿岸考虑到租界区欧式建筑风貌的影响和减少对海河景观带的压抑感，第一排建筑基本上均以多层欧式风格为主，规划布局上以院落组合方式形成街或院，形成良好商业氛围。后排建筑层层升高，逐渐过渡到现代建筑，通过建筑形式的细部处理与欧式建筑形成呼应。

针对居住建筑和公建的顶部专门研究出台了导则提出指导要求。针对居住类型建筑的坡屋顶四坡、两坡、盔顶、小坡檐四种主要类型和平屋顶、公建的顶部平屋顶、退台式、个性化等屋顶形式提出了具体的设计管理要求。同时将建筑主体与建筑顶部、基座的比例关系、建筑立面形式的处理手法、建筑虚实关系和材质搭配等纳入建筑设计方案审查内容。针对公建类项目玻璃幕墙的使用，经过案例研究，对高层建筑的玻璃幕墙的虚实比例按照24-50m、50-100m、100-250m及250m以上明确了幕墙比例要求。建筑风格设计上的严格把控强化了整体多数建筑风格的方向引导，有效避免了求大、媚洋、求怪建筑的出现。

（2）建筑色彩

城市色彩的规划管理工作是一项系统工程，既需要专业角度的基础研究，也需要与管理实施紧密结合；既涵盖着艺术设计的空间演绎，也体现着一座城市的古往今来。在建筑色彩的规划管理上首先明确了中心城区的色彩主色调。通过深入挖掘天津历史文化资源和独特的自然风貌，研究城市色彩演进历程及各阶段的影响因素，探索城市色彩变化发展的规律和色彩倾向，在此基础上综合考虑中心城区空间发展特征，以“点轴”结合为特点，规划了中心城区“一核、三轴、十区”的建筑色彩规划框架，编制了建筑色彩控制导则，提炼出中心城区“砖红、砖灰、深驼灰、石材灰、亮灰、暖黄、浅驼灰”七色主色调，基本明确了中心城区整体上以暖色调、中高明度、中低彩度为主的色彩形象。

其次，分区域提出城市色彩控制要求。为了体现城市色彩的丰富变化之美，将中心城区分为历史风貌区和一般区域。历史风

建筑特色控制导则 | THE CONTROL GUIDELINES FOR BUILDING FEATURE

4. 生活居住区

4.1 建筑空间布局应形成高低、大小、进退变化，塑造丰富的城市轮廓线。避免出现大面积同一高度的建筑组群。

4.2 立面设计通过造型变化、细部处理和色彩搭配，形成丰富宜人的视觉效果。

4.3 高层居住建筑顶部处理应错落有致、富于变化。多层居住建筑顶部应采用坡屋顶形式。

4.4 高层居住建筑避免使用面砖。多层居住建筑应采用涂料、面砖、石材，避免使用大量幕墙。

生活居住区应体现绿色、生态、可持续的理念，采用现代简约或新古典的手法，塑造温馨宜人的生活环境。

建筑色彩控制导则 | THE CONTROL GUIDELINES FOR BUILDING COLOR

为控制和引导天津市建筑色彩选用和设计，实现对我市建筑色彩管理的标准化、规范化和法制化，确保天津市建筑色彩形象的实施，结合我市规划管理的实际，特制定本技术导则。并采取分区规划管理的措施。此次分区管理的地区为：

1. 历史风貌区　2. 一般区域

1. 历史风貌区

是历史建筑风格特色集中的片区，新建、改建及扩建项目的建筑色彩必须与片区内特定的代表性建筑（群）的色调风格相协调。

主要色调：砖红 暖黄 砖灰

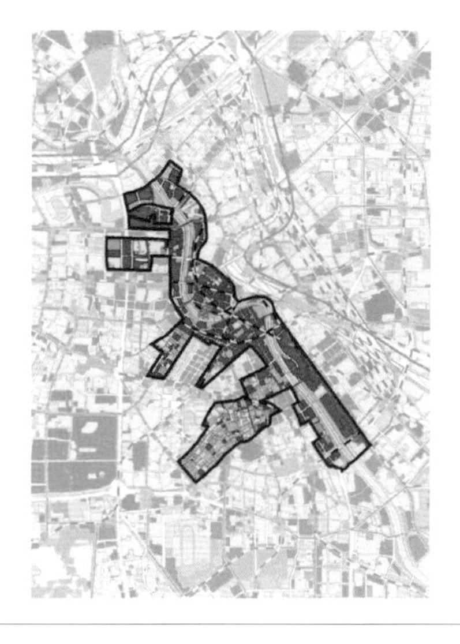

建筑色彩控制导则 | THE CONTROL GUIDELINES FOR BUILDING COLOR

颜色搭配形式：色调统一

外檐色彩采用：暖黄

颜色搭配形式：色调统一

外檐色彩采用：砖红

《天津市规划建筑导则汇编》节选

貌区内历史建筑风格特色集中的片区，新建、改建及扩建项目的建筑色彩必须与片区内特定的代表性建筑的色调风格相协调；一般区域内新建及改、扩建项目的建筑色彩应与片区内整体环境相协调，区内建筑颜色不得采用大面积纯色和深色。同时一般区域内办公文体区、商业商贸区、以暖黄、亮灰为主，体现时代感及现代化气息；生活居住区主色调以暖黄、亮灰、砖红、砖灰、象牙白、驼色为主，遵循“统一中求变化、变化中求统一”的原则。力求形成以风貌建筑色彩为精华、现代建筑色彩为主导、整体多元融合、分区特色凸显的城市色彩风格。

第三，对海河两岸城市色彩效果进行系统控制。海河两岸旅游观光带是天津中心城区的核心轴线，海河沿线的城市色彩景观展现天津地域特色和人文风情，成为展现未来城市发展的重要窗口。为满足城市色彩环境规划的整体性和延续性，海河两岸沿河建筑以中西合璧的“小洋楼”建筑风格为主导，建筑色彩由近景到远景形成砖红、砖灰到石材灰、亮灰的过渡，塑造层次分明的色彩变化效果，体现天津地域文化特征和时代感。

第四，针对单体建筑研究出台了《建筑外檐色彩提升导引》、《居住建筑风格及色彩组合导则》等，将单体建筑色彩常用的色彩组织进行归纳，总结为横向划分、竖向划分、统一色相三种方式，并从色彩上区分为暖色系、冷色系、冷暖搭配三种类型。针对不同的色彩组织方式提出了一个街坊、多个街坊色彩组合方面引导要求，加强对未来发展区域的色彩指导，加强街区层面沿街色彩连续性的控制和管理，加强对代表城市和片区的象征性、符号性、主题性色彩的提炼和塑造。

第五，注重城市色彩实施效果的及时总结。阶段性开展城市主要道路沿线，重要片区城市色彩效果实施情况梳理工作。通过对已批项目建筑色彩主色调及其所在不同区域所占比例情况的分析研究，调整各个区域主色调的色彩倾向，促进区域色彩主色调和区域色彩风格的进一步形成。

（3）空间体量

空间体量的控制效果是决定一座城市空间形态的关键。天津市将全市建筑分为两类，一类是背景建筑，一类是标志性建筑。对于一座城市尤其是中心区而言，多数建筑都属于背景建筑，整体协调下的无限变化是对背景建筑的管控要求，背景建筑呈现的是秩序性。只有极少数建筑称之为标志性建筑，它们从大量背景建筑中脱颖而出，无论是高度、形态还是色彩、材质，均有可能因为其一种或多种特质使其成为一座城市或地区的形象标志。

为了有效解决当前存在的背景建筑空间形态不连续，城市天际线缺乏控制等问题，在规划布局上专门出台相关规定杜绝规划布局呈一字形、L 形、U 形等高层建筑排成行的布局形式，鼓励形成内高外低、前低后高、沿街高低有序变化的布局方式，同时在建筑组织上通过体块模型推敲整体建筑高度错落关系，促进建设项目无论规模大小，均形成布局成组成团、高低错落有致、空间形态连续的良好效果。

2. 历史地区管控技术措施

针对历史文化街区规划管理的复杂性，为保证规划的有效实施，以强化特色为原则，研究制定了适用于保护范围内的规划管理技术规定、规划设计导则及建筑设计标准，从保护要素的认定、保护对象的分类、风貌街道与公共空间的保护等方面，提出规划控制导则和保护要求，将管理要求细化到每一栋建筑，每一条街巷。同时，制定每个街坊地块的建筑体量的控制图则、建筑元素与细节控制图则、风貌街道控制图则等技术要求，加强对历史街区内建设的控制和引导。

标志性建筑与背景建筑（新八大里地区实施方案）

历史文化街区保护规划是在二维角度上对历史文化街区的历史文脉从空间特征方面进行保护与传承，在此基础上，我们组织编制了《天津市五大道历史文化街区建设控制细则》，从三维角度对历史文化街区的历史文脉从风貌特征方面进行尊重与延续。进而在依托保护规划的刚性的建设控制指标基础上，增加弹性的风貌引导要求，达到全面、系统地规范历史文化街区规划建设活动的目的，整体延续五大道历史文化街区的历史文脉。在《天津市五大道历史文化街区建设控制细则》中重点是进一步细化管理要求，确保历史文化街区的建筑色彩、形式、材料和细节等方面能得到全面保护。该细则在三维层面上控制新建、改建、扩建建筑的体量、形态和风格等，达到传承街区历史风貌特色的目的。从保护规划的原则性保护延伸到对新建、改建和扩建建筑的“点对点”控制，采用“一张图”管理模式，将核心控制内容汇总在一张图纸上，达到条款清晰准确，实现规划管理的精细化。通过总结相邻保护建筑的构图特征、沿街立面高宽比、屋顶形式、外檐材质、细部特征及尺度等风貌特征要素，对新建、改建和扩建建筑从建筑体量、屋顶形式、建筑外檐材料质感、门窗洞口尺寸和细部特征等方面，提出控制要求。

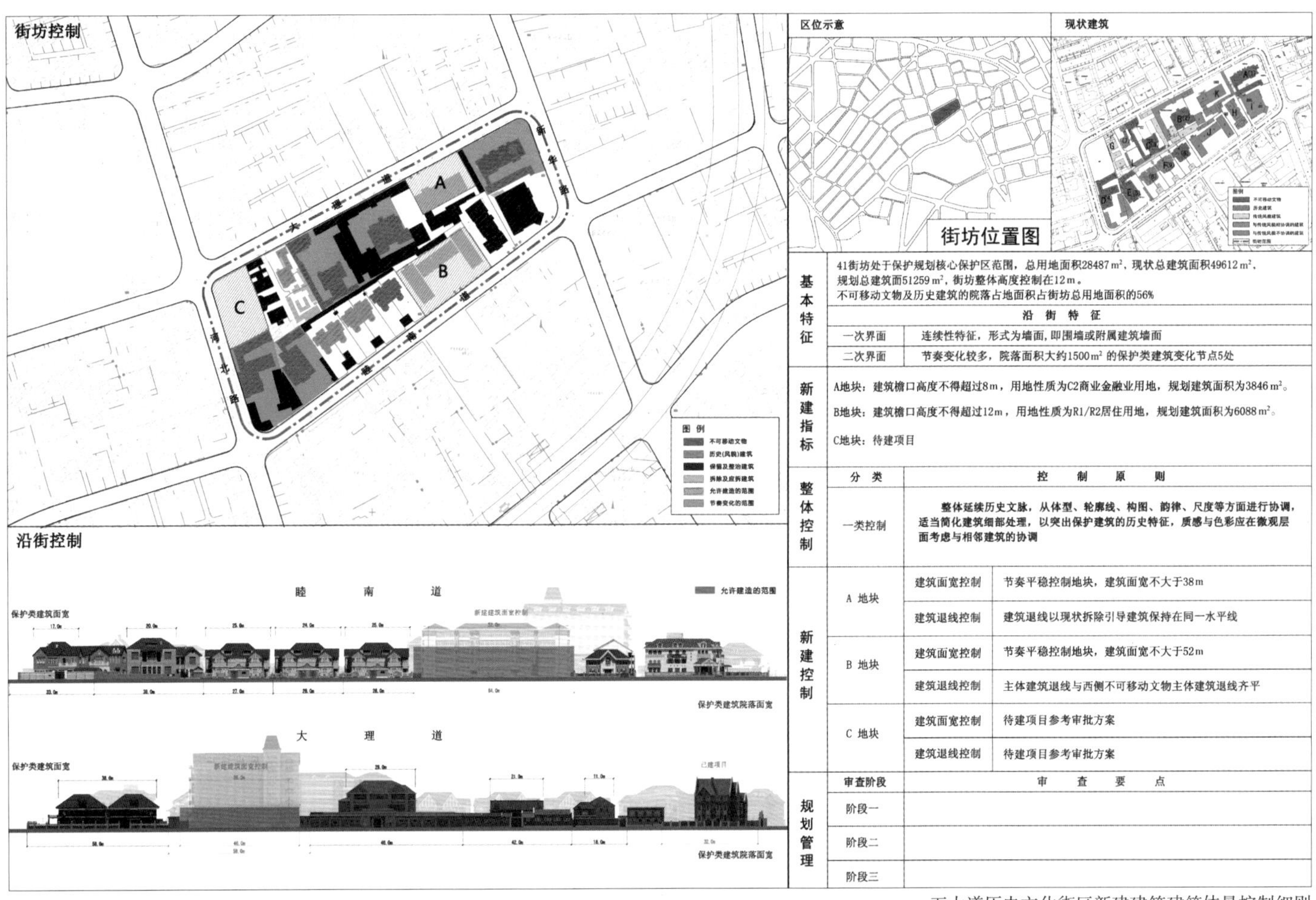

五大道历史文化街区新建建筑建筑体量控制细则

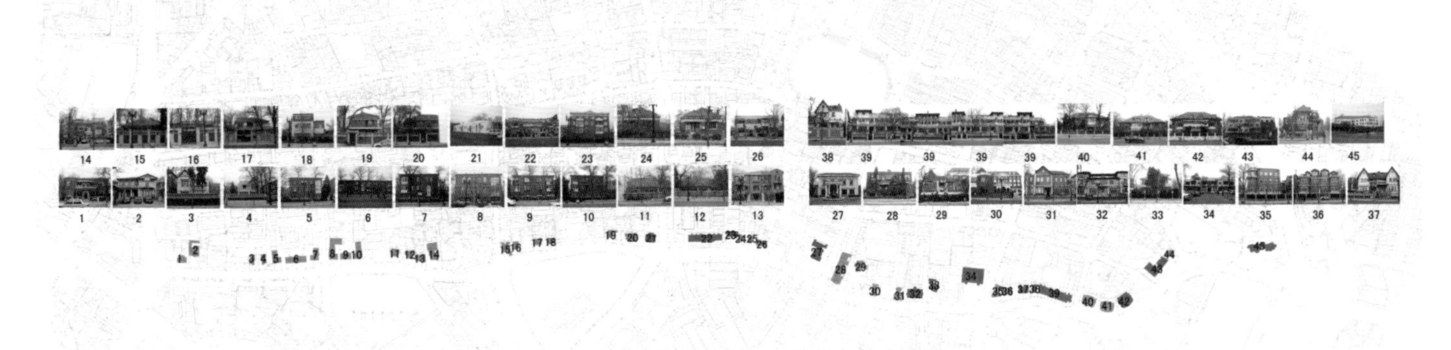

五大道历史文化街区沿街建筑界面控制细则

DELIBERATE THINKING AND PRUDENT BEHAVIOR

Tianjin Urban Planning Guideline and Implementation

CHAPTER 5

第五章

熟思谨行

天津城市设计指导实施

城市中心区城市设计
中心商务区城市设计
历史街区城市设计
绿色生态城市设计
风貌街区城市设计
教育园区城市设计
工业遗产城市设计
环境整治城市设计
重要地块城市设计
滨水地区城市设计
有机更新城市设计
特色街区城市设计

城市设计既是设计方法，更是管理手段。天津市多年来以城市设计为平台，统筹项目整体建设实施，突出城市设计实施的“一体化”。为确保高品质的城市形象，需要规划主管部门从横向、纵向两个层面加强管控。在横向层面，城市设计发挥统筹与引领作用，统筹协调建筑、景观、交通、地下空间、生态等专项设计；在纵向层面，城市设计贯穿项目建设实施的各个阶段，从设计方案、建设施工直至建成交付使用，全过程精细化跟进，保证城市建设项目按照城市设计指引依法依规整体实施。

天津市近年来针对城市公共中心建设、商务中心区建设、历史文化街区保护及工业遗产保护、生态城市建设、滨水地区建设、教育园区建设、城市活力社区营造等诸多领域持续推进城市设计实践，充分发挥城市设计在城市规划建设中的引领作用，形成具有强烈识别性和活力的城市亮点。作为天津代表的海河，以其优美的滨水景观比肩世界名河，令世人惊叹；文化中心已成为天津的城市客厅；于家堡及响螺湾商务区随着城际高铁的通车，已经初现国际化商务区的雏形；五大道历史文化街区在保护与更新并举中，已成为天津最具历史底蕴和人文魅力的城市名片；中新生态城业已发挥其生态城市的示范效应，此外，以棉三、天拖地区、泰安道五大院、解放北路及周边地区、新八大里地区等为代表的一系列精品工程，实现了天津城市品质的全面提升，并不断强化着“天津以风貌建筑为精华、以现代建筑为主导，整体多元融合、分区特色凸显的城市风格和城市特色”。

城市中心区城市设计

Urban Design of Tianjin City Center

匠心之作 城市之心——天津文化中心

Work of Originality, The Heart of City: Tianjin Cultural Center

经历了世界历史上规模最大、速度最快的城镇化进程之后，我国城市发展进入了新的发展时期。规划设计学科发展与设计思想的未来导向何方，将是新时期需要深刻思考与探求的关键问题。天津文化中心，于2008年启动建设，并于2012年竣工投入使用。项目从思考、决策、实施建设的全过程，在功能定位、总体布局、整体空间、可持续发展、设计统筹等方面，都表达了对城市设计核心价值观的新思索。

1. 相向拓展——城市文脉的延续

天津的城市空间形态从600年前设卫开始的老城厢，到逐水而兴的海河沿岸租界地，再到集中延展扩张的中心城区，城市一直围绕着功能性需求的商业商贸中心在发展演变，但中心城区的城市空间一直缺乏具有标志性和凝聚力的城市中心。天津的老中心在小白楼一带，是旧时的商贸中心，建筑性质和风格有浓烈的

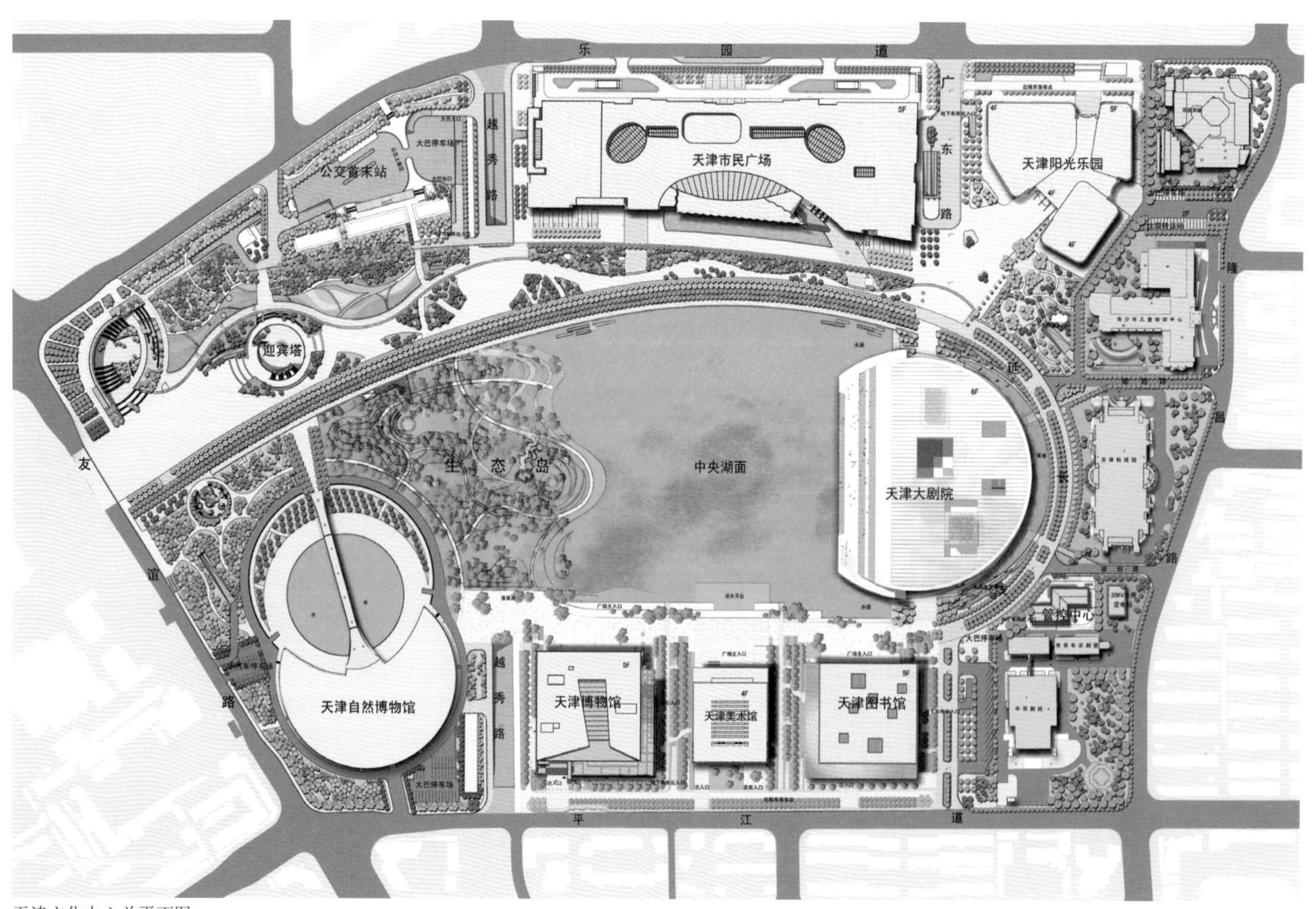

天津文化中心总平面图

天津文化中心鸟瞰效果图

天津文化中心鸟瞰实景照片

津沽特色。而小白楼的地理位置与单一的商业、商务功能，面临公共性不足、功能欠缺的问题。进入 21 世纪，在国家整体发展战略的指引下，《天津市城市空间发展战略》确定了“双城双港，相向拓展，一轴两带，南北生态”的城市格局，中心城区由单中心积聚调整为“一主两副”的综合多中心发展模式。天津文化中心的规划充分强调人民性、公共性，以大剧院、博物馆、美术馆、图书馆、科技馆、阳光乐园（青少年活动中心）等文化设施为主，辅以购物中心、银河广场、四线地铁交会枢纽等商业休闲交通功能，成为具有标志性和凝聚力的功能多元混合、繁华开放舒适的城市文化活动中心。天津文化中心，以其新的城市中心的形态，在空间上承接老中心的公共资源，同时新老中心在文化层面相互渗透影响。新的文化中心与现有的行政中心、接待中心，形成三角之势相连，共同构建中心城区的城市主中心，承担综合职能，完善城市文化服务功能，打破了千百年来以行政中心为核心的常规布局方法，形成以文化为主导的中心城区，这不仅仅是对城市文脉的延续，更是对其进行了发展和新时代的解读。

2. 和谐有序——空间序列的整合

（1）东西相容的总体布局

总体城市设计布局糅合了“山、水、塔”的中国园林布局和“大轴线、林荫道”的西方园林手法，塑造富有天津特色与文化内涵的“城市客厅”，与城市空间融合共生。所谓“山、水、塔”，就是以生态岛为山，以中心湖为水，在基地西北端两条轴线交叉点设置迎宾塔，体现中国山水诗画意境的布局方法。借鉴西方园林手法，设置了以法桐和西府海棠为主体景观的两条林荫步道，以自然景观轴线串接大剧院、中心湖、银河购物中心、迎宾塔、交通枢纽和基地西侧主入口，将人流自然引导进入基地中心。有序地组织中心湖水岸及生态岛的休闲空间，设计考虑日夜交替、季节更迭、动静水、软硬面、室内外等变化以及地方植物使用，带来多样化体验与感受，特别为老人、儿童、残障人士提供尽可能多的、富有亲和力的活动场所。从大剧院的公共平台向西望，以高度 60m 的迎宾塔为中景标志物，以高度 350m 的天塔为远景标志物，从而形成近、中、远的多层次景观效果，并将基地内的东西向轴线进一步延伸与城市的开放空间系统连接。

（2）和谐有序的空间序列

为了形成和谐有序的空间体验，切实有效地把控整体空间形态和品质，城市设计确定了建筑组群中每个建筑的位置、高度、界面、主次关系、新旧关系以及空间处理要求：自然历史博物馆为碟状造型，从地面缓缓升起，而同样为圆形的天津大剧院则“悬浮”在大地景观之上。大剧院作为主体建筑，设于中心湖东岸、自然景观轴线底景，其漂浮于空中的半圆形与现状自然博物馆楔入大地的半月形，形成了“天”与“地”的新旧对话关系；自然历史博物馆植根于大地，而大剧院则与空灵的天际相连。为了形成和谐有序的空间体验，切实有效地把控整体空间形态和品质，总体城市设计确定了文化建筑组群中每个建筑的基地位置、形状、高度、主次关系以及各个建筑之间的空间处理要求。统筹中心湖南岸文化建筑与北岸购物中心、阳光乐园的形体，限定于 100m 进深、30m 限高的基地之内，对于外侧沿街界面提出严格的贴线要求，对于内侧沿湖界面则相对灵活，并且要求将主入口设于沿湖界面，围绕中心湖营造积极的开放空间，突出大剧院的主体地位。

3. 和而不同——建筑形态的协调

天津是国家历史文化名城，600 余年的建城历史形成了深厚的建筑文化积淀，不同时期形成了一些重要的标志性区域，既有历史文化街区中的中式传统、西式古典的特色建筑，如老城厢、估衣街、五大道、意风区、解放北路等，又有新建区域代表现代简洁风格的特色建筑，如梅江地区、海河两岸、滨海新区等。所以天津文化中心的建设中，着重突出天津各个时期和而不同的文

总体城市设计统筹单体建筑的主次空间关系情况

项目名称	初期设计方案	城市设计要素	修改调整后方案
大剧院	通过多轮方案征集，大剧院单体方案较为多样	将中心湖南岸的 3 个新建文化建筑及北岸的银河购物中心的建筑形体统筹限定在 50–300m 面宽、80m 进深、30m 限高的方形基地之内，并将它们的沿平江道和乐园道一侧的建筑退线统一为 15m，要求景观性主入口面向中心湖开放空间一侧，实现中心湖南岸文化公园的完整性	位于中心湖东岸轴线底景上的大剧院作为整个基地的主体建筑，总体城市设计要求其单体设计需体现城市舞台的功能，为市民提供活动与亲水休闲的空间，在形式、体量、形态、高度上必须突出其不可替代的领舞全场的地位，同时要求大剧院与现状半月形的自然博物馆形成“天”与“地”的对话空间，使大剧院在整体空间中起到“整合”与“引领”的作用
博物馆	平江道为主入口，由南向北组织六重门序列		要求博物馆设计将主入口朝向由南向调整到北向，重新组织其空间序列，以使其与美术馆、图书馆在中心湖面两岸形成一体化的主入口前空间， 共同界定形成聚集人气、富有活力的文化公园
美术馆	最初的方案在北向入口处设置了一个延伸到湖面的雕塑庭院		美术馆的设计方案作出了较大调整与让步，美术馆最初的方案在北向主入口处设置了一个延伸到湖面的雕塑庭院，形成良好的室内外过渡空间。但却也削弱了两岸文化公园空间的连续性。经过城市设计方案的反复推敲。最终选择将雕塑庭院适当后退．在保证入口空间序列完整的前提下，将雕塑庭院开放为雕塑广场
基地内现状建筑	不同时间建成的现状建筑，空间关系较为混乱		对基地内已经建成的自然博物馆、青少年活动中心、科技馆等现状文化建筑．要求通过建筑整修、环境整合、视线遮挡等手法将其纳入城市设计把控体系．达成统一协调的整体空间效果

南岸文化建筑

北岸文化建筑

大剧院

化体验。天津文化中心建筑群本身既包含新建的大剧院、博物馆、美术馆、图书馆、银河购物中心、阳光乐园六座新建筑。同时又有区域内已建成的中华剧院、天津自然博物馆相连。孔子说：君子和而不同，小人同而不和。所以建筑形体和内涵之间的和谐正是求和避同。在注重整体空间组织的同时，天津文化中心的总体统筹加强了对于使用者观感体验最突出的建筑色彩、风格、形式的统筹，从而在统一协调的体量风格要求下，形成了特色突出、个性十足的文化建筑的外观感受，探索了强调时代感和地域特性的建筑特色——简洁洗练、沉稳庄重、新而不怪的建筑形式，完整、明晰的空间构成，适宜的结构体系，精心雕琢的细部，实现整体与个性的平衡。城市设计要求各单体建筑外墙材料以石材为主，通过不同肌理、不同材质的搭配产生微差对比，形成文化底蕴十足的外观感受。

博物馆以“世纪之窗”的概念为设计原点，用厚重的铜板搭

大剧院

大剧院音乐厅

博物馆

博物馆内景

美术馆

美术馆内景

图书馆

图书馆内景

阳光乐园

阳光乐园内景

银河购物中心

银河购物中心内景

总体城市设计统筹单体建筑外墙材料情况表

项目名称	初期设计方案	城市设计要素	修改调整后方案
大剧院	多种外墙饰面组合方案	总体城市设计要求建筑组群中的单体建筑外墙材料调整为以石材为主，但需要通过不同肌理、不同材质的搭配产生微差对比，突出各自特性	居于主体地位的大剧院，是通过半圆形的大屋盖，以石材叠层挑檐做法对中国传统飞椽檐和重檐进行现代诠释，覆盖3个玻璃体演出场馆，将剧院内部的辉煌灯光外透，突出文化艺术气息
博物馆	深色金属饰面		博物馆采用石材打毛与铜板搭配，突出厚重感、历史感
美术馆	石材外檐		美术馆则通过精雕细刻的洞石结合横向局部石材百叶表现艺术感和精致
图书馆	玻璃幕		图书馆根据自身功能特点采用竖向排布的石材百叶与玻璃结合，调节透光度，表现清灵的书卷气息
阳光乐园	各种外墙饰面组合方案		阳光乐园作为服务青少年的建筑，外立面采用了竖向石材与暖色金属板拼合，形成活泼的韵律和有序的变化
银河购物中心	石材外檐		以两端大面积石材墙面在中间搭配嵌入通透的钻石形玻璃墙面，透出商业建筑的繁华活力

配石材，以“六层重门”、“时光隧道”形成具有天津特色的展览场所；美术馆通过精细的洞石表现艺术的极致；图书馆采用轻盈透光的石材百叶；阳光乐园以流畅的三叶草造型表达活跃个性；银河购物中心以“水文化”为灵魂形成内外一体的商业空间，以水晶体呈现雅致，在南北两侧建筑的烘托之下，大剧院以现代感的细部传达中式飞椽重檐的意向，以石材基座、玻璃屋身、金属飞檐构成现代三段式意向的城市殿堂，形成典雅的殿堂空间，统领整个文化中心，从而在统一协调的基调上，形成了和而不同、典雅精致的建筑风貌。对应于文化中心周边商业商务区的多层次高层建筑群，进而在更广阔的空间内达成统一与个性的均衡，突出了城市中心的向心力，形成了丰富的城市天际线。

天津文化中心的各个场馆强调“功能是本质，空间是灵魂”，在合理的前提下追求创新，努力营造功能、空间、形式的三位一体，创建舒适愉悦的建筑环境。通过总结和比对国内外著名的城市中心与一流的文化场馆，在功能定位、环境氛围、建筑品质、展示收藏、视听效果、照明效果、数字化管理以及公共服务管理等方面建立了108项技术指标为基础的指标比对体系，通过对比参照高水平的案例，全面提升设计的成熟度；并对每一个文化场馆设立了特定的指标要求，比如大剧院努力在音响设计与视线设计方面达到国内和国际上的高水平。音乐厅最重要的是音响效果指标，所有墙面和细节都围绕着这些硬性目标来设计。而歌剧厅追求具有最佳视线效果的座席布置，在1600个座席当中，有93%以上的座席视距小于33m，最远点视距34.6m，保证了70%以上座席拥有极佳视线。

4. 永续发展——城市中心的智慧

（1）统建共管的能源系统

因地制宜节能生态技术，实践可持续发展理想。在能源利用方面，为了降低投资、节能减排，依据不同业态特征、管理权属，文化中心区域集中设置了三处能源站。通过集中建设、集中管理，降低了能源系统的初期投入与运行成本，并采用可再生能源技术（带调峰复合式三工况埋管地源热泵系统）提供冷热源，实现了节能降耗的目标。同时通过减少非空气途径排热，最大限度减少冷却塔或风冷室外机的数量，降低了对环境的压力，美化了地

西区能源站

地下车库采用太阳能

面景观。通过中心湖底换取地源热，为 100 万 m^2 建筑提供可再生能源，每年可节约标准煤约 9000t，减少二氧化碳排放 23000t，节能率为 36.02%。能源站采用浅层地下水水源热泵系统，水源井布置于生态岛。南区、北区能源站采用垂直土壤埋管地源热泵系统，3789 口垂直埋管换热器敷设于中心湖底，充分利用自然资源，与景观有机结合。

光伏发电结合市民广场建筑屋面设置，采用专电专用的即发即用控制技术，提高利用效率，节约投资及后期维护成本。为地下车库照明提供了清洁电力，提高利用效率，节约投资及后期维护成本。文化中心的建设表达了对生态文明的向往，为天津生态城市建设发挥了示范作用。

（2）生态调蓄的雨水系统

为了节约利用水资源，规划建设了生态水系统。通过雨水收集调蓄系统，每年可利用 9 万 m^3 雨水补给中心湖。中心湖水容量 16 万 m^3，在生态岛南北两侧设有约 2600m^3 的生态净化群落，通过物理过滤、滤料基质吸附、水生植物根区分解吸收等手段净化湖水。将水质控制在三类以上标准，实现了水资源循环利用。同时，生态水系统大大减轻了市政排水压力，提高了排水防涝标准，按照雨水管渠设计重现期采取特大城市中心城区 3–5 年的标准，雨水调蓄排放标准为三年一遇两小时降雨历时开发后外排径流峰值不超过开发前的径流峰值，中心湖体最高水位和常水位之间容纳 100 年一遇暴雨可不漫溢。通过整个系统的建设，节约了市政雨水管网升级改造费用约 2 亿元。每年可节水 130 万元，节约径流污染整治投资费 19 万元，节约防洪费用 1000 万元。2012 年 7 月 26 日天津大雨检验了文化中心地面排水情况良好，截至上午 10 时，湖面上升约 40cm，约 5 万 t 雨水被收集和蓄留。相当于 50hm^2 地表约 100mm 的降雨均通过雨水收集净化系统处理后收集到中心湖内。

（3）高度复合的交通系统

交通、市政、地下空间、防灾减灾等专项规划合并开展了综合研究。为缓解地面交通压力，规划形成了便捷通畅的立体交通网络，创造安全愉悦的地下空间，营造良好地面景观，为充分感受自然、最大限度地节约能源，通过设计将自然光线引入文化建筑与地下的公共空间，从而实现公共交通、市政管网、地下空间、地面景观、室内外空间五位一体高度整合的系统工程。

5. 五位一体——建设实施的统筹

文化中心设计工作繁多复杂，40 余家不同国度与专业背景的团队参与其中。面对各种声音，规划设计组在“设计 - 建造”全程中，发挥城市设计的统筹与指引作用，正视争论、尊重个性、主动协调、寻求共识，汇聚众多智慧，确保一张蓝图落实到底。在设计竞赛阶段认真操作各个流程，严格保证竞赛的规范、合理，精心挑选有类似项目丰富设计经验与成功案例的单位。同时，注重加强各

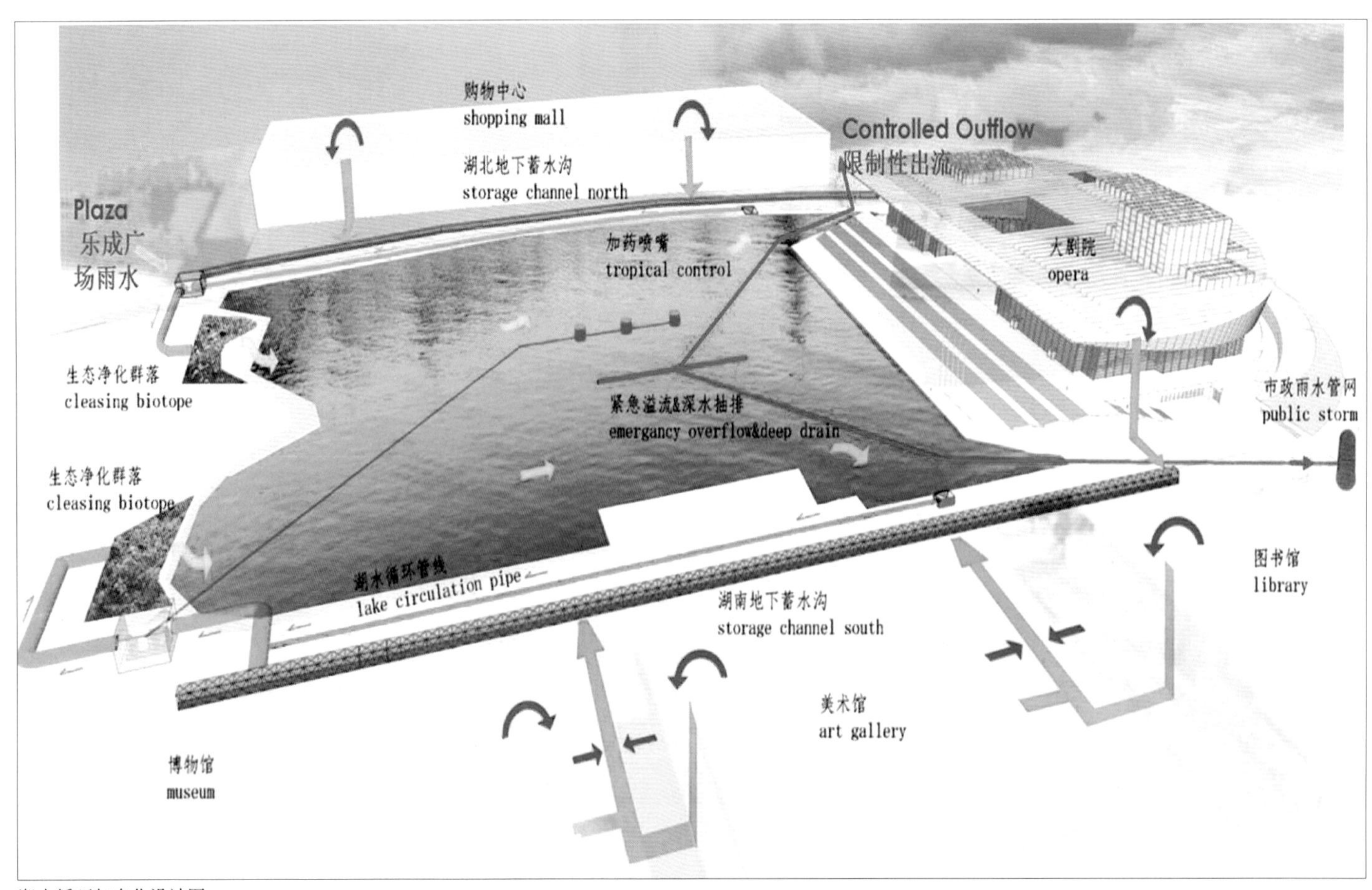

湖水循环与净化设计图

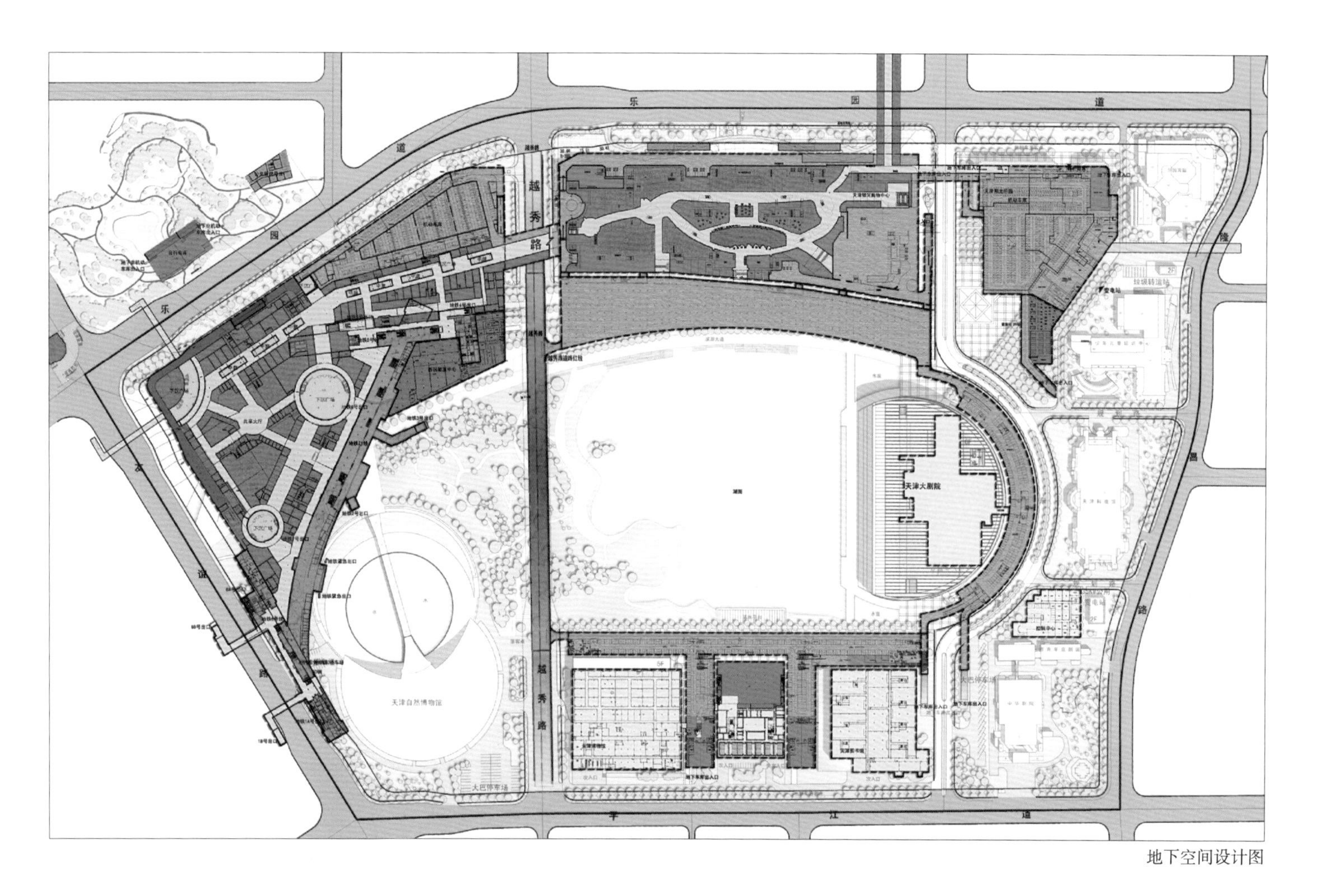

地下空间设计图

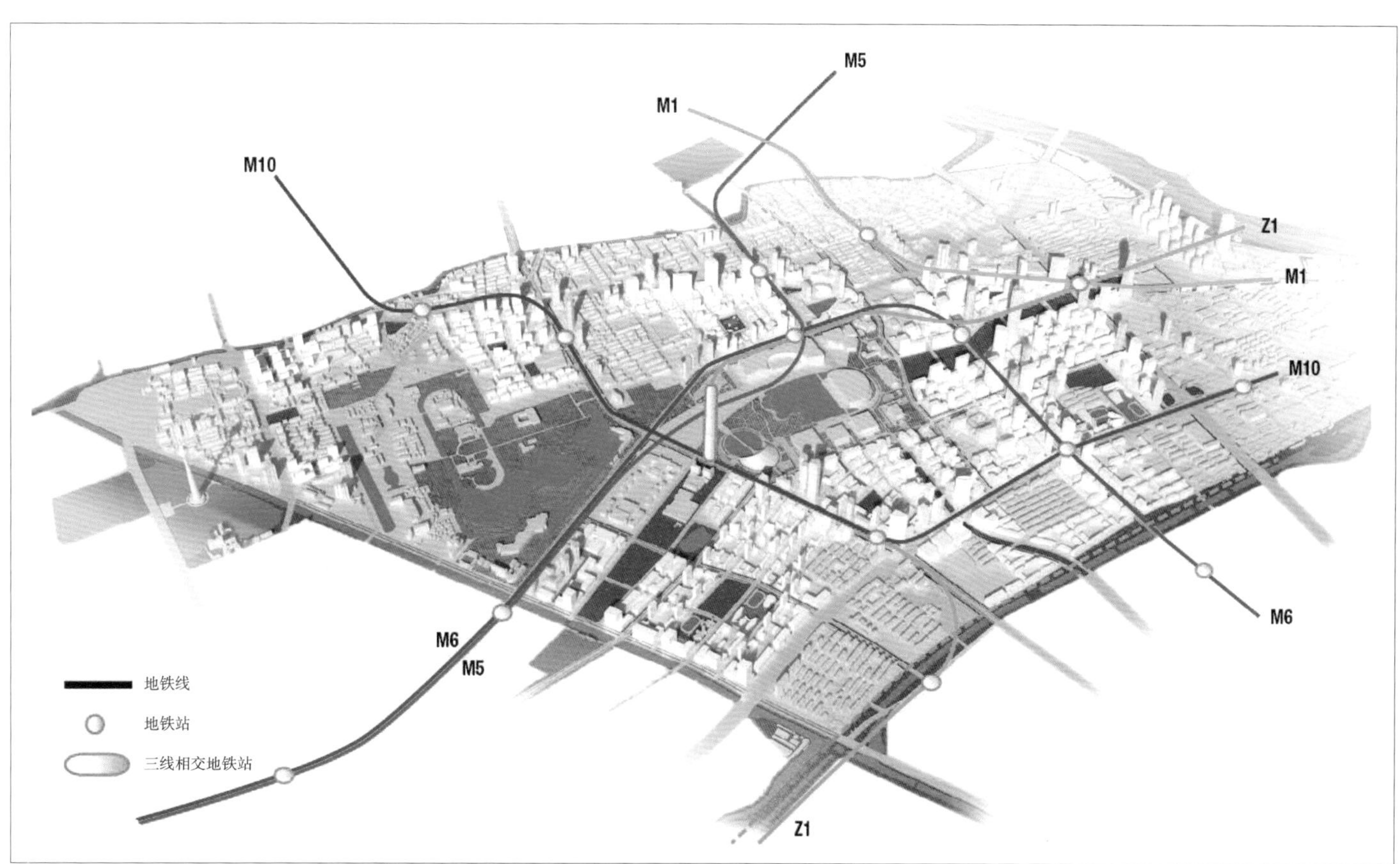

轨道线网图

设计阶段的延续性，在城市设计之后的建筑设计竞赛中，要求各参赛单位同时提交文化中心整体区域概念与建筑方案，一方面强化建筑师的整体意识，一方面透过建筑师的见解反省前期的城市设计；在下一阶段的景观设计竞赛中，邀请中标建筑师参与评审景观竞赛方案，加强工种之间的沟通。

为保证明星组成的设计团队展现出明星级的总体水平，在方案竞赛与技术设计之间加入方案汇总综合工作。建筑方案选定后，没有急于转入初步设计阶段，而是协同设计各方以 10-15 天为周期不断深化完善方案。同时，结合各轮工作成果召开联席会议，邀请各位设计主创亲临天津，面对面切磋研讨。在历时五个多月十余轮深化与研讨中，大家在争论中拿捏规划与建筑、统一与个性、感性与理性、整体与细部之间的分寸，直至方案臻于成熟，形成总体协调各有特色的群体。比如，美术馆方案竞标阶段，建筑师选择北向设置入口以及一个延伸到湖面的雕塑庭院，虽然在美术馆室内外形成很好的过渡，却也隔断了博物馆、美术馆与图书馆朝向湖面入口广场间的横向联系，削弱了空间的连续性。经过联席会讨论与反复推敲，建筑师决定将雕塑庭院的围合墙体适当后退，在保证入口空间序列完整的前提下，将雕塑庭院开放为雕塑广场。同时，博物馆建筑师决定将主入口由南向调整为与图书馆、美术馆一致的北向，在中心湖面南岸形成一体化的入口广场，保证南岸文化公园的空间完整性。

在实施阶段，通过规划师审查巡查、建筑师责任制、设计联席会、设计例会、论证会、施工现场协调会，构建全专业协同工作平台，基于城市设计导则，结合各专业的日常探讨与决策，在四十余家设计单位之间，实现规划师、建筑师、景观师、工程师、艺术家协同工作，在更广、更深层面，强化完善城市设计总体目标。

2012 年，文化中心对外开放，历经四年精心磨砺，从一张张规划蓝图升华为一处处愉悦的场所。两个月之内，接待了参观人数 100 万人次。一年之间，开展了 800 余场公共文化普及活动。天津文化中心以“文化、人本、生态”为主题，在整体规划、理性设计、可持续设计、地域文化特色等方面努力实践，形成以文化为主导的、复合功能的城市核心公共空间与文化场所，为增强城市文化软实力、丰富精神文化生活、提升市民文化素养发挥作用。在天津文化中心建设期间，国内外 40 余家著名规划设计团队、百余位院士大师及其他专家学者积极参与，殚精竭虑、出谋划策，十余家施工建设单位日夜奋战、精益求精，各级管理人员尽心尽力、鞠躬尽瘁，市民与社会各界高度关注、全力支持，点滴心血汇成了千余个奋力拼搏的日夜、千余个慎思比选的设计方案和千余个紧张高效的协调统筹会议，而今天这一切都演变成为天津文化中心使用者脸上的盈盈笑意。

天津文化中心获得中国土木工程詹天佑大奖、全国优秀城乡规划设计一等奖、全国优秀工程勘察设计行业奖一等奖、中国文化建筑优秀工程奖，博物馆、美术馆、图书馆建筑设计分别获得全国优秀工程勘察设计行业奖一等奖。天津文化中心已经成为一个高雅艺术的展示中心、文化艺术的普及中心，一座繁荣恢弘的“人民殿堂”，更是提升城市载体功能、带动城市发展、造福子孙后代的市民乐园。

文化中心全景

北岸滨湖空间

音乐喷泉夜景

法桐步道

海棠步道

文化中心夜景

中心商务区城市设计
Urban Design of CBD

生机勃勃的海河明珠——滨海新区中心商务区
Pearl of Haihe River: The Central Business District of Binhai New Area

天津市滨海新区中心商务区是滨海新区七大功能区之一，2007 年开始筹建，横跨海河下游两岸，规划面积 46km^2，包括响螺湾商务区、于家堡金融区、天碱商业区、新港地区、大沽宜居生活区和蓝鲸岛大沽炮台区等六个功能板块。

中心商务区重点发展金融服务、现代商务、高端商业等现代服务产业，并最终建成环渤海地区的金融中心、贸易中心、商务服务中心和高品质的国际化生态宜居城区。

随着各类企业的加速聚集，中心商务区已经初步形成了创新金融、国际贸易与跨境电子商务、科技互联网、新一代信息技术、文化创意、传媒教育等各类现代服务业齐头并进、竞相发展的良性态势。经过近 10 年的规划建设，中心商务区在基础设施、城市形象、公共服务设施配套方面都取得了显著的成绩。

1. “一河两岸六片区”的总体框架

在城市设计及各层次规划的指导下，结合自身的位置特点，中心商务区整体形成“一河两岸六片区”的规划布局结构。“一河”为天津的母亲河“海河”，规划在海河南北两岸建设成为集中展示滨海新区形象的城市服务主轴和景观主轴。通过“海河”这条主轴串联起六个主要功能片区。其中，响螺湾商务区规划面积为 3.2km^2，建筑面积 567 万 m^2，承载着建设外省市、央企驻滨海新区办事机构、集团总部和研发中心承载区的重要功能。于家堡金融区规划面积为 3.86km^2，建筑面积 950 万 m^2，规划建设成为具备现代化设施和国际化服务功能，全国领先、国际一流、功能完善、服务健全的金融改革创新基地。解放路（天碱）商业区规划面积为 3.44km^2，布局大型商业设施、酒店及部分高档公寓写字楼，成为滨海新区最具活力的商业中心、文化中心。大沽宜居生活区规划面积为 11.68km^2，将依托海河秀美的景观，建成宜居生态、现代化的居住区。

2. 城市设计的创新与特色

（1）以人为本的道路系统

中心商务区在于家堡、响螺湾等商务办公区采取窄街廓、密路网的模式，小尺度街区的路网结构具有更适合商业金融区的功

中心商务区全貌

能特点，方便市民出行、过街，为市民提供适宜步行的城市环境，为车辆提供较多的选择从而减小了主要干道的压力。道路系统的毛细血管即次干路、支路系统的发达，使得出行时选择更多，交通更加顺畅。

中心商务区在规划设计中提倡尽可能小的道路转角半径，较小转角半径能减小车辆转弯时行驶车速，使过街更安全，同时能缩短过街距离，使过街更便捷，还能够清晰地界定街道的转角空间，创造紧凑活跃的城市气氛。

（2）合理布局绿化开敞空间

中心商务区的城市设计在对区域整体研究的基础上将零碎分散的绿地集中起来，化零为整，根据合理的服务半径规划城市公园作为城市的“客厅”，集中的绿化空间形成独立的绿化街坊，便于绿化养护且具有更好的公共开放性，同时整体绿化指标高于传统绿地控制标准，保证了商务区的环境品质。公园之间由绿化带和步道组成的绿色走廊连接，走廊贯穿整个商务区，并与海河沿岸的滨河绿带相连，形成商务中心区的环状绿化系统。

（3）充分利用地下空间，建立地下空间指标体系

中心商务区的城市设计在总结部分城市地下空间开发经验的基础上提出了地下空间控规指标体系，主要包括地下空间开发性质、地下建筑面积、层数和建筑退线、地下出入口方位及与地下相邻空间衔接形式等控制指标，保证地下空间的合理综合有序利用。

地下空间结合地铁车站、城市中庭、地下停车设施布局，结合人流密集场所将城市公共空间、交通设施与滨水空间相连。三层地下空间共同构成商务区便捷舒适的地下空间网络。

（4）倡导复合高效的土地使用模式

土地的复合使用是将城市中商业、办公、居住、展览、餐饮、会议、文娱等城市功能混合于同一地块，在各功能之间建立一种相互依存、相互助益的能动关系，从而形成一个多功能、高效率、复杂而统一的综合体。中心商务区在城市设计及其他各层次的规划过程中，通过区域水平空间上土地的混合使用可在一定程度上减少出行距离，节约了时间和能源。通过垂直空间上功能的混合可提高土地的使用效率，降低了开发投资的风险。

复合高效的土地使用模式将不同时间段的功能组织在一起，使其保持24小时的城市活力，提高了使用效益，使商务核心区在非工作时间避免出现“空城”的状况，维持了城市繁荣。

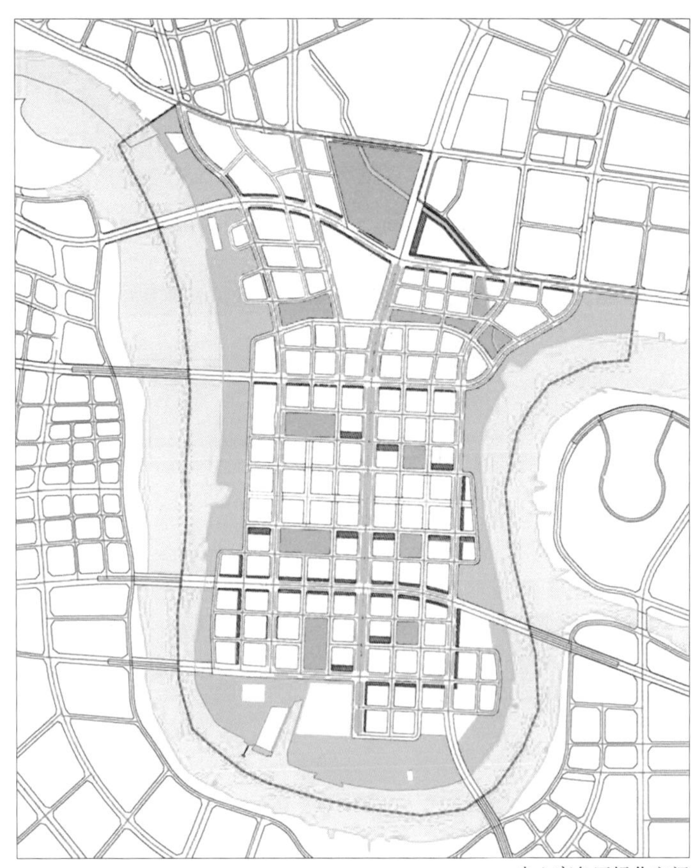
中心商务区绿化空间

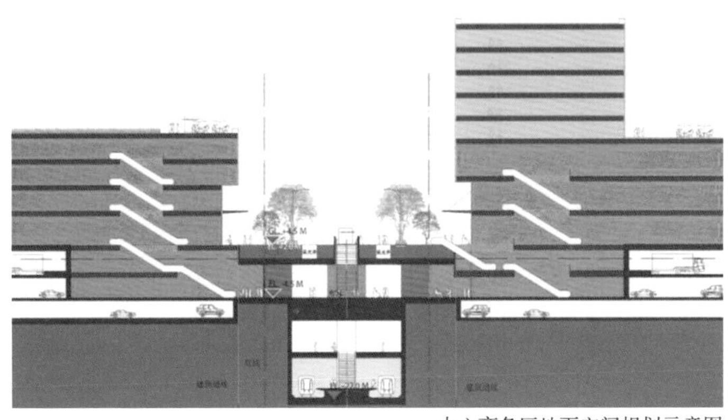
中心商务区地下空间规划示意图

3. 规划实施情况

（1）区域开发建设加快推进，城区形象初步展现

高标准规划区域空间布局，依托海河及中央大道发展轴，按照“一河两岸六片区”的总体发展布局，加快推动重点区域开发建设，目前已有20余栋商务楼宇建成并投入使用，于家堡、响螺湾等重点区域城区形象初步展现。其中，于家堡地区宝龙商业街2号楼，文化创业大厦两栋商务楼宇已经建成并投入使用，13栋商务楼宇正在建设；响螺湾地区五矿大厦、浙商大厦等18栋商务楼宇已经建成并投入使用，30栋商务楼宇正在建设。全面完成彩带岛（海门大桥至安阳桥段）、海河沿岸综合改造、蓝鲸岛绿化景观工程和于家堡半岛沿岸海河景观带建设等重点绿化工程，初步形成了体现商务区现代城市品位的城市景观带，成为滨海市民日常游憩、休闲的好去处。

作为我国首个全地下高铁车站的于家堡高铁站已于2013年通车运营，滨海新区与首都北京之间的距离被拉近至40分钟，宏伟的建筑穹顶和周边优美的绿化环境成为一张亮丽的城市名片，也成为周边市民休闲的好选择。

响螺湾彩带岛公园

于家堡全球购

于家堡高铁站

于家堡全球购

于家堡高铁站穹顶

基础设施建设

作为连接滨海新区南北骨架的中央大道，海河隧道已正式通车，极大地缓解了新区南北交通压力，同时景观宜人的中央大道地面部分像一条绿带，串联起了滨海新区核心区的多个重要组团。海河开启桥建设完成通车，安阳桥、于新桥即将合拢通车，各项道路、桥梁等工程建设顺利推进，初步形成了高效便捷的交通网络。

（2）公共配套日益健全，公共服务水平明显提高

作为一条长度近 1km、全地下的高档商业街，于家堡环球购商业街已经开街营业，经营销售众多进口食品、日用品及平行进口车等优质商品，吸引着京津冀等地大量市民纷至沓来。宝龙城市广场、海昌商业街等重点商业项目加快建成，吸引时尚购物、休闲娱乐、商务餐饮等多元业态入驻，区域商业服务能力明显提升。

启动建设耀华中学滨海学校、师大滨海附小、师大滨海附中、于家堡国际学校、新区文化中心、滨海现代城市与工业博物馆、响螺湾体育中心等一批文化教育配套设施。

滨海新区核心区将着力提升城市服务功能，推进重点区域开发建设，加快城市载体建设，提升城市管理和社会治理水平，建设成为载体优良、配套完善、环境优美、交通便捷、和谐安全的滨海新区核心区。

历史街区城市设计
Urban Design of Historic Blocks

时间发现 空间理解——天津五大道历史文化街区
Rediscovering Heritage and Understanding the Place by Studying City Form: Tianjin Wudadao Historic Area

五大道是目前天津市规模最大、保存最完好的历史文化街区，它始建于1901年，历史上是英租界的高级住宅区，也是上世纪初英国田园城市理论在中国的实践，这是一项极其重要的价值。它的规划布局为略微弯曲的方格路网，配合错落有致的私家院落、齐全方便的公共设施和可亲可触的开放空间，街区、建筑和环境都具有鲜明的人性化尺度。

随着城市快速发展，五大道历史文化街区面临许多亟待解决的问题：一是对街区的历史文化特征缺乏多角度的深入研究；二是部分更新建筑和环境品质亟待提高；三是规划管理手段落后、缺乏精细化管理的有效措施。近年来，在五大道历史文化街区城市设计的指导下，全面深入地研究历史空间特色，并将研究成果用以规范和引导街区内部的更新建设，延续历史上既有秩序又丰富多样的空间环境特色。同时，探索和建立一套精细化的管理方法，将城市设计成果转化为可辨识、可度量、有效果的管理工具，有效促进历史街区更新改造和环境品质的提升。

五大道鸟瞰

1. 创新方法，深入挖掘历史空间特色

城市设计在大量深入详实的现状调研基础上，针对五大道历史文化街区内的建筑类型、街廓肌理、街道与街巷格局等方面，采用城市形态学和建筑类型学方法对历史空间特色进行全面深入的研究，探讨造就五大道独特生活品质的空间格局和特点。

（1）建筑类型研究

建筑类型研究以采集有时代代表性的街区片段入手，对其建筑密度与开发强度、产权密度与归属、开放空间私密程度等进行分析，从而找出历史变迁中建筑实体及其空间形式与其所处时代背景间的规律性。

研究抽取了典型开发地块和建筑原型，将建筑按照空间组合方式分为门院式、里弄式和院落式三种原型，提炼了建筑空间组合的内在逻辑，并使之成为指导建筑更新的依据。这种方法既保持了文化与传统的连续性，也提供了创新和变化的可能。例如，在规划控制中突出建筑类型本身的特质，根据环境恰当选型，延续建筑划分，并贡献街坊内部的联系通道。

（2）街廓肌理研究

街廓肌理研究对 56 个街坊的街廓尺度、图底关系、空间私密性等一一分析，展现了不同发展时期城市形态变化的轨迹及成因，并选取近年新建设的典型项目进行了剖析。例如研究发现，五大道历史上创造积极空间的方法是运用低平的建筑群形成较密集的形态，借用建筑或围墙围合出私人或公共活动的空间。而一些震后新建建筑则忽视了这一原则，导致出现了难以使用的消极空间。

（3）街道与街巷研究

街道与街巷研究对五大道 21 条道路和里弄的临街建筑类型与功能、街道限定元素、交通组织等进行分析，确定了每条街巷的性格特征，引导保护与更新项目不仅能够提升街道的环境品质，也能兼顾其本真的历史价值。

通过对街区内部空间秩序的深入分析，找到城市形态与社区生活的关系，挖掘城市形态下隐含的、特定的社会关系结构，使街区在强化空间特色的同时，适应真实的生活需求。例如里弄式

建筑组合类型	门院式	里弄式	院落式
抽象出的建筑样式			
与街道的关系	主要位于街道交口处	从城市街道有名确的入口和通道进入	有唯一的入口并直接伸入到内院
建筑形式	有主要的临街面，另一面与周边建筑保持着整齐的界面	里弄内部有明确、紧密的界面	建筑造型丰富
使用特性	日前主要用于公共机构，开放程度弱	小户型，居住。比较开放	混合居住，开放程度高

通过类型学发现建筑组合的原型

五大道街廓肌理

住宅以底层院落和建筑之间的窄小通道作为内部活动的安全地带，在街区更新中巩固这种规律并挖掘所在地块的独特个性，令新的建设符合历史风貌的同时，也贴近使用者的需求。

2. 尊重历史，精细编制城市设计导则

针对历史建筑不恰当的翻新和装饰、拆除围墙、更新建筑背离五大道设计传统、沿街设施不规范等设计和建设中的具体问题，通过城市设计，首先强调要严格保护五大道历史文化街区的整体环境，并进一步对每一座院落、建筑进行仔细甄别、分类，分析其构成要素，有针对性地编制城市设计导则。

导则中明确要保护五大道历史文化街区的整体高度和街道尺度，核心保护范围内更新建筑的檐口高度不得超过12m，建设控制地带的建筑高度采用视线分析等方法确定，面向核心保护区渐次降低；建筑的材料和色彩应符合周边历史建筑的既有特征；历史建筑的细部、质感和材料应在更新建筑中得到重复和补充；建筑长度超过20m时，应当进行凸凹处理以避免单调；针对建筑屋顶、退台、院落、围墙等方面也需遵循精细的设计引导。

3. 创新手段，建立三维立体化管理系统

城市设计方法具有立体化和直观性的特点，用城市设计进行管理就是要将整体思维和立体思维引入规划管理中去。通过城市设计为五大道2514幢建筑建立三维数字模型，对建设项目进行三维空间审核并动态监控，为全方位、立体化、精细化的规划管理提供强有力的技术支持。

4. 指导更新，取得良好的实施效果

五大道历史文化街区城市设计的主要成果已纳入《五大道历史文化街区保护规划》，2012年4月获得天津市政府批复，现已成为街区内进行各项建设活动、编制修建性详细规划、建筑设计以及各专项规划的管理依据，推动了历史街区保护更新水平的大幅提升。

近年来五大道在城市设计的指导下，完好地保存了空间特色与整体品质，延续了其稳定的演变和精致的气质。同时，在以五大道管委会、天津市历史风貌建筑整理有限责任公司等单位组成的实施主体的建设运营下，陆续完成了民园体育场、先农大院、庆王府、山益里、民园西里等项目的有机更新，已形成了以民园体育场为核心的热点地区，并成为“五大道国际艺术节”、“夏季达沃斯论坛”等重大国际活动的举行场所。通过城市设计，五大道的老街区、老建筑被重新赋予生命活力，并以深厚的人文价值和独特魅力让越来越多的人为之惊叹。

编号	名称	道路各项技术指标		断面示意图
1	南京路	路面宽(m)	32	
		道路红线宽(m)	50	
		物理边界(m)	60–80	
2	西康路	路面宽(m)	24	
		道路红线宽(m)	30	
		物理边界(m)	25–35	
3	贵州路	路面宽(m)	14	
		道路红线宽(m)	20	
		物理边界(m)	20–30	
4	成都道	路面宽(m)	8–14	
		道路红线宽(m)	20	
		物理边界(m)	20–30	
5	桂林路	路面宽(m)	7–9	
		道路红线宽(m)	12	
		物理边界(m)	12–16	
6	昆明路	路面宽(m)	7–9	
		道路红线宽(m)	12–14	
		物理边界(m)	12–16	

道路界面空间尺度分析图

超长建筑立面变化控制导则

单体建筑控制

道路设计控制导则

街坊更新数字模型示例

先农大院

五大道鸟瞰

民园西里

民园广场

意风宜景——天津意式风貌区

Legacy of the Colony: Tianjin Italian-Style Districts

天津意式风貌保护区（简称意风区）位于天津市中心城区的几何中心、河北区的海河东岸，由建国道、胜利路、博爱道、五经路围合而成，总占地面积 28.91hm^2，是《天津市城市总体规划》确定的一宫花园历史文化保护区的重要组成部分。意风区是意大利在域外设置的唯一租界地，也是意大利境外唯一一处保存完好的风貌建筑群和完整的居住社区。自 1902 年建立租界，引入意大利城市建设思想，以方格路网为骨架，街区中间设置意式街心花园，临街建筑形式鲜有雷同，造型优美，风格多样又相互协调，形成独具特色的建筑风格和人文历史景观，具有宝贵的建筑艺术价值。

百年沧桑，随着时光的推移，由于战乱、地震等灾害的影响以及城市的变迁，意风区失去了往昔的神韵，区内历史建筑年久失修，具有风貌特色的外檐遭到破坏，大量的私搭乱建现象严重，挤占了原有街巷空间，市政设施严重缺乏，架空管线影响区内景观，人居环境堪忧。2002 年天津市启动海河两岸综合开发改造工程，意风区作为一个重要节点，规划编制工作适时启动。为还原意风区的本来面貌，城市设计以保护历史风貌特色和街区空间格局、保护历史环境、改善人居环境、完善市政基础设施、促进和谐发展为原则，采取保留旧有城市的结构和肌理，保留原有建筑的尺度与风格，分类保护、修旧如故的方法进行。

1. 传承历史文脉，保留街区空间格局

意风区由十四个街坊组成，通过划定不同层次的控制区域来保护历史风貌特色和街区空间格局，标志性的马可波罗广场与十字街步行区构成控制的核心区，核心区遗存有大量的意大利风格建筑，整个街区以低层建筑为主，严格控制新建筑的风格和体量，使之与保护建筑协调统一，区内以小块石材铺就步行小径，创造了亲切、宜人的环境；核心区外侧为建设控制区，以保留原有意式风格建筑为基础，新建建筑外形体量与原有建筑的空间尺度相

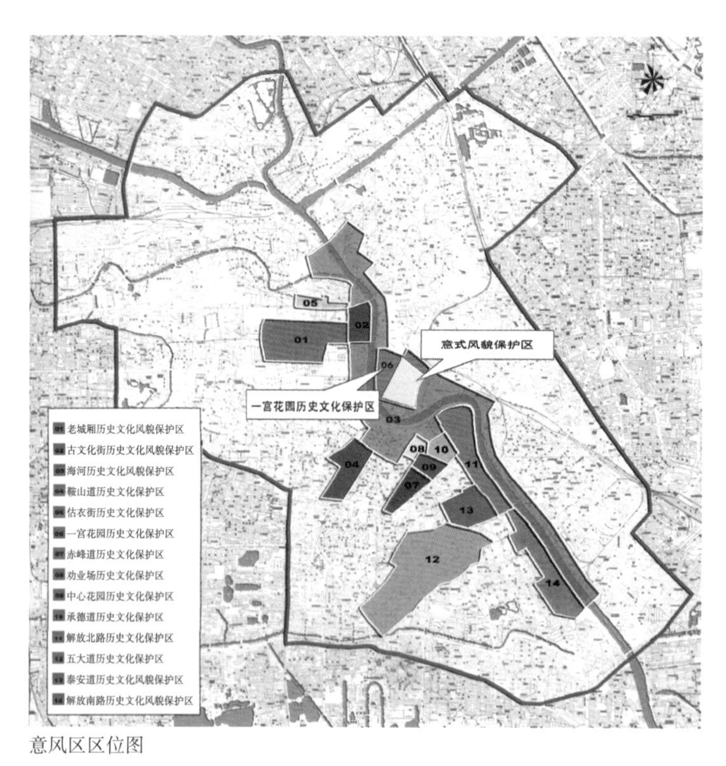

意风区区位图

意风区城市设计总平面图

马可波罗广场实景鸟瞰

协调，在群体组织上延续原有肌理，保留建筑则通过整修使其与区内建筑风格相协调；为确保意风区的整体空间格局与区域外的协调关系，胜利路、建国道外侧作为环境协调区进行总体控制。在高度控制上，严格按照临马可波罗广场周边的首排建筑高度不超过 15m，核心区建筑高度以低层为主，向外渐次增高的原则；建设控制区与核心区衔接，低多层结合，从而形成以马可波罗广场为中心，内低外高的空间格局。

2. 保护环境特色，整修历史风貌建筑

意风区内遗存的意式建筑约 140 栋，首先对现状建筑进行甄别，拆除违章建筑和无保留价值的老旧建筑，保留建筑按照文保单位、历史风貌建筑、有一定风貌特征和保留价值建筑以及质量完好建筑四个类别进行控制保护，对于保存完好的圣心教堂、梁启超旧居、回力球场、意大利兵营等 13 处文保单位及曹禺旧居、孟氏家庙等 15 处历史风貌保护建筑，严格按照文物保护和风貌保护的要求进行控制；对于有一定风貌特征和保留价值的 61 处建筑，在保留建筑尺度、体量及风貌特征的基础上进行修缮和维修；对于质量完好的建筑予以保留，按照整体风格进行整修。区内建筑的修缮按照修旧如故的原则，采用新的技术手段，精心选择修复材料，达到节能、环保、防火、安全等现行规范的要求，建筑内增加配套设施，提升使用功能，适应现代生活的需要。

3. 营造城市活力，丰富功能、美化环境

意风区内用地多以商业金融业为主，辅以办公、旅游、娱乐、居住等功能，为使保护与发展具有可操作性，将现代生活融入其中，体现功能多样性，在保留意式居住社区风貌特色的前提下，赋予部分建筑以休闲购物、旅游服务、办公等功能，创造区域发展的活力。

保留建筑分类示意图

整修后的建筑

整修后的建筑

充满现代活力的广场

喷泉、绿地、广场、小品等构成了意风区内的绿化系统，按照沿街线性绿化、街坊内几何状绿化和公共集中绿化三个层次模式进行组织，重点恢复原一宫花园绿化景观，各街坊内的园林绿化采用意式几何园林构图手法，现有的树木被保留，结合广场和街区设置特色鲜明的雕塑、喷泉等小品，成为协调统一的系统。

4. 改善人居环境，完善市政基础设施

意风区城市设计在实施过程中充分考虑了改善人居环境的城市需求，交通组织充分体现以人为本的原则，由围合区域街坊的城市道路承担区域内外的交通联系，马可波罗广场和十字街区则作为步行区为行人提供舒适的漫步环境，保留原有步行尺度，使建筑与街巷相得益彰，整个街区采取地面石材处理，主干道宽度皆为 30m 左右。每个街区分别设有地下停车场，既满足人们停车的需求又不占用宝贵的地面空间，每一个停车部分相对独立完整，通过步行和机动车通行系统，可以方便到达，不仅完善了交通功能还为区内景观设计创造了良好的条件。此外还对燃气、电力、通信、给排水、停车等市政场站设施都做了详尽安排，满足住区居民的公共服务设施和防灾要求。

此外意风区的保护工作在落地实施过程中，根据历史文化保护区规划的保护特性，对十四个街坊逐一提出文物和风貌建筑保护要求，对各街坊的规划性质、规划指标、市政场站点的配置、保留建筑、规划新建建筑也作了详尽的控制要求。

意风区中标志性的广场、便利的道路交通、尺度宜人的街巷、步移景异的开敞空间，优美的环境使居住者和游人赏心悦目。在坚持保护的前提下，协调保护与城市建设发展的关系，是对历史风貌这一不可再生资源的保护和发展的有益探索，力求将“意式风貌”这一天津特有的“城市生命印记”在历史空间和区域载体上产生更深远的延续，在城市设计中对尊重历史、开创未来理念的诠释。2006 年 9 月，意大利总理专程到访，对区域整修、恢复给予了高度评价；2007 年天津意式风貌保护区的保护与整修规划获得天津市优秀规划设计一等奖和全国优秀城乡规划设计二等奖。

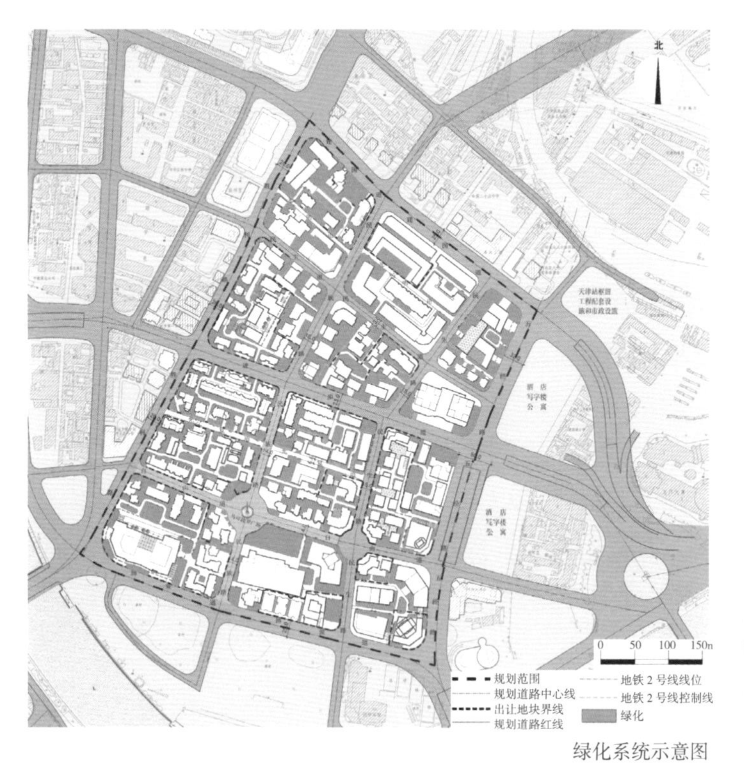

绿化系统示意图

广场和绿化

街边绿化

铺满石材的步行街

意风区夜景照片

意风区夜景照片

意风区马可波罗广场

绿色生态城市设计
Urban Design of Green & Ecological Programs

“天津之链”——外环线沿线十一公园周边地区
"Tianjin Great Green Ring" : The Outer Ring Road & 11 Parks

天津中心城区快速环路与外环线之间的区域，是中心城区依托外环绿带，实现环内外生态系统连通、生态资源整合的重要区域，也是一个以“存量”发展为特征的城市更新区域，此次城市设计主要涉及北辰堆山公园、刘园苗圃、子牙河公园、侯台公园、

外环线沿线十一公园及周边地区规划范围图

"天津之链"——天津中心城区边缘区特色公园系统图

花园式生态社区环带

柳林公园等 11 个城市公园周边地区，总用地面积约 74.7km²。

本次城市设计立足于中心城区边缘区的特征，围绕 11 个公园周边地区展开，在整体上构建中心城区边缘区空间联通、功能多元、景观优美的生态空间网络，并以此为基础制定中心城区边缘区空间生态化策略，构建花园式生态社区环带。同时在微观尺度上打造以公园为核心，布局紧凑、配套完善、尺度适宜的生态社区。

1. "天津之链"——建立中心城区边缘区的特色公园系统

针对中心城区边缘区这一具有生态保护与城市更新双重特征的区域，城市设计的首要目标是建立具有连通性、多样性以及多元功能的生态网络，打造"天津之链"。

功能上兼顾生态保护与市民休闲游憩需求，赋予生态空间精细化的功能特色，其中郊野公园主要承担生态保育、自然资源保护及远距离游憩功能，外环绿带主要承担城市空间结构改善、中心城区生态绿色屏障的作用，十一城市公园主要承担着市民中近距离休闲游憩、生态文化体验、康体运动的功能。

形态上通过构建环城生态绿道系统，强化城市生态空间的连通性。依托外环内、外侧绿化带以及外围的生态空间，构建具有 3 条不同特色的环城绿道系统，通过融入自行车道、步道的生态廊道，有效连接环外 8 个郊野公园、外环绿带以及沿线 11 个城市公园，提升中心城区边缘区生态多样性、连通性及完整性。

为强化公园特色，塑造一系列具有鲜明文化、生态特征的城市公园。在保护现有的自然生态基底基础上，形成湿地型、滨水型、森林型、山体型等四种自然特色的公园，并融入城市的文化脉络，赋予公园鲜明的文化特色，形成中式传统、西式以及现代文化艺术三种典型的文化特征，将城市公园打造为特色"城市客厅"。

2. "生态城区"——构建中心城区边缘区紧凑生长的空间结构

促进中心城区边缘区生态城区建设是此次城市设计的另一核心目标。城市设计主要通过生态空间与城市空间的契合、公共交通的引导以及多层级公共服务体系的建构，形成中心城区边缘紧凑生长的空间结构。

首先建构与生态网络契合的带形空间结构。整合 11 个公园周边 1-3km 服务半径内的存量土地资源，建设以公园为核心的高品质生态社区，并以河流、道路绿化廊道作为社区间的绿色生态间隔，整体上形成中心城区边缘区带形、紧凑组团式布局结构。

其次，依托大运量轨道交通，促进公共交通导向的发展走廊。一方面通过轨道交通加强与城市中心区以及外围产业区的联系，并依托公交枢纽引导新的城市功能节点的形成，培育多中心网络结构；另一方面，形成与公共交通契合的开发密度引导，促使公交服务能力与开发强度相匹配，使公园周边地区整体上呈现紧凑、具有梯度层次的开发分区。

最后，构建多层级、网络化的公共服务体系。按"城市级－城区级－社区级"进行设施体系分级布置，同时以轨道站点为核心组织城市生活，构建公共活动空间，引导轨道站点周边建设设施配套中心和公共生活中心，同时依据绿色出行设置设施级配服务半径，强化层级布局和可达性。

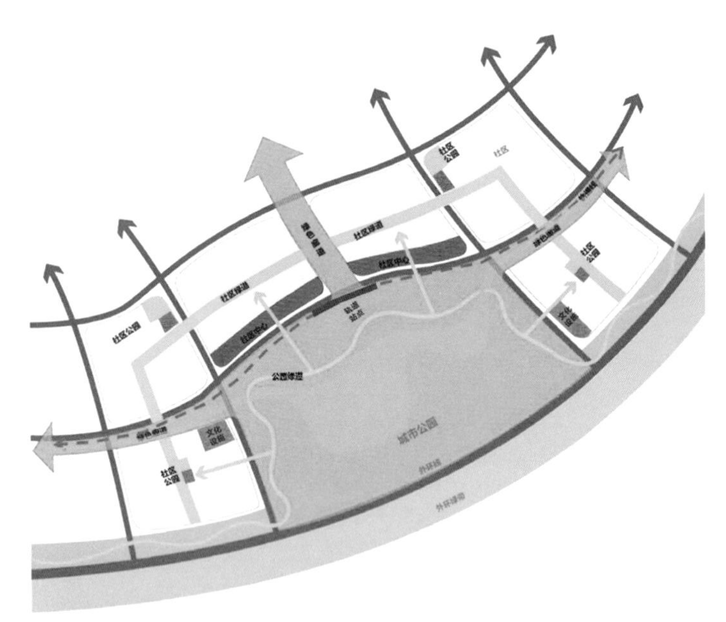

生态社区空间模式

3.“生态社区”——围绕城市公园建构与城市共生的绿色社区

生态社区的营造是社区复合生态系统有机整合的过程。对接中心城区边缘区生态网络基底以及带形空间结构，通过用地布局、开放空间系统、绿色交通系统、配套服务系统以及空间形态等多系统整合设计，构建以公园为核心的生态社区空间发展模式。

紧凑的空间布局是生态社区空间可持续的基础。首先，划定生态社区的边界，确定其适宜的规模。规划适应社区布局的紧凑性、完整性以及市民亲近自然便捷性的要求，将生态社区一般规模控制在 1-3km^2，2-3 个生态社区围绕中央城市公园形成一个生态片区。在片区内，依托城市公园、轨道站点引导社区的商业、文化、教育等公共服务设施的聚集，形成社区多功能公共中心，同时，建构以城市公园为核心的社区绿道网络，提升社区中心的慢行交通可达性，整体上形成紧凑、活力的社区空间布局。

高品质的公共开放空间是社区活力的源泉。绿色社区需要构建一个以公园为核心的多层次、连通的开放空间网络。规划通过引入与大型城市公园连接的多级绿色廊道系统，串接城市公园、社区公园以及街头绿地三级绿地体系，实现社区居民从任意一点出发 300m 到达街头绿地，500m 到达社区公园，1.5km 到达城市公园的目标。同时围绕中央城市公园构筑高密度且均匀的路网肌理、适宜的街坊和街道尺度以及适宜步行的道路空间，在保证社区单元的空间相对完整的基础上，适度增加慢行绿道以及特色街道，提升社区空间开放性、连续性和渗透性，促进绿色出行。

配置适宜、功能完善的社区中心有利于凝聚居民的归属感、认同感。社区中心不仅是社区的地域空间中心，更是社区的商业、文化、社会服务的主要场所。规划完善公益性服务设施以及商业性服务设施的配置，形成“两级管理、三级配套”的社区公共服务配套设施体系，同时适度提升适老化设施及青少年设施的配置标准，优化设施布局，为社区居民提供优良的生活服务。同时，社区中心的打造与社区的开放空间、慢行系统紧密结合，并融入地区的文化特色，形成活力、魅力的社区公共生活中心。

柳林公园周边地区城市设计

良好的社区空间形态有利于社区特色的营造。城市设计突出对城市公园、绿化廊道以及轨道站点周边的建筑高度、开发强度、建筑风貌的控制。首先，严格控制城市公园周边的建筑高度以及空间层次的梯度变化，塑造良好的天际线；其次，延续城市空间肌理，促进新建区域与既有空间的协调，高层、多层、低层建筑空间融合；最后，结合轨道站点布置地标建筑，从而形成以城市公园为核心，以绿化廊道为间隔，以公共交通为引导的开阖有致、新旧交融、层次清晰的社区空间形态。

4. 规划实施

此次城市设计突出“绿色、生态”的主题，在宏观尺度上建构“天津之链”，促进中心城区边缘区空间生态化，在微观尺度上促进 11 个城市公园周边特色生态社区的建设。在城市设计的指引下，侯台公园、柳林公园、新梅江公园等多个公园进行了详细景观设计，部分公园前期工程已实施完成，为市民提供了更多、更好的休闲游憩场所。同时，极大地提升了公园周边地区的环境品质，推动了公园周边地区的开发建设和城市更新。

南淀公园周边社区绿道

南淀公园周边特色街道

柳林公园沿海河酒店

沿海河酒店

侯台公园周边酒店鸟瞰图

柳林公园效果图

侯台公园沿春明路鸟瞰图

南淀公园周边地区城市设计

生态城市设计的探索与实践——天津中新生态城

Urban Design Practice of Eco-city: Sino-Singapore Tianjin Eco-City

城市化的高速发展推进了城市进程，但也导致了严重的生态与环境问题，一系列的问题迫使人们重新认识到生态环境是城市与建筑生存的根本。在这样的国际背景和时代背景之下，2007 年 1 月 18 日，中国和新加坡两国政府共同签署了在天津滨海新区建设生态城的框架协定。中新天津生态城是由中新两国政府主导、起步较早、规模较大的生态城之一。目前生态城起步区 8km^2 范围内的基础设施、公园绿地已经全部建成，建筑工程累计开工面积达 500 万 m^2，并且节能效果明显，在规划学术界起到“先行先试”的作用。

1. 以生态理念打造宜居型生态城市典范

中新天津生态城（以下简称生态城）是中国和新加坡两国政府密切合作、共同推进生态城市建设的重要实践探索。生态城的总体规划充分体现当代生态城市建设的先进思想，运用大量的创新理念。为实现总体规划中明确的城市社会发展总体目标，生态城总体城市设计目标定位为将生态城建设成为“生态之城、宜居之城、文化之城和活力之城”，即城市具有良好的城市生态环境、“可以享受的”城市生态资源；丰富的、高品质的城市公共资源和城市服务；丰富的城市文化活动，鲜明的地域文化特色；活跃的城市社会活动和商业活动，以展现社会欣欣向荣的发展活力。总体城市设计摒弃“唯技术论”和“技术至上主义”的设计思想，回归城市设计目标的本源，以“打造低碳生活方式”为核心，实现人与自然、人与社会、人与经济的“三个和谐”为目标，努力探索可实行、可复制、可推广的生态城市空间发展模式，建设“适用宜居型生态城市”典范。

2. 以开创性思维探索生态城市规划方法

生态城在规划与实施中突破思维限制，运用开创性思维探索了多种规划方法与手段，分别体现在“先底后图”的规划方法，“三

中新生态城总体城市设计鸟瞰图

规合一”的工作模式和生态指标体系等方面。

“先底后图”的规划方法，就是根据生态结构完整性和用地适宜性的标准划定禁建、限建、适建和已建的区域，在此基础上进行建设用地布局。按照这种方法，以环境和土地承载力分析为基础，辅以基于紧凑城市理念、宜居城市理念、就业居住平衡理念的容量分析，规划最终确定生态城的合理人口规模为 35 万人左右，人均城市建设用地约 60m^2，使生态城的建设用地指标平衡性大大优于一般城市。

在总体规划编制过程中，生态城建立了“三规合一”的工作模式，同步编制了经济社会发展规划和生态环境保护规划，减少了各类规划之间的矛盾，加强了各类规划的相互协调和衔接。在实施和管理过程中，真正以经济社会发展规划为依据，以城市总体规划为支撑，以环境保护规划为目标，使规划真正成为建设和管理的依据和龙头。

为实现社会、经济、环境协调发展的目标，在用地空间布局的基础上，生态城建立了一套符合生态城建设目标的指标体系和配套政策。指标体系在以“经济蓬勃”“环境友好”“资源节约”“社会和谐”作为 4 个分目标的基础上，提出 22 项控制性指标和 4 项引导性指标，共计 26 项指标。配套政策具体包括产业政策、公共财税政策、住房政策等共计 11 项涉及经济、社会、环境等多方面。

3. 以生态集约搭建水绿交融的空间架构

生态城总体城市空间架构可凝练为“一轴三心四片、一岛三水六廊”。生态城整体规划建设以总体城市规划的功能布局和土地利用规划为基础，基本形成了三种城市景观意象。

双核共生、双翼齐飞。城市中心功能核（商务中心区、企业总部岛、行政文化中心）与城市生态核（生态岛）相存相依，形成城市活动场景与自然生态景观的充分融合；南部片区与北部片区两翼齐飞，形成各具特色的生态居住片区。

绿环水绕、一城双面。由蓟运河、蓟运河故道、清净湖等水体构成的生态水系统与滨水绿带形成绿色与蓝色的绸带，构成生态城重要的生态系统和自然景观特色；生态城西北侧以丰富的自然生态资源为主要特征；东南侧以生动的城市生活和产业景观为主要特征，充分体现城市发展与生态保护的和谐关系。

一轴六心、绿网如织。生态谷结合轻轨线路呈“S”形贯穿生态城南北，串联生态城 6 个城市功能核心区，形成城市生态绿轴和绿色交通主轴的复合型城市轴线。生态谷兼具城市生态设施带、开放空间带、休闲服务设施带和特色景观带的作用；在生态谷、

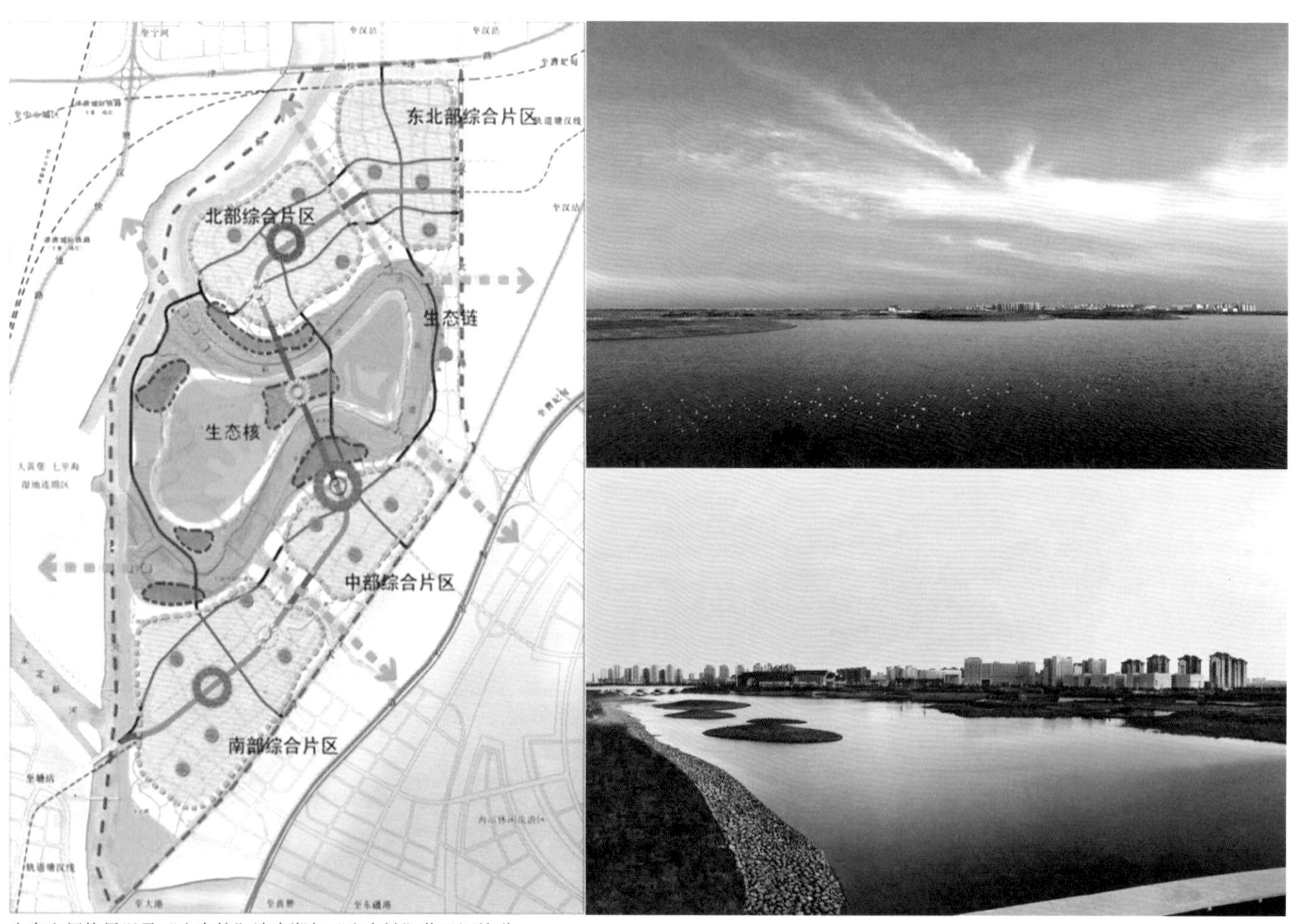

生态空间格局以及“生态核”清净湖与“生态链”蓟运河故道

滨水绿带、重要公共服务设施之间编织起慢行绿道网络，最大限度发挥生态资源价值，创造人性化城市生活空间。

4. 从全方位多角度落实生态城市建设

与区域相连通的自然生态格局、以人为本的绿色交通理念、分级配置的生态社区模式、节约优化循环的水资源利用、低耗高效可再生的能源利用以及通过日照环境和通风环境模拟得出科学的建筑物布局朝向和间距，这些生态绿色技术的应用，在规划的实施与建设中为生态城市的建设奠定了理论基础，提供了技术指导。

在自然生态格局方面，在规划区内保留大量生态水系、湿地保护区和生态缓冲区。以清净湖、问津洲组成的开敞绿色核心，是生态城的“生态核”，发挥“绿肺”功能，为生态城提供优美、宜居的生态环境；环绕“生态核”的蓟运河故道和两侧缓冲带，以及点缀其间的若干游憩娱乐、文化博览、会议展示功能点，结合健身休闲的自行车专用道形成“绿链”，是生态城的“生态链”。截至 2016 年，生态城绿地率已经达到 34%，绿化覆盖率达到 45%，人均公共绿地面积大于 11m^2。

生态城绿色交通的核心理念是以人为本，创建以绿色交通系统为主导的交通发展模式。为了实现以人为本，贯彻健康环保理念，生态城将非机动车作为最主要的交通出行方式，并将非机动车出行时的外部公共空间环境作为建设重点内容，建立起一套非机动车专用路系统。经过充分绿化的非机动车通道，构建了独具特色的慢行绿道系统，这些绿道又把城市所有的绿地公园、滨水空间、公共设施紧密联系起来。在形成宜人的城市生态绿网的同时，保证城市重要公共空间与设施的步行可达性。目前非机动车出行达到出行总量的 60%，其中公交超过 20%，小汽车出行已低于 15%。

在生态社区建设方面，生态城借鉴了新加坡新城建设中的社区规划理念，并将生态型规划和我国社区管理相结合，确定了符合具有示范意义的生态社区模式。生态社区模式的理念之一就是将社区和服务设施的分级配置体系，建立基层社区（“细胞”）—居住社区（“邻里”）—综合片区 3 级居住社区体系。目前生态城已经建成几十个基层社区细胞，形成十几个居住社区邻里，设施环境较为完备和完善的综合片区还有待进一步建设和优化。

在水资源和可再生能源利用方面，生态城以节水为核心目标，努力推进水资源的优化配置和循环利用，构建安全、高效、和谐、健康的水系统。在实施建设中，利用人工湿地等生态工程设施进行水环境修复，并纳入复合生态系统格局。引入再生水利用工程，

中部片区城市设计总图

主要用于建筑杂用（冲厕）、市政浇洒以及区内地表水系补水，剩余水量用于周边地区用水需求。

能源利用的目标是促进能源节约，提高能源利用效率，优化能源结构，构建安全、高效、可持续的能源供应系统。生态城在地源热泵、光伏发电、水蓄冷、冷热电三联等多种能源供应技术方面实现了综合运用。2010 年，生态城的光伏发电项目被国家列入第一批“金太阳示范工程”，2011 年已建成光伏发电设施 12.3 兆瓦；蓟运河口风力发电项目已经实现并网，装机容量 4.5 兆瓦，年发电量 534 万千瓦时。

经过多年建设与发展，昔日的盐碱荒滩如今已是道路纵横、绿树成荫、高楼林立、充满生机，8km^2 起步区已初具规模和形象。随着规划建设工作的不断开展，生态城在生态城市的探索与实践将进一步深入，生态城的规划和发展将成为天津城市发展的里程碑，将在国内外生态城市规划实践中起到重要的示范作用，成为面向世界展示经济蓬勃、资源节约、环境友好、社会和谐的新型城市典范。

公交车站与慢行道路

生态城小区实景

风力发电设备与生态城 2 号能源站

风貌街区城市设计
Urban Design of Historic Boulevard

“十里洋场”的前世今生——天津泰安道五大院
Past Lives of "Ten Miles of Glamour Metropolis" : Tianjin Five Blocks at Tai'an Road

泰安道是条老街，最早叫咪哆士道，租界时期英国人修建的。沿街教堂、花园、市府大楼、总督官邸、俱乐部一应俱全，它就是近代天津的“十里洋场”。作为英国租界的公共中心，处处洋溢着浓郁的西洋风情，英租界政府大厦——戈登堂、天津首座租界公园——维多利亚花园以及被数部电影选为外景地的安立甘堂一一坐落在这条历史悠久的街道两侧。近百年来，这些建筑静静地掩映在梧桐树荫之下，刻上了历史与岁月的痕迹。

整个街区东起台儿庄路，西至建设路、湖北路，南起曲阜道，北至保定道，占地规模 16.29hm^2。近年来，这些历史建筑多数用作市属各个机关部门的办公场所，被封闭在了一座座院落之内，整个街区愈发庄严肃穆，但曾经的繁华却也因此尘封在了泛黄的老照片里。

2009 年天津市政府启动了行政功能的外迁工作，街区改造工作同步展开。整个改造工作以城市设计为抓手，内外兼修、一以贯之，通过三年的努力工作，终于使得这段老天津的人文情怀再现于当世。

1. 内外兼修的城市设计

改造提升工作基于功能业态的研究，包括文脉载体的研判，直至具体建筑空间形态的设计，内外兼修、全面发力。

（1）功能更新——从政府大院到商旅街区

位于小白楼城市主中心的泰安道地区拥有城市中心区与历史风貌街区的双重属性，如何激活其城市活力成为改造建设中的第一个重要课题。

基于此，城市设计工作中，首先提出了通过旅游功能、商业功能、商务办公功能乃至居住功能的导入来增强其公共开放属性的构想。同时，为了避免与小白楼商务区、滨江道商业区等既有区域功能重叠，规划设计过程中结合泰安道地区的历史文化特色和发展现代服务业的需求，将其定位为以英式风貌为特色的城市旅游商务体验区；将街区特有的历史记忆和人文体验作为其区别于上述传统商业中心、商务中心的重要标志，努力构建宜游、宜居、宜商、宜业的综合街区。以此为原则，改造完成后的街区人气得到明显提升，街区活力正在逐步增强。

（2）文脉延续——院落格局与街巷空间

在时间的长河里，泰安道地区或许只是一条僻静的小街，但是对于天津市的历史记忆来说，它的价值与意义已经完全超越了建筑与街区本身。

传统的街巷体系是街区文脉的核心载体，一方面，既有的

泰安道历史照片

安立甘堂

八号院实景

尺度与空间形式是延续街区风貌与历史记忆的重要保障，另一方面，传统的适宜步行的街巷格局也是进一步提升街区活力的重要基础。为了保护现代氛围中的一片历史气息，为了延续泰安道地区历史文脉，规划建设中严格保留了形成于20世纪30年代的城市街巷体系。

为了改善步行环境，疏导泰安道地区的交通状况，对泰安道、解放北路、大沽北路等道路空间进行了适度改造。改造以延续原有的空间尺度、保留既有沿路树木为前提，通过局部插建补建、街道家具更新等方式进行，将既有的环境意象进行了有效的完善提升。

社区内的咖啡厅

此外，规划建设中采用了西方传统的院落形式组织整个街区的空间布局，结合街巷体系和历史建筑分布，具体设置了五处院落，与五大道地区遥相呼应，形成了完整的特色院落体系。沿街多采用骑楼等适合营造商业步行氛围的形式，按照不同商业主题设置店面，以激发人们的步行热情，并以此为基础构成了贯通五大院落的步行游线；同时通过上层建筑中的办公、居住等功能的设置，进一步提升了该地区的人气。

（3）建筑保护——尊重历史修旧如旧

历史建筑的珍贵性在于它的不可再生与文化传承。对于泰安道地区的历史风貌建筑，实际操作中始终贯彻“修旧如旧”的原则，通过适度的整修和清洗，最大限度地还原建筑的真实面貌。以花园大楼为例，根据历史资料对其进行立面修复之后，其使用功能也正在由原有的机关办公室改造成一座富于历史文化气息的精品酒店。

2. 一以贯之的城市设计

在该项目的更新改造过程中，有关部门高度重视城市设计的统筹作用，将其作为项目建设过程中最为关键的核心环节之一。

二号院实景

以院落为单元的空间格局

不同院落的入口设计

通过全专业参与城市设计保证了其工作成果的专业性与权威性；通过编制城市设计导则、总规划师负责制等措施保证了城市设计得以深入贯彻落实。

（1）全专业参与——一套城市设计管全局的技术基础

与以往城市设计工作不同的是，该项目的城市设计环节中不仅有规划师参与，更有策划、建筑、景观、交通等多个专业、多个团队参与其中，通过各个专业的深入研究和统筹磨合，不但明确了地区更新的功能定位、街巷空间的主要肌理、建筑布局的基本模式等问题，还针对建筑风格选型、立面色彩材质、环境景观、VI 系统与街道家具、交通疏导组织等方面的问题形成了明确的指导方案，并且提前对各个专业的指导方案形成了深度的整合，避免了可能出现的相互矛盾、相互制约等问题，保证了后续建设实施工作有序、高效。

（2）总规划师负责制——一套城市设计管全局的制度基础

为了保证城市设计阶段的工作成果能够更加深入地在建设实施过程中得以贯彻落实，该项目还率先提出了总规划师负责制的工作模式，在后期开展的建筑方案设计审查、景观方案设计审查等工作阶段，项目总规划师都必须深入参与其中并充分发表意见。这一制度在实际操作中有效弥补了传统规划建设过程中规划、建筑、市政、景观等各个专业沟通不足，规划建设管理对空间意象、环境氛围等方面统筹不足等方面的问题，有效提升了整体工作效率与建设品质。例如，各院落建筑外檐设计中，所用砖砌块的颜色、质感乃至砌筑方式都是经过总规划师相互协调的，既保证整体建筑色彩协调统一、又避免千篇一律过于呆板。这一尝试所积累的积极经验也在天津后续重大项目规划建设过程中得到广泛运用。

通过上述两种方式，一方面保证了各专业设计理念的协调统一与相互融合，另一方面保证了这些理念思想能够在后续建设过程中得以充分落实，为天津市后续的重大项目建设积累了一定的实践经验。

借助城市设计这一有力抓手，泰安道地区的更新改造工作得以高效率、高水平开展。2012 年 4 月，完成改造的泰安道正式对公众开放，立即成为京津两地商务休闲、城市旅游的重要场所，成为了我市延续历史文化、推动经济发展、提升环境品质的又一亮点。从某种意义上讲，正是城市设计的创造力与执行力，助推了泰安道这个尘封的旧街区焕发出新的生机与活力。

各院落砌砖工艺列举

教育园区城市设计
Urban Design of Education Zone

孕育创新的摇篮——天津海河教育园区
Cradle of Nurturing Innovation: Tianjin Haihe Education Zone

教育是一个国家经济发展的基石，民族存在的基础。天津作为一个沉默许久的北方重要城市，拥有辉煌的过去。“洋务运动”时期，西方先进技术与先进文化在此荟萃一堂，创造出诸多的全国第一，引领着当时的风气。在天津开办各种新式学堂，打破封建文化的桎梏，传播近代科学文化知识，培养我国最早的科学技术人员，成立中国第一所新式大学——“北洋大学堂”，创中国教育改革之先。

当前中国经济社会得到空前发展，对人才尤其职业教育人才更是求贤若渴，面对新的形势天津作为教育改革的前沿阵地，必将有一番更大的作为。

为了推动职业教育改革，整合天津职业教育资源，支撑海河中游地区开发，带动区域城镇化发展，2008 年天津市政府决定建设《天津海河教育园区》。海河教育园区位于天津市中心城区和滨海新区之间的海河中游南岸地区，规划面积 37km^2，北至天津大道，南至津港公路，西至规划的蓟汕联络线，东至津南区西外环。规划办学规模 20 万人，居住人口 10 万人，社会培训 30 万人次。

作为国家级高等职业教育改革实验区、天津市高等教育部属大学示范区、天津市高端科技研发创新示范区，经过多年的建设，一个承载南开和天大 2 所著名大学、8 所高职、2 所中职，建筑体量近 300 万 m^2 的大绿生态、大气洋气的智慧园区映入眼帘。整齐浓

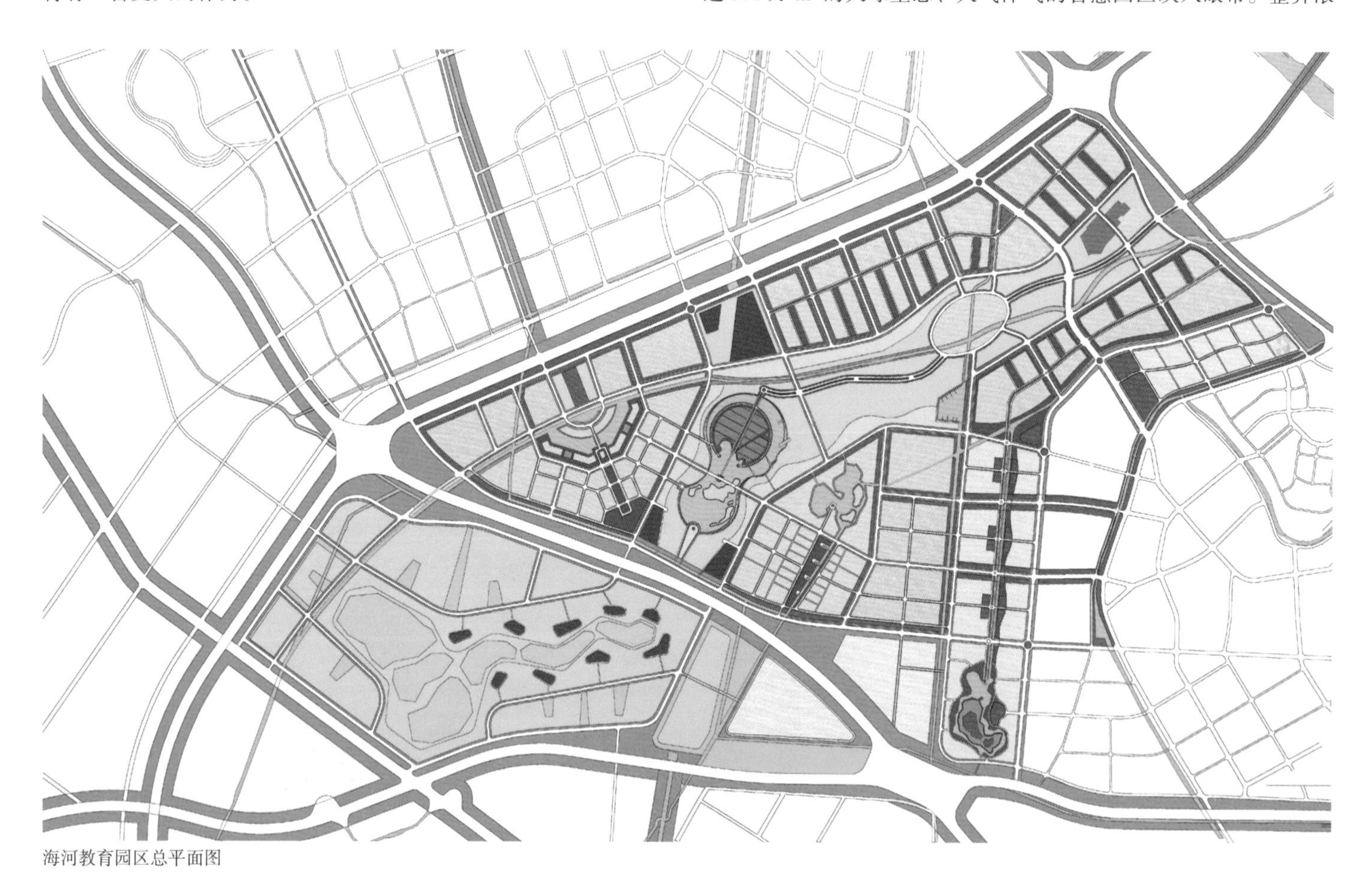

海河教育园区总平面图

海河教育园区起步区鸟瞰图

海河教育园区实景航拍图

中国天津职业技能公共实训中心实景

郁的树林，茂密郊野的植被，舒适整洁的道路，独特秩序的校园，活力四射的师生，无不透露着凝结在规划与实施中的智慧和汗水。

1. 开放共享——激发创新的平台

园区一廊两翼的空间结构，使每个校园均有直面生态和城市的界面。将部分校园绿地集中放入绿廊内建设，设置运动场地和景观水面，充实了绿廊功能，提高了绿地利用率，起到集约土地的作用。在充分共享生态景观的同时，为师生提供了创新交流的空间，也为市民提供了休闲活动的场所。

中央绿廊内合理布局配套设施，这些设施集合了原来各院校

天津大学校园鸟瞰图

天津大学教学组团透视图

天津大学图书馆透视图

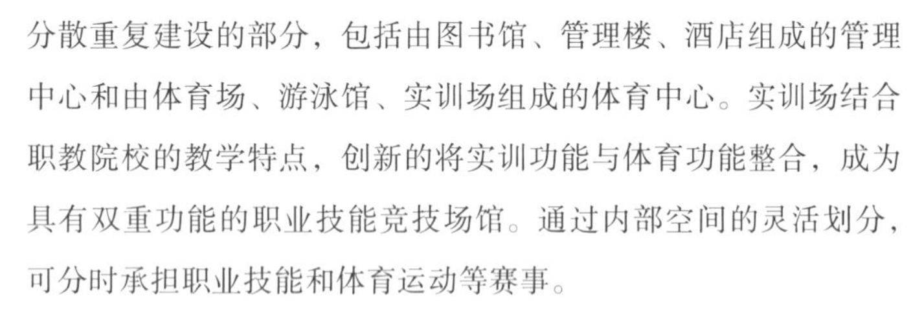

分散重复建设的部分，包括由图书馆、管理楼、酒店组成的管理中心和由体育场、游泳馆、实训场组成的体育中心。实训场结合职教院校的教学特点，创新的将实训功能与体育功能整合，成为具有双重功能的职业技能竞技场馆。通过内部空间的灵活划分，可分时承担职业技能和体育运动等赛事。

与此同时在园区东西两翼还设置配套服务区以满足在校师生的日常生活需求。两个中心、两个配套区的集中设置，提高了建设品质，节约了建设成本，同时也加强了公共设施及体育场馆的利用效率，充实绿廊，增添活力。

校园四周建设护校河，以园林植栽代替坚硬的围墙，既提升校园周边景观环境又满足学校整体管理的要求。学校与学校之间通过建设校际联络线划分教学区与生活运动区并横向串联各校，形成校间的活力走廊，方便学校师生间沟通与联系，并为未来的校园开放留下伏笔。

2. 低碳生态——承载创新的土壤

基地内自然生态良好。规划结合现状水系，利用自然资源，打造丰富连续的滨水空间，突出自然生态与人工生态的有机结合，塑造地域特色景观。

由于该地区年蒸发量为降水量的 3 倍，在设计时改变以往只强调“排水”的思路，建立了一套“自蓄水”雨水收集利用系统。由雨水管网收集雨水集中汇至双向排水泵站，将相对干净的雨水返排入园区内，由景观河道、湿地、池塘等组成的生态雨洪调蓄系统，对雨水进行生态处理后，作为景观及绿化浇灌用水。超前的设计，使建设后的海河教育园区经受住近些年来天津暴雨的考验，成为名副其实的“海绵城市”。

南开大学校园鸟瞰图

南开大学图书馆透视图

园区共种植各类树木65万棵，绿化率达50%以上。园区主干树木均选择耐盐碱的乡土植物，确保了高成活率和低养护费用，解决了天津种树难的问题，并节约了初期投资及后期维护费用。这些树木可以为天津乡土昆虫、动物提供良好的栖息地，从而有效地维持绿地群落的稳定。

积极采用新能源，体现生态低碳的规划理念。使用太阳能为宿舍楼、实训楼及食堂提供热水；使用地源热泵解决图书馆等14%的公建的冬季供热。园区清洁能源的使用规模达65%。

3. 文化传承——传播创新的名片

中国新式教育的起源可追溯至“北洋”时期，该时期的很多建筑至今仍是天津的标志，并形成天津建筑的地域风格。

遵循“建筑形象应反映地域文化及时代特质”的规划思想，校园建筑着重体现自身行业历史文化，用地方特色建筑材料营造稳重、大方、富有内涵的文化氛围。绿廊公共建筑代表新世纪的发展趋势，风格更为现代和前卫。

南开大学、天津大学作为园区引领创新的两所大学，在布局设置及校园风貌上最具代表性地诠释了园区“统一而不失个性”的设计理念。南开大学采用园林书院的设计方法，天津大学采用街区式的校园规划方式，都以红砖这种天津最为熟悉的地域材质去给市民传递“老城的记忆”，同时整体而开放的校园氛围吸引着周边的市民与师生共同体味校园的气质，协同其他职业院校展现天津教育改革的风采。

海河教育园区的建设为天津的院校发展提供新的空间，解决了目前“规模小、布局散、水平低”的难题；提升了周边城市价值，带动了地区经济的发展；实现了学校校区、居住社区、产业园区“三区”协调联动，为建设美丽天津、服务天津乃至全国经济社会贡献力量。

精神引航 文化坐标——中共天津市委党校

Spiritual Navigation& Cultural Coordinate: The Party School of CPC Tianjin Municipal Committee

天津市委党校历史久远，建筑风貌留存完整。党校原址上的建筑及年久的树木更为党校的庄严增添了一份历史气息，使人肃然。党校位于天津市南开区育梁道北侧，东侧距水上公园400m左右，西侧距中环线300多米，交通便利，环境宜人。原有场地内存有一千五百多棵大大小小的树，丰富多样的树种群落营造了非常舒适和宜人的景观环境。党校作为天津市文化坐标，培养了本市许多优秀党员和干部，党校改造要尽量保留原有建筑风貌的多样性，保护原有大树树种。

1. 庄严而谦逊的党校建筑群

党校建筑具有特定的功能属性，并非一般意义的功能用房，更多的是体现党的精神与文化内涵的建筑群体，具有明确的建筑形象和设计立意。党校中央保留了求知学堂，旁边新建建筑以谦逊而理性的形式出现，避免较大的变化，与原有建筑保持统一；主楼一侧接建以相同体量的建筑，中间接建建筑局部抬高，呈对称布局；新建办公楼从形态与材料搭配上也与图书馆相互呼应，尽量保证新建筑与原有建筑在建筑布局、体量、材料的整体与统一。新建建筑以庄严的建筑形式延续原有建筑风格，以特定的形态来反映我党所倡导的宗旨或追寻的理想，以建筑本身的独一无二来刻画出建筑的内涵意义。这样形成了党校建筑群庄严而谦逊的风貌特征。

2. 古典而端庄的布局形式

历史记载显示共产主义政党的建立约有170余年，历经风雨变迁，党所倡导的纲领和内容也在经历验证及发展乃至创新。党校建筑是弘扬党性、研究党理的核心机构，理应体现出历史的、经久的、厚重的形象，方能匹配共产党在岁月流变中岿然不动的坚定状态；体现共产党人坚定不懈、充满信心，继续昂扬前行的

中共天津市委党校整体鸟瞰图

坚定态度。因此，党校建筑布局采用具有古典意蕴的集中式布局；建筑外立面以左右对称的形式；整体建筑形态厚重敦实，具有重量感，附衬具有古典韵味的柱廊、平台以达到端庄的效果；建筑群体中主楼与校门相呼应，连接形成中心轴线，强调主楼建筑在整体用地中的核心地位，突出入口通廊的仪式感、严肃感。

3. 静逸而理性的环境氛围

党的作风是严谨、严肃、朴实的，因此，建筑本身体现严谨性和纪律性，建筑立面装饰拒绝太多浮华的雕饰，许多墙面上没有任何装饰，以建筑本身厚重的力量体现建筑风骨特征；建筑贴面采用严谨规则的建筑构件，立面材料模数整齐，整体立面风格朴素严谨；建筑表皮较多采用直角元素，不对砖进行过多处理，砌筑方式丰富多样，拒绝奢华和昂贵的建构方式。整体建筑风格理性、严谨、朴实，与党的作风相呼应，再配以保留的大树及一些景观设施，整体环境氛围静逸而理性。

4. 精神与文化的传承创新

党校建筑材料多以砖为主，具有朴素不奢华的特色，是历久弥新的建筑材质，同时也是上海一大会址的建筑材料，传承党校建筑气质。其中，采用的红砖以多种类建构方式，风格独特，与周边的绿化环境相融合。

对红砖的选择更是经历了一个漫长的过程，先后烧制十几次样砖，多次挑选颜色和质感才最终确定。红砖以全顺砌筑方式及构造需求定制，如局部节点的花砖、尖角砖。红砖的选择和使用在传统基础上也有创新：如排砖选择全顺砌筑，整体稳定而端庄；基座、窗的过梁、窗台以及顶部作了花砖的组织；基座结合竖排砖、

党校入口效果图

主教学楼效果图

主教学楼北侧视角效果图

食堂效果图

尖角砖、斜排砖，通过出挑与退进，有机地组织在一起；窗的过梁与窗台都是用传统的竖砖来理性的表达，过梁是一皮整砖加一皮半砖两层竖砖，而窗台则是一皮整砖，上下呼应；窗台之下为三列尖砖增加细节的同时加强竖向感，与建筑整体的态势相符合；顶部竖砖结合尖角砖结合，在三段式最顶部以统一、严谨的秩序作为结束。

除了红砖以外，建筑材料还选用了石材。石材本身具有坚固性和耐久性，多用于主体两侧柱廊及大平台。柱廊采用了端庄的陶立克比例；平台挡墙选取适宜人的尺度的石材，并结合石材拼花，拼花样式内敛。外墙砌筑工艺采用清水砖幕墙系统，这是针对框架多层、高层建筑系统开发的一种外墙装饰系统，红砖采用定制的多孔砖。砖幕墙系统在美化建筑造型的同时，由于其与内部结构体系留有保温层，形成了对结构体系的双重保护，整体提升了建筑的保温节能性能。党校所选石材产自中国福建的花岗岩（黄麻），利用其自然色差，烧毛及凿毛处理后在建筑首层及柱顶局部与红砖搭配，风格淳朴美观。砖石组合使用，以经典的三段式方式处理，石材与红砖互相穿插、嵌套、混砌而上，传递着砖石建筑最朴素的工艺气息。

建筑细部

中共天津市委党校主入口实景照片

工业遗产城市设计
Urban Design of Industrial Heritages Preservation Programs

致敬工业精神　维系城市情感——天津棉三地区
Industrial Site as Urban Memory: Tianjin Third Textile Plant

津棉六大厂，前身是近代天津纺织业六大纱厂，孕育了天津乃至全国的第一批纺织业单位，是天津纺织人的集体记忆，也是天津近代海河漕运轻工业的代表。

随着城市化进程的加速、产业战略的调整和产业功能的外迁，中心城区内一批批记录天津近代工业发展和城市历程的工业遗存相继消失。津棉六大纱厂，始建于一战，遭遇了日本侵占，躲过了硝烟战火，挺过了地震洪水，但终究跟不上城市发展的节奏，陆续被腾迁拆除另作他用。而棉三，是唯一幸存下来的。

棉三，全名国营天津第三棉纺织厂，曾用名宝成裕大纱厂。始建于 1921 年，由我国著名设计师庄俊设计建造。其股东多为有一定政治背景的金融人士、军政要人及社会名流，梅兰芳便是其中之一。在 2011 年全国文物三普过程中，天津棉纺三厂的部分建筑正式被确立为文物保护单位。2012 年陈可辛导演的电影《中

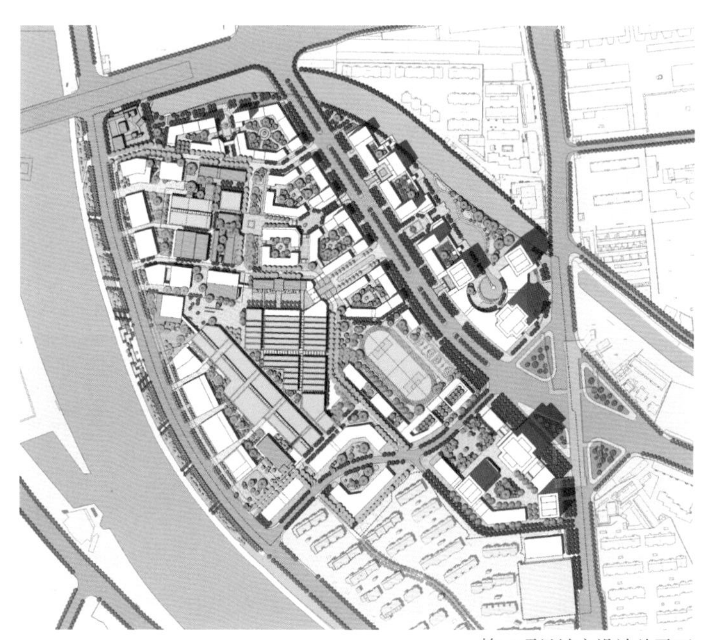
棉三项目城市设计总平面

棉三项目城市设计鸟瞰

棉三项目改造前

棉三项目改造效果图

国合伙人》主要场景就是在棉纺三厂的老厂房进行取景拍摄。

棉三项目规划面积 34.3hm^2，其中厂区占地面积 10.6 万 m^2，总建筑面积 22.4 万 m^2，总投资额 36 亿元。是目前全国已建成的规模最大、硬件最完善的创意产业基地之一。通过对原棉纺三厂厂区进行提升改造，在保留具有历史价值工业厂房的同时，植入文化创意元素，逐步形成集创意办公、特色商业、水岸居住、精装公寓于一体的城市级综合体。

1. 财务平衡前置、运营前置，确保规划设计落地

在该项目规划设计之初，考虑到未来财务平衡和规划的可实施性，通过谨慎地研究现状情况，详细的经济测算，划定出让区和保留区的范围，以一期出让区的收益，弥补二期创意厂区的改造成本，开发主体可获得创意厂区的长期租金收益，降低项目后期风险。在明确此基本框架之后，再进行详细的规划设计。

同时规划充分研究国内外创意产业园区的开发思路，借鉴天津市行动型项目的建设经验，建立了由投资方、筹建方、运营方多专业组合的项目策划设计团队，保证项目定位策划与业态运营无缝衔接，城市设计与建筑改造相协调的项目思路，精准定位、招商前置、产品定制，提前招商融资工作，确保规划设计的精准可行。

2. 致敬工业精神、延续历史底蕴，续写工业建筑新风貌

棉三厂区 95 年的历史经历了五个不同的时期。21 座工业建筑，风格、色彩、质感、材料各有不同，结构特征也表现着当时的建筑风格和工艺结构。规划在梳理公共开放空间的基础上，为每一栋遗存制作“建筑身份证”，构建棉三厂区改造的“ID 系统”，形成厂区设计的“叠加图层”，创建工业遗产的价值评估体系，为城市设计整体风貌的梳理和后续实施改造过程建立依据。

对于棉三厂区工业建筑的改造，是在继承历史文化底蕴的同时赋予其新的时代意义，现状全部的工业元素包括厚重的砖墙、林立的管道、斑驳的地面都被保留下来，提升改造后的厂区充满了工业文明的沧桑韵味。同时植入文化创意元素，注重建筑的艺术性与实用性的兼容，兼具历史风貌和时代气息，使棉三老厂房成为国内外艺术家和知名品牌创意设计公司不断聚集的办公场所。改造后的棉纺三厂更名为“天津棉三创意街区”。其发展定位为：文化 + 科技，创意 + 时尚。具体的规划业态以创意设计产业、新媒体产业、电子商务产业、动漫游戏产业四大板块为主，并辅以时尚消费、创业型企业孵化、文化艺术以及人才培训等业态。棉三创意街区整体分为两期开发建设，其中一期为出让区，新建临河城市综合体，规划建筑面积 10.3 万 m^2，集商业、办公、酒店、酒店式公寓及住宅于一体，形成海河沿线具有工业风格的界面；二期为老厂房提升改造部分，规划建筑面积 6.1 万 m^2，采用了大量的现代先进施工工艺，保留原有建筑风貌的同时赋予其全新的使用功能，并通过大量节能环保技术的应用，满足了现代办公、商务活动的需求。

棉三老厂房改造效果图

厂房改造前后对比图

3. 构筑文创产业链，使老厂房焕发新生机

棉三创意街区探索构筑完善的文创产业链，打造集创意设计、新媒体服务、商务咨询、艺术展示、文化休闲、人才培训为一体的新型创意产业综合体。目前已投入运营的M3创空间是文创产业链中的一个重要板块，围绕搭建“创新技术培育平台、创业活力激发平台、大众创业孵化平台、万众创新服务平台”的功能定位，打造“孵化+平台+导师+资金+活动”的创业孵化体系。M3创空间被认定为天津市首批市级众创空间，已服务创业团队31家，重点面向“互联网与新媒体、智能硬件、环境节能、文化创意、传统服务”五大产业领域。在进入孵化器孵化的团队中，成功孵化的蓝墨云班课、爱行医两个项目已顺利创立并投入市场。

同时在市委宣传部的大力支持下，先后举办了棉三首届创意文化节、雅致8周年暨棉三轻嬉之夜、全运会M Park全国滑板邀请赛等50余项大型活动，扩大知名度，聚集人气。同时，业主方与天津知名院校共同筹划并发起了“天津当代公共艺术计划”，该计划是天津首次举办全国性、大规模当代艺术系列展览活动。依托老厂区举办的一系列围绕文创产业的活动，使老厂房焕发了新生机，棉三创意街区也逐步成为全国知名艺术街区。

工业遗迹的改造利用，是有远见的城市必然面临的命题。棉三项目于2013年2月开工建设，通过对于有95年历史的老厂区进行提升改造，保留具有历史价值的工业厂房和北洋工业风格，同时植入现代生活和文化创意元素，营造出充满活力的城市创意场所。截至目前，6.1万 m^2 老厂房改造部分出租率已达70%，吸引企业达76家，企业注册资金12亿元，已提供就业岗位3000余个，累计产生税收2.02亿元。

实施效果

延续工业风貌 复兴区域活力——天津天拖地区

Industrial View as Urban Vibrancy: Redevelopment of Tianjin Tractor Factory Plant

刘易斯·芒福德（Lewis Mumford,1895-1990年）曾说："城市是靠记忆而存在的"。人们对城市的记忆绝大部分依附于城中的建筑场域，这份共有的情感会随着时代流传下去，在此之上累积形成丰富各异的城市文化。要培养城市文化并不是单纯地废旧立新，只有懂得保存才能获得真正的丰富性。

"天拖"是天津市拖拉机制造厂（始建于1956年）的简称，是新中国工业发展历史中曾经辉煌一时的人文地标。作为一个耳熟能详的城市地名，它承载着几代天津人的乡土情怀。随着城市的发展，天津市工业战略东移，天津市拖拉机制造厂整体外迁，占地98hm^{2}的天拖地区迎来了活力再生的历史机遇。天拖地区自2012年启动建设，项目伊始就搭建了以城市设计为统领，包含交通、景观、生态、地下空间等多个专业协同工作的工作框架，分别从天拖地区的功能定位、文脉延续、活力再生、生态基础设施等多方面进行了有益的探索。

天拖地区城市设计获2015年度天津市优秀城乡规划设计二等奖。其实施建设的混合活力街区，正崛起为天津西部都市活力的新引擎，成为继老城厢、五大道，文化中心之后天津市的第四张城市名片。

天拖地区城市设计鸟瞰图

1. 城市复兴的功能定位

交通、环境、产业、人才四大优势为天拖地区提供了强大的外部驱动力；厚重的历史、完整的新中国工业风貌、近 1km^2 的占地赋予了天拖地区城市文脉延续与活力复兴的时代担当。因此，天拖地区的发展是风貌保护，更是区域复兴。对天拖地区进行保护性更新利用，将新功能的框架与现有厂区空间进行平滑过渡，通过构建混合社区增加时尚消费、科贸创意、生态宜居的新功能，成为天拖地区城市复兴的功能定位。

天拖地区老厂房改造鸟瞰图

2010 年 3 月天拖航拍照片

2016 年 9 月天拖航拍照片

2. 文脉延续的有机更新

天拖地区的基本结构格局可以归纳为“一心，两带，四区”。“一心”是指为突出厂房而形成的公共十字核心；“两带和四区”是指通过将厂区路与城市路网衔接并适当加密，延伸林荫道联通西侧侯台风景区和东侧津河形成两条景观轴，在此基础上结合三个地铁上盖综合体形成四个不同功能区。

通过精心设计，在项目实施中，完整保留了苏联援建时期的路网格局、核心老厂房及包含地上管线在内的多项室外构筑物。对可以体现当时特定历史时期特色的劳动标语和壁画进行原址保护或复原。经过对现状树木勘测，将胸径大于 20cm 的树木进行整理，约 2000 棵结合城市设计和道路断面予以保留，约 1000 棵与规划布局不符的树木则就近移植至中心公园；对工业尺度的老厂房进行人性化改造，除对其风貌特色的维护以外，采用内街开放，网格分割、贴临加建等方式，使之能够适应不同城市业态及空间的需求。

复兴后的天拖地区是外高内低的空间形态。核心十字景观带两侧为保留的老厂房，厂房以深灰色屋顶配红色黏土砖为外檐主要材质，强调历史感。邻近的宜居街区自低至高的空间形态及以红砖为主的裙房均和老厂房形成空间与色彩的呼应。住宅塔楼主体部分则以暖黄色石材和红色屋顶为主，体现了国际宜居社区的特点。结合三个地铁站建设高强度开发的商业办公综合体，高层建筑以玻璃幕墙配冷色铝板和石材为主，突出地标性。

老厂房在施工中最大程度地利用了原有外墙红砖；若有局部破损严重的情况，则尽量使用已拆除厂房的废弃红砖，通过高压水洗和化学试剂清洗等方法，使其达到可回收利用的标准。同时为保证新建建筑外檐效果和保留部分的协调统一，规划局、甲方、设计师、工程师和施工单位多方共同努力，反复比对各种材质的组合搭配，多次研究各种外檐的方案和修改多块现场 1 ： 1 的样块墙，最终呈现的效果达到了原貌再现，修旧如旧的设计初衷。

厂房改造前原貌

厂房效果图

厂房实施照片

铁牛厂标原貌

铁牛厂标未来实施效果

3. 活力再生的混合街区

天拖地区由 25 个不同配比的居住街坊、商业街坊和老厂房街坊所组成，构成了一个功能多样、配套齐全、便捷开放的混合活力街区。街区尺度控制在车行 200m × 300m、慢行 200m × 150m 的合理范围内，在保证城市交通的同时，也为步行优先的出行方式打下基础。

居住街坊的四面沿街都布置两层底商，不设围墙，内院式的围合布局使居住环境相对安静私密，同时沿街底商不仅可以为本地块内的居民提供 5 分钟步行距离内的便利配套服务，更为街道提供了更多的商业机会和公共开放的界面。

商业街坊均布局在地铁站点周边，实行综合及高强度开发，带动区域发展，并在沿城市主轴道路及轨道站点周边采用商业休闲、商务办公等多功能混合的土地使用模式，塑造 24 小时的活力中心。

老厂房街坊混合了文化、创意等业态，并进行精心配比，以吸引更多类型的消费群体，同时延长各群体停留在该厂房地块内的时间。

老厂房、下沉广场、中心公园及区文化体育中心共同构成了东西向活力主轴，从而促进片区配套升级。

保留老厂房、小树林、华坪路和中南道构成十字形活力中心及天拖地区的核心引擎和公共活动空间网络的核心构架，同时连接天拖地区的 3 个地铁站，将大量步行人流引入到核心位置的老厂房街坊。这条自地铁站点至老厂房的核心人流动线会从锻造铸造车间和总装车间地块内部穿过，随处可见的历史痕迹使人们在漫步于老厂房街坊的同时也踏在了这条只属于那段辉煌工业岁月的履带上。

4. 公私合力的生态设施

城市道路打破红绿线的界限，统一设计，公私合力打造结合保留树木和沿街商业的专用自行车道、人行步道和开放的临街商业前场，鼓励绿色出行。同时由于天津城市不透水面积比例高、地下水位高、土地利用率高、土壤渗透系数低，容易发生内涝。

实景照片

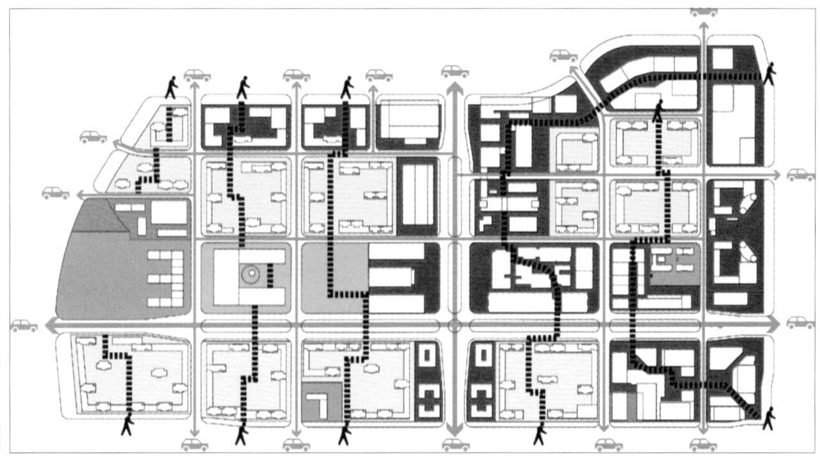

步行交通分析图

住宅区实景照片

项目建立公私合力的海绵城市系统，削减地表径流峰值，以此来提升城市水环境健康度。简单地说，既结合核心公共十字景观轴建设主要海绵体，又在各地块中心花园使用透水铺装、雨水花园、屋顶绿化作为次级海绵体，在强降雨时调蓄降水“错峰”排水，降低城市“看海”几率。在能源利用方面，利用规划空间特点，在核心风貌公建带配置光伏组件，促进区域可再生能源的利用与展示，实现绿色可持续发展。

目前，天拖地区的老厂房已经全部改造完工，一期居住地块基本建设完成。与地铁结合的商业综合体尚处于建设之中，整体将于2016年底竣工并投入使用。融创中心现作为融创天拖销售接待中心使用，今后将改造为居住区商业，天房天拖销售接待中心未来将成为保泽道北侧幼儿园，这些都将成为天拖地区混合社区的一部分，完善社区配套服务并为其带来活力。

能够把历史性建筑从自己的时代保留、传承下去，是时代和城市赋予的社会责任。天拖地区城市设计的落地与实施，探讨了一种审慎的城市发展的设计与建设模式，体现了城市建设者们对都市文明的再认识——“有机更新、文脉延续”才是城市发展的永恒主题。

天拖建成区实景照片

天拖规划鸟瞰图

环境整治城市设计
Urban Design of Environment Improvement Programs

留存百年印记 重塑市容新貌——天津解放北路地区综合整治
Old Memory, New Face: Comprehensive Improvement of Tianjin Jiefang North Road Area

作为一条有着百年历史的街道，解放北路见证了天津这座城市的沧桑变迁，凝聚了厚重的历史文化底蕴，在城市快速发展的今天，作为天津中心城区 CBD 的重要组成部分，解放北路地区又扮演着不可替代的重要角色。近些年，随着城市功能的不断完善，解放北路地区的整体环境品质得到了巨大的改善，这主要得益于 2008 年和 2016 年的两次市容环境提升改造工作。

2008 年，作为集中展现天津近代历史风貌的“迎宾线”，解放北路成为天津市迎奥运市容环境整治工程的重中之重，整治工作提升改造街道长度 1.8km，涉及改造区域 36hm^2。2016 年，街道的环境设施和建筑的外檐出现破损的情况，市政府决定对解放北路及周边地区的道路环境进行新一轮的提升改造。

改造工作分为两部分展开：首先通过整治解放北路沿线的整体景观环境，打造富有生气的百年金融老街，带动提升周边地区的整体文化氛围;另外对解放北路周边的滨江道、承德道、大同道、长春道、哈尔滨道、赤峰道、营口道、大连道八条道路开展规划提升工作，力争将解放北路地区、五大道地区和劝业场地区打造成为中心城区现代服务业与都市旅游业的“金三角”。

1. 解放北路景观环境整治

解放北路作为具有百年历史的金融街，在中国近现代史上扮演了重要的角色。道路两侧集中了 20 多家国内外著名银行，建筑风格涵盖了哥特式、罗马式、罗曼式、日耳曼式等中古时期的西洋建筑，具有浓厚的异国风采与情趣。随着天津市近几年经济的发展，解放北路沿线破旧的街道设施已不能满足当代生活的需求，同时两侧的历史建筑也遭到了不同程度的损坏，针对这种情况 2008 年与 2016 年天津市政府先后两次开展景观环境整治工作，主要从保护性建筑修缮、现代建筑改造、街道路面改造、街道家具提升等方面提升解放北路的街道品质。

（1）遵循“修旧如旧、恢复原貌”的原则对保护性建筑进行整修

依照保护性建筑的原始图纸和老照片，提出“修补破损建筑外墙、清除外挂电线、恢复建筑材料与色彩”等保护措施，针对不同等级的保护性建筑提出四种修复方式：针对国家级、市级文物保护建筑，建筑内外原样修复，做到“修旧如故、以存其真”；针对区级文物保护建筑，外观修缮必须坚持原样修复的原则，内部可在保持原有结构体系的前提下，根据现代生活的需要加以改造；针对风貌保护建筑，建筑外檐在原平面布局的基础上作部分改动，建筑内部可在保持原有结构体系的前提下，根据现代生活的需要加以改造。修缮后的保护性建筑，清晰地反映出解放北路独特的欧洲古典主义建筑风格。

（2）按照“改造融合、协调发展”的原则对现代新建建筑进行改造与控制

通过加建裙房、改造外墙材料等方法对街道两侧的现代建筑进行改造，保证街道界面的连续性和整体建筑风格的协调统一。对立面过长的建筑，在立面设计上要采取技术处理手法，增加竖向线条的设计元素，或局部选择不同色彩和质感的材料、局部不同的开窗方式等手法，以破解单一的立面，同时保证新建筑在规模、比例、色彩、用料及建筑设计风格上与历史建筑相协调。在设计新建建筑时，可使用反映街区特色的元素，将单体建筑的设计与街区的整体形象统一起来，较大体量的新建建筑应远离街区内原有的保护性建筑，以减轻对保护性建筑的负面影响。

（3）按照“安全适用、营造氛围”的原则对夜景照明进行技术提升

夜景照明对历史街道的气氛营造尤为重要。建筑灯光一律采用 2200K 色温光源，营造出浪漫的街区氛围；同时照明设计应突出古典建筑的三段式立面结构，强化出柱廊的韵律感、窗洞与墙

解放北路竣工夜景

承德道鸟瞰图

面的虚实关系，充分体现历史建筑本身的艺术特色。首层建筑射灯结合地面石材铺装与建筑外檐统一设计，最大程度避免对历史建筑墙体的损伤。

（4）按照“行人优先，实用美观”的原则对地面铺装进行翻新改造

在理顺区域交通组织的前提下，倡导“行人优先”原则。将原 12m 的车行道减少为 8m，并规划为单向交通组织；两侧步行道向内各加宽 2m，形成宽达 3-6m 的步行空间。规划保留街道两侧行道树，移栽高大乔木，配以古典造型的街道家具，营造出舒适宜人的步行环境。

规划将人行道与车行道的路面铺装材质改造为石材，也是体现历史街区整体氛围的重要设计手段。通过测量银行建筑首层立面的石材尺寸，推算出标准路段的石材模数。在交叉角度各不相同的斜交十字路口，用白色石材拼接出不同半径的椭圆形斑马线，既要将不同方向的石材铺装平滑顺畅地交接，又要满足车行道转弯半径与路口人行横道的规范要求。

（5）按照“注重细节，突出品质”的原则对街道绿化环境进行引导设计

在提升商业业态品质的基础上，对建筑首层界面的装饰元素进行改造。以街廓为单位统一设计首层建筑的色彩、材质和细部；

解放北路街道竣工实景

保护性建筑改造前后效果对比

对沿街建筑的店招牌匾进行统一设计，设计高品质的橱窗和购物环境；拆除空调机位，改成户式中央空调，室外机安装在内院；统一广告设计要求，建议采用雕刻镂空牌匾，加强与建筑的融合；同时为配合街道整体景观特色，规划专门编制了“街道家具设计导则”，针对路灯、止车柱、座椅、井盖板等各类街道家具的尺寸、造型、色调、材料做出详细规定。

2. 解放北路周边地区八条道路规划提升工作

规划重点对解放北路周边地区八条道路进行提升改造，分别为：长春道、滨江道、哈尔滨道、赤峰道、承德道、营口道、大同道及大连道，道路总长度 3.1km。

提升改造措施主要包括改造建筑外檐，营造商业氛围；调整道路断面，加宽人行便道；增加街头绿地，改善街道环境三方面内容。

（1）改造建筑外檐，营造商业氛围

解放北路周边地区建筑用途以金融及商务办公为主，并有少量住宅及商业设施，规划针对建筑风貌特征不明显或建筑质量较差部分进行适当改造，更新配套设施，完善使用功能，提升环境品质。根据现状建筑保护类别、使用功能及外立面情况，规划对建筑外檐采取 4 种改造措施：

保护修缮：针对保护性建筑，进行外檐清洗与修缮，修旧如旧；

整修提升：对沿街破损建筑进行修补，改善形象；

改造融合：对沿街与街区风貌不协调建筑重新设计，改造立面；

拆除整治：对违章建筑与围墙进行拆除，恢复原貌。

（2）调整道路断面，加宽人行便道

规划对区域内道路的断面进行调整，对部分道路取消路面停车、压缩路面宽度、加宽人行道宽度，营造尺度适宜的、连续的步行空间，以提升沿街商业氛围。

调整后，赤峰道、营口道维持现状单向双车道及城市主干道功能，路面宽度 7m；大同道、大连道调整为单向单车道，适当保留单侧路面停车，路面宽度 6m；长春道、滨江道、哈尔滨道、承德道调整为单向单车道，缩窄路面宽度至 3.5m，加宽两侧人行道，取消道路停车。

破损建筑修补前后效果对比

不协调建筑改造前后效果对比

拆除围墙前后效果对比

（3）增加绿地广场，改善街道环境

将影响街道环境的违章建筑及部分围墙进行拆除，增加街头绿地与广场；改造部分路段的铺装形式，实行交通管制，使部分城市道路可以作为城市广场等开放空间使用；提升改造街道家具，增设街头休息座椅，适当增加城市雕塑、街头小品等公共艺术设施。

一直以来，天津对老城区的环境品质提升工作非常重视，尤其是对解放北路这样具有深厚历史文化底蕴的地区，更是作了大量的研究与实践，并取得了显著的效果。随着城市功能的逐步完善和业态品质的不断提升，解放北路及周边地区从内在功能到外在品质都将取得质的飞跃。

滨江道断面改造后效果

合江路口增加街头绿地后效果

滨江道增加街头小品后效果

旧貌换新　营造景观视廊——天津快速路（津谊桥—解放南路段）

Renewed Road as New Landscape Corridor: Tianjin Express Way (Between Jinyi Bridge and South Jiefang Road)

按照加快建设美丽天津的总体要求，快速路的城市设计要更加注重整体和局部细节的协调，突出城市品位特色，强化生态宜居功能。

快速路津谊桥至解放南路路段全长 1.7km，是连接天津机场与中心城区行政中心、文化中心的主要通道，也是由天津滨海国际机场进入市区的主要迎宾线路。为迎接第十三届全运会，2014 年项目组开始规划提升，经过梳理道路两侧的现状建筑，整治地块 12 处、建筑 30 栋，以重点整治和整修见新为原则，提升快速路两侧建筑形象，与未来新八大里片区形象相融合，完善快速路周边地区的城市功能，改善城市环境品质，打造天津重要的迎宾大道。

快速路整体效果图

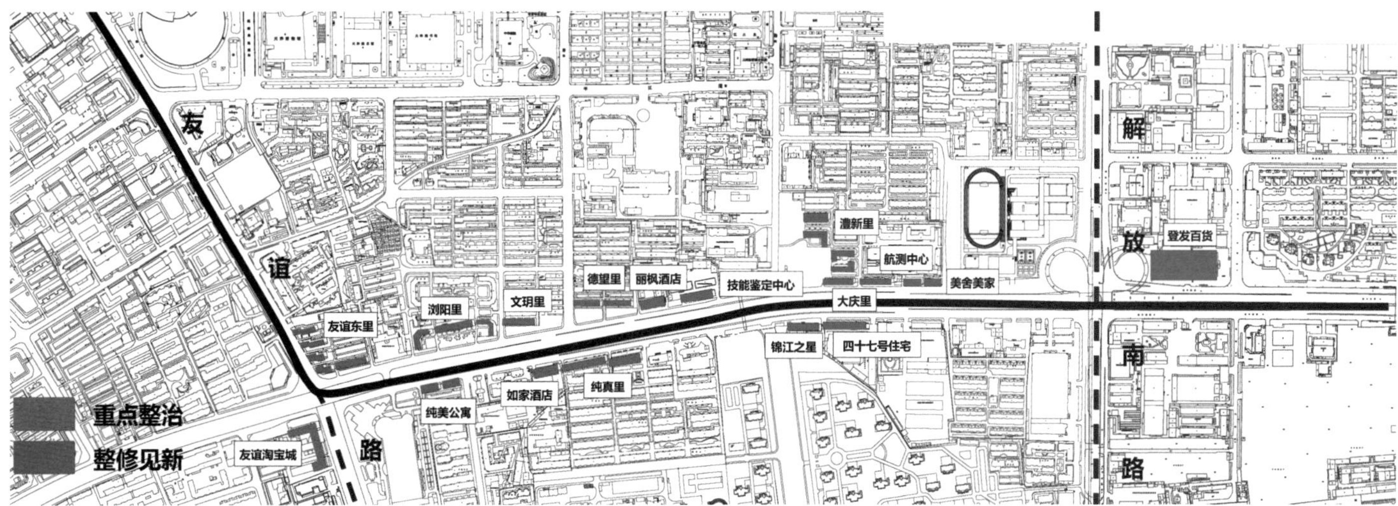

快速路环境整治布局图

1. 重点整治——焕然一新

快速路沿线分布有很多重要道路的交叉口，交叉口周边的建筑极大地影响着快速路的整体形象，对分布在重要道路交口处的公共建筑和部分住宅采取重点整治的措施以提升建筑形象。

建筑风格以体现天津特色的欧式风格为主，建筑顶部为盔屋顶，建筑立面采用暗红色的真石漆砌砖，建筑形象沉稳大方，并成组团形式分布在快速路两侧，极大丰富了沿街建筑的色彩和风格。例如：如家酒店、纯真里住宅，统一采用深色砖墙和红色盔屋顶，突出典雅幽静的氛围。路左侧的丽枫酒店、技能鉴定中心则采用简欧风格，稳重大气、协调统一。

2. 整修见新——提升形象

快速路沿线有部分居住建筑近期进行过市容整治，为使其与周边环境更好融合，对近期已经进行过市容整治的居住建筑采取整修见新的措施，改善建筑形象。本着尽可能减少对楼内居民干扰的宗旨，通过对建筑情况的品质分类，进行针对性的提升改造，建筑立面采取整修刷新的方式，对墙面的适度清洗粉刷，局部增加建筑构件，更新屋顶等改善建筑质量，更好地展现天津传统居住建筑的独特风格。例如：友谊东里、纯美公寓等是 20 世纪八九十年代建设的居住小区，通过对屋顶及立面的“整治见新”，不仅使建筑外墙保温、屋面防水等方面性能得到提高，而且提升了老旧建筑品质，也为居民和商户改善了居住环境。

如家酒店——纯真里实施效果

如家酒店——纯真里提升前

丽枫酒店——技能鉴定中心项目实施效果

丽枫酒店——技能鉴定中心项目提升前

登发百货项目效果图

登发百货项目提升前

重要地块城市设计
Urban Design for Core Areas

传承历史　再现活力——天津津湾广场
History and Vigor: Tianjin Jinwan Plaza

天津历史悠久，多元文化并存，是环渤海地区经济中心，中国北方最大的沿海开放城市。进入21世纪，天津加快了城市中央商务区的建设步伐，力求建设成为更开放、更智能的北方金融中心。在这样的大背景下，天津津湾广场于2008年开工启建了。

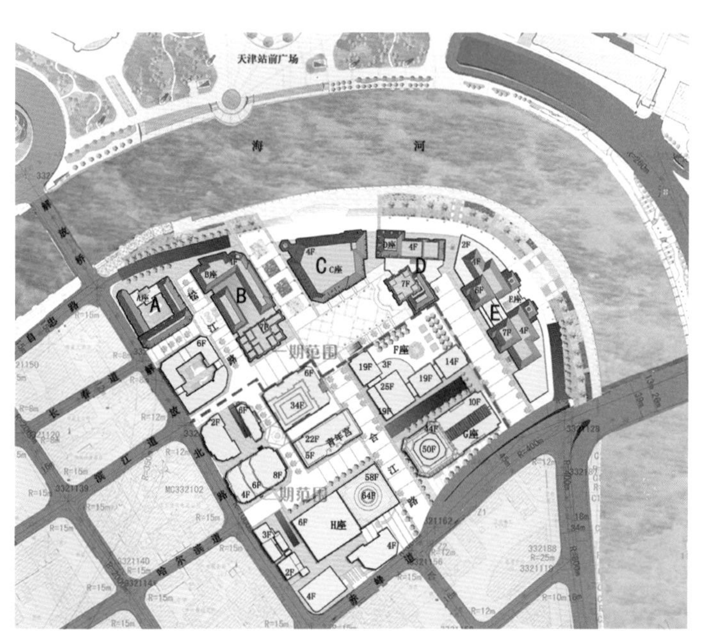

津湾广场总平面图

津湾广场位于海河优美的凸岸南侧，毗邻久负盛名的全钢结构可开启老铁桥——解放桥（万国桥），东接赤峰桥，隔河对望天津火车站的广场，视野开阔。同时它又处于昔日“东方华尔街”——解放北路的北端起点。项目占地约8.2万m^2，分两期建设，其中一期工程占地4.9万m^2，地上建筑面积约9.5万m^2，地下建筑面积7.6万m^2，由5幢不同体量的欧式建筑及地下商业街共同组成，临解放北路一侧建有开放式广场，沿海河设置阶梯式亲水平台。二期工程为高端商务区，占地面积约3.3万m^2，其中地上建筑面

津湾广场沿河夜景实景照片

津湾广场鸟瞰

世纪钟与建设中的津湾广场

沿河实景照片

沿海河天际线分析

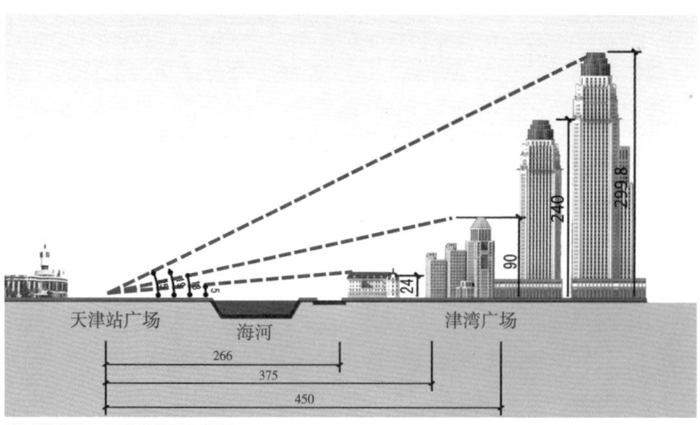

垂直海河方向剖面景观分析

积约 31.9 万 m^2，地下 15.5 万 m^2。包括商务办公写字楼、公寓、酒店、商业零售及会议中心等。

在天津的发展过程中，海河两岸留下了许多美不胜收的风貌建筑，这些建筑凝固了百余年的沧桑历史，反映了“南北交融，中西荟萃”的多元文化。城市要发展，改造更新是必然的，但作为历史的城市，保护又是必须的。如何在历史风貌建筑林立的老城区建设新的城市金融商务中心，延续解放北路的历史和辉煌，为海河两岸带来新的、适应现代化生活的城市空间，津湾广场项目正是一个实践探索的良机。

1. 错落有致的沿河天际线

从城市设计角度出发，津湾广场充分尊重已有城市环境，塑造了错落有致的城市景观和天际线。在垂直海河方向，津湾广场自身在高度上也形成三个层次：第一层次为沿河的 5 幢多层建筑，建筑檐口高度控制在 21.95m，这一高度既与基地内的保留风貌建筑——百福大楼的檐口高度取得一致，新老相融，又充分考虑了沿河建筑的亲水性和近人尺度；第二层次为两幢高度在 80-100m 之间的高层建筑，承上启下，在低与高之间构成平稳的过渡；第三层次为三幢超高层建筑，高度分别为 125m、240m 和 299.8m，成为精彩的海河底景。这三个层次形成了垂直海河由近及远，由低到高层次分明的建筑群轮廓线，使建筑充分享受河景，河景也因建筑而更美丽。在沿海河方向津湾广场九号楼高 300m，与东西两侧的超高层建筑——津塔（337m），嘉里中心（333m）形成了两端高中间低的优美天际线。

2. 活力开放的室外公共空间

津湾广场一期室外的沿河阶梯状的亲水平台为人们的亲水活动提供了优良的场所，突出滨水特质和公共岸线活力。在第一层次和第二层次之间设置了一个较大的城市观演广场，由一期 C、D、E 座三幢多层建筑环抱，南面以第二、三层次的 5 幢高层建筑为背景。广场与亲水平台通过一期建筑间的两条廊下空间相连，将津湾广场各建筑之间，建筑群与城市空间之间紧密连接，形成从开敞到半封闭再到开敞的节奏明显、张弛有序的活动流线，成为基地内乃至区域内最具活力的公共活动场所。

3. 便捷灵活的周边道路交通

津湾广场所处地段交通便捷，地铁三号线和多条公共交通路经此地。为了使海河与建筑取得更好的互动，建筑与河之间的张自忠路在 A 座与 E 座间引入地下，一方面避免了城市交通对沿河景观的干扰，创造地上亲水平台；另一方面在地下设置了专门的出租车落客区和货物装载区，紧邻津湾一期地下一层的大型商业设施，提升地下商业品质，避免地上交通拥堵。

E 座南侧城市观演广场

E 座与 C 座间城市观演广场

沿河亲水平台

沿河亲水平台

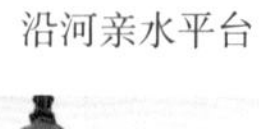

沿河亲水平台

4. 建筑风格和色彩定位

津湾广场位于天津解放北路的西北端，解放北路是一条具有百年历史的金融老街，两侧集中了金融机构、政府办公、高档酒店等大型公共建筑，是近代天津的建筑文化缩影，样式繁多，风格迥异。因此，津湾广场的建筑单体风格在考虑功能的同时更加注重海河沿岸建筑的整体协调，延续法式风貌。临近海河的第一层次为欧式风格，建筑尺度和体量延续解放北路的城市肌理。沿用解放北路上风貌建筑的浅色石材，暖色无釉外墙面砖做外檐材料，在整体色彩和风格上与已有风貌建筑统一。在建筑细节上，津湾广场加入了很多现代处理手法。主要体现在两个方面，一方面是建筑细部的简化处理，将欧式古典建筑常有的大量繁琐的线脚和装饰花纹转化为棱角分明的几何图形，简化装饰图案，更加贴近现代审美需求。另一方面，建筑中大量运用钢、玻璃以及玻璃幕墙等现代建筑材料，与石材等古典材料形成对比，不仅体现了现代技术水平和材料性能，也映射出整个街区的历史演变，显示出对历史真实性的更多尊重。二期高层建筑作为一期功能的补充，建筑形象上追随古典建筑的优美比例，功能上充分满足现代使用需求，石材与玻璃相间的竖向线条衬托得整个高层建筑群更加高耸挺拔，在远离河岸和解放北路处塑造优美的底景。津湾广场的设计和实施遵循重意境而不拘泥于形式，重功能而不局限于表皮的原则，使得这一建筑群体建成后既能散发出浓重的历史韵味，传承历史文脉；又能体现现代技术的科学运用，激发旧城活力。

津湾广场所在街区内的其他保留风貌建筑多因年久失修或私搭乱建而破败不堪，失去了往日风采。借津湾广场建设之机，对街区内的帝豪饭店、东方汇理等风貌建筑进行了大量的保护修缮工作，在保留原有结构、立面风格的前提下使历史建筑在外观和效能上得到提升。

坐落于天津市区核心地带的津湾广场项目是天津中心城区建设中塑造区域标志性城市景观带动提升区域综合环境建设的重点工程。设计本着尊重历史，融入环境，在继承中求发展，在更新中重保护的原则。从城市设计到单体建筑，从建筑风格到材料选择始终坚持历史和城市新元素的和谐统一，将津湾广场打造成具有天津特色的城市新地标，为历史风貌街区注入新活力。

滨水地区城市设计
Urban Design for Waterfront Areas

金龙起舞——海河上游地区
Dancing by Golden Dragon: Upstream Area of Haihe River

在城市设计的引导下，海河上游规划实施成为十几年来天津城市建设上的巨大成就。

“金龙起舞”是《海河两岸综合开发改造规划》的常用名称，意指海河这条沉睡多年的“龙”开始重新焕发生机“舞动起来”，英文翻译为“the Golden Dragon Project”，其第一个字母连起来为“GDP”，这个名称上的精巧设计实际也代表着振兴经济的规划目标。规划将72km的海河分为上中下游三段，其中位于中心城区的上游段是规划重点，在上游段中共涉及42km^{2}的土地，共分为四个功能区，分别为CHD（传统文化商贸区）、CRD（都市消费娱乐区）、CBD（中央金融商务区）和CSD（智慧城）。

海河上游“天津之眼”

在规划的指导下，十几年间系统并逐步地对两岸城市用地布局与空间形态进行了调整，在海河沿岸形成一系列经济活动中心，如运河文化商贸区、古文化街商贸区、和平路中心商业区、中心商务区等等，为城市的经济发展提供核心空间，并实现了景观环境的改造与经济功能的发展的有机联系。在规划中提出指导实施的十大工程得到了很好的执行，具体是水体治理工程、堤岸改造工程、道路工程、桥梁工程、通航工程、绿化广场工程、环境建设工程、灯光夜景工程、公共建筑工程和整修置换工程，规划根据每个工程的名称，总结成“公整堤灯绿、道桥水环通”的小对联，概括性强并便于记忆。每个工程均提出详细的工程任务和实现目标，也是落实规划的重要措施。

天津之眼

解放桥与两岸建筑

1. 面向海河，缝合城市

民国时期海河两岸的主要功能是各国来华倾销商品的仓储货场，新中国建国后工业化发展初期又增加了大量的工业基地，像全国大部分城市的河流一样，海河一度成为臭水河，天津在背向海河的发展中逐渐割裂为两部分。伴随着工业外迁的契机，2002年规划提出“打造世界名河”的目标，通过功能和交通两种方式实现城市转身为“面向海河”发展，将海河打造为缝合城市的纽带和天津的“名片”。

一方面是整理海河两岸土地使用功能，将工业、仓储等消极空间用地全部转换成商业和广场等积极空间用地，使其打造为城市的休闲商业商务中心，为城市的“转身”提供内在动力。

海河两岸建筑掠影

解放桥

另一方面是打通海河两岸交通“血脉”，实现“进得来、出得去”的目标。城市的发展是不同阶段形成的路网结构的拼贴，通过海河两岸综合开发改造，天津完成了城市发展中最重要的一次拼贴。十几年来通过不断地增加跨河桥梁，使城市核心区由原来每 1500m 一座桥加密到每 500m 一座，与此同时也十分重视桥梁本身对于滨水景观的塑造作用，形成“一桥一景”，既有历史感很强的老式开启桥，又有造型轻盈的悬索桥，还有承载“天津之眼”的钢架桥，特别值得一提的是大沽桥在美国宾夕法尼亚州·匹兹堡召开的“2006 年度国际桥梁大会”上摘得了世界著名桥梁大奖——尤金·菲戈奖，成为海河综合开发改造工程获得国际大奖分量最重的奖项。每逢夜晚华灯初上，一座座美丽的桥梁与两岸建筑相映成趣。

2. 尊重海河，传承历史

城市的整体和优美是有许多不同的形成时期组成的，这些时期的综合就是城市整体的统一。（阿尔多·罗西）天津的历史与现代通过海河“对话”。

天津中西合璧的历史凝聚于海河，海河沿线汇集着 14 片历史风貌保护区，其中包括老城厢、鼓楼等 4 片中式保护区和五大道、解放北路等 9 片西式保护区；天津的现代尽显于海河，津门、津塔等建筑展现着天津的现代气息。历史与现代的综合，形成了独具天津特色的整体城市风格：传承欧式建筑风格。海河两岸的一批项目展现了这种风格的魅力，泰安道五大院、津湾广场、奥式风情区、德式风情区融入海河，共同形成海河两岸亮丽的风景线。这种城市风格在新区建设中继续发展，在天钢柳林城市副中心规划中，形成临河延续的经典欧式风格，后排现代简约风格的组合风格，进一步展现天津中西合璧的城市特色。

3. 亲近海河，塑造滨水空间

亲近水是人类的本能，在海河两岸综合开发改造规划中，从两个方面强化人与水的关系。

从宏观上营造亲水空间。规划综合借鉴欧洲模式与北美模式的空间优点，重点突出本地区紧邻海河的亲水特点，以构建面向海河的多层级城市结构体系为目标，打造两岸互动、高低有序的滨水城市空间。创造协调统一、精致典雅、主副分明、富有节奏感的滨水建筑布局特色。纵向：两岸面向海河纵向形成梯次递增的建筑空间形态，按照近、中、远三个层次进行整体控制。第一个层次是指距河岸最近的欧式风情建筑群，其建筑高度控制在 24-40m，第二个层次是指建筑高度在 80m 的中高层建筑群，第三个层次是指国际交流中心两侧 100-280m 高的中高层建筑群。

大光明桥夜景

横向：采取对称式空间布局，中间高、两侧低，形成以国际交流中心及其两侧高层建筑为中心向东西两翼依次递减的空间秩序，整体展现出优美、秩序的城市天际线。

从微观上大力塑造适于休闲活动的亲水平台，既有天津站前广场类的大型亲水广场，也有临河的小平台、栈桥和步道，为市民、游人提供全方位与海河交流的界面。另外滨水岸线选择生态型与人工型处理相结合的方式，堤岸多采用绿化缓坡型与阶梯型等生态护岸，保证水面岸线的宽阔与易于亲近的自然状态，减少人为的改造，维护河道的生态循环和可持续发展。海河改造后迅速成为广大市民休闲娱乐的重要场所，"海河文化游"、"海河风情市民广场舞"、"海河慈善义跑"、"海河龙舟节"等一系列活动均围绕亲水平台、亲水步道举办，实现了海河成为真正的"市民之河"

海河长卷

奥式风情区

的目标。

一个城市的特色由其“内在”和“外在”特质共同决定和体现。“内在”特质主要体现在历史、文化特色、经济发展等方面;“外在”特质主要体现在自然环境、空间布局、建筑形式等方面。海河综合开发改造正是兼顾了这两方面的要求，形成了最优的综合开发改造措施,带动了天津市的“黄金十年”。未来,随着上游天钢柳林、海河中游、下游于家堡等地区的开发，海河必将在天津的历史长河中不断谱写新的篇章。

海河沿岸

天津站与海河

有机更新城市设计
Urban Design of Regeneration & Redevelopment Programs

工业遗产道 社区生活心——天津环城铁路绿道公园
Railway and Community: The Railway Coiled Parks around Tianjin

《天津环城铁路绿道公园规划》由天津市城市规划设计研究院主持编制，于2013年获得天津市政府批复；2014年该项目一期试验段建设完成，并面向公众开放；2015年，《天津环城铁路绿道公园规划》获天津市优秀城乡规划设计奖（城市规划类）一等奖，并入围中国优秀城乡规划设计。

天津是中国铁路文化的发祥地，著名工程师詹天佑先生的铁路生涯就是从这里开始的（1888年建设津唐铁路）。50多年前，天津地方工业蓬勃发展，天津城市周边又相继建设了陈塘、南曹、李港、津蓟等百余条工业铁路线，这些铁路沿线拥有大量的工厂、仓库、货站和工人新村，只陈塘庄支线铁路，鼎盛时期就有10万产业工人，铁路成为周边工厂运送物资和通勤的“黄金线”，铁路见证了天津近代工业时代的发展历程和兴衰历史，承载了几代人工作和生活记忆。

随着天津产业“退二进三”进程的加速，老工业基地逐步外迁，铁路货运功能消失，中心城区内的废弃铁路阻隔城市、影响环境，成为“蒙尘的城市资产”。为推动天津中心城区后工业时代的资源再利用，天津市规划利用城市废弃工业铁路以及铁路周边的工业遗存，结合沿线河道、公园、绿地、城市零散用地和闲置地，打造出一条以铁路为特色，串接天津市河东区、河西区、南开区、西青区、红桥区、河北区、东丽区等七个中心城区的内城铁路绿道公园，形成集生态涵养、工业文化教育展示、公共服务、绿色交通等功能于一体的城市级绿色开放空间。项目在城市设计的指

关于天津铁路发展的历史图片

天津环城铁路绿道公园整体鸟瞰图

导下，以微更新的方式，将承载着近代中国工业记忆的中心城区废弃工业铁路进行生态化改造，使其成为激发城市活力、促进城市存量更新的新触媒。

1. 以内城闲置资源为载体的一种城市存量更新实践

工作方式上，面对天津城市建设逐渐向存量更新转型的新常态，项目以提案为先导，“自下而上”推进工作展开。在城市设计阶段，通过对中心城区闲散地块的摸排走访，构建了以废弃工业铁路为蓝本的环天津内城的优秀工业遗产绿道系统，并有效指导了后期的建设实施。

设计方法上，为了保证城市设计思想的落实，该项目实现了横向的分段落导引和纵向的多层面导引。首先根据公园自身条件及周边用地属性进行横向的公园段落切分，在公园整体控制的前提下进行分段落、分主题、分时序的建设导引，在用地性质、游憩景观、交通组织、设施布局等各方面进行具体控制；其次要结合景观设计、市政工程等专业进行纵向设计深化，对慢行系统、节点空间、轨道、驳岸、竖向、种植、环境综合整治等方面进行策略设计，形成一套全面完善、可实施的天津环城铁路绿道公园规划方案。

公园实施后实景照片

公园实施后实景照片

公园实施后实景照片

2. 串接天津工业遗存，展现百年工业历史

城市设计以铁路步道作为公园的主线，辅以现状河道、城市公园等城市级开放空间，共同串联起了天津城区内大部分的近现代工业厂区，是人们认识天津近现代工业发展和体验工业历史文化的新窗口。本着因地制宜的原则，项目实施过程中保留了大量的铁轨、枕木、枕石、信号灯、指示盘、路基石等铁路构件，原汁原味地还原了沿线工业历史的文化味道。同时依据城市设计导则对公园内部的建筑、道桥、两侧城市建设用地的围墙以及保留建筑进行针对性的修复和实施，强化铁路工业文化景观的特点。

在另一方面，通过与邻近废弃工厂等利益方的协商，该项目组对绿道公园周边绝大多数老厂区提出存量微更新的倡议，并在绿道公园实施过程中预留与其对接的出入口，为老厂区未来的功能置换留下发展空间和通道，进而将铁路绿道公园及周边的老旧厂区进行整体形象塑造，最终为天津城区开辟出一条聚气藏珍的城市工业遗产廊道，成为后工业时代的城市新名片。

3. 重塑主城生态系统，提升区域品牌价值

项目在实施过程中，通过梳理废弃铁路与城市现有开放空间的协同联动关系，明确了铁路绿道公园在中心城区内主干绿网的作用，并与天津外环绿带及海河、子牙河、北运河、新开河共同形成“两环四射”的城市绿地空间系统。

同时，随着该项目的逐步实施，一方面公园内部的环境品质得到较大提升，周边居民生活配套设施得以完善。在公园建设过程中充分尊重区域内原有生态环境，以“陈塘铁路公园”段为例，该段在建设实施过程中梳理并保留现状乔木 3 万棵，补植乔木 10 万多棵，增加城市绿地面积约 123.5 万 m^2，有效提升了周边区域的整体环境品质。在公园内部集中配建了以文体场地和休闲设施为主的服务驿站，并开展文化艺术展示及科普教育等活动，提升地区人气。另一方面，公园建设所带来的外溢效应也反映在了临近区域的建设和更新过程中。例如，公园方案公示后，临近的纪庄子污水处理厂地块，转变了原有“封闭、粗放”的设计思路，将社区开放空间面向绿道公园，转而营造出开放精致的城市产品。在公园试验段建成后，临近它的新八大里地区也已成为天津备受关注的地标名片。通过城市铁路绿道公园的设计和实施，天津内城工业铁路华丽转身为城市工业遗产走廊和引导城市休闲生活的社区之心。

回首过往，铁路与天津已相知百年，无论是过去的城市工业“黄金线”，还是现在的城市生活“软－黄金线”，铁路的变迁顺应了城市的面貌、品质和精神，让“蒙尘的城市资产”焕发出应有的光芒，是新常态下对于城市存量更新模式的探索和有益实践。

公园实施后实景照片

特色街区城市设计

Urban Design of Chracteristic Blocks

协同设计领航 社区新态营造——天津新八大里地区

New Community Formulated with Collaborative Design: Tianjin New Badali Area

新八大里地区位于天津市中心城区南部，是天津“十二五”规划建设重点地区解放南路地区的重要组成部分，占地面积 2.68km^2。该地区西侧紧邻天津市文化中心，东侧紧邻天钢柳林地区，是连接城市主次中心的重要区域；北临海河，南临复兴河，其中复兴河沿线是天津市重要生态廊道——环城铁路绿道公园的重要组成部分；横贯中部的黑牛城道是中心城区东部入市通道，也是快速环线的重要组成部分。

该地区是 20 世纪 50 年代发展起来的天津老重工业基地，西侧的文化中心地区前身是老八大里地区，作为工业区配套住宅区，于 1953 年规划，1958 年建成。它曾是新中国成立初天津第一批“高档住宅区”，新八大里地区的更新是对这个承载了几代人生活与记忆的老居住区的一次致敬。

新八大里地区城市设计于 2014 年 11 月得到批复，并获得 2015 年度天津规划评优一等奖。在城市设计的指导下，控制性详细规划及土地细分导则顺利完成并得到批复，各里的建筑设计方案相继完成，二至七里已全部开工建设，预计 2017 年中旬全部完工。电机总厂木桁架结构厂房已改造完毕，达到了绿色建筑三星级标准，目前作为天津东南部地区开发建设指挥部已投入使用。

1.“一道两河新八大里”的总体构架

新八大里地区利用区位与交通优势，发展产业与居住，通过建设繁华的都市街区、优美的滨水空间、特色的景观大道，使该地区成为集企业办公、商业休闲、宜居社区为一体、连接主副中心的发展纽带。

结合入市道路的交通优势、两河之间的地理特征、紧邻“老八大里”的区位特点，形成了“一道、两河、新八大里”的总体架构。“一道”为黑牛城道迎宾大道，以庄重、典雅、大气的公寓、办公、酒店等公共建筑展现迎宾形象；“两河”为海河和复兴河国际风情区。以各类欧式古典风格的商住建筑展现天津“万国建筑博览会”的文化风貌。“新八大里”为宜居宜业的八个邻里街区，体现着天津新时代的居住品质。南侧横贯一至五里的商业大街、北侧六里中利用老厂房改造而成的商业厂街、七里的商业内街，构

新八大里地区整体鸟瞰图

沿黑牛城道效果图

沿海津大桥由东向西方向效果图

商业大街效果图

商业内街效果图

成了不同区域的活力主轴，并共同形成活力环线。

2. 城市设计的创新与特色

（1）创新“多专业协同设计”模式

新八大里地区在城市设计编制初期即引入多个专业，在城市设计指导下协同工作，并从各自的专业角度提出反馈意见。

市场策划专业通过进行市场调研、意向开发商座谈，并研究各类建筑业态在天津市场上近年来的去化速度和供求关系，辅助城市设计确定建筑规模、业态比例及空间布局，实现了设计与市场的对接。

交通专业以该地区路网现状情况、交通运行情况、公共交通情况为基础，分析研究规划路网与周边路网的衔接，提出完善建议，并通过交通流量预测制定地区公共交通策略和机动车停车策略，为城市设计确定总体及各类业态建筑规模、分布情况提供了有力依据。

建筑专业通过对黑牛城道沿线、商业大街沿线、复兴河沿线等重要界面的详细设计，论证了城市设计对建筑体量、高度、风貌、色彩设想的可行性，确保了规划的控制效果。

地下空间专业依据交通专业制定的机动车停车策略，进行地下停车系统的设计。结合地铁与地面交通换乘的刚性交通需求和城市设计对活力环线的设想，完善了地下商业步行系统，改进了南北间的沟通联系。

生态专业以本地气候特征为依据，制订了生态环保、绿色开发、民生保障、智慧生活共四大类生态指标体系。通过太阳直射辐射分析，确定日照潜力不足及太阳辐射过大区域，通过 CFD 软件对通风效果进行模拟分析，确定通风不足及风速过大区域，以此为依据对城市设计提出优化建议，提高室外环境的舒适度。制订了新建和既有建筑的绿色建筑规划和实施导则，区域内所有建筑均达到绿色建筑标准，其中二星级及以上绿色建筑占总建筑面积的 30.34%。

（2）多业态混合使用，营造地区活力

城市设计采用住宅、公寓、商业、办公等业态高度混合的街区设计理念，确保了 3 个 8 小时的活力。街区内院落式的围合建筑布局，使居住环境相对安静私密，同时为街道提供了更多的商业机会。

街道断面设计将绿化带从道路红线外侧置换到红线以内，在机动车道、非机动车道、人行道之间设置绿化带。增加安全性的同时，拉近了行人与建筑的距离，活跃了街道氛围。

（3）点—线—面结合的三级开放空间体系

结合地标建筑设置的小型广场，解决人流疏散需求的同时，提供了休憩与交流的场所。结合南北河道沿线开敞空间设置的海河公园和复兴河公园，为喧闹的都市带来了一丝野趣。结合道路绿化带、分隔带和人行道设置的步行空间，为出行和游憩提供了绿色通道，并将各级开放空间加以串联，构成体系。

（4）保留工业元素与植被，传承文化记忆

城市设计提出保留公交二公司办公楼及库房、起重设备厂大屋顶厂房、电机总厂木桁架结构车间、陈塘庄铁路支线等有代表性的工业建筑构筑物，并提出利用改造意向，融入新功能新业态的同时，展现当年的工业辉煌。

保留地区内现状乔木 12785 棵，种类包括法桐、白蜡、杨树、槐树、臭椿等，其中胸径 30cm 以上的树木 1754 棵，个别树木胸径达到 50-80cm，城市设计尽量结合现状乔木位置进行道路、开放空间、建筑群落的设计，仅将个别乔木移栽至复兴河公园之中，保护了生态资源的同时，延续了地区的时代记忆。

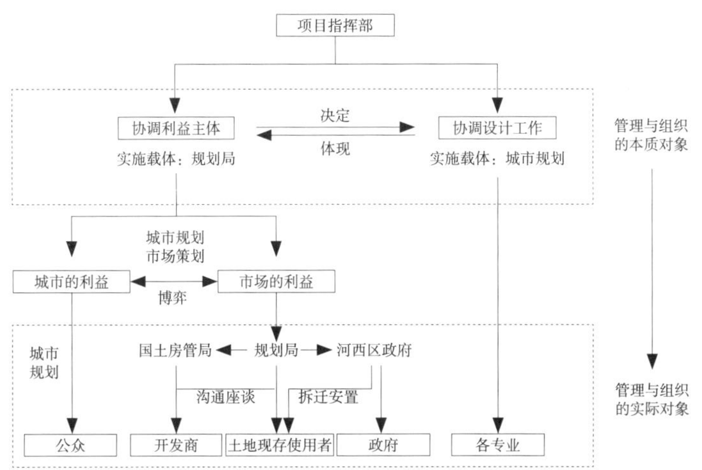

管理和组织机构工作框架图

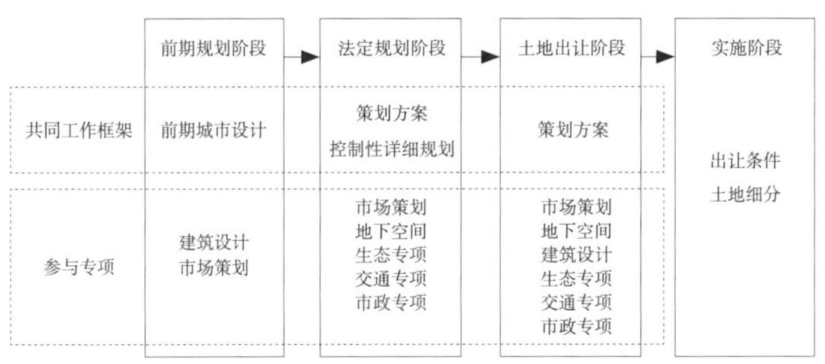

城市规划引导项目规划的各个设计阶段示意图

（5）充分发挥城市设计的控制效力

天津是个有着独特风貌的城市，非常重视城市设计的手段，控制维护城市特色。新八大里项目通过前期的总体城市设计确定地区定位及规划结构，在法定规划阶段将城市设计转化为控制性详细规划、土地细分导则和城市设计导则，实现规划法制化，在土地出让及建设实施阶段将空间布局方案及建筑风貌意向写入出让条件，使城市设计自始至终产生控制效力，确保了开发建设的最终效果。

3. 规划编制及实施的组织

（1）建立协同工作平台

在项目启动之初建立了从规划编制到实施的协同工作平台，即有着系统的组织结构和运作机制的实施主体，包含行政管理、土地整理、测绘、市场策划与运营、招投标、规划、建筑、交通、市政、防灾、地下空间、生态、景观等十几家技术设计单位和管理机构，各方权责分明，既包含了规划及相关专业技术层面的协同，也包含了制度、政策、决策以及实践行动上的协同。

（2）制定共同的工作框架

项目进行之初建立了例会机制。每周或者每个阶段，由规划局组织，城市规划专业团队和各相关专业团队出席，共同商讨协同设计工作中出现的问题以及各专业团队提出的解决策略，综合协调，达成共识。管理与组织机构适时地和建设实施相关部门沟通，通过下达通函及条文等形式确保规划切实被落实。

例如，城市规划与市场策划的市场评估和预测结合，调整整体的业态种类及配比并反馈于建筑设计等专业进行相应的调整。城市设计从整体的空间形态控制出发，设定沿黑牛城道两侧的建筑应有 35m 裙房线和 80m、120m、150m、220m 的梯次高层线等控制要求作为各建筑设计团队编制策划方案的设计条件，天津市建筑设计研究院等 7 家建筑设计单位均遵循这个共同的设计要求进行设计。城市规划专业与生态专项的太阳辐射和通风分析结合，调整城市建筑群和院落的布局。

市政专项规划与交通专项规划和地下空间规划配合，对铺设市政管线的路面下方提出地下空间的开发限制。地下空间规划和景观规划配合，考虑下沉庭院和共享空间的布局，提出地下空间开发的区域景观专业不宜规划种植大型树木等要求。同样，景观规划需要种植大型树木的区域，也需要地下空间规划配合，其规划覆土埋深不得超过 2.5m。

（3）通过合同对开发商进行出让条件控制

新八大里项目以连接天津城市主副中心的快速路黑牛城道为

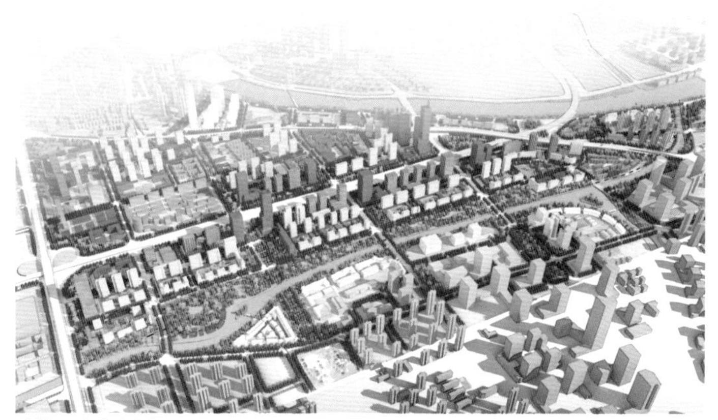

功能业态分布图

建筑高度控制图

新八大里沿复兴河整体效果图

主要分界，在充分考虑城市道路分割、现状土地整理状况、各单元资源均衡分配、意向开发商开发能力与产品偏好等影响要素的基础上，将项目区划分为八大开发单元。在修详规深度的城市设计和初设深度的建筑设计的成果基础上，整体编制“一控规两导则”。此外，为使整体城市设计最大效能落实开发，协同工作组织经多次讨论，首创“携方案出让”的控制模式，将同步规划进行的建筑策划方案附入各开发单元的土地出让合同中，对城市形象控制进行了具体说明：“开发地块的规划平面布局、空间形态、建筑高度等参考建筑策划方案，沿黑牛城道、复兴河两侧的建筑风格、外檐形式及环境景观应符合策划方案。如确需对局部进行调整的，不得影响总体规划布局及空间形态，并且以规划局最终审定的《建设工程规划许可证》为准。”

“一控规两导则”联同“携方案出让”的控制模式，对于对城市发展意义重大的大规模整体型更新项目，有着更高效的控制力和可实施性，最大效能实现规划编制到开发建设的转化。

（4）前置进行利益关系的调解

区域重构型更新项目往往波及众多利益相关人，政府、行政部门、开发商、现有和未来土地使用者、周边机构和住民等利益主体间存在着独立或交织的种种利益需求，衍生出众多共享利益和矛盾冲突。未对利益主体间的博弈行为进行预期与调解，会导致规划实施举步维艰。

新八大里陈塘老工业区内，目前一些厂房已闲置废弃，一些仍在生产，厂区宿舍及其周边有职工和住民居住。在协同工作组织的统筹下，同步于更新规划编制工作的推进，规划局和国土房管局相关部门通过出访和联席座谈等方式，就拆迁安置问题与利益相关人积极进行交流沟通。对于厂房废弃及意向搬迁的企业，依据《天津市工业东移企业国有土地使用权收购暂行办法》，就搬迁补偿、奖励措施和新厂区的选址安置等细则进行洽谈，了解其诉求及困难，对各项具体事宜指认权责，切实保障企业利益；无意向搬迁企业考虑就地安置，根据更新区规划，以征地补地的方式协商调整用地范围，同时将现状情况反馈给规划专业，进行同步协调。对于拆迁区现住民，依据 2012 年国家颁布的最新拆迁法条例，在达成共识的基础上，依法对个体提供拆迁补偿和妥善安置；需保留的现状住区，了解住民对于周边开发的忧虑和诉求，严格控制周边开发密度、容积率、绿地率等居住环境指标，保障现状环境不会因开发而恶化，并使居住品质可得到优化与提升，住民可在更新中切实受益。

此外，未来的利益相关人也被提前邀请介入项目。在建筑初

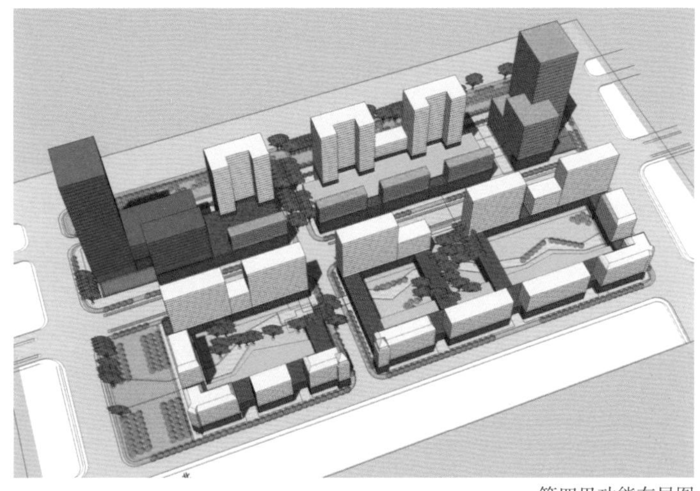

第四里功能布局图

第四里院落效果图

第四里沿复兴河效果图

设阶段即进行“拟招商”，于全国范围内征集和邀请有实力的意向开发商，在主管规划建设的副市长主持下，就土地价值评估、开发单元选择、建设分期组织、开竣工期限保障、地下空间和基础设施的代建和管理意向等双方关注的重点问题进行了深入座谈。意向开发商的提前介入，使规划和建筑设计有了更强的目的导向和市场接受度预估，实现了未来从规划到实施的无缝对接。

（5）空间设计对接市场需求

新八大里项目为典型的政府主导型都市更新，但有别以往，开发策略和规划编制不再是被预先进行设定和全面管控，而是先期引入市场策划专业与意向开发商，并引导其与规划、建筑设计专业进行多次详彻的交流对接而协同拟定。政府职能则更偏于辅以设定开发规则的方式引导发展方向。

空间规划初设方案基本稳定后，基于土地出让可行性的考虑，即时进行策划招标，经公正比选，中标团队正式介入项目，配合规划编制继续进行深入研究。市场策划专业对项目区及周边进行区域级的整体发展战略和定位研究；对商业、办公、公寓、住宅等各业态进行产品特点归纳、市场调查、资源整理、市场供需分析、规模推算等技术工作；确定产品的开发种类和开发步骤，使产品切合现有市场需求，并引导未来需求和开发方向；最终针对规划方案提出布局和开发策略建议，对设计指标进行校验和调整，通过技术成果的反馈与规划专业协同进行对应的空间调整，确保规划落地可行。

此外，“拟招商”后基本确定的意向开发商，在协同工作组织统筹安排下，分别与意向开发地块对应的建筑设计专业进行提前对接，初步了解设计方案并就开发方向和偏好提出建议。建筑设计专业在市场策划专业建议和开发商市场经验的佐助下，酌情进行方案调整。

（6）切实保障社会公众利益

在开发过程中，社会、公益、文化等相对弱势因子的利益表达、协调和保障，需要通过科学预期，提前争取权力机构的支持与协助。

新八大里地区曾是天津著名的陈塘老工业区，现状厂区内有不少保留完好的厂房、成规模的厂树和废弃的货运铁轨。经测绘专业现状踏勘后，决定对厂房、厂树和铁轨制定专项保护规划，保留地区的工业记忆，为未来的新八大里留下地方文脉并形成良好的生态环境。为避免划定保留的建构筑物和植物在土地整理过程中被误拆误毁，协同工作组织携第一时间整理出的测绘成果，以特批权限走最短程序以最快速度向权力机构提出申请。行政主管部门经考量，编制并向有关部门及时下达了附有精准测绘和保护图纸的《关于土地整理过程中的厂房、厂树和铁轨保护的函》，切实确保文保规划留其所保。

协同设计机制使多专业、多利益主体协调工作，通过多专业技术的高效整合，提升了实施建设的控制力和有效性。新八大里地区的更新建设，对天津城市中心旧区的有机更新和协同设计机制的建构进行了有益探索，成为"十二五"城市建设的重要亮点。

第六里老厂房现状照片

第六里老厂房改造效果图

建设中的新八大里

第二里老厂房改造实景

新八大里及复兴河公园

塑造生态文化品质之轴——天津解放南路周边地区

Renewed Street as New Ecological Axis: Tianjin South Jiefang Road and its Neighboring Blocks

天津解放南路周边地区位于天津市中心城区南部，是天津市“十二五”规划建设的重点地区，总用地面积 16.66km^2。该地区西侧紧邻城市主中心——文化中心周边地区，东侧紧邻城市副中心——天钢柳林地区，是连接城市主次中心的重要区域。天津市规划的两个重要环城生态廊道从该地区穿过，北侧为天津环城铁路绿道公园，南侧为天津市外环线“一环十一园”绿化廊道。该地区北部是 20 世纪 50 年代发展起来的天津老重工业基地，随着天津工业重心东移，工业企业也逐步外迁；地区中部是现状家居展卖、汽车销售维修产业聚集区，产业层次较低，形象破败；地区南部以水塘空地为主，闲置多年。

解放南路地区的建设将为紧邻的天津市主次中心发展提供产业与居住配套，缓解城市主次中心压力，通过对原有工业基地的保留与更新利用、对现有产业的整合与提升和对环境品质的重点打造，将解放南路地区建设成为：生态型的生活社区，创意型的办公街区，专业型的商贸园区。

天津解放南路周边地区城市设计于 2011 年 2 月批复，以此为基础，编制了控制性详细规划和交通、市政、生态、地下空间、景观等专项规划。在城市设计的指导下，多条道路已完成了设计与施工；多个居住地块已竣工并投入使用；天津环城铁路绿道公园解放南路段已完成施工；起步区两个大型生态公园、邻里中心已投入使用。该项目被国家发改委列为中欧城镇化合作项目，并与欧盟签署了生态建设合作协议。该地区的实施建设，为天津南部地区打造了具有文化、生态、活力特色的新城区。

环城铁路绿道公园解放南路段实景图

邻里中心实景图

起步区太湖路公园实景图

起步区卫津河公园实景图

解放南路片区中央绿轴效果图

解放南路片区城市设计

1. “T”字形的总体构架

规划结合现状复兴河、陈塘庄铁路支线，打造“T”字形生态开放空间，并以此作为规划结构的主骨架。北部形成以文化、创意产业、办公等功能为主的地区级核心，与城市主次中心在功能和空间形态上形成互动关系；南部形成以商贸功能为主的地区级核心，体现天津中心城区南部入市口的地标形象，在业态上与环外产业园区形成互动关系。

“T”字形开放空间串联横向设置的四个产业带。产业带结

"T"字形开放空间效果图

合各自区位和现状特点，将产业功能与公园相融合。"海河公园"延续海河既有业态、建筑风格及空间尺度，以小型办公、休闲商业功能为主，形成海河新亮点；"设计创意公园"结合保留的厂房等工业元素，以创意型办公及休闲商业功能为主，形成具有活力及良好景观环境的滨水建筑群；"家居公园"结合现状环渤海家居板块，形成体验式、公园化的家居精品购物区；"汽车公园"将现有环渤海汽配城提升改造为以汽车展卖功能为主，兼顾生活配套服务的活力区域。

2. 城市设计的特色

（1）保留工业元素，传承文化记忆

"T"字形开放空间结合陈塘庄铁路支线、陈塘庄热电厂冷凝塔、老厂房，形成工业文化记忆之轴。

开放空间结合陈塘庄铁路支线走向，以两条铁轨的距离界定宽度，对废弃铁路进行景观改造，并引入小火车观光线路。将陈塘庄热电厂冷凝塔作为开放空间中的标志性建筑物，改造为汽车博物馆等文化娱乐设施。改造开放空间周边有价值的厂房，植入新功能新业态，复兴经济活力，为主次中心提供产业配套。此外，规划保留区内全部高大乔木，并结合保留树木来设计道路、开放空间、建筑群等，维系植被地貌，延续地区记忆。

（2）发展产业与居住，增强地区活力

"T"字形开放空间串联交错布局的产业区与居住区，构建串烧式的职住结构，促进职住在地平衡，形成都市活力之轴。

产业区与城市主次中心和环外产业园区互动发展，通过提升现有汽车、家居产业，并引入生活服务功能，形成地区活力引擎。居住区布局形态南北有别。北侧靠近城市中心区域以街坊式院落布局为主，沿街布置商业，营造城市生活活力；南侧靠近中心城区边缘以小区式散点布局为主，营造宜人娴静的生活环境。居住区配套借鉴新加坡邻里中心模式，设置居住区、小区、组团三级邻里中心，紧密布局在开放空间的两侧，与开放空间内的休憩场所互为补充，构建生活配套服务网络。将需要独立占地、单独建设的传统居住配套创新整合、集中建设，提高服务效率、节约土地资源。

（3）发展生态环境，提升地区品质

"T"字形开放空间是地区生态环境塑造的核心，与两侧街道空间、社区内部空间共同构建地区环境体系，形成生态环境品质之轴。

北段的横向部分为天津环城铁路绿道公园的一期示范段，纵向部分长5km、宽200m，作为开放空间的主体，连接了两个环城生态廊道。结合老铁路、冷凝塔等工业遗存，设置观光线路、慢行步道、体育活动场地、汽车博物馆等文化活动设施，为两侧的居住区与产业区提供配套活动功能和亲近自然的机会。设置浅层地能埋管与深层地热井，为该地区提供清洁能源。

街道空间的设计突破了传统道路设计的做法，将绿化带从道路红线外侧置换到红线以内，在机动车道、非机动车道、人行道之间设置绿化带，拉近了行人与建筑的距离，活跃了街道氛围。道路红线范围及绿化带范围统一由道路施工单位负责实施，避免了绿化带变成无人管理地带、停车场或垃圾堆场。通过控制街道两侧的建筑高度、形态与街道的整体宽度，形成舒适的街道尺度。

社区内部空间设计通过建筑的围合式布局，形成尺度宜人的围合空间，创造舒适、私密的居住环境，增加居民的安全感与归属感。

海河公园节点效果图

INNOVATION THROUGH GRADUAL AND STABLE PROGRESS

The Innovation of Urban Design in Tianjin

CHAPTER 6

第六章

稳步践新

天津城市设计创新模式

从天津卫到九国租界、河北新区，世界先进理念的引入为天津城市设计注入了活力，在塑造天津中西合璧、古今交融的独特城市风貌同时，更赋予天津兼容并蓄，实践创新的基因。新中国建国后从“一个扁担挑两头”、“三环十四射”的城市格局到 2008 年以来城市设计的繁荣实践，天津始终一脉相承、循序渐进、稳步践新，将城市设计全面综合地运用到城市规划、建设、实施、管理的各个层面，不断完善城市系统，塑造城市风貌，彰显城市特色，走出了一条具有天津特色的城市设计之路。

天津城市设计创新模式

The Innovation of Urban Design in Tianjin

天津市经过多年来的城市设计探索实践，创新性地形成了"系统化"的城市设计编制体系，"法制化"的城市设计管理模式，"一体化"的城市设计实施统筹，在全国城市的城市设计实践中独树一帜，丰富了城市设计在中国现代城市建设中的独特内涵。

1. 综合统筹、能真正落地的城市设计

天津是个有着独特风貌的城市，多年来通过城市设计的手段，横向统筹与引领，协调各专项设计；纵向贯穿项目建设实施的各个阶段，全过程精细化跟进，保证城市建设项目按照城市设计指引依法依规整体实施，控制维护城市特色。

通过城市设计建立协同工作平台，形成项目落地的机制保障。经过多年的探索实践，天津形成以项目指挥部为平台，政府主导，城市设计统筹的模式。这种工作模式，以政府作为项目总指挥，有着系统的组织结构，包含行政管理、各专业技术、决策行动等各个层面的协同，以项目为核心最具效率地整合调动城市资料。

通过将城市设计法定化，形成项目落地的法律保障。天津市多年的城市设计实践证明，城市设计"法定化"是发挥城市设计对城市建设进行控制引导的关键。天津市通过明确城市设计法律地位，创建"一控规、两导则"管理体系，编制专项控制导则，形成管理技术规范，将城市设计要求纳入项目审批流程等一系列措施，逐步发挥城市设计的管控效力。通过城市设计导则，将设计语言转化成管理语言，在土地出让及建设实施阶段将其写入出让条件，使城市设计自始至终产生控制效力，确保城市设计管控要求在具体建设项目中依法依规逐步落实到位。

通过城市设计形成协商平台，形成项目落地的市场调控手段。在市场经济的背景下，城市设计除了要发挥强制性控制外，更要发挥引导性调解。天津市通过多年的实践，逐步探索城市设计对利益关系的调解，与市场需求的对接，同时兼顾社会公益的保障，极大地提高了项目的适应性、科学性，为后期的开发运营奠定坚实的基础。

2. 系统性、全方位、规范化的城市设计

城市设计是一个不断提升城市品质的过程。天津市在 2008 年的 119 项重点项目后，在城市设计编制全覆盖的基础上，更关

津湾广场实景照片

注城市设计质量的提升。为进一步深化对城市特色的塑造，提升城市空间环境品质，增强城市活力，引导城市有序发展，逐步完善了城市设计编制体系，全面地补充了城市设计编制内容，并有效地提升城市设计编制水平。

城市设计编制体系的建立，明确了城市设计从宏观到中观再到微观的研究范畴，实现了城市设计在不同尺度有效统一。天津市在总体城市设计层面，通过中心城区总体城市设计、滨海新区核心区总体城市设计强化双城格局，统筹城市发展架构与自然山水格局、生态环境基底、城市综合交通等系统关系，从宏观层面研究确定城市总体风貌，协调城市自然生态及人文资源禀赋，改善城市景观形象和空间环境品质。在详细城市设计层面，遵循总体城市设计的指引，通过一系列重点地区、重点地块的详细设计，深入对空间形态、环境品质、特色风貌的刻画，从而塑造城市亮点。

专项城市设计是从解决特定城市问题，提炼城市专项系统，应对城市发展趋势出发，对城市设计的全方位补充完善，兼具普适性和针对性。天津市多年来先后完成了对交通空间、慢行系统、绿道系统、视廊系统、河流水系、生态系统和海绵城市等各城市系统的梳理，同时完成了历史文化街区、工业遗产保护、城市有机更新、社区配套、城市入市口、城市天际线、街道空间、环境整治、地下空间、保护性建筑等众多专项城市设计研究，实现了对城市设计在不同角度的全面深化。

优质的城市设计方案是实施管理的基石，为了全面提升城市设计编制水平，天津市通过《城市设计编制办法》,《“一控两导”编制规程》等一系列技术规范的研究，形成规范化的编制要求，有效制定编制准入门槛，清晰定义编制深度，提出规范化的编制项目、编制内容以及成果要求。

3. 体现时代风貌、地域特征的城市设计

城市设计是一项技术工作，更是一项美和创造性的工作。人类世代都在体会和观察自然以及自身的适应性，出现了许多城市设计的杰作。当今的城市发展速度异常迅猛，城市的尺度越来越大，因此天津在城市设计工作中非常注重对城市建设行为进行预先的控制和约束，注重城市建设对环境的低影响开发。在长期的系统性的历史文化资源的保护和挖掘工作中，我们认识到：人类的建设行为历经千百年的演进，创造了极其瑰丽的城市文明，其建设技术，艺术审美世代相传。当今的城市建设者有理由在传承先人优秀的建造文明的基础上，创造属于我们自己的，当代的城市生活，以及展现时代特征的城市风貌。

奥风区实景照片

津门津塔实景照片

城市设计既要保护城市传统风貌特色，又要体现时代风貌与地域特征。城市风貌特色既是城市精神的体现，也是民族文化和国家形象的反映，有必要自上而下建立城市设计的指导和监督工作机制，确保城市设计符合民族文化传承和国家形象塑造需要。

城市设计应继承与发扬中国古代“天人合一”的哲学观和“道法自然”的方法论，尊重自然、顺应自然、保护自然，改善城市生态环境，将自然的绿色空间引入城市，保留和扩大自然生态空间，达到“望得见山、看得见水”的目的。城市重要片区的城市设计，如城市滨水地区、城市临山地区、城市公园及广场周边地区等，应对空间形态、景观视廊、公共空间、建筑高度和整体风貌等做出更全面、系统的控制和引导，留住特有的地域景观、文化特色与城市风貌。

4. 作为公共政策、城市治理手段的城市设计

多年实践让我们认识到，在我国要使城市设计充分发挥作用，从设计、管理到实施作为一种可持续的社会行为，真正起到管理和引导城市整体风貌特色的作用和目的，是一项艰难曲折的探索和实践过程。

天津的城市设计充分发挥其公共政策、城市治理手段的作用，保证了城市设计依法依规、严谨有效地实施推进。从保障城市的整体利益，公众利益出发，城市规划主管部门通过城市设计，强化对城市空间建设活动的引导、控制和调节，成为公共利益的有效保障。同时，城市规划主管部门通过城市设计形成一个平台，平衡多方面利益，达成多方共识，将城市发展愿景和城市空间资源配置的各个步骤紧密结合起来。

以“文化中心”、“新八大里”为代表的众多项目中，城市设计在客观的逻辑评判和社会反馈的基础上，充分激发建筑师、开发商和公众的共同参与意识，使高水平的城市设计转化为一种积极的社会行为和管理策略，增强规划的科学性。

5. 兼顾城市秩序、市场规律的城市设计

城市设计的重点是空间和形式，但它们是功能的外在表现。城市设计的核心是要解决空间环境的问题，但空间不是孤立的，它同时也是政治、经济、社会、文化所依托的载体，更是自然与人工相互结合依存的纽带，是一个综合解决方案。

天津市通过多年城市规划建设实践的积累和理论学习，特别是经历过房地产的急速发展过程，包括房地产开发项目策划和项目审批管理等经验，使我们对城市设计的内涵有了更清晰的理解。城市规划主管部门通过城市设计，有效地协调整体与个体、统一与个性的关系，兼顾规划的强制性和市场的灵活性。一方面通过城市设计，建立和维护整体的城市秩序，明确每个项目在城市整体环境中所处位置和所扮演的角色，从而提出相应的控制要求，保证城市整体特色风貌的不断强化。另一方面，通过城市设计搭建开放的市场平台，充分适应市场规律，提高城市资源整合度，为个体项目提供良好的外部条件和市场空间。从这个角度来看，天津的城市设计实践是具有现代意义的。

泰安道五号院夜景照片

后记

Postscript

城市是一个有机的生命体，它的形态更迭伴随着起源、发展、变迁和复兴，在漫长的历史进程中形成了丰沛的文化内涵和精神烙印，我们需要以深刻的人文情怀和严谨的治学态度来研究其性格特征。城市也是一个复杂的巨系统，各个子系统之间的关系纷繁复杂，互相影响互相制约，我们需要采取系统科学的观念与综合集成的方法来研究其内在的客观规律。城市设计作为城市建设理论和实践研究的重要手段，需要深刻遵循和理解城市的复杂性、系统性和有机性。现代城市设计更是一个具有丰富内涵的综合性议题，其核心目标不仅应该形成创新性的理论，更应该引导城市走向实践，以理论指导实践，以实践印证理论。

本书系统总结和梳理了近十年来，天津在城市设计方面的规划编制、规划管理和实践探索。在众多参编人员的共同努力下，历经数月终于成型。本书旨在系统总结天津城市设计的理论特征和实践案例，深入提炼天津城市设计改革与发展的创新模式和特征，为天津的城市发展演变留下珍贵的历史见证，为我国的城市设计工作留下些许记载，为城市规划同行们提供借鉴。未来的天津更加深刻把握城市发展的历史脉络和时代机遇，在历史发展的新时期再创辉煌。

诚挚感谢中外城市规划、建筑、文化、社科等方面的专家学者，多年来对天津城市规划建设的热情关注和真诚指导，促成了一个个经典的城市设计案例，让天津的城市设计工作提升到国际视野和现代化水平。

诚挚感谢天津城市规划理论、管理、设计等方面的专家学者，为天津城市设计工作奠定了坚实的理论基础，使天津不断融合和创新城市设计理论水平，在城市设计的编制、管理、技术和方法等方面增加积累，形成了科学、开放的技术体系。

诚挚感谢中外高水平的设计团队和机构，他们精湛的专业技术和开拓性的创新精神，以及辛劳的付出促进了天津城市面貌的不断更新，在他们的勤劳耕耘下，将一张张蓝图转化成为天津新的文化地标，居住乐土和精神家园。

最后，感谢为此书的编撰出版辛勤付出的人们，没有他们夜以继日的工作，此书很难如期完成。因时间所限，写作过程中难免有所疏漏和不妥，望批评指正。

天津滨海
城
Intern
Tianjin
王敬山
彭一刚
黄文亮
天津文化中心单体建筑方案设计国际征集专家评审会
宋春华
荆其敏

“文化、人本、生态”天津文化中心专家研讨会
天津市文化中心周边地区城市设计
国际咨询专家评审会
URBAN DESIGN TEACHING SEMINAR IN COLLEGES AND UNIVERSITIES
高等学校城市设计教学研讨会
2015.07
中国·天津
全面提升城市规划建设管理水平

图书在版编目（CIP）数据

天津城市设计读本/沈磊主编．--北京：中国建筑工业出版社，2016.10
（住房和城乡建设系统城市设计学习读本）
ISBN 978-7-112-19931-0

Ⅰ.①天… Ⅱ.①沈… Ⅲ.①城市规划-建筑设计-天津
Ⅳ.①TU984.221

中国版本图书馆CIP数据核字（2016）第232893号

责任编辑：杜　洁　王　磊
书籍设计：付金红
责任校对：李美娜

住房和城乡建设系统城市设计学习读本
天津城市设计读本
主编　沈磊
*
中国建筑工业出版社出版、发行(北京西郊百万庄)
各地新华书店、建筑书店经销
北京雅昌艺术印刷有限公司印刷
*
开本：965×1270毫米　1/16　印张：18½　字数：696千字
2016 年 10 月第一版　2016 年 10 月第一次印刷
定价：180.00元
ISBN 978-7-112-19931-0
(29433)